Linder
Biologie
Arbeitsbuch

Aufgaben und Lösungen

Metzler

Linder Biologie Arbeitsbuch

Oberstufe

Aufgaben und Lösungen zur 21., neu bearbeiteten Auflage der Linder Biologie

bearbeitet von
Walter Deringer, Aichwald
Dieter Feldermann, Münster
Dr. Rüdiger Lutz Klein, Uelzen
Claudia Mette-Michels, Münster
Wolfgang Rüdiger, Esslingen

ISBN 3–507–10582–9

© 1998 Schroedel Verlag GmbH, Hannover

Alle Rechte vorbehalten. Dieses Werk sowie einzelne Teile desselben sind urheberrechtlich geschützt. Jede Verwertung in anderen als den gesetzlich zugelassenen Fällen ist ohne vorherige schriftliche Zustimmung des Verlages nicht zulässig

Druck A[54321] / Jahr 2002 2001 2000 1999 1998

Alle Drucke der Serie A sind im Unterricht parallel verwendbar, da bis auf die Behebung von Druckfehlern untereinander unverändert. Die letzte Zahl bezeichnet das Jahr dieses Druckes.

Verlagsredaktion:
Maren Glindemann, Petra Schuchardt
Grafik:
Michael Forster, Karin Mall, Susanne Thater, Eva-Maria Wähning
Umschlaggestaltung:
BOROS Agentur für Kommunikation, Wuppertal
Gesamtherstellung:
Appl, Wemding

Bildquellenverzeichnis

Titelbild: Leitbündel vom Hahnenfuß *(Ranunculus)*, Rasterelektronenmikroskopische Aufnahme; Foto: LICHTBILD-ARCHIV Dr. Keil, Neckargemuend; 6.1: aus: Mikroskopisch-Botanisches Praktikum für Anfänger von Wilhelm Nultsch, 9. Auflage, 1993, Georg Thieme Verlag, Stuttgart; 6.2: Carl Zeiss Oberkochen GmbH, Dr. Möllring; 7.5: aus: Zellbiologie – Ein Lehrbuch von Hans Kleinig und Peter Sitte, 3. Auflage, 1992, Gustav Fischer Verlag, Stuttgart; 7.6: aus: Strasburger – Lehrbuch der Botanik von P. Sitte, H. Ziegler, F. Ehrendorfer und A. Bresinsky, 33. Auflage, 1991, Gustav Fischer Verlag, Stuttgart; 8.10: aus: Biochemie von Lubert Stryer, 4. Auflage, 1987, Spektrum Akademischer Verlag, Heidelberg; 10.18: aus: Mikroskopisch-Botanisches Praktikum für Anfänger von Wilhelm Nultsch, 9. Auflage, 1993, Georg Thieme Verlag, Stuttgart; 21.23: N. Ottawa/Oliver Meckes, eye of science, Reutlingen; 43.18: aus: Zellbiologie – Ein Lehrbuch von Hans Kleinig und Peter Sitte, 3. Auflage, 1992, Gustav Fischer Verlag, Stuttgart; 46.27: eye of science, Reutlingen; 53.12: Dr. J. E. Heuser, San Francisco; 54.18: Deutsches Museum, München; 58.28: Conel, Postnatal development of human brain cerebral cortex, Bd. I, III, V, VI, Harvard University Press (1939–1959); 62.39: aus: Biologie von Neil A. Campbell, 1997, Spektrum Akademischer Verlag, Heidelberg; 73.17: Petra Schuchardt; 82.2: aus: Biologie von Neil A. Campbell, 1997, Spektrum Akademischer Verlag, Heidelberg; 85.9: aus: Strasburger – Lehrbuch der Botanik von P. Sitte, H. Ziegler, F. Ehrendorfer und A. Bresinsky, 33. Auflage, 1991, Gustav Fischer Verlag, Stuttgart; 124.32: AKG, Berlin; 128.2/1: LICHTBILD-ARCHIV Dr. Keil, Neckargemuend; 128.2/3 aus: Pflanzenanatomisches Praktikum I von W. Braune, A. Leman und H. Taubert, 6. Auflage, 1991, Gustav Fischer Verlag, Stuttgart; 128.2/4: Johannes Lieder, Ludwigsburg

Es war uns nicht bei allen Abbildungen möglich, den Inhaber der Rechte ausfindig zu machen. Berechtigte Ansprüche werden selbstverständlich im Rahmen der üblichen Vereinbarungen abgegolten.

Hinweise zur Konzeption des Linder Biologie Arbeitsbuches

Die übersichtliche und klare Strukturierung des Linder Biologie Arbeitsbuches ermöglicht problemlos die gezielte Auswahl einzelner Themenkomplexe:

Die Unterteilung in Großkapitel entspricht sowohl den biologischen Teildisziplinen als auch der Gliederung des Linder Biologie Schülerbandes (21. Auflage).

Am oberen Rand jeder Seite befindet sich zur besseren Orientierung ein Symbol für die jeweils behandelte biologische Teildisziplin.

Instinktverhalten

Auch die Gliederung in Unterkapitel entspricht dem Linder Biologie Schülerband.

2. Ermittlung von Schlüsselreizen

Die Aufgaben sind mit einer prägnanten Aufgabenüberschrift versehen und kapitelweise durchnummeriert.

☞ 236

Neben jeder Aufgabenüberschrift befindet sich ein Hinweis auf diejenigen Seiten im Linder Biologie Schülerband, die die zu bearbeitende Thematik behandeln.

* ** ***

Der Schwierigkeitsgrad jeder Aufgabe ist mithilfe von Sternen in drei Kategorien angegeben. Mit zunehmender Anzahl der Sterne erhöht sich auch der Anteil der zur Aufgabenlösung geforderten Transferleistung.

Register

Ein ausführliches Register auf den Seiten 201–207 erleichtert das Auffinden geeigneter Aufgaben anhand biologischer Fachbegriffe.

Die Übersichtlichkeit der Aufgaben- und Lösungstexte wird durch die klare Hervorhebung einzelner Elemente gewährleistet:

Taxus baccata

Die lateinischen Namen der Lebewesen sind kursiv gesetzt.

CHARLES DARWIN

Alle Namen von Persönlichkeiten erscheinen in Versalien.

Schon LAMARCK hatte bei dieser Pflanze Wärmebildung festgestellt.

Zusatzinformationen, die die Lösungen an einigen Stellen ergänzen, sind kursiv gesetzt.

INHALTSVERZEICHNIS

	Aufgaben	Lösungen
Cytologie	6–13	136–139
Die Zelle als Grundeinheit der Lebewesen	6–7	136–137
Der Feinbau der Zelle	7–9	137–138
Stofftransport	9–10	138–139
Vermehrung der Zellen durch Teilung; Mitose	10	139
Differenzierung von Zellen	11	139
Definitionen (Hätten Sie's gewusst?)	11–12	139
Multiple-Choice-Test Cytologie	12–13	139
Ökologie	14–37	140–151
Beziehungen der Organismen zur Umwelt	14–23	140–146
Population und Lebensraum	23–25	146–147
Ökosysteme	25–29	147–149
Nutzung und Belastung der Natur durch den Menschen	29–33	149–151
Definitionen	34–35	151
Multiple-Choice-Test Ökologie	36–37	151
Stoffwechsel und Energiehaushalt	38–49	152–157
Enzyme und Zellstoffwechsel	38–43	152–154
Energie- und Stoffgewinn autotropher Lebewesen	43–44	155–156
Stoffabbau und Energiegewinn in der Zelle	45	156
Stoffwechsel vielzelliger Tiere	45–46	156–157
Definitionen (Fragen quer durch den Stoffwechsel)	47–48	157
Multiple-Choice-Test Stoffwechsel und Energiehaushalt	48–49	157
Neurobiologie	50–65	158–165
Bau und Funktion von Nervenzellen	50–54	158–161
Lichtsinn	54–56	161–162
Weitere Sinne	56–57	162–163
Nervensystem	57–61	163–165
Entstehung von Bewegungen	61–63	165
Multiple-Choice-Test Neurobiologie	64–65	165
Verhalten	66–75	166–169
Was ist Verhaltensforschung?	66	166
Instinktverhalten	66–71	166–168
Lernvorgänge	71	168
Sozialverhalten	71–73	168–169
Definitionen (Quiz)	73–74	169
Multiple-Choice-Test Verhalten / Hormone	74–75	169

Hormone

Hormone	76–79	170–171
Allgemeine Eigenschaften von Hormonen und Hormondrüsen des Menschen	76–77	170–171
Molekulare Grundlagen der Hormonwirkung bei Tier und Mensch	78	171
Pflanzenhormone	78	171
Definitionen (Hormone im Test)	78–79	171
Entwicklungsbiologie	80–81	172
Fortpflanzung	80	172
Keimesentwicklung von Tieren und Menschen	80–81	172
Genetik	82–105	173–185
Variabilität von Merkmalen	82	173
MENDELsche Gesetze	82–85	173–175
Vererbung und Chromosomen	85–88	175–177
Molekulare Grundlagen der Vererbung	88–102	178–184
Definitionen (Quiz der Definitionen)	99–101	184
Anwendung der Genetik	102–104	184–185
Multiple-Choice-Test Genetik	104–105	185
Immmunbiologie	106–109	186–187
Die spezifische Immunreaktion	106–108	186–187
Anwendung der Immunreaktion	108	187
Definitionen (Quiz)	108–109	187
Evolution	110–127	188–195
Geschichte der Evolutionstheorie	110–113	188–189
Evolutionstheorie	113–118	189–193
Stammesgeschichte	118–122	193–195
Evolution des Menschen	122–124	195
Definitionen (Evolutionsquiz)	124–125	195
Multiple-Choice-Test Immunbiologie	126–127	195
Themen übergreifende Aufgaben	128–134	196–200
Register	201–207	

CYTOLOGIE

Die Zelle als Grundeinheit der Lebewesen

1. Zellen unter dem Lichtmikroskop ☞ 15 ***

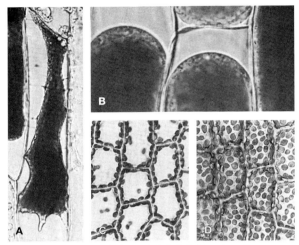

A, B: Zellen der Roten Küchenzwiebel; **C:** Zellen eines Moosblättchens im Starklicht und **D:** im Schwachlicht

Die Abbildungen zeigen Pflanzenzellen, die aufgrund experimenteller Bedingungen Besonderheiten aufweisen.
a) Zeichnen Sie die Zelle der Abbildung **A** und beschriften Sie die dargestellten Strukturen.
b) Beschreiben und erklären Sie die besonderen Zustände der Zellen in den Abbildungen **A** und **B**.
c) Vergleichen Sie die unterschiedliche Lage der Organellen in den Moosblättchenzellen der Abbildungen **C** und **D**. Welche Beziehung besteht zwischen ihrem Aufenthaltsort und dem Lichtangebot? Beachten Sie, dass das Licht nicht seitlich einfällt.

2. Vergrößerung ☞ 15 **

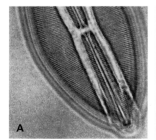 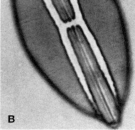

Navicula (**A:** Objektiv 70/n. A: 0,9; Okular 10; **B:** Objektiv 28/n. A: 0,55; Okular 25)

Die beiden Abbildungen zeigen die Diatomee *Navicula* jeweils bei gleicher Vergrößerung. Das Objekt wurde mit verschiedenen Objektiv-Okular-Kombinationen fotografiert. Die Angaben befinden sich in der Bildunterschrift.
a) Aus welchen Angaben eines Mikroskops berechnet man die Vergrößerung? Berechnen Sie die Vergrößerung der abgebildeten Objekte.
b) Erklären Sie anhand der Abbildung die Begriffe Auflösungsvermögen, förderliche Vergrößerung und leere Vergrößerung.
c) Wie groß ist das Auflösungsvermögen der verwendeten Objektive in den Abbildungen jeweils bei Verwendung von Blaulicht?
d) Welches Auflösungsvermögen kann man bei der Mikroskopeinrichtung links mit Rotlicht erreichen?
e) Warum ist es auch mit besten Lichtmikroskopen nicht möglich, Objekte, die kleiner als etwa 0,2 mm sind, wahrzunehmen?

3. Osmose ☞ 15, 16 *

Reife Kirschen platzen, wenn sie dem Regen längere Zeit ausgesetzt sind.
Rettiche „weinen", wenn man sie mit Salz bestreut.
a) Erklären Sie die gemeinsame Grundlage beider Vorgänge.
b) Welche Veränderungen ergeben sich in den Zellen von Kirsche und Rettich jeweils? Erklären Sie.

4. Vergleich Lichtmikroskop – Elektronenmikroskop ☞ 17 *
a) Welche Vorteile hat ein Lichtmikroskop gegenüber einem Elektronenmikroskop?
b) Welche Vorteile hat ein Elektronenmikroskop gegenüber einem Lichtmikroskop?

5. Mikroskopiertechnik ☞ 18 ***
Das Foto zeigt eine elektronenmikroskopische Aufnahme eines Mikroorganismus.
a) Welche Präparationstechnik war als Vorbereitung für das Foto notwendig? Erläutern Sie die Arbeitsschritte.
b) Benennen Sie die Zellstrukturen begründend. Fertigen Sie zu diesem Zwecke eine Skizze an.
c) Vermuten Sie, um welchen Organismustyp es sich handeln könnte.

Die Zelle als Grundeinheit der Lebewesen 7

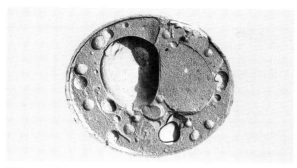

Mikroorganismus

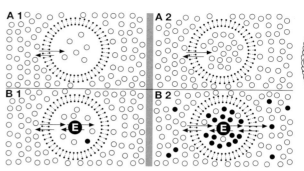

Zwei Modellvorstellungen zur Diffusion durch Doppellipidschichten. Das Enzym (E) katalysiert eine Reaktion, bei der aus dem Substrat (○) bestimmte Produkte (●) entstehen.

Der Feinbau der Zelle

6. Bau und Funktion pflanzlicher und tierischer Zellen ☞ 21 *

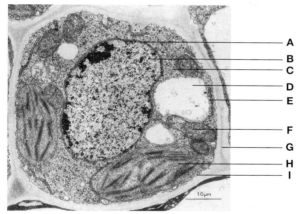

Ultradünnschnitt einer Zelle

a) Ordnen Sie den Buchstaben der Abbildung die richtigen Begriffe zu.
b) Erläutern Sie, um was für eine Zelle es sich handelt.
c) Ordnen Sie den benannten Strukturen der Zelle ihre jeweilige Funktion zu.
d) Vergleichen Sie die abgebildete Zelle mit tierischen Zellen.

7. Diffusion durch Membranen ☞ 22 *
a) Welche Strukturmerkmale hat die Doppellipidschicht?
b) Erläutern Sie die Prozesse in **A** und **B**. Stellen Sie dabei die besonderen Merkmale des Systems **B** heraus.

8. Anfärbung lebender Hefezellen ☞ 22 ***
Hefezellen, die wie alle lebenden Zellen von einer biologischen Membran zur Umwelt hin abgegrenzt sind, werden in einer Lösung von Natriumcarbonat (Na_2CO_3) und Neutralrot suspendiert.
Natriumcarbonat reagiert in wässriger Lösung alkalisch. Neutralrot wird für die Anfärbung lebender Zellen verwendet, verändert seinen Farbton in Abhängigkeit vom pH-Wert und ist im alkalischen Bereich gelb gefärbt. Es liegt dann in ungeladener Form vor, während es im sauren Bereich zum (leuchtend) roten Farbstoffion wird.
Das Zellinnere von Hefezellen ist schwach sauer (pH = 6). Chloroform löst Lipide.

Versuchsablauf:

Bäckerhefe wird in ein Gefäß in Na_2CO_3-Lösung gegeben und suspendiert
↓
weißlich trübe Suspension im Gefäß
↓
0,02 %ige Neutralrot-Lösung wird dazugegeben. Die Lösung wird gelb.
↓
allmählicher Farbumschlag der Suspension von Gelb nach Rot
↓
Probenentnahme
↓   ↓   ↓
Zentrifugation   Zugabe von Chloroform   Erhitzen
↓   ↓   ↓
(A) roter Niederschlag   **(B)** Farbumschlag Rot → Gelb   **(C)** Farbumschlag Rot → Gelb

a) Erklären Sie den allmählichen Farbumschlag nach Zugabe von Neutralrot.
b) Erklären Sie die Versuchsergebnisse **A** bis **C**.

8 Cytologie

9. Biomembran ☞ 22 *

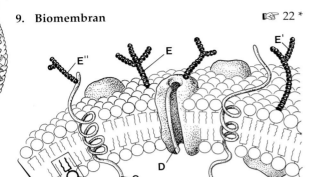

Modell einer Biomembran

Die Abbildung stellt schematisch einen Ausschnitt aus einer Biomembran dar.
a) Beschriften Sie die Strukturen **A–E**.
b) An welcher Membran der Zelle befinden sich die Strukturen **E** und welche Aufgaben haben Sie?

10. Membranfunktion ☞ 22, 23 *

Die Abbildung zeigt Ergebnisse von Untersuchungen, bei denen man Membranproteine verschiedener Gewebeherkunft gleichartigen Gelelektrophoresen unterzogen hat.

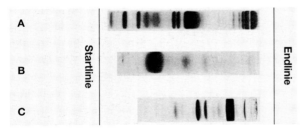

Gelelektropherogramme von A: der Plamamembran von Roten Blutkörperchen, B: der Hüllmembran von Stäbchen aus der Netzhaut, C: der Membran des Sarkoplasmatischen Retikulums aus Muskelzellen

a) Erläutern Sie kurz die Technik der Gelelektrophorese.
b) Vergleichen Sie die drei Gelelektrophoresebilder bezüglich der Anzahl, Lage und Farbintensität der Banden.
c) Interpretieren Sie die Ergebnisse im Hinblick auf die Funktionen biologischer Membranen.

11. Organellen ☞ 23 *

Ordnen Sie durch ein Kreuz den aufgeführten Zellorganellen die zutreffenden Eigenschaften und Funktionen zu.

	A	B	C	D	E	F	G	H	I	J
Zellkern										
Peroxisom (Microbody)										
Dictyosom										
Leukoplast										
Ribosom										
Lysosom										
Endoplasmatisches Retikulum										
Chloroplast										
Mitochondrium										

A hier wird H_2O_2 gespalten
B von zwei Membranen umgeben
C ist für die Autolyse verantwortlich
D enthält DNA
E färbt sich „vollgetankt" mit Iodlösung blau
F „Kraftwerk" der Zelle
G „Druckerei" für nukleare Anweisungen
H rein pflanzlich
I „Straßennetz" in der Zelle
J produziert und recycelt Verpackungsmaterial

12. Membranfluss ☞ 25 *

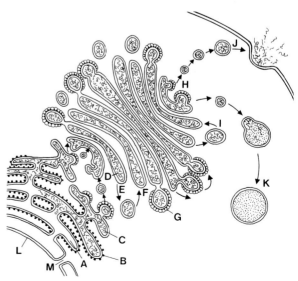

Membranfluss

Erläutern Sie die in der Abbildung gezeigten Strukturen und Vorgänge.

13. Organellen: Funktionen, Eigenschaften, Bau ☞ 25–27 *

Ordnen Sie den Organellen die entsprechend richtigen Aussagen zu. Zu allen aufgeführten Organellen gehören mehrere (mindestens zwei) Aussagen.

Organell:
Chloroplast, Dictyosom, Endoplasmatisches Retikulum, Lysosom, Peroxisom (= Microbody), Mitochondrium, Plastid, Ribosom, Vakuole, Zellkern (Nucleus)

Funktion, Eigenschaften, Bau:
1. Steuerzentrale der Zelle
2. besitzt zwei Reaktionsräume:
   a) plasmatisch, b) nichtplasmatisch
3. Bildungsort der Membranen und einiger Zellorganellen
4. durch dessen Zerstörung kann es zur Autolyse der Zelle kommen
5. ein Teil seiner Membran kann mit Ribosomen besetzt sein
6. enthält Erbinformation
7. enthält Chlorophyll
8. enthält Enzyme, die Wasserstoff von verschiedenen Substraten abspalten und übertragen
9. enthält Katalase
10. erzeugt viel ATP
11. hier werden Produkte des ER abgewandelt und weiterbefördert
12. der Inhalt wird als Zellsaft bezeichnet
13. das Innere ist in Stroma = Matrix und Thylakoide aufgeteilt
14. die Begrenzung heißt Tonoplast
15. in vielen Zellen das größte Organell
16. hierin findet die Zellatmung statt
17. kleines kugeliges Gebilde, mit einem Durchmesser von ca. 1 mm
18. kommt nur in pflanzlichen Zellen vor
19. kann membrangebunden oder frei im Cytoplasma vorkommen
20. Kraftwerk der Zelle
21. macht das starke Zellgift H_2O_2 unschädlich
22. netzförmiges System membranumhüllter Kanälchen und Säckchen
23. Ort der Fotosynthese
24. Ort der Proteinbiosynthese
25. ist der wichtigste Syntheseort von Stärke
26. ist das „Zentrallager" der Pflanzenzelle für Ionen und viele organische Stoffe
27. ist ein Teil des GOLGI-Apparates
28. Stapel flacher Reaktionsräume, die von einer Membran umgeben sind
29. steht über Membranporen mit der Umgebung in Verbindung
30. steuert den Zellstoffwechsel sowie Wachstum und Entwicklung der Zelle
31. Überbegriff für Chloroplasten, Chromoplasten, Leukoplasten
32. verdaut zellfremdes und zelleigenes Material
33. versorgt die Zelle mit Energie
34. wird vom GOLGI-Apparat aus gebildet
35. wichtiges Transportsystem innerhalb der Zelle

14. Cytoskelett ☞ 27 *

Obwohl tierischen Zellen eine formgebende Zellwand fehlt, sind sie dennoch fest miteinander verbunden.
a) Nennen Sie die drei wichtigsten Strukturen, durch welche tierische Zellen zusammengehalten werden.
b) Welche Auswirkungen haben diese Strukturen jeweils?
c) Nennen Sie jeweils ein Gewebebeispiel.

Stofftransport

15. Ernährung bei *Paramecium* ☞ 31–33 *

Füttert man *Paramecien* in ihrem Kulturmedium mit Hefezellen, die durch den Indikator Kongorot leuchtend rot gefärbt werden, lässt sich der Weg der Nahrung und ihre Veränderung im Körper von *Paramecium* deutlich verfolgen (vgl. Abbildung).
Die Hefezellen verändern ihre Farbe auf ihrem Weg durch den Einzeller von Rot über Braun zu Rot.

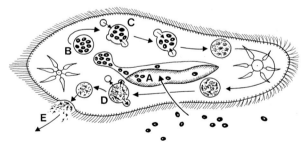

Ernährung bei *Paramecium*

a) Erläutern Sie die dargestellten Vorgänge und erklären Sie dabei die Farbveränderung der Hefezellen.
b) Erklären Sie mithilfe einer Zeichnung, die die molekularen Vorgänge beschreibt, den Vorgang **E**.

16. Erleichterte Diffusion ☞ 32 **

Erklären Sie die in der Abbildung dargestellten Untersuchungsergebnisse.

Cytologie

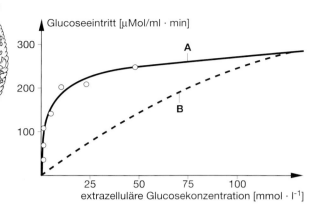

Der Eintritt von Glucose in einen durch eine Membran abgetrennten Raum; A: durch eine biologische Membran, B: durch eine künstliche Doppellipidschicht

17. Transport durch Biomembranen ☞ 32 **

A An künstlich hergestellten Lipiddoppelschichten testete man die Durchlässigkeit für verschiedene Stoffe in cm/s:

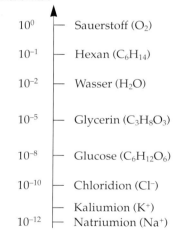

B Die Durchlässigkeit von Biomembranen für Kaliumionen ist im Vergleich zu künstlichen Doppellipidschichten 5×10^4-mal größer.
a) Welche Gesetzmäßigkeiten ergeben sich für die Durchlässigkeit der Lipiddoppelschicht?
b) Berechnen Sie den Faktor, um den sich die Durchlässigkeit für Wasser von der für Na^+-Ionen unterscheidet.
c) Stellen Sie Vermutungen an über die unterschiedliche Durchlässigkeit für Natrium- und Kaliumionen. Hinweis: Das Natriumion ist kleiner.
d) Erklären Sie die größere Durchlässigkeit von Biomembranen für bestimmte Ionen.

Vermehrung der Zellen durch Teilung; Mitose

18. Mitose ☞ 34 *

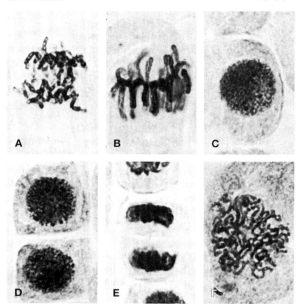

Ausschnitt aus dem Quetschpräparat der Wurzelspitze einer Küchenzwiebel (Färbung mit Karminessigsäure)

a) Welche Strukturen werden in den lichtmikroskopischen Präparaten mit Karminessigsäure angefärbt?
b) Ordnen Sie die Abbildungen in der Reihenfolge der Kern- bzw. Zellteilung. Bezeichnen Sie die dargestellten Phasen und charakterisieren Sie den jeweiligen Vorgang.

19. Mitose-Stadien ☞ 35 *

Ein nicht beschriftetes mikroskopisches Präparat eines Gewebes zeigt verschiedene Mitose-Stadien.
a) Woran kann man erkennen, ob es sich um tierisches oder pflanzliches Material handelt?
b) Aus welchen Teilen einer Pflanze könnte ein solches Präparat stammen? Wie erfolgt die Herstellung?
c) Wie könnte man entsprechend ein tierisches Präparat anfertigen?
d) Welchen biologischen Sinn hat die Chromosomenverkürzung (Spiralisierung) während der Mitose?
e) In einem Lehrbuch steht: „Die Chromosomen sind winzige Gebilde, die gewöhnlich nur die Länge von wenigen Mikrometern haben." Für welchen Zustand der Chromosomen ist diese Aussage richtig?

Differenzierung von Zellen

20. Volvox ☞ 36 **
Die Kugelalge *Volvox* ist eine primitive Grünalge, die aus bis zu 20 000 Einzelzellen besteht. Sie stellt ein Zwischenglied zwischen Zellkolonien und echten Vielzellern dar, verfügt aber bereits über eine „Errungenschaft", die alle Vielzeller auszeichnet (und die mancher von uns auch missen könnte): Mit *Volvox* tritt der Tod ins Leben.
a) Erläutern Sie diese Aussage.
b) Nennen Sie zwei Beispiele aus dem Tier- und Pflanzenreich dafür, dass abgestorbene Zellen oder Gewebe bestimmte Funktionen für den lebenden Organismus haben.

21. Homöostase ☞ 39 **
„Vermaschte Regelkreise führen zu Homöostase in Organismen, die als offene Systeme im Fließgleichgewicht mit ihrer Umgebung stehen."
Erklären Sie die unterstrichenen Fachbegriffe und den Inhalt des Satzes in eigenen Worten.

22. Hätten Sie's gewusst? ☞ 15–39 *
Sie finden im Folgenden Aussagen, deren Richtigkeit Sie überprüfen sollen. In jedem Feld ist jeweils eine Antwort richtig. Lesen Sie alle Teilfragen durch, bevor Sie sich entscheiden.

1. **Dictyosomen**
   a) sind kleine Kügelchen im Plasma, auch GOLGI-Vesikel genannt.
   b) sind Stapel flacher membranumgrenzter Räume.
   c) gehören zusammen mit den Ribosomen zum Endoplasmatischen Retikulum.
   d) begrenzen den GOLGI-Apparat.
   e) erzeugen die zur Fettverdauung nötigen Stoffe.

2. **Differenzierung**
   a) bedeutet, dass sich ursprünglich gleichartige Zellen zu Zellen mit unterschiedlicher Funktion und verschiedenem Bau entwickeln.
   b) bedeutet, dass amöboide Zellen ihre Gestalt verändern.
   c) ist ein Vorgang, der nur bei tierischen Organismen vorkommt.
   d) findet statt, wenn eine Nervenzelle durch Knospung neue Ausläufer bildet.
   e) Aussagen b) und d) treffen beide zu.

3. **Endoplasmatisches Retikulum**
   a) ist ein Röhrensystem, das den Zellkern mit den Mitochondrien verbindet.
   b) sind diejenigen Plasmafäden, die durch Vakuolen hindurchziehen.
   c) dient ausschließlich intrazellulären Informationen zur Koordination von Stoffwechselprozessen.
   d) ist ein vernetztes System membranumhüllter Kanälchen, das dem Stofftransport und Stoffaustausch dient.
   e) ist das plasmatische Kanalsystem in der Zelle, das nur für die Ausscheidung giftiger Stoffwechselprodukte sorgt.

4. **Eukaryoten**
   a) sind Zellen, die so groß sind, dass sie mehrere Zellkerne zur Steuerung ihres Stoffwechsels benötigen.
   b) sind mehrere kleine Zellen, die durch einen einzigen gemeinsamen Zellkern gesteuert werden.
   c) besitzen einen oder mehrere Zellkerne in ihren Zellen.
   d) sind ausschließlich vielzellige Organismen.
   e) nennt man alle einzelligen Lebewesen.

5. **GOLGI-Apparat**
   a) ist ein Stapel flacher pfannkuchenartig übereinander geschichteter Membranen.
   b) ist ein anderer Begriff für GOLGI-Zisterne.
   c) ist dasjenige Zellorganell, in dem Fotosynthese stattfindet.
   d) ist die Gesamtheit aller Dictyosomen einer Zelle.
   e) ist ein Zellbestandteil, in dem tierische Organismen Stärke verdauen.

6. **Kontraste im mikroskopischen Bild**
   a) lassen sich durch Dunkelfeldbeleuchtung verstärken.
   b) werden durch Anfärben bestimmter Strukturen hervorgehoben.
   c) treten durch Verkleinern der Kondensoraperturblende deutlicher hervor.
   d) werden durch Phasenkontrasteinrichtung plastischer.
   e) Die Aussagen a) bis d) sind richtig.

7. **Mitochondrien**
   a) sind der Hauptenergielieferant der Zelle.
   b) bilden ATP.
   c) sind ein Ort der Dissimilation.
   d) sind von zwei Membranen umschlossen.
   e) Die Aussagen a) bis d) sind richtig.

Cytologie

8. **Membranen**
   a) sind hydrophil, weil sie Wasser nahezu ungehindert passieren lassen.
   b) bestehen aus einer Lipiddoppelschicht mit eingelagerten Proteinen.
   c) stellen eine starre Trennfläche dar, die für sämtliche Stoffe nur schwer zu durchdringen ist.
   d) sind so dünn, dass sie nur mithilfe des Elektronenmikroskops zu erkennen sind.
   e) Die Aussagen b) und d) treffen beide zu.

9. **Plastiden**
   a) sind plastisch verformbare Zellfragmente.
   b) sind Zellorganellen, die folgende Funktionen haben können: Fotosynthese betreiben, Stärke, Proteine oder Carotinoide einlagern.
   c) sind Organellen, die im Endoplasmatischen Retikulum eingelagert sind.
   d) sind Plasmabereiche, die unter dem Lichtmikroskop als weiße Flecken erscheinen.
   e) sind Plasmafäden, die den Zellkern in der Zelle fixieren.

10. **Prokaryoten**
    a) sind Zellen in einem Teilungsstadium, in dem der Zellkern gerade aufgelöst ist.
    b) sind Eizellen, in denen Sperma und Eikerne kurz vor der Verschmelzung stehen.
    c) waren Zwischenstadien in der Evolution, die heute nicht mehr lebend vorkommen.
    d) sind Organismen, deren Zellen keinen Kern besitzen.
    e) Aussagen a) und b) treffen beide zu.

11. **Ribosomen**
    a) Hier findet die Proteinbiosynthese statt.
    b) synthetisieren tRNA.
    c) entschlüsseln die Information, die in der DNA gespeichert ist.
    d) sind Organellen, die Energie für die Proteinbiosynthese bereitstellen.
    e) speichern Proteine so lange, bis diese von der Zelle benötigt werden.

12. **Thylakoide**
    a) bauen Stärke zu Zucker ab.
    b) sind Reaktionsräume, in denen Dissimilation stattfindet.
    c) sind Membranstapel im Inneren von Chloroplasten.
    d) enthalten die Fotosynthesefarbstoffe in ihrer Membran.
    e) Die Aussagen c) und d) treffen beide zu.

13. **Vakuolen**
    a) sind luftgefüllte Hohlräume in pflanzlichen Zellen.
    b) sind mit Flüssigkeit gefüllte, von einer Membran begrenzte Räume im Zellplasma.
    c) sind Pumpen, die in Blättern Unterdruck erzeugen, damit Wasser von den Wurzeln nach oben gelangen kann.
    d) dienen dem Gasaustausch der Blätter.
    e) Die Aussagen b) und d) treffen beide zu.

14. **Zellorganellen**
    a) sind verschiedene Körperchen mit spezialisierter Funktion im Zellplasma.
    b) sind Funktionseinheiten, die aus mehreren Zellen bestehen.
    c) sind diejenigen Reaktionsräume, die über das Endoplasmatische Retikulum miteinander in Verbindung stehen.
    d) sind alle von einer Doppelmembran umgeben.
    e) sind die Sexualorgane von Einzellern.

23. **Multiple-Choice-Test Cytologie**
Mithilfe des folgenden Multiple-Choice-Tests können Sie herausfinden, ob Sie einige wichtige Fachausdrücke bzw. Sachverhalte aus der Cytologie beherrschen. Von den möglichen Auswahlantworten sind mindestens eine, höchstens drei Antworten richtig.
(zur Auswertung siehe S. 36, 37)

1. Welche der folgenden Aussagen zur lichtmikroskopischen Vergrößerung ist/sind zutreffend?
   a) Die Vergrößerung eines Mikroskops ergibt sich aus der Addition der Vergrößerungen von Objektiv und Okular.
   b) Öffnet man die Kondensoraperturblende des Lichtmikroskops, wird das Bild schärfer.
   c) Das Objektiv sitzt oben im Tubus.
   d) Mit einem Blaufilter kann man das Auflösungsvermögen verbessern.
   e) Mit der konfokalen Mikroskopie lassen sich dreidimensionale Bilder erstellen.

2. Tierische Zellen sind durch bestimmte Eigenschaften gekennzeichnet. Welche der folgenden Aussagen hierzu ist/sind zutreffend?
   a) Sie besitzen immer eine regelmäßige Form.
   b) Sie besitzen als äußere Membran den Tonoplasten.
   c) Gelegentlich sind sie von festen Hüllen aus Cellulose umgeben.
   d) Zur Ausnutzung der Sonnenenergie besitzen sie manchmal Farbpigmente.
   e) Sie sind nie autotroph.

Multiple-Choice-Test Cytologie

3. Welche der folgenden Aussagen über Pflanzenfarbstoffe ist/sind zutreffend?
   a) Die wasserlöslichen Carotinoide in den Chromoplasten der Blütenblätter locken Insekten zur Bestäubung an.
   b) Durch die gelben Anthocyane fallen die Mirabellen in den Obstbäumen auf.
   c) Chlorophyll absorbiert rotes Licht aus dem Spektrum des Sonnenlichts.
   d) Chloroplasten enthalten Carotinoide, die die Fotosynthese als Hilfspigmente unterstützen.
   e) Leukoplasten enthalten helle Pigmente.

4. Welche der folgenden Aussagen zur Präparationstechnik ist/sind zutreffend?
   a) Neutralrot färbt hauptsächlich Zellwände an.
   b) LUGOLsche Lösung fixiert die Zellstrukturen.
   c) Mit Methylenblau treten besonders die Vakuolen hervor.
   d) Mithilfe scharfer Rasierklingen kann man leicht Blattquerschnitte von nur 10 µm herstellen.
   e) Die Gefrierätztechnik dient der Erzeugung räumlicher lichtmikroskopischer Bilder.

5. Welche der folgenden Aussagen zu den Organellen der Zelle ist/sind zutreffend?
   a) Zellkerne enthalten hauptsächlich RNA.
   b) Stärkekörner entstehen in den Chloroplasten.
   c) Pflanzen können Schadstoffe aus dem Plasma in die Vakuole abgeben.
   d) Kristalle, die in den Vakuolen entstehen, tragen zur Festigkeit des Zellkörpers bei.
   e) Vakuolen können bei Amöben auch zur Stoffabgabe dienen.

6. Welche der folgenden Aussagen über Protozoen ist/sind zutreffend?
   a) Bei *Euglena* befindet sich die Geißel vorn.
   b) Manche Geißelalgen sind wie die Amöben zur Phagozytose befähigt.
   c) *Euglena* vermag mit dem Augenfleck das Licht wahrzunehmen.
   d) In den pulsierenden Vakuolen wird die Nahrung von Verdauungsenzymen zersetzt.
   e) Geraten Protozoen in salzreicheres Wasser, so nimmt die Tätigkeit der pulsierenden Vakuolen ab.

7. Welche der folgenden Aussagen zur Elektronenmikroskopie ist/sind zutreffend?
   a) Mit dem Elektronenmikroskop kann man nur unbelebte, gewässerte Objekte untersuchen.
   b) Das maximale Auflösungsvermögen eines modernen Elektronenmikroskops ist etwa 100-mal größer als das eines Lichtmikroskops.
   c) Eine Kontrasterhöhung elektronenmikroskopischer Präparate kann man mit Schwermetalloxiden erzielen.
   d) Mit dem Rastertunnelmikroskop lässt sich z. B. die Oberfläche eines Insektenauges abbilden.
   e) Leistungsfähige Rasterkraftmikroskope liefern heute auch farbige Leuchtschirmbilder.

8. Welche der folgenden Aussagen zum Transport von Substanzen durch Biomembranen ist/sind zutreffend?
   a) Sehr kleine Moleküle wie z. B. Wasser können die Membran immer passieren.
   b) Zuckermoleküle können mit Ionen gemeinsam auch gegen ein Konzentrationsgefälle durch die Membran diffundieren.
   c) Ionen können gegen ein Konzentrationsgefälle nur unter Energieaufwand mithilfe von Transportproteinen durch die Membran gelangen.
   d) Fast alle hydrophilen Stoffe können leichter als lipophile durch Lipiddoppelschichten diffundieren.
   e) Da Carrier ihre Form ändern können, sind sie befähigt, ganz unterschiedliche Moleküle durch die Membran zu führen.

9. Welche der folgenden Aussagen zum Zellzyklus ist/sind zutreffend?
   a) In der G1-Phase bestehen die Chromosomen aus nur einer Chromatide.
   b) Durch Verschraubung können sich Chromosomen verlängern.
   c) Die Kernteilungsspindel besteht hauptsächlich aus Mikrotubuli.
   d) In der S-Phase der Interphase können die verschiedenen Chromosomen nach Form und Größe deutlich unterschieden werden.
   e) Jeder Tochterzellkern hat nach der Zellteilung genau halb so viel DNA wie die Ausgangszelle.

10. Welche der folgenden Aussagen zur Differenzierung von Zellen ist/sind zutreffend?
    a) Bei den Schwämmen können Nervenzellen die Koordination von Zellbezirken steuern.
    b) Fresszellen des Süßwasserpolyps nehmen vorverdaute Nahrung aus dem Körperhohlraum auf.
    c) Polypen vermehren sich durch Knospung.
    d) Die Zellspezialisierung ist meist durch die Entstehung neuer Strukturen gekennzeichnet.
    e) Lebenslang undifferenzierte Gewebe sind bei höheren Pflanzen nicht vorhanden.

ÖKOLOGIE

Beziehungen der Organismen zur Umwelt

1. Die Abhängigkeit der Larvenentwicklung von äußeren Faktoren ☞ 42 ***

Die Abbildung verdeutlicht die Abhängigkeit der Larvenentwicklung des Getreideplattkäfers von den abiotischen Faktoren Temperatur und Luftfeuchte.

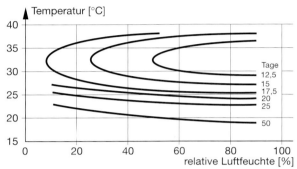

Dauer der Larvenentwicklung beim Getreideplattkäfer in Tagen

a) Skizzieren Sie auf der Basis der oberen Abbildung die ökologische Potenz der Käferlarven in Abhängigkeit von der Temperatur und in Abhängigkeit von der relativen Luftfeuchte.

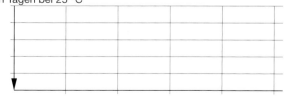

b) Erläutern Sie Ihre erstellten Grafiken mithilfe der Fachbegriffe.
c) Beurteilen Sie, wovon die Larvenentwicklung der Plattkäfer bestimmt wird.

2. Temperaturpräferendum von Mäusen ☞ 42 *

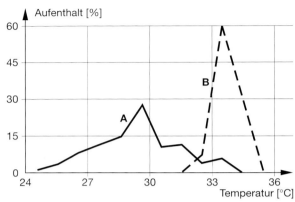

Aufenthalt von Erdmaus (A) und Tanzmaus (B) in einem Temperaturgefälle

a) Beschreiben Sie die in der Abbildung dargestellten Befunde.
b) Welche Aussagen lassen sich aus den Untersuchungsergebnissen über die ökologische Potenz der Mäuse ableiten?

3. Pflanzen und Temperatur ☞ 42 ***

Auf einer Biologenparty in Los Angeles brachte ein Gast eine auf dem Weg gepflückte Pflanze mit, die die Anwesenden erstaunt herumreichten, weil sie sich trotz abkühlender Abendluft sehr warm anfühlte, sogar viel wärmer als die Hände. Einen Forscher reizte diese Entdeckung, Untersuchungen an dieser Pflanze, einem Aronstabgewächs (= *Philodendron selloum*), zu unternehmen. Er dokumentierte den Bestäubungsmechanismus (siehe Abbildung) und experimentierte mit Wärmekammern (siehe Abbildung). Bevor er die Testpflanzen verschiedenen Temperaturen in den Wärmekammern aussetzte, kühlte er die Pflanzen bei allen Versuchsansätzen auf 2 °C ab. Nach dem Umsetzen maß er jeweils sofort die Wärmebildungsrate in dem Blütengewebe. Hier seine Ergebnisse:

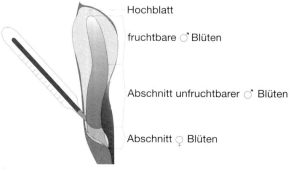

Schema des Blütenstandes von *Philodendron selloum*

Beziehungen der Organismen zur Umwelt 15

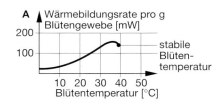

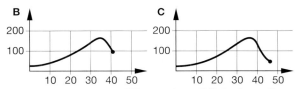

Temperaturmessungen am Blütenstand von *Philodendron selloum* bei verschiedenen Lufttemperaturen (A: 4 °C, B: 20 °C, C: 40 °C)

A
♀ Blüten reif; ♂ Blüten unreif;
sterile ♂ Blüten liefern Käfern Nahrung und geben Geruch ab;
Käfer krabbeln in den Blütenstand;
Blütenkolben warm

B
Hochblatt schließt sich; Käfer gefangen;
Blütenkolben kühlt ab

C
fünf Stunden später:
Hochblatt öffnet sich wieder am oberen Ende;
fruchtbare Blüten geben reifen Pollen ab;
♂ Käfer drängen zum sofortigen Abflug aus dem Hochblatt;
Blütenkolben erwärmt

Bestäubungsmechanismus bei *Philodendron selloum*

a) Erklären Sie auf physiologischer Ebene, wie Pflanzengewebe Wärme erzeugen kann.
b) Welche Charakteristika zeigt der Blütenstand bei seiner Wärmeproduktion bei verschiedenen Lufttemperaturen?
c) Mit welchem Phänomen im Tierreich kann man das beschriebene Verhalten der Pflanze vergleichen?
d) Formulieren Sie eine Hypothese, die den Zusammenhang zwischen der Fähigkeit der Blüte, sich zu erwärmen, und dem aufgezeigten Bestäubungsmechanismus erklärt.

4. Aussagewert von Toleranzkurven ☞ 43 *

Der Kiefernspinner ist ein Schmetterling, der in Kiefernmonokulturen große Schäden anrichten kann. Eine Vorhersage der Populationsentwicklung anhand der Überlebensrate von Eiern und Larven ist daher von forstwirtschaftlicher Bedeutung.
Die folgende Abbildung zeigt die Kombination zweier Umwelteinflüsse auf die Überlebensrate von Eiern des Kiefernspinners. Die Überlebensrate in Prozent wird in den umgrenzten Flächen angegeben.

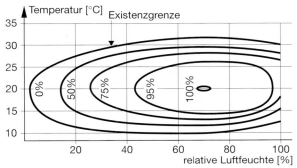

Einfluss von Temperatur und relativer Luftfeuchtigkeit auf die Überlebensrate von Eiern des Kiefernspinners

a) Erläutern Sie die Auswirkung der relativen Luftfeuchtigkeit bei den Temperaturen 10 °C, 20 °C und 30 °C sowie die Auswirkung der relativen Luftfeuchte von 5 % und 60 % auf die Überlebensrate von Kieferspinnereiern.
b) Erklären Sie, unter welchen Bedingungen der Faktor Temperatur bzw. der Faktor Luftfeuchte als tatsächlich existenzbegrenzende Faktoren auftreten.
c) Beurteilen Sie, wie aussagekräftig eine einfache Temperaturtoleranzkurve für eine Vorhersage der Populationsentwicklung ist.

5. Pflanzen im Dunkeln ☞ 43, 45 **

In einem Rotbuchenwald bei Hannover wurden im Juni auf einer Probefläche von 10 × 10 m die Lichtverhältnisse am Boden und die dort anzutreffenden Pflanzenarten bestimmt. Die Ergebnisse dieser Untersuchungen zeigen die folgenden Abbildungen.

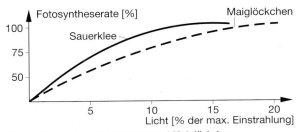

Fotosyntheseraten von Sauerklee und Maiglöckchen

16 Ökologie

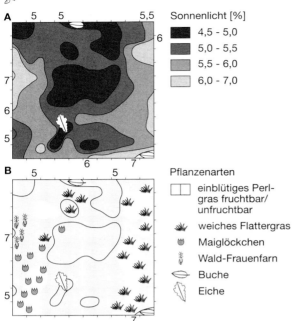

Lichtverhältnisse (A) und Vorkommen (B) bestimmter Pflanzenarten in einem mitteleuropäischen Buchenwald

a) Begründen Sie mithilfe des Diagramms, an welchem Standort in der oberen Abbildung Sauerklee anzutreffen ist.
b) Zeichnen Sie in das Diagramm die entsprechende Kurve für die Sternmiere ein.

6. Blattquerschnitt ☞ 47 *
Betrachten Sie die Abbildung eines Schnittes durch ein Laubblatt und beantworten Sie folgende Fragen:
a) Weshalb ist das Schwammgewebe nicht dicht mit Zellen gefüllt? Nennen Sie zwei Gründe.
b) Weshalb befinden sich die Spaltöffnungen bei zahlreichen Pflanzen auf der Blattunterseite, obwohl doch CO_2 spezifisch schwerer ist als die übrigen Luftbestandteile?
c) Bei welchen Pflanzen befinden sich die Spaltöffnungen in der oberen Epidermis?

7. Historische Experimente zur Fotosynthese ☞ 47 **
Die Abbildung stellt modellhaft eine Reihe von Experimentanordnungen dar, mit denen PRIESTLEY und vor allem INGENHOUSZ im 18. Jahrhundert eine erste Aufklärung bezüglich des Gasaustausches bei Pflanzen gelang. Bei Versuchsbeginn befindet sich in allen Gefäßen „verbrauchte Luft", d. h. Luft, in der eine Kerzenflamme erloschen war.

Nach einigen Tagen Versuchsdauer wird der abgeschlossene Gasraum mit einem glimmenden Span untersucht: Im Gasraum **B** entflammt der Span, in allen übrigen erlischt er.

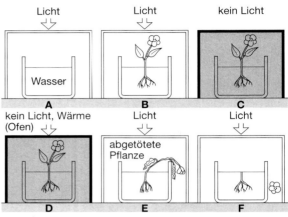

Experimentanordnungen zur Untersuchung des Gasaustausches bei Pflanzen

a) Naturwissenschaftliche Experimente sind Fragen an die Natur. Stellen Sie in einer Tabelle die Fragestellungen der Teilversuche, die Versuchsergebnisse und die Antworten der Natur zusammen.
b) Fassen Sie alle Antworten zu einer Erkenntnis zusammen.
c) Weitere Fragestellungen zur Fotosynthese erbrachten neue Antworten. Welche Untersuchungen erbrachten diese Antworten, die hier nur als Stichworte angegeben sind?
   – Zusammenhang zwischen Stärke und Sauerstoff,
   – Lichtsättigungspunkt,
   – Primär- und Sekundärreaktionen.
d) Weshalb ist es für die Menschheit wichtig, umfassende und genaue Erkenntnisse der Fotosynthese zu erlangen?

8. Wasser und Salztransport ☞ 51 *
In tropischen Regenwäldern herrscht eine hohe Luftfeuchtigkeit.
a) Weshalb können Pflanzen dort nicht, wie untergetaucht lebende Wasserpflanzen, ohne Wasseraufnahme durch die Wurzeln auskommen?
b) Durch welche Kräfte wird das Wasser bei Pflanzen unserer Breiten aus den Wurzeln in die Blätter getrieben und ein konstanter Wasserstrom aufrechterhalten?
c) In welchem Teil der Pflanze erfolgt der Wassertransport?
Wie ließe sich dies experimentell auf einfache Art beweisen?

Beziehungen der Organismen zur Umwelt   17

9. Einfluss von Salzlösungen auf Kartoffelzylinder ☞ 51 **

Aus einer Kartoffel sticht man mit einem Korkbohrer mehrere Zylinder mit gleichem Durchmesser heraus und schneidet sie alle auf eine Länge von 5 cm. Nun gibt man sie einzeln in Reagenzgläser mit verschieden konzentrierten Salzlösungen. Nach zwei Stunden nimmt man sie heraus und misst wiederum ihre Länge. Die folgende Abbildung zeigt das Messergebnis.

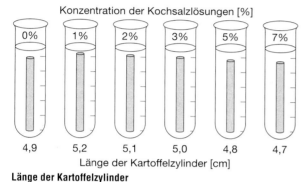

Länge der Kartoffelzylinder

a) Beschreiben Sie das Beobachtungsergebnis des Versuchs.
b) Erklären Sie das Beobachtungsergebnis. Welches Beobachtungsergebnis fällt heraus? Suchen Sie eine Erklärung dafür.
c) In welchen Kartoffelstücken ist die Saugkraft null, in welchen ist der Wanddruck der Zellen null?

10. Einfluss von Salzlösungen auf „Windeier" ☞ 51 *

Die Kalkschale eines Hühnereis lässt sich vorsichtig mit verdünnter Salzsäure entfernen, ohne dass die darunter liegenden Membranen beschädigt werden. Von den auf diese Weise behandelten so genannten „Windeiern" legt man je eins in destilliertes Wasser, eins in eine 0,9 %ige und eins in eine hochkonzentrierte Kochsalzlösung.
Wie verändern sich die Eier? Begründen Sie Ihre Antwort.

11. Haltbarkeit von Schnittblumen ☞ 51 **

In der selten erscheinenden Schülerzeitschrift „Grimmskram" stand einmal ein Rezept gegen das vorzeitige Welken von Schnittblumen: „Die frisch geschnittenen Blumen stelle man für einige Stunden in eine konzentrierte Kochsalzlösung und anschließend in frisches Leitungswasser. Die Pflanzen nehmen die Kochsalzlösung auf, reichern Kochsalz in den Zellen an und erhöhen so deren osmotischen Wert. Dadurch wird Wasser, das sonst verdunsten würde, festgehalten; außerdem ziehen die salzreichen Zellen der Blumen frisches Wasser aus der Vase auch dann noch kräftig an, wenn die Leitungsbahnen an der Schnittstelle durch Faulen teilweise verstopft sind."

a) Welche Ursachen führen zum Verblühen und Verwelken eines Blumenstraußes in der Vase?
b) Weshalb ist das Rezept aus „Grimmskram" untauglich? Begründen Sie.
c) Wie ließe sich die Haltbarkeit der Schnittblumen tatsächlich verlängern?

12. Wassertransport in Pflanzen ☞ 53 **

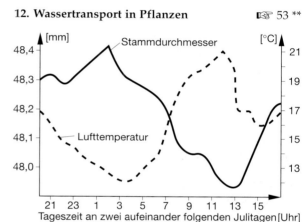

Veränderungen eines Birkenstamms im Tagesgang

Beschreiben Sie die Veränderungen eines Birkenstamms mithilfe der Abbildung und erklären Sie diese.

13. Anpassungen an den Standort bei Pflanzen ☞ 56 **

Es gibt eine Reihe von Habichtskrautarten, die an unterschiedlichen Standorten zu finden sind.

Habichtskraut-art	Größe in cm	Blütezeit (Monat)	Behaarung der Blätter
H$_1$	3–40	5–10	stark
H$_2$	25–50	5–6	fehlend
H$_3$	10–35	7–8	stark

Größe, Blütezeit und Blattbehaarung verschiedener Habichtskrautarten

a) Ordnen Sie den Habichtskrautarten H$_1$–H$_3$ folgende Standorte zu und begründen Sie Ihr Vorgehen:
   A Wälder und Büsche,
   B trockene Weiden, Heiden und Wegränder,
   C steinige Matten der Kalkalpen.

b) Wie werden sich die Habichtskrautarten H_1–H_3 vermutlich in folgenden Merkmalen unterscheiden:
  A Epidermis und Cuticula,
  B Wurzelwerk,
  C osmotischer Wert des Zellsaftes?
Begründen Sie Ihre Vermutung.

14. Anpassungen von Pflanzen an ihren Standort   ☞ 56 **

Die folgenden Abbildungen zeigen unterschiedliche Blattstrukturen von Pflanzen als Anpassungserscheinungen an den jeweiligen Standort.

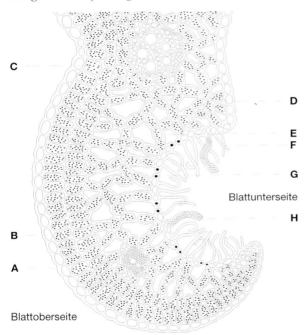

Blattquerschnitt der Alpenheide (Loiseleuria procumbens)

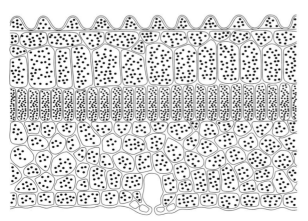

Blattquerschnitt des Zwergpfeffers (Peperomia arifolia)

a) Benennen Sie die Blattstrukturen **A** bis **H** der Alpenheide.
b) Begründen Sie nach Analyse der anatomischen Eigenheiten der Gewebe, welche Standorte die Alpenheide und der Zwergpfeffer bevorzugen.
c) Die Blattform der Alpenheide ist veränderlich. Wie verformen sich die Blätter der Alpenheide bei geringer und wie bei hoher Luftfeuchtigkeit? Welche Ursachen gibt es dafür?

15. Lebensbedingungen für Bodenorganismen   ☞ 58 ***

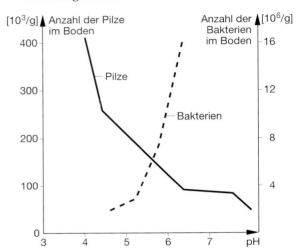

Anzahl der Bakterien und Pilze im Boden in Abhängigkeit vom pH-Wert

a) Welche ökologische Bedeutung haben Bakterien und Pilze im Boden?
b) Fassen Sie die Funktion der Mykorrhiza zusammen.
c) Beschreiben Sie mithilfe der Abbildung die Auswirkungen auf Mykorrhiza und Bakterien, die bei einer Versauerung des Bodens durch Schwefelsäure-Eintrag („saurer Regen") und durch das intensive Kalken eines sauren Bodens (Podsol) entstehen.

16. Bodensee   ☞ 64, 93 *

Der Bodensee wird in Obersee, Untersee und Überlinger See gegliedert. Obersee und Überlinger See können noch oligotroph genannt werden, während der Untersee bereits eutroph ist. Der bei Bregenz in den Bodensee mündende Rhein durchfließt Obersee und Untersee. Aus dem Überlinger See wird Trinkwasser für einen Großteil von Baden-Württemberg bezogen.
Der Bodensee befindet sich nur einmal im Jahr – etwa im Februar – im Zustand der Vollzirkulation, bei anderen Seen ist dies zweimal der Fall.

Beziehungen der Organismen zur Umwelt **19**

In den 60er Jahren fotografierte der Botaniker GERHARD LANG vom Flugzeug aus das gesamte Bodenseeufer, um es anschließend pflanzengeografisch zu kartieren. Es entstanden über 2000 Farbaufnahmen, die lückenlos aneinander schlossen. Auf diesen Bildern war deutlich zu erkennen, dass an den Flussmündungen und bei Ortschaften der Bewuchs mit höheren Pflanzen im Wasser viel dichter war als in anderen Uferregionen. Auch waren es zum Teil andere Pflanzenarten. Die Pflanzen wurden anschließend vom Boot aus bestimmt.

a) Was machte die Pflanzen zur Flugzeugbeobachtung geeignet?
b) Welchen Schluss kann man aus der unterschiedlichen Verteilung der Pflanzendichte in den Ufergebieten ziehen?
c) Welchen Beitrag für die Wasserqualität des gesamten Bodensees leisten diese Pflanzen?
d) Welche Faktoren sind dafür verantwortlich, dass bei Ortschaften und an den Flussmündungen andere Arten wachsen? Wie nennt man diese Arten, die nur unter bestimmten Bedingungen wachsen?
e) Welcher der folgenden Umstände ist dafür verantwortlich, dass sich der Bodensee nur einmal im Jahr im Zustand der Vollzirkulation befindet: seine große Fläche, seine große Tiefe oder seine vielen Zuflüsse?
f) Was hat die Vollzirkulation mit der Gesunderhaltung des Sees zu tun?
g) In welcher Jahreszeit belasten Abwässer den Bodensee am stärksten? Begründung.

17. Temperaturabhängige Kennzeichen homöothermer Tiere ☞ 65 **

Habitus von Waldwühlmaus und Graurötelmaus

Waldwühlmaus und Graurötelmaus gehören beide zur Familie der Wühlmäuse.

a) Füllen Sie die Tabelle aus, indem Sie die beiden Wühlmausarten der richtigen Verbreitung zuordnen und mit einem „+" Zutreffendes und mit einem „–" nicht Zutreffendes kennzeichnen.
b) Welche ökologischen Regeln müssen Sie beim Ausfüllen der Tabelle beachten? Wie lauten sie?

Verbreitung			
Art			
Kopf-Rumpf-Länge	bis 13,0 cm		
	bis 12,3 cm		
Schwanzlänge	2,8 bis 4,0 cm		
	3,6 bis 7,2 cm		
Sauerstoffverbrauch in Ruhe pro kg Körpergewicht	größer		
	kleiner		
Körpergewicht	15 bis 55 g		
	14 bis 36 g		

Kennzeichen von Waldwühlmaus und Graurötelmaus

20 Ökologie

18. Klimaregeln ☞ 65 *

a) Formulieren Sie die BERGMANNsche Regel und erklären Sie die darin festgehaltenen Zusammenhänge.
b) Warum beobachtet man sie nicht bei wechselwarmen Tieren?
c) Warum definiert man sie sinnvoll nur innerhalb eines Verwandtschaftskreises?

Bei Hasen in Mexiko ist die Ohrenlänge 1,79-mal so groß wie die Kopflänge.

d) Was ist für die Ohrenlänge von Hasen, die in Nordkanada leben, zu erwarten?
e) Worin liegt die biologische Bedeutung dieses Phänomens?
f) Kann diese Regel auch auf die Flossengröße von Fischen gleicher Art angewendet werden? Begründen Sie.

19. Temperaturabhängige Verbreitung poikilothermer Tiere ☞ 66 **

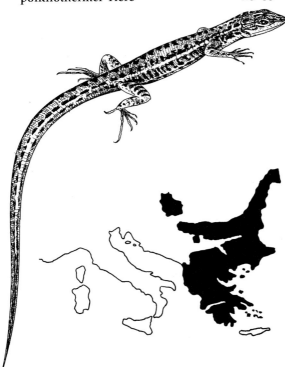

Habitus und europäisches Verbreitungsgebiet (schwarz) der Taurischen Mauereidechse

Die Taurische Mauereidechse hat eine durchschnittliche Kopf-Rumpf-Länge von 8 cm. Wie erklären Sie sich, dass sie im Norden ihres europäischen Verbreitungsgebietes durchweg kleiner ist?

20. Einsparung von Energie bei Winterschläfern ☞ 66 **

Tierart im Winterschlaf	Gewicht in g	Energiegewinn pro Tag bezogen auf den Ruheumsatz im Sommer		
		in KJ	in KJ/kg	in %
Mausohr-fledermaus	10	29	2900	99,4
Erdhörnchen	500	151	302	96,6
Igel	1000	226	226	95,5
Murmeltier	2500	377	126	93,4

Energieeinsparung durch Winterschlaf

Die in der Tabelle erwähnten Tiere sind alle Winterschläfer, Dachs (20 kg) und Schwarzbär (80 kg) dagegen sind Winterruher.

a) Welche Gesetzmäßigkeiten lassen sich aus der Tabelle ableiten und wie lassen sich diese erklären?
b) Wodurch unterscheiden sich Winterschlaf und Winterruhe? Wie lässt sich ökologisch erklären, dass bei Dachs und Bär lediglich eine Winterruhe festzustellen ist?

21. Atmungsaktivität von Wirbeltieren in Abhängigkeit von der Umgebungstemperatur ☞ 66 **

Die Untersuchung der Kohlenstoffdioxidproduktion dreier Wirbeltiere ergab in Abhängigkeit von der Umgebungstemperatur folgende Messergebnisse:

Umgebungs-temperatur [°C]	CO_2-Produktion [ml/min · g Körpergewicht]		
	kleine Maus	große Maus	Frosch
10	0,23	0,17	0,003
15	0,21	0,13	0,004
20	0,19	0,07	0,005

a) Wie hoch ist etwa die Körpertemperatur der drei Tiere bei den unterschiedlichen Umgebungstemperaturen?
b) Erklären Sie die Messwerte der Tabelle.
c) Welche Auswirkungen hat die Umgebungstemperatur auf die unterschiedliche Lebensweise von Mäusen und Fröschen?

22. Stoffwechselaktivität und Temperatur ☞ 66, 103 **

a) Beschreiben Sie den Biotop der Köcherfliegenlarve.
b) Interpretieren Sie die Grafik **B**. Verwenden Sie als Hilfsmittel auch die Angaben in Grafik **C**.

Beziehungen der Organismen zur Umwelt   21

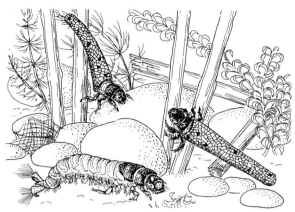

A: Köcherfliegenlarve im Bach

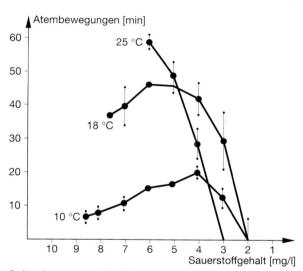

B: Atembewegungen des Abdomens einer Köcherfliegenlarve in Abhängigkeit vom Sauerstoffgehalt des Wassers, bei verschiedenen Temperaturen

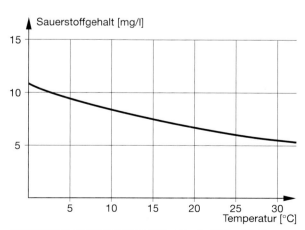

C: Löslichkeit von Sauerstoff im Süßwasser in Abhängigkeit von der Temperatur

23. Parasitismus ☞ 68, 69 *

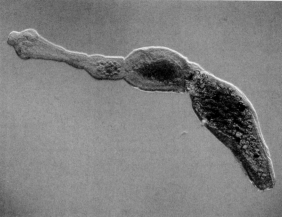

Fuchsbandwurm in lichtmikroskopischer Aufnahme (ca. 40fach)

Pressebericht: Vermeidung – Infektionsrisiko
Hundeliebhaber und Katzenfreunde sollten darauf achten, dass die Haustiere keine Mäuse fangen. Tiere, die nicht ständig überwacht werden können und in den Wohnräumen des Menschen mitleben, sollten daher in gefährdeten Gebieten alle sechs Wochen entwurmt werden. In Gegenden mit starkem Echinoceen-Befall – und damit vor allem auch in den ländlichen Gebieten Süddeutschlands – empfiehlt es sich, keine oder möglichst selten Früchte zu essen, die auf dem Boden gelegen haben oder die in Bodennähe wachsen. (Kochen von Nahrungsmitteln zerstört die Bandwürmer vollständig.) Zudem könnten die Würmer möglicherweise beim Mähen oder Pflügen aufgewirbelt und vom Menschen eingeatmet oder verschluckt werden. – Doch auch dies ist noch nicht eindeutig wissenschaftlich bewiesen, es sind lediglich Vermutungen.
Da es bisher immer noch unklar ist, welchen Weg der Bandwurm vom Fuchs zum Menschen nimmt, ist es schwierig, endgültige Empfehlungen zur Vermeidung einer Infektion zu geben.   vz
(Stuttgarter Zeitung, 01.07.1997)

Beschreiben Sie den Entwicklungszyklus des Fuchsbandwurms und erklären Sie den Begriff „Parasitismus" an diesem Beispiel.

24. Symbiose: Flechten – Leben im Ökosystem Wüste ☞ 71 *
a) Beschreiben Sie die Formen der Nährstoffversorgung bei Flechten als Form der Angepasstheit an bestimmte Standorte.
b) Beschriften Sie die Zeichnung in der folgenden Abbildung.

22 Ökologie

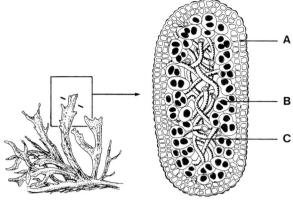

Ramalina, eine Strauchflechte

c) Erklären Sie die Befunde in der folgenden Abbildung.

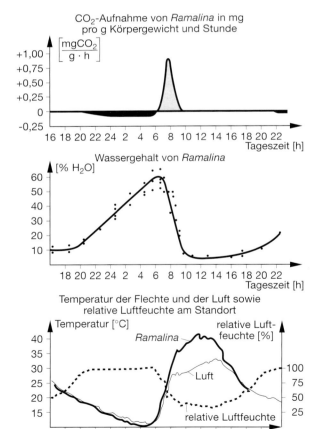

Messergebnisse bezüglich des CO_2-Gaswechsels, des Wassergehaltes sowie der Temperatur von *Ramalina* während zwei aufeinander folgender Septembertage in Israel

25. Verdauung bei Pflanzen ☞ 73 **

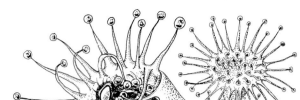

A: Ein Insekt wird auf der Blattoberfläche des Sonnentaus verdaut

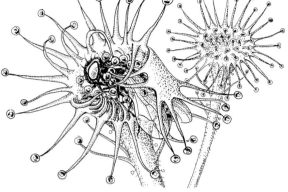

A Sekrete der Drüsenzellen, **B** Zellwand der Drüsenzelle, **C** Pore, **D** Cytoplasmamembran, **E** GOLGI-Vesikel, **F** Mitochondrium, **G** Tonoplast, **H** Vakuole, **I** Zellkern
B: Längsschnitt durch eine Verdauungsdrüse vom Sonnentau

a) Erklären Sie den Vorgang, der in Abbildung **A** dargestellt ist.
b) Beschreiben Sie den Standort der Pflanze und erklären Sie mithilfe der Abbildung **B** den physiologischen Prozess in der Pflanze, der zu dem Vorgang in Abbildung **A** führt.

26. Nitratversorgung in verschiedenen Ökosystemen ☞ 73, 87 *

a) Vergleichen Sie die beiden in der Abbildung dargestellten Bodenprofile.
b) Beschreiben Sie die Besonderheiten des Hochmoors hinsichtlich seines Nitratgehaltes.
c) Vergleichen Sie mithilfe der unteren Abbildung die Nitratversorgung der Pflanzen auf einer Wiese mit der in einem Hochmoor.

Population und Lebensraum

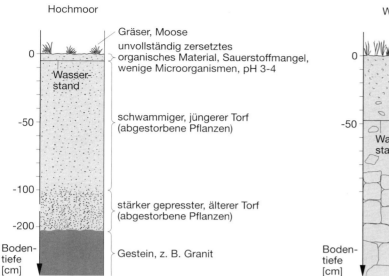

Profile des Untergrundes eines Hochmoors und einer Wiese

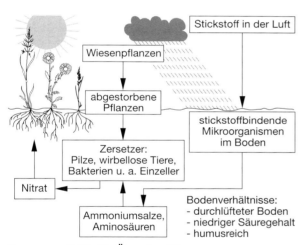

Versorgung mit Nitrat im Ökosystem Wiese

Population und Lebensraum

27. Größenunterschiede verwandter homöothermer Tiere   ☞ 74 **

Große und Kleine Hufeisennase sind eng verwandte Fledermausarten. Beide lieben bewaldete Landschaften, beide leben in West- und Süddeutschland, beide jagen während der ganzen Nacht Insekten. Ein deutliches Unterscheidungsmerkmal ist allerdings ihre Größe. Während die Große Hufeisennase 6 cm in der Länge misst, kommt die Kleine Hufeisennase lediglich auf 4 cm. Aufgrund der BERGMANNschen Regel würde man für die beiden Fledermausarten eine Nord-Süd-Verteilung annehmen. Erklären Sie ökologisch, wieso auch im gleichen Gebiet eng verwandte Arten eine unterschiedliche Größe besitzen können.

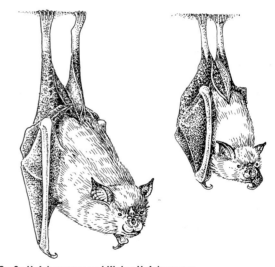

Große Hufeisennase und Kleine Hufeisennase

28. Ernährung von Insektenlarven im Wasser   ☞ 79 *

a) Beschreiben Sie mithilfe der Abbildung die Ernährungsweise der gezeigten Insektenlarven.
b) Welche biologischen Phänomene zeigen sich bei der Ernährungsweise in der Gruppe aus den Tieren **A, D** und **F** sowie in der Gruppe aus den Tieren **B, C, D** und **E**.

Ökologie

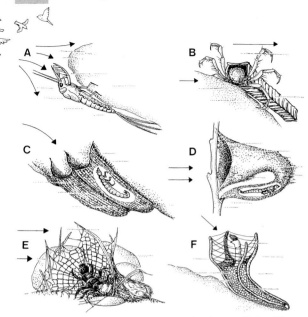

Fangmethoden von wasserlebenden Insektenlarven. Eintagsfliege *Isonychia* (A); Köcherfliegen: *Brachycentrus* (B), *Philopatamida* (C), *Neureclipsis* (D), *Hydropsyche* (E); Fliege *Rheotanytharsus* (F)
⟶ = Wasserstrom

29. Populationsdichte bei Wasserflöhen ☞ 80 *
Wasserflöhe sind kleine Krebstiere, die z. B. Pflanzenaufwuchs und Plankton fressen. Bei den folgenden Laborexperimenten wurden die Populationsdichten zweier Arten gemessen, die ein sehr ähnliches Nahrungsspektrum haben.

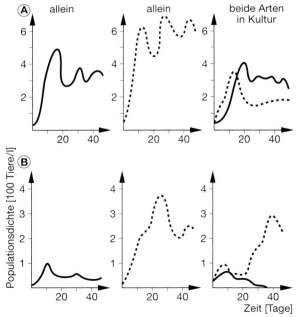

Ansätze mit großem (A) bzw. kleinem (B) Nahrungsangebot.
--- *Ceriodaphnia reticulata* (kleine Art) — *Daphnia pulex* (große Art)

a) Wie wirkt sich das Nahrungsangebot auf die Populationsdichten aus?
b) Welche Konkurrenzverhältnisse herrschen zwischen den beiden Arten?

30. Räuber-Beute-Beziehung ☞ 80 *
Didinium ist ein Fressfeind des Pantoffeltierchens *Paramecium*. Um das Räuber-Beute-Verhältnis studieren zu können, brachte man beide in das gleiche Kulturgefäß und erfasste in regelmäßigen Abständen die Individuenzahlen beider Arten. Es ergaben sich die in den nachfolgenden Schaubildern wiedergegebenen Werte:

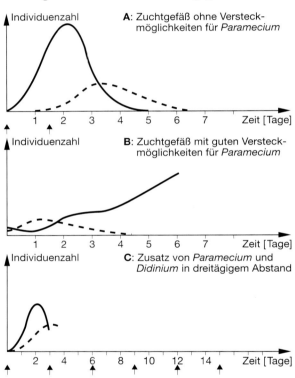

Individuenzahlen von *Paramecium* und *Didinium* unter verschiedenen Zuchtbedingungen
↑ Zusatz von Individuen in das Kulturgefäß

a) Ordnen Sie den Kurven die Arten *Didinium* und *Paramecium* richtig zu.
b) Erklären Sie die Ergebnisse der Abbildungen **A** und **B**.
c) Welches Ergebnis ist bei dem Experiment aus Abbildung **C** zu erwarten? Zeichnen Sie den weiteren Kurvenverlauf für die angefangenen Kurven.
d) Warum kann man in dem Experiment **C** von einer „offenen Umwelt" sprechen?
e) Erklären Sie an diesem Beispiel das dritte VOLTERRAsche Gesetz.

Ökosysteme

31. Konkurrenz ☞ 80 *

A Auf einem Feld lebt eine Mäusepopulation und im nahen Wald ziehen jährlich einige Bussardpaare ihre Jungen auf. Zu ihrer Ernährung sind sie auf die Mäusepopulation des Feldes angewiesen.
In demselben Wald siedelt sich einige Jahre später ein Fuchspaar an und zieht Junge auf.

B In Australien hat der Dingo die einheimischen Beutel-„Raubtiere" (Beutelwolf und Beutelteufel) tatsächlich ausgerottet. Der Dingo ist eine verwilderte Haushundrasse von kräftigem Wuchs und erfolgreicherer Jagdtechnik als die Beuteltiere.

C In Deutschland ist infolge menschlicher Eingriffe z.B. der Storch stark gefährdet.

a) Wäre es den Bussarden bei Vergrößerung ihrer Population möglich, die Mäuse auszurotten (und damit dem Feldbesitzer einen Dienst zu erweisen)? Begründung.
b) Können die Bussarde auch für die Mäusepopulation von Nutzen sein?
c) Welchen Einfluss werden die Füchse auf die Mäuse- und Bussardpopulationen haben? Werden jetzt die Mäuse ausgerottet?
d) Erklären Sie die Ausrottung von Beutelwolf und Beutelteufel in Australien.
e) Erklären Sie die Gefährdung des Storches in Deutschland und erörtern Sie die Parallelen zu Ihrer Antwort auf Frage d).

32. Beeinflussung der Konkurrenz durch Parasiten ☞ 80 ***

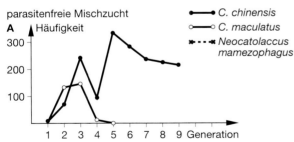
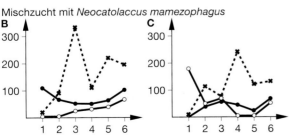

Entwicklung der Individuenzahl (Häufigkeit) der Samenkäferarten *C. chinensis* und *C. maculatus* ohne und mit ihrem gemeinsamen Parasiten

UTIDA benutzte 1953 für seine Untersuchungen an Tiergemeinschaften die Samenkäferarten *Callosobruchus chinensis* und *C. maculatus*. Diese hielt er in Mischkulturen mit und ohne Erzwespen (*Neocatolaccus mamezophagus*), die beide Käferarten unterschiedslos parasitieren. Die Ergebnisse der Untersuchungen sind in der Abbildung festgehalten.

a) Beschreiben Sie die Entwicklung der Käferpopulationen in A, B und C.
b) Erklären Sie die Populationsschwankungen der Käfer mithilfe der Abbildung und der entsprechenden Fachbegriffe.

Ökosysteme

33. Chlorierte Verbindungen als Sondermüll ☞ 85, 109 *

Eine Gruppe chlorierter Verbindungen sind polychlorierte Biphenyle (PCB). Es gilt als erwiesen, dass sie Krebs auslösen können. Obwohl der Einsatz Krebs erregender PCBs in Deutschland verboten ist, sind sie noch immer in Stoffkreisläufen vorzufinden. Die Tabelle gibt Messungen von PCB in der Nordsee wieder:

Probe	PCB-Gehalt in mg/l bzw. mg/kg	Anreicherungsfaktor bezogen auf die Wasserkonzentration
Wasser	$2 \cdot 10^{-6}$	
Sediment (Trockengewicht)	$5 \cdot 10^{-3}$	2500
pflanzliches Plankton	8	$4 \cdot 10^6$
Meeressäuger *	160	$80 \cdot 10^6$
Fische *	1–37	$0,5 \cdot 10^6 – 18,5 \cdot 10^6$
tierisches Plankton	10	$5 \cdot 10^6$
Seevögel *	110	$55 \cdot 10^6$
wirbellose Tiere	5–11	$2,5 \cdot 10^6 – 5,5 \cdot 10^6$

PCB-Gehalt von Wasser, Sediment und Tieren in der Nordsee (* Angaben bezogen auf Fettgewebe)

a) Warum wurde bei drei Tiergruppen das Fettgewebe zur Untersuchung herangezogen, bei den anderen nicht?
b) Was sagen die Angaben über die Verteilung von PCBs in unserer Umwelt aus?
c) Welche biologische Tatsache ist an der Reihe der PCB-Gehalte sowie der Anreicherungsfaktoren zu erkennen?

26 Ökologie

34. Der Stickstoffkreislauf im See ☞ 87 ***

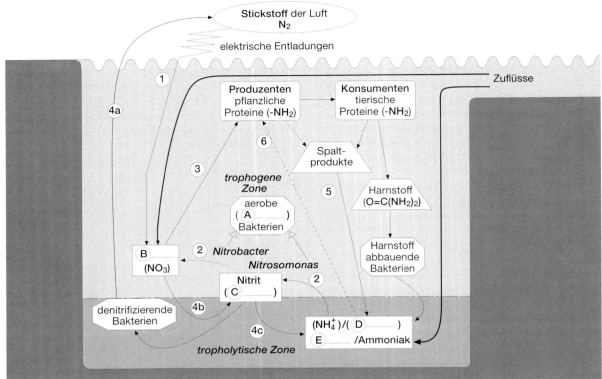

Stickstoffkreislauf im See

a) Welche Begriffe bzw. Formeln sind den Lücken **A** bis **E** zuzuordnen?
b) Bezeichnen Sie die Vorgänge **1** bis **6** (Vorgang 3 = assimilatorische Nitratreduktion).
c) Welche Vorgänge laufen anaerob ab?
d) In welchen Vorgängen wird Stickstoff reduziert?
e) *Nitrosomonas* und *Nitrobacter* tragen zum Stickstoffkreislauf bei. Formulieren Sie die entsprechenden biochemischen Vorgänge in jeweils einer Formelgleichung.

35. Stickstoffverteilung in Wäldern verschiedener Klimazonen ☞ 90 **

Region	Gesamt-N in mg/m²	% N in der Biomasse	% N im Boden
England	94	821	6
Thailand	42	211	58

Stickstoffverteilung in einem englischen und einem thailändischen Wald

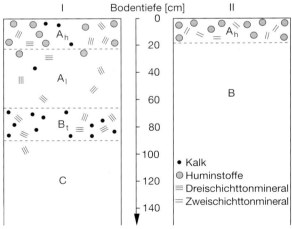

A_h: durch Huminstoffe gebräunter Horizont, viele Restminerale aus überwiegend physikalischer Verwitterung; A_l: heller gefärbter Horizont; B_t: mit Tonmineralen und Kalk angereicherter Horizont; C: Ausgangsgestein

A_h: durch Huminstoffe gebräunter Boden, durch chemische Verwitterung kaum Restminerale, rote Färbung durch Eisenoxide; B: tiefgründig verwitterter Unterboden, Eisenoxide, keine Restminerale

Bodenprofil einer Parabraunerde aus England (I) und einem ferralistischen Boden aus Thailand (II)

Ökosysteme

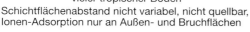

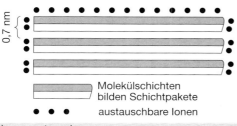
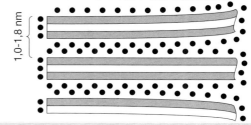

Kationenaustausch

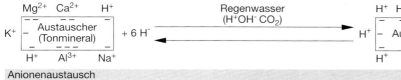

Anionenaustausch

Aufbau und Ionenaustausch bei Tonmineralen der Tropen und der gemäßigten Breiten

Erklären Sie die Befunde in der Tabelle hinsichtlich der Verteilung des Stickstoffs und der möglichen landwirtschaftlichen Nutzungen mithilfe der Abbildungen.

36. Fließgewässer ☞ 93 *

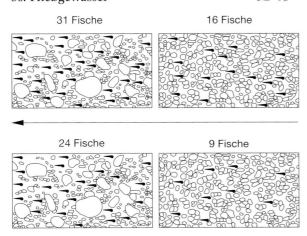

— schnell fließender Bach   kleiner Kiesel
— — langsam fließender Bach   größere Steine
→ Junglachs

Anzahlen von Junglachsen in vier verschiedenen Bächen

Lachse laichen auf Kies in der Bachregion von Fließgewässern ab. Die jungen Lachse beanspruchen beim ersten Heranwachsen ein Territorium. Die Abstände zum Nachbarterritorium sind u. a. durch den Anblick eines anderen Junglachses bestimmt. Die vier Abbildungen zeigen Junglachse in verschiedenen Bächen (Blick von oben). Dabei waren vergleichbare Ausgangszahlen an Fischeiern bei den vier Bächen vorhanden gewesen. Bei hoher Strömungsgeschwindigkeit halten sich die Jungfische dichter am Boden auf als bei niedriger Strömungsgeschwindigkeit.

a) Woran erkennt man an den Abbildungen, dass die Fische territorial leben?
b) Erklären Sie die unterschiedliche Dichte der Lachsterritorien in den vier Bächen.

37. Stausee ☞ 93 **

Die folgenden Abbildungen zeigen zwei Stauseetypen sowie deren Temperaturverhältnisse im August. Bei See **A** wird das Oberflächenwasser abgenommen, bei **B** das Tiefenwasser.

a) Ordnen Sie die Temperaturkurven den Seen zu und begründen Sie kurz.
b) Welche ökologischen Folgen ergeben sich für die jeweiligen Stauseen und die entsprechenden nachfolgenden Flüsse, die von den Stauseeabflüssen gespeist werden?

28 Ökologie

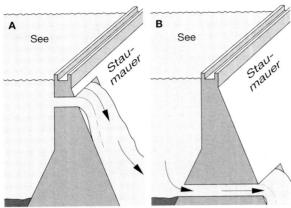

Zwei Stauseetypen

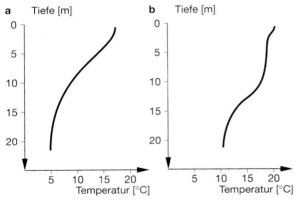

Temperaturverhältnisse von See A und B im August

38. Ökologisches Gleichgewicht ☞ 93 *
„Ein langer, heißer Sommer, der regen- und windarm ist, könnte den Rhein umkippen lassen. Dann würde er faulen und stinken . . ., dann würde Wasser so teuer wie Champagner."
a) Was bedeutet „umkippen"?
b) Wodurch würde das Umkippen des Rheins verursacht? Nennen Sie die beteiligten Faktoren und beschreiben Sie deren unmittelbare Auswirkungen.

39. Charakterisierung des Bieler Sees ☞ 93 ***
a) Beschreiben Sie die Abbildungen **A** und **B** besonders im Hinblick auf Zonierungsmöglichkeiten.
b) Charakterisieren Sie den Bieler See aufgrund der vorliegenden Abbildungen.
c) Beschreiben Sie die Abbildung **C** und finden Sie Erklärungen für die Abnahme des Phytoplanktons im Juni.
d) Wie sind im Vergleich zum Bieler See die übrigen in der Tabelle aufgeführten Seen zu klassifizieren?

A: Phosphatgehalt des Bieler Sees in verschiedenen Tiefen und zu verschiedenen Jahreszeiten

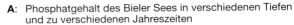
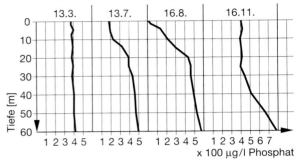

B: Sauerstoffprofile im Bieler See

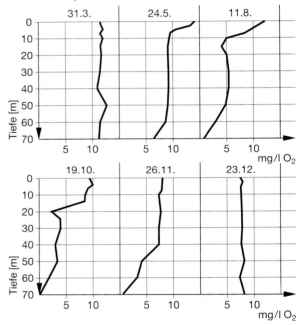

C: Algenmasse in g unter 1 m² Fläche des Bieler Sees im Verlauf eines Jahres (Die Buchstaben unter der Grafik stehen für die einzelnen Monate.)

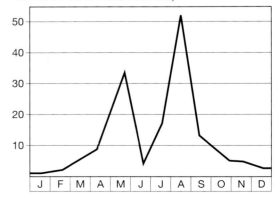

Phosphatgehalt, Sauerstoffprofil und Algenmasse des Bieler Sees

Nutzung und Belastung der Natur durch den Menschen

	Biomasse des Phytoplanktons in mg/l
schwedischer See	0,2
Lago Maggiore	1,7
Thunersee	2,0
Brienzersee	2,2
Lago di Como	5,2
Sempachersee	5,5
Bielersee	8,0
Luganersee	10,3
Pfäffikersee	20,3
Hallwilersee	26,4
Rotsee	35,2

Biomasse des Phytoplanktons in diversen Seen

40. Charakterisierung eines Sees ☞ 93 **

Die folgende Tabelle gibt das Tiefenprofil eines Sees mit kaum bewegter Oberfläche hinsichtlich einzelner Inhaltsstoffe wieder. Die Wasserprobe wurde im Juni genommen und analysiert. Für die Lücken liegen keine Messwerte vor.

Tiefe [m]	O_2 [mg/l]	NO_3^- [mg/l]	NH_4^+ [mg/l]	PO_4^{3-} [mg/l]	CO_2 [mg/l]
0	9,3	0,16	0,0	Spur	0,5
10	8,5		0,0	Spur	
20	0,6	0,21	0,2	Spur	14,0
30	0,0	Spur	2,5	0,17	
40	0,0	Spur	4,5	0,17	54,8

Tiefenprofil eines Sees mit kaum bewegter Oberfläche

a) Setzen Sie die Inhaltsstoffe des Sees in Beziehung zueinander und begründen Sie. Interpretieren Sie die Werte hinsichtlich des Seetyps.
b) Fertigen Sie ein Diagramm zur vermutlichen Temperaturschichtung im Juni an und beschriften Sie es.
c) Welche Veränderungen der Inhaltsstoffe erwarten Sie für den Dezember? Begründen Sie.

41. Wattenmeer ☞ 94 *

Zwischen der Inselkette, welche der Deutschen Bucht vorgelagert ist, und dem Festland liegt das Wattenmeer. Es ist ein Flachmeer, erstreckt sich von Den Helder (Niederlande) bis Esbjerg (Dänemark) und ist in dieser Größe auf der Erde einmalig. Nach der Beschaffenheit des Untergrundes kann man zwischen dem Sandwatt (sandig, fest) und dem Schlickwatt unterscheiden. Schlickwatt besteht aus mikroskopisch kleinen, abgesunkenen Schwebstoffen und ist sehr wasserreich (Gefahr des Einsinkens). Etwa 70 % des Wattenmeers fallen bei Ebbe trocken; die restlichen 30 % bestehen aus kleineren oder größeren Prielen, in denen sich das Restwasser befindet. Das Watt ist reicher an organischen Nährstoffen als der Festlandboden. Charakteristische Tiere sind neben den Jungfischen Pierwurm, Austernfischer, Herzmuschel, Seestern, Seepocke, Strandkrabbe und Napfschnecke.

a) Zu welchen Klassen gehören die genannten Tiere?
b) Welchen Einfluss haben die Gezeiten auf den Zeitraum der Nahrungsaufnahme bei diesen Tieren? Erläutern Sie Ihre Antworten.
c) Wie ist der Reichtum an organischen Nährstoffen zu erklären?
d) Welche Anpassungen an den Biotop und an die biotischen Faktoren besitzen die genannten Tiere?
e) Welche Wechselwirkungen bestehen zwischen Biotop und Schlickbewohnern?
f) Im Wattenmeer wachsen viele Jungfische (Sprotte, Scholle, Seezunge, Hering) heran. Weshalb ist es geeignet als „Kinderstube der Nordsee"?
g) Das Wattenmeer ist der Mauserplatz vieler Seevögel. Weshalb ist es dafür geeignet?
h) Die ernsten Gefahren, welche das Wattenmeer bedrohen, werden verursacht durch
 – Schiffe,
 – Motorboote,
 – Industrie an der Küste,
 – Touristen (ca. 2 000 000 jährlich auf den holländischen, deutschen und dänischen Inseln bei etwa 80 000 Einwohnern),
 – militärische Stützpunkte (Luftwaffe, Panzer und Landstreitkräfte).
Worin bestehen die jeweiligen Gefahren für das Ökosystem?

Nutzung und Belastung der Natur durch den Menschen

42. DDT-Einsatz auf Borneo ☞ 97 ***

A Die „Haustiere" der Dajaks
Der Tokee, eine Geckoart, hält sich als Kulturfolger auf Borneo in den Langhäusern der einheimischen Dajaks auf. Man schätzt ihn dort als Glücksbringer, frisst er doch sämtliche Hausinsekten, z. B. Schaben und Bettwanzen, und auch andere Beutetiere bis zur Größe einer halberwachsenen Maus. Katzen sind bei den Dajaks auch sehr beliebt. Sie vertilgen Ratten und Mäuse,

manchmal aber auch Schaben und Geckos (u. a. Tokees), vor allem dann, wenn sie sich zu stark ausbreiten und zu einer leichten Beute werden.

Tokee

B Der DDT-Einsatz auf Borneo
Anfang der 60er Jahre setzte die WHO in Südostasien mit großem Erfolg DDT gegen die *Anopheles*-Mücke ein, die dort die verbreitetste Krankheit, die Malaria, überträgt. Daraufhin ging besonders die Kindersterblichkeit rapide zurück. So spritzte man DDT auch in den Langhäusern der Dajaks auf Borneo.

C Nach dem DDT-Einsatz in den Langhäusern
Im nächsten Jahr freuten sich die Dajaks über den Rückgang der Moskitos. In der Folgezeit wurden die Dajaks jedoch von anderen Tieren heimgesucht:

a Ratten und Mäuseplage: Ratten und Mäuse vermehrten sich so zahlreich, dass sie sogar die Zehen schlafender Kinder anfraßen. Viele Familien, die ihre Katzen auf unerklärliche Weise verloren hatten, besorgten sich immer wieder fremde Katzen, die bald die Nager in Schach hielten.

b Bettwanzenplage: Diese Tiere vermehrten sich explosionsartig.

c Insektenplage: Insektenlarven befielen in so großer Zahl die Dachstühle, dass die Häuser zusammenbrachen und sich die Dajaks ein neues Zuhause bauen mussten. Ältere abergläubische Dajaks führten die Katastrophen auf die in den Häusern fehlenden Glücksbringer (s. o.) zurück.

a) Entwickeln Sie ein Nahrungsnetz für die in der Aufgabe erwähnten Organismen. Skizzieren Sie dazu drei ökologische Pyramiden mit den entsprechenden Angaben.

b) Beschreiben Sie die Eigenschaften des DDT. Begründen Sie, warum seine Anwendung seit 1971 in der Bundesrepublik verboten ist.

c) Erklären Sie, wie es Ihrer Meinung nach zu den drei Plagen auf Borneo kam.

d) Welche Maßnahmen hätte man Ihrer Meinung nach aus heutiger Sicht gegen die Plagen ergreifen können?

43. Probleme mit der Schaflausfliege ☞ 97 **

Bauer B. aus E. entdeckte im Fell seiner Mutterschafe, die er über Winter im Stall hielt, kleine Insekten, die er mit einem Bestimmungsbuch als Schaflausfliegen identifizieren konnte. Er las:

„Die Schaflausfliege (s. Abbildung) lebt im Fell von Schafen und saugt diesen Tieren Blut durch die Haut ab. Da die Tiere flügellos sind, ähneln sie eher Läusen als Fliegen. Die Larven kommen verpuppungsreif zur Welt. Zur Ausbreitung der Tiere gibt die enge Berührung der Schafe in der Herde reichlich Gelegenheit. Im Darm der Schaflausfliegen leben Einzeller der Gattung *Leptomonas*, die zu den Geißeltierchen *(Flagellaten)* gehören. In diesen Einzellern leben wiederum bestimmte Bakterien."

Kurz entschlossen puderte Bauer B. seine Schafe und den Stall mit einem Insektizid ein. Nach wiederholter Anwendung stellte er zufrieden fest, dass die Schaflausfliegen verschwunden waren. Als er jedoch später bemerkte, dass es sich bei dem verwendeten Insektizid um HCH (Lindan) handelte, ließ er vorsichtshalber das Fleisch der Lämmer, die er im November des Folgejahres schlachtete, auf Pestizidrückstände untersuchen.

Ergebnis der veterinärmedizinischen Untersuchung:
2 mg HCH/kg Muskelfleisch,
5 mg HCH/kg Fett bzw. Leber.
Hinweis: ADI-Lindan 0,01 mg/kg
Die geduldete tägliche Höchstmenge einer Chemikalie in einem Nahrungsmittel berechnet man mithilfe des ADI(**a**cceptable **d**aily **i**ntake)-Werts nach der Formel:
ADI in mg/kg · 70 kg (durchschnittliches Körpergewicht des Menschen) geteilt durch den durchschnittlichen Verzehr des Nahrungsmittels in kg.

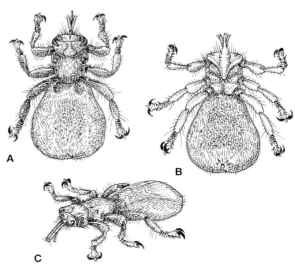

Schaflausfliege von oben (A), unten (B) und in der Seitenansicht (C)

Nutzung und Belastung der Natur durch den Menschen

a) Wie hoch dürfte die geduldete Rückstandsmenge an Lindan im Lammfleisch sein, damit Familie B. ihr Fleisch ohne Bedenken verzehren kann?
b) Erklären Sie die Ihrer Meinung nach vorliegenden Gründe für die Lindan-Rückstände im Lammfleisch. Hinweis: Lämmer werden von den Muttertieren im Frühjahr geboren.
c) Welche Eigenschaften kennzeichnen Schaflausfliegen als Parasiten (vgl. Text und Abbildung)?
d) Im Bestimmungsbuch des Bauern B. ist eine Nahrungskette beschrieben, in der ein Glied durch die Schaflausfliegen repräsentiert wird. Zeichnen Sie für diese Nahrungskette die ökologischen Pyramiden, beschriften Sie die einzelnen Ebenen und geben Sie die entsprechenden Einheiten an. Begründen Sie kurz Ihre Darstellung.

44. Akkumulation von Quecksilber ☞ 97 **

Giftige Quecksilberverbindungen werden in einigen Industriezweigen benötigt. Unter anderem wurden sie früher auch zur Schädlingsbekämpfung eingesetzt. Im Wasser werden sie von Mikroorganismen in das hochgiftige Methylquecksilber umgewandelt. Dieses ist fettlöslich und kann von Kleinstlebewesen aufgenommen werden. Die Halbwertzeit liegt zwischen ein und drei Jahren.

In diesem Zusammenhang riet „Katalyse", das Institut für angewandte Umweltforschung e.V., 1986 vom Verzehr von Haifischfleisch ab. Hai kommt oft unter wohlklingenden Namen wie z.B. Schillerlocken auf den Markt. Ebenso abgeraten wurde von Thunfisch, einem Räuber, der bis zu einer Tonne schwer und bis zu 5 m lang wird. Unter Vorbehalt sollte man Rotbarsch essen können, einen langsam wachsenden Fisch des Nordatlantiks, der sich von Krebsen und Fischen ernährt. Geraten wurde zu schnellwüchsigem Dorsch. Seine Nahrung sind Krebstiere, kleine Fische und Würmer in Bodennähe. Empfohlen wurden auch Makrelen, Hochseefische, die sich von Kleinkrebsen, Jungheringen, Sardinen und Sardellen ernähren.
Begründen Sie die angegebenen Verbrauchertipps aus dem Jahre 1986.

45. Waldkahlschlag ☞ 100 **

In einem Waldkahlschlag wächst eine Fülle von Blütenpflanzen (z.B. Braunwurz, Taubnessel, Weidenröschen, Himbeere). Diese wuchsen dort nicht, als die Bäume noch standen.
Erklären Sie dieses Phänomen und beachten Sie dabei, dass viele dieser Pflanzen durchaus an anderen beschatteten Orten gedeihen. Sie wachsen aber nicht im Schatten von Bäumen.

46. „Mittelstreifenflora" ☞ 101, 102 **

Deutschland durchziehen mehr als 9000 km Autobahn. Durch sie ist eine neue Pflanzengemeinschaft entstanden, die besonders charakteristisch am Mittelstreifen zu finden ist. Der Rand der Autobahnen sowie Parkplätze zeigen diese Gemeinschaft ebenfalls.
Diese Gemeinschaft soll im Folgenden „Mittelstreifenflora" genannt werden. An auffälligen Blütenpflanzen sind Wilde Möhre, Kamille und Nachtkerze zu sehen, daneben viele andere unscheinbare Pflanzen.
In den 70er Jahren ist in dieser Pflanzengemeinschaft an der A8 zwischen Ulm und München das Auftreten des Salzschwadens beobachtet worden, eines Grases, das, wie schon der Name sagt, salzhaltigen Boden benötigt. (Mittlerweile hat sich der Salzschwaden auf allen Autobahnen und vielen Bundesstraßen ausgebreitet.)
a) Welche abiotischen Faktoren bestimmen die Zusammensetzung der Mittelstreifenflora?
b) Welche Faktoren spielen hier im Hinblick auf die Bestäubung eine Rolle?
c) Welche Anpassungen müssen die Mittelstreifenpflanzen aufweisen, um sich in ihrem Biotop behaupten zu können?
d) Welches ist wohl der natürliche Lebensraum des Salzschwadens?
e) Wie ist das Auftreten des Salzschwadens an der A8 zu erklären? Klären Sie zunächst die abiotische Voraussetzung und formulieren Sie dann eine Hypothese zur Erklärung seines Auftretens.

47. Nitratgehalt im Grundwasser ☞ 102 **

Interpretieren Sie die Befunde in der folgenden Tabelle.

Nutzung, Fruchtfolge	Düngung $\left[\frac{kg \cdot N}{ha \cdot Jahr}\right]$	Nitratgehalt des neu gebildeten Grundwassers [mg/l]
Acker: Getreide/Hackfrucht	120	22–30
Acker: Getreide/Winterzwischenfrucht/Hackfrucht	120	14–16
Mähwiese (Silage, Heu)	250	3– 7
Intensivweide mit zwei Rindergroßvieheinheiten (ca. 180 Weidetage)	250	14–20
Feldgemüse, Sonderkulturen	300–600	34–70

Mittlere Nitratkonzentration der jährlichen Grundwasserneubildung auf Sandboden

32 Ökologie

48. Rückgang der tropischen Feuchtwälder ☞ 102 **

Region	Fläche in 106 ha	
	1975	2000
Tropen insgesamt	1120	992
Westafrika	14	7
Zentralafrika	170	166
SO-Asien	291	243
davon Inseln	172	149
Festland	119	94
Südamerika	526	467
Mittelamerika	101	93

Rückgang der tropischen Feuchtwälder

a) Berechnen Sie den absoluten und prozentualen jährlichen Verlust der tropischen Feuchtwälder von 1975 bis zum Jahr 2000. Erläutern Sie mithilfe dieser Zahlen, wo die Geschwindigkeit des Rückgangs besonders groß ist und wo die Flächenabnahme besonders groß ist.
b) Stellen Sie die wirtschaftlichen Ursachen und ökologischen Folgen dieses Prozesses dar.

49. Gewässergüte/Indikatororganismen ☞ 103 *
In der Abbildung finden Sie in nicht maßstabgerechter Abbildung Indikatororganismen für verschiedene Gewässergüten in ungeordneter Zusammenstellung. In der Abbildung sind zudem – ebenfalls ungeordnet – ihre Namen aufgeführt.
a) Ordnen Sie die Organismennamen den Abbildungen zu.
b) Ordnen Sie die Tiere der Gewässergüte (I–IV) zu, für die sie Indikatororganismus sind.

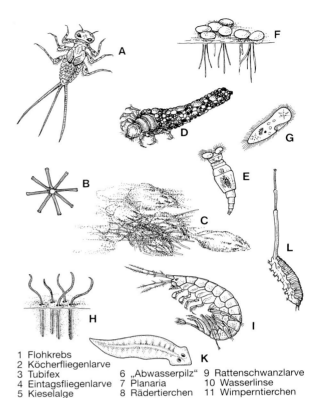

1 Flohkrebs
2 Köcherfliegenlarve
3 Tubifex
4 Eintagsfliegenlarve
5 Kieselalge
6 „Abwasserpilz"
7 Planaria
8 Rädertierchen
9 Rattenschwanzlarve
10 Wasserlinse
11 Wimperntierchen

Indikatororganismen

50. Treibhauseffekt und Luftbelastung ☞ 104, 109 *
Wissenschaftler vermuten, dass industrielle Schwefelemissionen dem Treibhauseffekt entgegenwirken. Die Hauptrolle soll dabei Sulfatdunst (Aerosole) in Wolkenhöhe spielen.
Die folgenden Informationen und die Abbildung sollen dies genauer erläutern:

Treibhauseffekt und Luftbelastung

A Haushalte, Straßenverkehr und Industrie sind die Hauptquelle von Schwefeldioxidemissionen.
B Etwa die Hälfte dieser Emissionen gelangen per Auswaschungen durch Niederschläge aus der Atmosphäre wieder direkt in Wasser und Boden (saurer Regen).
C Sowohl in Wolken wie auch bei klarem Wetter entstehen aus Schwefeldioxid Sulfat-Aerosole (von Wasser umgebene feinste Tröpfchen eines Stoffes).
D Diese Sulfat-Aerosole stellen einen Sulfatdunst dar, der Sonnenstrahlen reflektieren lässt.
E Die Sulfat-Aerosole erhöhen die Größe und Anzahl der Tröpfchen in Wolken und erhöhen damit deren ...
F ... Reflektionsfähigkeit.
G Durch Treibhausgase wie Methan und CO_2 wird die Erdoberfläche verstärkt erwärmt.

a) Ordnen Sie den Text (= Informationen **A–G**) der Abbildung zu (Buchstaben in Kreise schreiben).
b) Wie könnten Schwefelemissionen dem Treibhauseffekt entgegenwirken?
c) Kann industrielle Schwefelemission eine Lösung für das Treibhausgas-Problem darstellen (Begründung)?

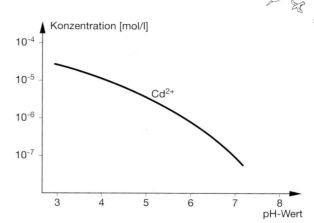

Allgemeine Löslichkeit von Schwermetallverbindungen in Abhängigkeit vom pH-Wert am Beispiel von Cadmium

a) Welche grundsätzliche Problematik zeigt die untere Abbildung?
b) Wie kann man die Abhängigkeit zwischen pH-Wert und Löslichkeit der Schwermetalle formulieren?
c) Welche für die menschliche Gesundheit relevanten Zusammenhänge sind bezüglich der beiden Abbildungen zu erkennen?

51. Schwermetalle als Umweltfaktor   ☞ 105, 106 *
Cadmium (Cd), Blei (Pb), Zink (Zn) sind Beispiele für Schwermetalle, die verstärkt durch den Menschen in die Umwelt gebracht werden (z.B. bei der Eisen-, Stahl-, Zement-, Glasproduktion u.v.m.). In höheren Konzentrationen haben sie vergiftende Wirkung auf verschiedene menschliche Organe. Die folgenden beiden Abbildungen geben einen Ausschnitt aus dem Spannungsfeld „Schwermetalle als Umweltfaktor":

52. Müll als Umweltproblem   ☞ 112 *
Folgendes Gedanken- und Rechenspiel soll eine Vorstellung von Müllmengen geben: Pro Praline entsteht ca. 4,5 g Verpackungsmüll. Stellt man aus dem Müll kompakte Bauwürfel her, entsteht aus 1 t Müll ein Volumen von 4,9 m³. Wenn jeder Bundesbürger (80 Mill.) eine Praline pro Jahr äße, wie lang wäre eine aus den entsprechenden Verpackungen gebaute Mauer, deren spezifisches Gewicht 1 sein soll und die 1 m hoch und 25 cm breit sein soll?

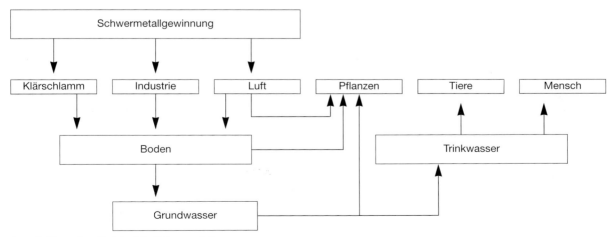

Ausschnitt aus dem Kreislauf der Schwermetalle

Ökologie

53. Definitionen **

Kreuzen Sie bei den folgenden Aufgaben jeweils die richtige Lösung an. Es ist immer nur eine Lösung richtig.

1. Abiotische Faktoren sind Einflüsse,
    a) die von der gesamten Natur ausgehen.
    b) die nur von der belebten Natur ausgehen.
    c) die nur von der unbelebten Natur ausgehen.
    d) die von Lebewesen in deren Umwelt verändert werden.
    e) aus der Umwelt, die nur auf Individuen einer Art einwirken.

2. Autökologie ist eine Wissenschaft, die sich beschäftigt mit
    a) der Einwirkung eines Organismus auf seine Umwelt.
    b) der Wirkung der Umweltfaktoren auf einen einzelnen Organismus.
    c) der Wirkung der Umweltfaktoren auf eine Population.
    d) der Wirkung der Umweltfaktoren auf alle Individuen einer Art.
    e) der Einflussnahme des Automobils auf die Umwelt.

3. Anaerobe Lebewesen
    a) benötigen zum Überleben freien Sauerstoff.
    b) können durch Gärungsprozesse überleben.
    c) verfaulen.
    d) können ohne Gegenwart von freiem Sauerstoff aktiv leben.
    e) leben im tiefen Wasser, sodass sie nicht mit dem Luftsauerstoff in Berührung kommen.

4. Autotrophe Lebewesen
    a) synthetisieren alle benötigten organischen Stoffe selbst.
    b) synthetisieren alle benötigten anorganischen Stoffe selbst.
    c) benötigten alle Nährstoffe von anderen Organismen.
    d) können durch Einschränkung mit wenigen Stoffen auskommen.
    e) können ihrer Nahrung ausreichend viel Wasser zum Überleben entnehmen.

5. Ein Biotop ist
    a) der Lebensraum mit bestimmten Umweltbedingungen, der von Organismen bewohnt wird.
    b) die Lebensgewohnheit einer Art.
    c) eine Lebensgemeinschaft verschiedener Arten, die sich gegenseitig beeinflussen.
    d) eine Lebensgemeinschaft, bei der sich zwei Organismen zu beiderseitigem Vorteil zusammengeschlossen haben.
    e) nichts anderes als ein von Menschen angelegter Teich, der durch Tiere und Pflanzen besiedelt wird.

6. Der biologische Sauerstoffbedarf (BSB) ist diejenige Sauerstoffmenge, die
    a) Mikroorganismen in einer bestimmten Zeit zur Gärung brauchen.
    b) pflanzliche Mikroorganismen freisetzen.
    c) Mikroorganismen bei der Reduktion organischer Stoffe produzieren.
    d) Mikroorganismen durch die Sauerstoffabspaltung aus Wasser verbrauchen.
    e) Mikroorganismen beim oxidativen Abbau von organischem Material verbrauchen.

7. Destruenten
    a) fressen im Boden lebende Organismen.
    b) zersetzen tote Biomasse zu Wasser, CO_2 und Mineralsalzen.
    c) machen aus anorganischem Material in großen Zeiträumen Erdöl.
    d) zersetzen organische Stoffe zu Wasser.
    e) gewinnen ihre Energie immer aus Gärungsprozessen.

8. Dissimilation ist
    a) die Umkehr der Fotosynthesereaktion.
    b) die gebremste Knallgasreaktion.
    c) ein anderer Begriff für den Citratzyklus.
    d) die Summe aller Gärungsprozesse.
    e) die Summe aller stoffabbauenden Prozesse in Organismen.

9. Unter Eutrophierung versteht man
    a) das Umkippen von Gewässern.
    b) eine zunehmende Anreicherung der Gewässer mit Nährstoffen.
    c) den Übergang eines eutrophen Teiches in den oligotrophen Zustand.
    d) eine völlige Abdeckung der Teichoberfläche durch Wasserlinsen und Algen.
    e) explosives Algenwachstum in längeren Wärmeperioden.

10. Heterotrophe Organismen
    a) weisen Geschlechtsdimorphismus auf.
    b) sind Organismen mit Generationswechsel.
    c) ernähren sich parasitisch von anderen Organismen.
    d) benötigen organische Nahrung.

Definitionen 35

e) haben im Sommer eine andere Lebensweise als im Winter (z. B. Winterschläfer).

11. Nekton ist
    a) eine Blütenflüssigkeit, die Insekten als Nahrung dient.
    b) die Lebensgemeinschaft aller Blütenpflanzen.
    c) die Gemeinschaft aller Blütensaft saugender Tiere.
    d) die Gemeinschaft aller Tiere der obersten Bodenschicht.
    e) die Gemeinschaft aller aktiv schwimmenden Tiere.

12. Unter „ökologischer Nische" versteht man
    a) die Lebensgewohnheiten einzelner Arten.
    b) ein schwer zugängliches Gebiet, das nur von wenigen Tier- oder Pflanzenarten besiedelt werden kann.
    c) Boden- oder Felsnischen, auch Baumhöhlen, in die nur einzelne Lebewesen hineinpassen.
    d) alle Umweltfaktoren, die für den Fortbestand einer bestimmten Art von Bedeutung sind.
    e) den spezifischen Lebensraum einer Art.

13. Ein Ökosystem
    a) ist eine selbstregulationsfähige Einheit der Biosphäre, in der Biozönose und Biotop in Wechselbeziehung zueinander stehen.
    b) ist das Zusammenspiel aller Ökofaktoren.
    c) ist ein naturbelassener Biotop.
    d) produziert Nahrung im Überfluss.
    e) ist eine Lebensgemeinschaft, die durch Zu- oder Abwanderung einzelner Individuen außer Kontrolle gerät.

14. Der Saprobiegrad
    a) ist ein Maß für die Selbstreinigungskraft eines Gewässers.
    b) gibt an, wie viele Schadorganismen sich in einem Gewässer befinden.
    c) gibt an, wie hoch die Belastung eines Gewässers mit mikrobiell nicht abbaubaren Stoffen ist.
    d) ist ein Maß für die Gewässerverunreinigung.
    e) ist ein Maß für die Sauerstoffzehrung eines Gewässers.

15. Sukzession ist definiert als
    a) Abfolge der Organismen von der Wurzelschicht bis zu den Baumkronen.
    b) zeitliche Folge von Pflanzen auf landwirtschaftlich genutzten Feldern.
    c) Bewirtschaftungsfolge von landwirtschaftlichen Nutzflächen.
    d) zeitliche Aufeinanderfolge von Lebensgemeinschaften in einem Lebensraum, die sich von allein entwickelt.
    e) Abfolge verschiedener Lebensformen im Jahresverlauf.

16. Umweltkapazität ist das Fassungsvermögen
    a) eines Biotops für eine bestimmte Zahl von Arten.
    b) einer ökologischen Nische für eine bestimmte Zahl von Individuen.
    c) eines Lebensraums für eine bestimmte Sorte von Umweltfaktoren.
    d) einer Biozönose für verschiedene ökologische Nischen.
    e) eines Lebensraumes für eine maximale Populationsgröße über längere Zeit.

36 Ökologie

54. Multiple-Choice-Test Ökologie

Mithilfe des folgenden Multiple-Choice-Tests können Sie herausfinden, ob Sie einige wichtige Fachausdrücke der Ökologie beherrschen. Von den möglichen Auswahlantworten sind mindestens eine, höchstens drei Antworten richtig. Fehlt bei den jeweils fünf Auswahlantworten ein Kreuzchen oder sind mehr als drei Antworten angekreuzt, erhalten Sie keine Punkte. Für eine richtig angekreuzte Antwort notieren Sie für sich einen Punkt. Für jede falsche Antwort, die Sie nicht angekreuzt haben, geben Sie sich auch einen Punkt.
Beispiel: Die Antworten a, c und d sind richtig. Sie haben a, d und e angekreuzt. Dafür erhalten Sie drei Punkte.
Ein weiteres Beispiel: Die Antwort b ist richtig. Haben Sie nur b angekreuzt, erhalten Sie fünf Punkte. Haben Sie a und c angekreuzt, erhalten Sie nur zwei Punkte.

1. Toleranzkurven kennzeichnen die Abhängigkeit von Tier- und Pflanzenarten von bestimmten äußeren Faktoren. Welche der folgenden Aussagen hierzu ist/sind zutreffend?
   a) Ein breiter Vorzugsbereich hinsichtlich der Temperatur kennzeichnet eine stenotherme Art.
   b) Poikilotherme Tiere haben gegenüber homöothermen in der Regel ein breiteres Temperaturpräferendum.
   c) Koalas sind Nahrungsspezialisten (stenophag).
   d) Organismen des Brackwassers vertragen nur geringe Schwankungen des Salzgehalts.
   e) Die Größe des Toleranzbereichs hinsichtlich eines ökologischen Faktors ist immer auch noch von zahlreichen weiteren Umweltfaktoren abhängig.

2. Welche der folgenden Aussagen über Sonnenpflanzen ist/sind zutreffend?
   a) Sonnenpflanzen wachsen schneller als Schattenpflanzen.
   b) Die Blätter sind in der Regel kleiner und dicker.
   c) Sonnenpflanzen erreichen schon bei relativ geringem Lichtangebot ihre höchste Fotosyntheserate.
   d) Tote Haare sind an den Blättern von Sonnenpflanzen häufiger zu finden als an denen von Schattenpflanzen.
   e) Schattenpflanzen besitzen keine Cuticula.

3. Welche der folgenden Aussagen zur Abhängigkeit der Fotosynthese von äußeren Faktoren ist/sind zutreffend?
   a) Alle Reaktionen der Fotosynthese sind temperaturabhängig.
   b) Bei Trockenheit wird die Fotosyntheserate durch erhöhte Kohlenstoffdioxidaufnahme gesteigert.
   c) Am Lichtkompensationspunkt nimmt die Pflanze so viel Licht auf, wie zur maximalen Fotosyntheseleistung benötigt wird.
   d) Eine Erhöhung der Fotosyntheserate kann durch Kohlenstoffdioxid-Begasung erreicht werden.
   e) Kakteen können einige Zeit auch ohne direkte Kohlenstoffdioxidzufuhr Fotosynthese betreiben.

4. Welche der folgenden Aussagen zur Anpassung von Pflanzen an ihren Standort ist/sind zutreffend?
   a) Die Blätter der Xerophyten haben eine relativ dicke Cuticula.
   b) Spaltöffnungen auf der Blattoberseite sind kennzeichnend für Hygrophyten.
   c) Die Transpiration über die Blattoberfläche wird bei Pflanzen des Mittelmeerraums z. B. durch einen dichten Haarfilz herabgesetzt.
   d) Pflanzen trockener Standorte besitzen in der Regel weniger Spaltöffnungen an den Blättern als Pflanzen feuchter Standorte.
   e) Bei einigen Sukkulenten ist der Spross der Pflanze das einzige Organ der Fotosynthese.

5. Welche der folgenden Aussagen zu ökologischen Regeln ist/sind zutreffend?
   a) Große homöotherme Tiere haben eine größere Kälteresistenz als kleine.
   b) Poikilotherme Tiere derselben Art sind in kälteren Regionen kleiner.
   c) Eng verwandte Hasen haben in kälteren Regionen längere Ohren.
   d) Eng verwandte Pinguine haben in wärmeren Regionen ein dünneres Fell.
   e) Die Wärme abgebende Oberfläche ist bei größeren homöothermen Tieren kleiner als bei kleineren.

6. Welche der folgenden Aussagen zur Koexistenz von Lebewesen ist/sind zutreffend?
   a) Die Größe einer Beutepopulation ist vornehmlich von der Populationsgröße seiner Räuber abhängig.
   b) Arten mit derselben ökologischen Nische können auf lange Sicht nicht in derselben Region leben.
   c) Nach dem Abbrennen von Feldern erholen sich die nützlichen Insekten schneller als die Schadinsekten.

Multiple-Choice-Test Ökologie

d) Die Koexistenz unterschiedlicher Arten in einem Lebensraum wird durch ähnliche Anpassungserscheinungen ermöglicht.
e) Als Symbiose bezeichnet man das Zusammenleben von Organismen auf Kosten eines Partners.

7. Welche der folgenden Aussagen zur Nahrungskette ist/sind zutreffend?
   a) Die im Körper aus der Nahrung aufgebaute organische Substanz enthält genauso viel Energie, wie in der Nahrung enthalten war.
   b) Für eine Ernährungseinheit Fleisch wird etwa das Doppelte an pflanzlicher Produktion benötigt.
   c) Vor allem leicht abbaubare Schadstoffe werden über die Nahrungskette angereichert.
   d) Jüngere Fische sind weniger mit Schadstoffen belastet als ältere.
   e) Die Nahrungsproduktion ist letztlich vom Sonnenlicht abhängig.

8. Welche der folgenden Aussagen zur Gewässereutrophierung ist/sind zutreffend?
   a) Die Zunahme der Algenpopulation wirkt einer Eutrophierung entgegen.
   b) Auch ganz ohne menschlichen Einfluss nimmt der Eutrophierungsgrad ständig zu.
   c) Eutrophe Seen sind artenärmer als gleich große oligotrophe.
   d) Auch die Einleitung geklärter Abwässer trägt zur Eutrophierung bei.
   e) Eine Eutrophierung führt zur Vergrößerung des Epilimnions.

9. Welche der folgenden Aussagen zum Stickstoffkreislauf ist/sind zutreffend?
   a) Eine Nitrifizierung führt zu einer Anreicherung von Nitraten.
   b) Die Denitrifizierung ist ein reduzierender Vorgang.
   c) Anaerobe Bakterien können Nitrate zur Energiegewinnung nutzen.
   d) Die Ansiedlung von Pflanzen mit Knöllchenbakterien wird durch die Nitratarmut des Bodens gehemmt.
   e) Ammoniumverbindungen entstehen beim bakteriellen Abbau pflanzlicher Fette.

10. Welche der folgenden Aussagen zur Umweltbelastung ist/sind zutreffend?
    a) Kohlenstoffdioxid fördert die Erwärmung der Erde.
    b) Die Biotopvernetzung wirkt der Wanderung von Tieren entgegen und behindert eine wechselseitige Bestäubung der Pflanzen.
    c) Niedrigenergiehäuser sind in der Anschaffung zwar kostengünstiger, strahlen aber zu viel Wärme ab.
    d) Kosten für den Lawinen- und Hochwasserschutz werden indirekt durch die Luftverschmutzung in die Höhe getrieben.
    e) Flussbegradigungen sorgen für einen schnelleren Abfluss des Niederschlagswassers ins Grundwasser und damit zum kurzzeitigen Anstieg des Grundwasserspiegels.

Auswertung:
31–35 Punkte: knapp bestanden
36–40 Punkte: zufrieden stellend
41–45 Punkte: gut
46–50 Punkte: ausgezeichnet

Ökologische Systeme reagieren empfindlich auf Eingriffe des Menschen

STOFFWECHSEL UND ENERGIEHAUSHALT

Enzyme und Zellstoffwechsel

1. Isoelektrischer Punkt ☞ 116 **

In einem Experiment wurden 10 ml Glycin der Konzentration $c_{(Gly)} = 0{,}1$ mol · l^{-1} mit 10 ml Salzsäure $c_{(HCl)} = 0{,}1$ mol · l^{-1} versetzt. Anschließend titrierte man dieses Gemisch mit Natronlauge $c_{(NaOH)} = 0{,}1$ mol · l^{-1}. Während der Titration wurden fortlaufend der pH-Wert und die elektrische Leitfähigkeit der Lösung gemessen. Das Ergebnis des Experiments ist im nachstehenden Diagramm wiedergegeben.

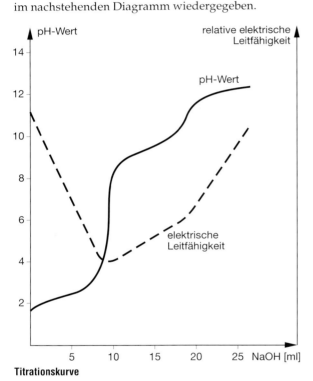

Titrationskurve

a) Geben Sie die Strukturformel von Glycin an und charakterisieren Sie die funktionellen Gruppen von Glycin.
b) Was versteht man unter dem Isoelektrischen Punkt (IEP)?
c) Bestimmen Sie den IEP aus dem vorgegebenen Diagramm.
d) Erklären Sie die Abnahme der elektrischen Leitfähigkeit bis zum IEP und den darauf folgenden Leitfähigkeitsanstieg.
e) Formulieren Sie je eine Reaktionsgleichung für die Reaktion bei Zugabe der ersten 10 ml NaOH und für die Reaktion bei Zugabe der nächsten 10 ml NaOH.
f) Erklären Sie den pH-Sprung nach Zugabe von ca. 10 ml NaOH.

2. Primärstruktur von Proteinen ☞ 118 *

Die folgende Abbildung zeigt drei Aminosäuren. Verknüpfen Sie die Aminosäuren in der vorgegebenen Reihenfolge und zeichnen Sie die Strukturformel des Produkts. Benennen Sie die Bindungen zwischen den Aminosäuren.

Asparagin   Alanin   Glutaminsäure
Aminosäuren

3. Peptidaufbau ☞ 118 *

Glutathion ist in allen eukaryotischen Zellen lebenswichtig.

Glutathion

a) Zu welcher Stoffgruppe gehört Glutathion?
b) Aus welchen und aus wie vielen Bausteinen besteht es?
c) Zeichnen Sie den dritten (vollständigen) Baustein des Moleküls (von links gezählt).

4. Proteinstruktur ☞ 118 *

	Proteinstruktur		
	Primär	Sekundär	Tertiär
Disulfidbrücken			
Ionenbindung			
Peptidbindung			
Wasserstoffbrücken			

Bindungskräfte und Proteinstruktur

Geben Sie jeweils durch ein Kreuz an, welche der angegebenen Bindungen bzw. Anziehungskräfte an welcher Proteinstruktur beteiligt sind.

Enzyme und Zellstoffwechsel

5. Enzymaktivität ☞ 121 **

Brenztraubensäure (BTS) kann durch zwei verschiedene Enzyme bzw. Enzymsysteme E_1 und E_2 gemäß folgendem Schema umgesetzt werden:

$$\text{Acetyl-CoA} \xleftarrow{E_1} \text{BTS} \xrightarrow{E_2} \text{Ethanol}$$

Bei verschiedenen Experimenten erhielt man folgende, in den Schaubildern dargestellte vereinfachte Ergebnisse (Kurvenverlauf wäre hyperbolisch, v_{max} ist nicht überall gleich):

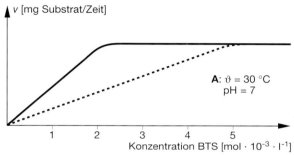

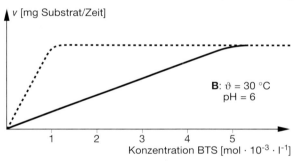

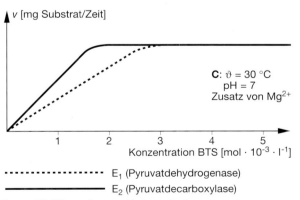

Enzymaktivitäten unter verschiedenen Bedingungen

a) Welche Auswirkung haben die unterschiedlichen Bedingungen auf die Enzymaktivitäten? Begründen Sie.
b) Wie wird sich eine Erhöhung der Temperatur um 10 °C und um 30 °C jeweils auswirken?
c) Was bewirken Mg^{2+}-Ionen?
d) Zu welchem Endprodukt wird BTS bevorzugt umgesetzt werden, wenn E_1 und E_2 in gleich wirksamen Konzentrationen im Gemisch mit BTS unter den Bedingungen von **A** vorliegen? Begründen Sie.
e) Was müsste man experimentell tun, um bei einem Gemisch entsprechend d) hauptsächlich das andere Reaktionsprodukt zu erhalten?
f) Bestimmen Sie die MICHAELIS-MENTEN-Konstante K_M für E_2 bei 30 °C und pH 6.

6. Wirkungsweise von Enzymen ☞ 121 *

Die Abbildung zeigt einen Stoffwechselvorgang in der Leber.

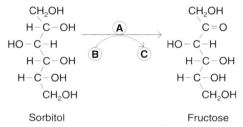

Stoffwechselvorgang in der Leber

a) Welche Art der Reaktion liegt vor?
b) Benennen Sie das Enzym **(A)** nach Substrat und Wirkung.
c) Welcher Cofaktor **(B)** ist vermutlich beteiligt? Was geschieht mit ihm während der Reaktion **(C)**?

7. Waschmittel ☞ 122 **

Ein Waschmittelhersteller wirbt für sein Produkt, indem er auf folgende Vorzüge hinweist:
– keine Phosphate, keine Reinigungsmittel und waschaktiven Substanzen der anorganischen Chemie,
– fast nur biologisch aktive Substanzen,
– in sehr geringen Mengen verwendbar,
– hohe Waschkraft schon bei Temperaturen von 25 °C bis 30 °C,
– wäscht auch Wäsche, die mit Fett, Blut oder Tapetenkleister (Methylcellulose) verschmutzt ist.

Erklären Sie, wie diese Eigenschaften im Waschmittel zustande kommen.

40 Stoffwechsel und Energiehaushalt

8. Wirkung von Enzymen ☞ 122 **

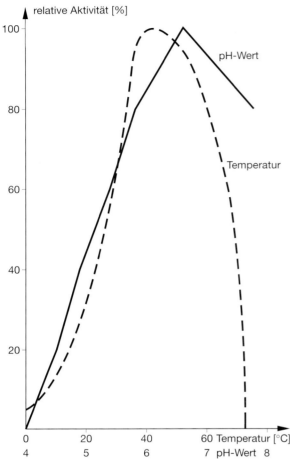

Aktivitäten verschiedener Enzyme in Abhängigkeit von pH-Wert und Temperatur beim Säugetier

a) Worin unterscheiden sich die beiden Kurven typischerweise in ihrem Verlauf?
b) Wodurch erklärt sich der unterschiedliche Verlauf?

9. Enzyme ☞ 122 *

Die Biochemie kennt heute über 5000 verschiedene Enzyme. Mehrere Hundert solcher Enzyme kommen normalerweise in einer Zelle nebeneinander vor.
a) Wie ist es möglich, dass in einer Zelle derart viele verschiedene Enzyme nebeneinander vorkommen?
b) Beschreiben Sie allgemein den chemischen Bau eines Enzyms. Erklären Sie die Substrat- und Wirkungsspezifität.
c) Nennen Sie vier Enzyme, die im menschlichen Organismus vorkommen. Geben Sie deren Wirkung und Wirkungsort an.

10. Urease ☞ 123 **

Urease ist ein Enzym, das in vielen Bodenbakterien und in Pflanzen vorkommt und das die Spaltung von Harnstoff bewirkt. Es entstehen dabei Ammoniak und Kohlenstoffdioxid. In wässriger Lösung entstehen dabei Ionen, deren Zunahme sich mit einem pH-Meter bestimmen lässt. In der Abbildung sind die Messergebnisse eines Versuchs zur Harnstoffspaltung mittels Urease bis zum Zeitpunkt t_1 wiedergegeben.
Zum Zeitpunkt t_1 wird konzentrierte Bleisalzlösung zu dem Versuchsansatz gegeben.

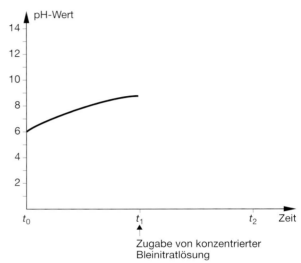

Harnstoffspaltung mittels Urease

a) Erklären Sie den Verlauf der Kurve.
b) Ergänzen Sie die Kurve bis t_2 und erklären Sie. (Der Einfluss des Bleinitrats auf den pH-Wert soll nicht berücksichtigt werden.)
c) Wie muss man die Versuchsansätze verändern, damit der Kurvenverlauf bis t_1 steiler ist? Nennen Sie zwei Möglichkeiten.

11. Regulation der Enzymwirkung ☞ 124 **

Die Abbildungen zeigen schematisch lebenswichtige Stoffwechselvorgänge, wie sie in der Leber ablaufen. Beide Reaktionen können gehemmt werden, Reaktion 1 durch Malonsäure, Reaktion 2 durch eine höhere Konzentration an ATP oder aber auch durch Citronensäure. Die Hemmung durch Malonsäure kann durch eine höhere Bernsteinsäurekonzentration aufgehoben werden.
a) Welche Art von Hemmungen liegen in den Reaktionen 1 und 2 vor?
b) Warum kann die Hemmung von Reaktion 2 durch eine Erhöhung der Fructose-6-phosphat-Konzentration nicht aufgehoben werden?

Enzyme und Zellstoffwechsel

c) Nennen Sie für die Reaktion 1 den Reaktionstyp, das Enzym nach Substrat und Wirkung **(A)** und einen geeigneten Cofaktor **(B)**. Wie wird der Cofaktor in der Reaktion verändert **(C)**?

d) Nennen Sie weitere Möglichkeiten der Enzymhemmung.

```
   COOH              COOH
   |                 |
H—C—H       A        C—H
   |        ─────>   ‖
H—C—H                C—H
   |      B     C    |
   COOH              COOH
```

Bernsteinsäure   Fumarsäure

Reaktion 1

```
(P)—O—CH₂    CH₂OH
       \ O /
       HO
         OH
        OH
```

Fructose-6-(P)

ATP ─┐
     │ Phosphofructo-
ADP ─┘ kinase

```
(P)—O—CH₂    H₂C—O—(P)
       \ O /
       HO
         OH
        OH
```

Fructose-1-(P)-6-(P)

Reaktion 2

Malonsäure   HOOC–CH₂–COOH

Citronensäure HOOC–CH₂–C(OH)(COOH)–CH₂–COOH

Strukturformeln von Malonsäure und Citronensäure

12. Enzymwirkung

In acht Reagenzgläsern prüft man nach Zugabe der angegebenen Reagenzien zu je 10 ml Wasser in einminütigen Abständen die Enttrübung der Quarksuspension. Die Trübung der Quarksuspension wird durch die Anwesenheit von Proteinen hervorgerufen („+" bedeutet, dass dieses Reagenz in das entsprechende Reagenzglas gegeben wurde, „–" bedeutet: nicht vorhanden).

je 1 ml:	Reagenzglas Nr.							
	1	2	3	4	5	6	7	8
Pufferlösung (pH 5)	–	–	–	–	+	–	–	–
Pufferlösung (pH 8)	+	+	+	+	–	+	+	+
2%ige Quarksuspension	+	+	+	–	+	+	+	+
50%ige Quarksuspension	–	–	–	+	–	–	–	–
konzentrierte Kalilauge	–	–	–	+	–	–	–	–
Trypsin	+	+	+	+	+	+	–	+
Amylase	–	–	–	–	–	–	+	–
1%ige Quecksilberchloridlösung	–	+	–	–	–	–	–	–
Temperatur [°C]	10	20	20	20	30	20	40	70

a) Begründen Sie, in welchen Reagenzgläsern die zunächst vorhandene Trübung verschwindet, in welchem am schnellsten?

b) Warum verschwindet in manchen Reagenzgläsern die Trübung nicht?

13. Lysozym

Die Abbildung zeigt das sog. Bändermodell des Enzyms „Lysozym".

Bändermodell des Lysozyms

a) Welche Körperflüssigkeiten des Menschen enthalten Lysozym?

b) Welche Wirkung erzielt das Enzym dort?

c) Welche Strukturebenen des Proteins sind an der Gestalt des Bandes in der Abbildung zu erkennen?

d) Beschreiben Sie allgemein die Funktionsweise von Enzymen.

14. Enzymkinetik   ☞ 124 **

In einem Versuch wurde die Reaktionsgeschwindigkeit der Bernsteinsäure-Dehydrogenase in Abhängigkeit von der Substratkonzentration gemessen. In Ansatz **A** wurde nur Bersteinsäure hinzugegeben, in Ansatz **B** und **C** jeweils ein weiterer Stoff.

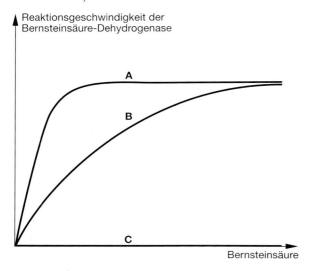

A = Bernsteinsäure + Enzym
B = Bernsteinsäure + Enzym + Malonsäure
C = Bernsteinsäure + Enzym + Iodacetamid

Bernsteinsäure	Malonsäure	Iodacetamid
COOH	COOH	CH$_2$I
|	|	|
CH$_2$	CH$_2$	C = O
|	|	|
CH$_2$	COOH	NH$_2$
|		
COOH		

Reaktionsgeschwindigkeit der Bernsteinsäure-Dehydrogenase

a) Erläutern Sie den Verlauf der Kurve **A**.
b) Vergleichen Sie die Steigungen der Kurven und erläutern Sie. Beantworten Sie dabei die Frage, inwiefern sich Iodacetamid qualitativ in seiner Wirkung von Malonsäure unterscheidet.

15. Fettverdauung   ☞ 124, 153 *

Die weiße Farbe der Milch wird von vielen emulgierten Fetttröpfchen hervorgerufen. Macht man die Milch schwach alkalisch, wird sie bei Zusatz von Phenolphthalein rot. Fügt man nun das im Darm vorkommende Enzymgemisch Pankreatin hinzu, wird die rote Milch bei Zimmertemperatur entfärbt.

a) Erklären Sie das Versuchsergebnis mithilfe einer Wortgleichung.
b) Benennen Sie das im Enzymgemisch beteiligte Enzym sowohl nach dem Reaktionstyp als auch nach dem Substrat.

16. Fette   ☞ 128 *

Fettgemische sollten chromatografisch getrennt werden. Das Ergebnis ist in nachstehender Abbildung dargestellt.

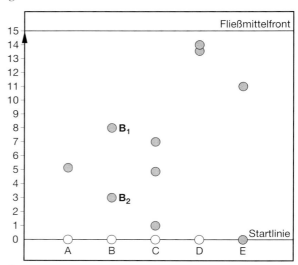

Chromatogramm

Um die Wanderungshöhe gleicher Stoffe in verschiedenen Chromatogrammen besser vergleichen zu können, hat man den R_f-Wert definiert. Der R_f-Wert ist die Strecke Start bis Fleckmittelpunkt dividiert durch die Strecke Start bis Fließmittelfront.

a) Bestimmen Sie die R_f-Werte der Substanzflecken des Stoffgemisches **B**.
b) Geben Sie an, für welche Gemische das verwendete Fließmittel gut, weniger gut oder überhaupt nicht geeignet ist, und begründen Sie.
c) Erklären Sie die theoretischen Grundlagen der Adsorptionschromatografie.
d) Geben Sie den Aufbau natürlicher Fette mithilfe einer allgemeinen Formel an.

17. Energiegewinnung   ☞ 136 *

Wenn man die Summengleichung der Fotosynthese betrachtet, scheint in den Mitochondrien der umgekehrte Stoffwechselvorgang wie in den Chloroplasten abzulaufen.

a) Formulieren Sie die chemische Gleichung, die diese Verhältnisse wiedergibt, und ordnen Sie beiden Zellorganellen die jeweilige Reaktionsrichtung zu.
b) Wie heißt der universelle Energieüberträger der Zelle? Was entsteht aus ihm? (Namen und Abkürzungen)
c) Welche chemische Reaktion liegt der Endoxidation zugrunde? Formulieren sie hierfür eine Reaktionsgleichung.

Energie- und Stoffgewinn autotropher Lebewesen   43

18. ATP-Synthese ☞ 136, 151 **

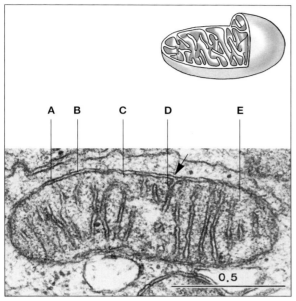

Elektronenmikroskopisches Bild eines Mitochondriums

Die Innenmembran der Mitochondrien enthält neben den Redoxsystemen der Atmungskette auch das Enzym ATPase. Man kann beobachten, dass
– der pH-Wert im Raum zwischen den Membranen niedriger ist als in der plasmatischen Phase (innen),
– der pH-Wert im Intermembranraum mit Zunahme der NADH + H$^+$-Konzentration innen absinkt,
– der pH-Wert innen weitgehend konstant ist,
– die ATP-Bildungsrate umgekehrt proportional zum pH-Wert im Intermembranraum ist,
– in Anwesenheit von DNP (Dinitrophenol) die ATP-Synthese zum Erliegen kommt.

a) Beschriften Sie die Abbildung an den mit den Buchstaben **A–E** bezeichneten Hinweisstrichen.
b) Wodurch bewirkt eine erhöhte NADH + H$^+$-Konzentration innen die pH-Absenkung?
c) Was ist die elektrochemische Folge dieses Vorgangs an der Membran?
d) Erklären Sie den Zusammenhang zwischen ATP-Bildungsrate und pH-Wert.
e) Warum ist der pH-Wert innen weitgehend konstant?
f) Auf welche Weise könnte DNP wirken?

Energie- und Stoffgewinn autotropher Lebewesen

19. Fotosyntheserate ☞ 140 **

Im nachstehenden Schaubild ist die Fotosyntheserate zweier Pflanzentypen im Verlauf eines Tages in Abhängigkeit des eingestrahlten Lichts dargestellt.

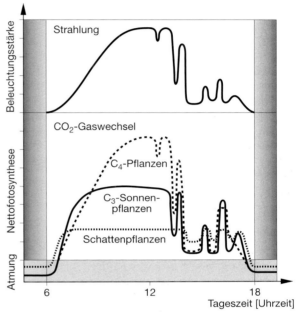

Fotosyntheserate in Abhängigkeit von der Lichtintensität während eines Tages

a) Worin besteht der Unterschied zwischen C$_3$- und C$_4$-Pflanzen?
b) Zeichnen und beschriften Sie das Zellorganell, in dem die Fotosynthese stattfindet.
c) In welchem Teilbereich des Organells läuft die Lichtreaktion, in welchem die lichtunabhängige Reaktion (CALVIN-Zyklus) ab?
d) Stellen Sie schematisch dar, welche Vorgänge bei der Lichtreaktion, welche bei der lichtunabhängigen Reaktion ablaufen und wie beide miteinander verknüpft sind.

20. Fotosynthese ☞ 140 ***

Wenn man einen Chlorophyllextrakt mit Blaulicht bestrahlt, stellt man Fluoreszenz fest.
Setzt man einem solchen Chlorophyllextrakt ein Redoxsystem (z. B. Fe^{2+}/Fe^{3+}) zu und bestrahlt mit blauem Licht, so erlischt die Fluoreszenz fast völlig. In Chloroplasten kommt auf ca. 100–300 Chlorophyll-Moleküle nur eine Kette von Redoxsystemen.

44 Stoffwechsel und Energiehaushalt

a) Welche Farbe hat das Fluoreszenzlicht?
b) Erklären Sie das Auftreten der Fluoreszenz.
c) Warum verschwindet die Fluoreszenz bei Zusatz des Eisen-Redoxsystems?
d) Welche Schlussfolgerung ergibt sich aus dem Verhältnis 1 : 100 bzw. 1 : 300?
e) Wie kann man experimentell beweisen, dass der bei der Fotosynthese freigesetzte Sauerstoff aus dem Wasser und nicht aus dem CO_2 stammt?

21. Effektivität der Fotosynthese   ☞ 145 ***

Alkalische Hydrogencarbonatlösung wird in einem Erlenmeyerkolben (s. Abbildung) mit ein bis drei Tropfen Bromthymolblau versetzt und kurz mit Atemluft durchblasen, bis die Lösung kräftig gelb gefärbt ist. Der Umschlagsbereich des pH-Indikators liegt bei 6,0 bis 7,6. Danach werden eine frisch abgeschnittene Bohnenpflanze und eine Maispflanze in ein Wassergefäß auf dem Boden des Erlenmeyerkolbens gestellt und das Versuchsgefäß luftdicht verschlossen.
Ergebnisse:
A Nach wenigen Stunden Belichtung erscheint die Lösung im Gefäß mit der Bohne gelbgrün, im Gefäß mit dem Mais blau.
B Stellt man die Gefäße für einige Zeit ins Dunkle, erscheinen die Lösungen der beiden Gefäße wieder gelb.
Erklären Sie die Befunde.

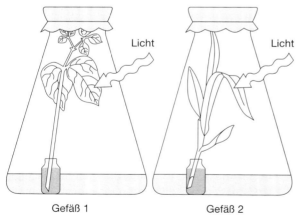

Versuchsaufbau zur Messung der Effektivität der Fotosynthese bei verschiedenen Pflanzen

22. Lichtunabhängige Reaktion   ☞ 145 **

Isolierte Chloroplasten sind unter bestimmten Bedingungen fotosynthetisch aktiv. Ihren Gehalt an NADPH + H^+ kann man fotometrisch bestimmen. Dabei zeigt sich folgende NADPH + H^+-Konzentration in Abhängigkeit von der Belichtung.

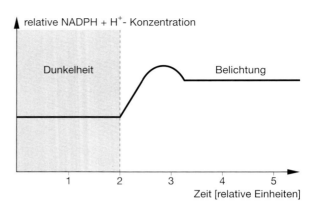

Abhängigkeit der NADPH + H^+-Konzentration in Abhängigkeit von der Belichtung. Vom Zeitpunkt 2 an wurden die Chloroplasten belichtet.

a) Erklären Sie die Veränderungen der NADPH + H^+-Konzentration in der Abbildung. (Der leichte Abfall der Kurve zum Zeitpunkt 3,5 braucht nicht beachtet zu werden.)
b) Wie verändern sich bei gleichen Versuchsbedingungen in den Chloroplasten die Konzentrationen von
A   ADP + Pi
B   Ribulose-1,5-bisphosphat
C   Glycerinsäurephosphat
D   Kohlenstoffdioxid?

23. Sekundärvorgänge der Fotosynthese   ☞ 145 *

Die folgende Abbildung zeigt einen Ausschnitt aus dem CALVIN-BENSON-Zyklus:

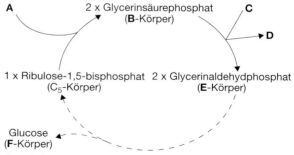

Ausschnitt aus dem CALVIN-BENSON-Zyklus

a) Tragen Sie die fehlenden Angaben A–F in die Abbildung ein.
b) Wie viele Moleküle Glycerinaldehydphosphat müssen entstehen, damit ein Molekül Glucose synthetisiert werden kann? Wie viele Moleküle Ribulose-1,5-bisphosphat werden gleichzeitig nachgeliefert?

Stoffabbau und Energiegewinn in der Zelle

24. „Probleme" bei der Energiegewinnung heterotropher Lebewesen und ihre Lösung ☞ 153 **

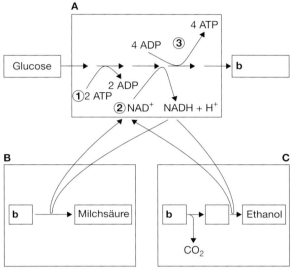

Beziehungen zwischen verschiedenen Stoffwechselwegen

a) Benennen Sie in der Abbildung die Prozesse **A, B** und **C** sowie das Stoffwechselprodukt **b**.
b) Erläutern Sie die Bedeutung der am Prozess beteiligten Substanzen **1** bis **3**.
c) Benennen Sie Beispiele für die Organismen, in denen die Prozesse **A, B** und **C** ablaufen.
d) Welche Bedeutung haben die Vorgänge **B** und **C** für den Vorgang **A**?

Stoffwechsel vielzelliger Tiere

25. Verdauung ☞ 159 **

Aus dem Magen gelangt saurer Speisebrei (richtiger: „Speisesuppe") in den Anfangsteil des Dünndarms. Zur weiteren Verdauung muss er schwach alkalisch gemacht werden. Bauchspeicheldrüse (Pankreas) und Darmwanddrüsen können ein alkalisches Sekret absondern; sie tun dies, wenn sie durch das Hormon Sekretin angeregt werden. Dieses Hormon wird in den Wandzellen des Dünndarms (nicht zu verwechseln mit den Darmwanddrüsen) gebildet, wenn Säure auf sie einwirkt. Über das Blut gelangt Sekretin zu Pankreas und Darmwanddrüsen.

a) Stellen Sie aus den Angaben einen Regelkreis auf.
b) Formulieren Sie eine Reaktionsgleichung, mit der die Neutralisation dargestellt wird.
c) Magen und Dünndarm produzieren Eiweiß spaltende Enzyme. Wodurch ist in der Regel sichergestellt, dass sich diese Organe nicht selbst verdauen?
d) Dennoch kann es aufgrund verschiedener Faktoren zur lokalen Selbstverdauung kommen; es entstehen dann z. B. Geschwüre des Magens. Welche Diät würden Sie dann verordnen? Welche Speisen wären zu meiden? Erläutern Sie Ihre Antwort.
e) Bis auf den Magen ist im gesamten Verdauungstrakt das Milieu neutral oder schwach alkalisch; im Magen ist es sauer (beim Menschen bis pH 2). Inwiefern sind diese unterschiedlichen Milieus nützlich?

26. CALVIN-BENSON-Zyklus ☞ 165 **

CALVIN führte belichteten Algenkulturen radioaktiv markiertes $^{14}CO_2$ zu. Nach sehr kurzen Intervallen, schon nach wenigen Sekunden, und dann nach immer längeren Zeiträumen wurden die Algen getötet und ihre Inhaltsstoffe extrahiert. Die Extrakte wurden mithilfe einer zweidimensionalen Papierchromatografie aufgetrennt.

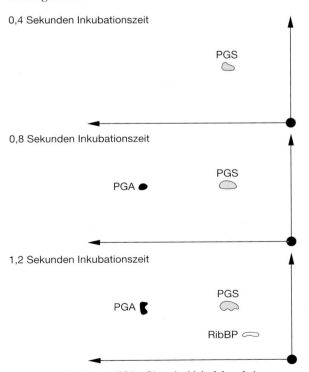

Entwickelte Fotoplatten (PGA = Glycerinaldehydphosphat, PGS = Glycerinsäurephosphat, RibBP = Ribulosebisphosphat)

46 Stoffwechsel und Energiehaushalt

a) Wie lautete die Fragestellung dieser CALVIN-Experimente?
b) Welche Schlussfolgerungen können Sie aus den Fotoplatten der Abbildung ziehen?
c) Welche Substanzen konnte man vermutlich nach weiteren Sekunden mit dem vorgestellten Verfahren nachweisen? Warum waren sie nach 1,2 Sekunden noch nicht nachzuweisen?
d) Wie würden sich die Substanzflecken der in der Abbildung angegebenen Stoffe verändern, wenn nach zwei Sekunden Inkubationszeit kein radioaktiv markiertes, sondern nur noch normales CO_2 zugeführt würde?

27. Blutgerinnung 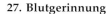 166 *

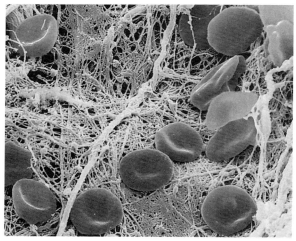

Blutgerinnsel (REM-Aufnahme)

a) Beschreiben Sie die in der Abbildung erkennbaren Bestandteile eines Blutgerinnsels.
b) Erläutern Sie den Vorgang der Blutgerinnung.

28. Sauerstofftransport 167 *

a) Entwerfen Sie mithilfe der Tabelle Grafiken, die den Sauerstofftransport vom Wasser ins Blut deutlich machen. Verdeutlichen Sie die beiden zugrunde liegenden Prinzipien dadurch, dass Sie in Grafik **A** die Fließrichtung von Wasser und Blut gleichsinnig, in Abbildung **B** gegensinnig auftragen.
b) Beschreiben Sie die Befunde in der folgenden Abbildung.
c) Welche Bedeutung haben die Befunde aus der Abbildung und der Tabelle für den Gasaustausch?

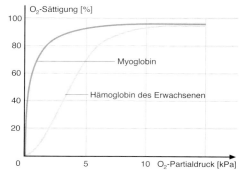

Sauerstoffsättigung von Hämoglobin und Myoglobin in Abhängigkeit vom Sauerstoffpartialdruck

29. Niere 172 *

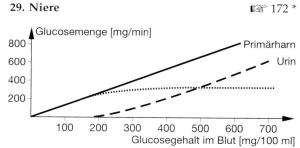

Menge der Glucose im Primärharn und im Urin in Abhängigkeit von der Glucosemenge im Blut

Erläutern Sie die Befunde. Klären Sie dabei, welche Bedeutung die gepunktete Linie hat.

zurückgelegte Kontaktstrecke [%]	0	10	20	30	40	50	60	70	80	90	100
A: bei parallel fließenden Flüssigkeiten											
O_2-Sättigung: Wasser	100	87,5	80	75	73	70	65	63	61,5	60,5	60
O_2-Sättigung: Blut	8	18	29	39	45	53	57	58,5	59	59,5	60
B: bei gegenläufig fließenden Flüssigkeiten											
O_2-Sättigung: Wasser	100	92	84	76	68	60	52	44	36	28	20
O_2-Sättigung: Blut	11	19	27	35	43	51	59	67	75	83	91

Transport von Sauerstoff zwischen verschiedenen Flüssigkeiten: Sauerstoffsättigung von Wasser und Blut in Abhängigkeit von der jeweils zurückgelegten Kontaktstrecke

Stoffwechsel vielzelliger Tiere

30. Fragen quer durch den Stoffwechsel **

Bei den folgenden Fragefeldern gilt jeweils eine Antwort als richtig. Es ist also in jedem Feld nur ein Kreuz zu setzen.

1. **Aktives Zentrum**
   a) ist diejenige Stelle an einem Enzym, an der ein Substrat angelagert und umgesetzt wird.
   b) ist ein anderer Ausdruck für das motorische Zentrum im Gehirn.
   c) bewirkt die Nachtaktivität mancher Tiere.
   d) ist die Verbindungsstelle von Nerv und Muskel.
   e) ist die Verbindungsstelle von Enzym und Coenzym.

2. **Atmungskette**
   a) nennt man denjenigen Stoffwechselprozess, bei dem O_2-Aufnahme und CO_2-Abgabe miteinander verknüpft sind.
   b) ist eine Kette von Ein- und Ausatemvorgängen.
   c) heißen alle Prozesse zur Energiegewinnung in der Zelle.
   d) ist die stufenweise Weitergabe von Elektronen in den Mitochondrien.
   e) bewirkt die stufenweise Energiegewinnung aus dem ATP-Abbau.

3. **Biomasse**
   a) ist die Gesamtheit der von Organismen produzierten Stoffe.
   b) ist das Gewicht eines Lebewesens.
   c) ist die Gesamtmasse aller Lebewesen.
   d) ist die Gesamtmasse aller Produzenten eines Biotops.
   e) ist die Gesamtmasse einer Population.

4. **Carrier**
   a) tragen Wassermoleküle durch lipophile Membranen.
   b) befördern Fette quer durch die Vakuole.
   c) ermöglichen den Energietransport in den Muskeln.
   d) bringen bei Pflanzen Wasser im Frühjahr von den Wurzeln nach oben.
   e) sind spezifische Transportmoleküle, die Stoffe oder Ionen durch Zellmembranen transportieren.

5. **Chemosynthese**
   a) ist ein Stoffwechselprozess, bei dem die Energie für die Synthese organischer Verbindungen aus der Umsetzung anorganischer Stoffe stammt.
   b) ist der Teil der Fotosynthese, bei dem CO_2 an Triglyceride gebunden wird.
   c) die Aussagen a und b treffen beide zu.
   d) ist ein Prozess, bei dem aus energiearmen organischen Stoffen energiereiche anorganische aufgebaut werden.
   e) wird auch als Dissimilation bezeichnet.

6. **Coenzym**
   a) ist der Proteinanteil eines Enzyms.
   b) ist in der Regel im aktiven Zentrum eines Enzyms gebunden.
   c) ist der Nichtproteinanteil eines Enzyms.
   d) verändert das Enzym in jedem Fall allosterisch.
   e) die Aussagen b und c treffen beide zu.

7. **Diffusion**
   a) ist die durch Wärmebewegung verursachte ungerichtete Wanderung kleinster Teilchen.
   b) ist eine Teilchenbewegung in einer Vorzugsrichtung.
   c) bewirkt, dass sich alle Teilchen gleich schnell bewegen.
   d) verhindert eine Durchmischung von lipophilen und hydrophilen Stoffen.
   e) ist die Ursache der Wärmebewegung kleinster Teilchen.

8. **Fotolyse**
   a) ist die Auflösung von Licht durch Farbpigmente.
   b) ist die Spaltung einer chemischen Bindung nach Absorption von Lichtenergie.
   c) bewirkt bei der Fotosynthese die Spaltung von Chlorophyll.
   d) regt Stoffe in der Dunkelheit zum Leuchten an.
   e) verursacht die Aufspaltung von weißem Licht in Spektralfarben.

9. **Fotosystem**
   a) ist das Linsensystem des Elektronenmikroskops.
   b) ist das Linsensystem des Lichtmikroskops.
   c) ist diejenige Elektronenanordnung in Molekülen, die Licht absorbiert.
   d) ist eine Licht absorbierende biochemische Einheit bei der Fotosynthese.
   e) bewirkt die optische Aktivität mancher Verbindungen.

10. **Gärung**
    a) ist ein anaerober Abbauweg energiereicher organischer Stoffe.
    b) ist der Prozess, bei dem aus Wein Essig entsteht.
    c) bewirkt die anaerobe Synthese energiereicher Stoffe.
    d) kann nur in Gärbottichen stattfinden.
    e) kann nur in Mikroorganismen stattfinden.

48 Stoffwechsel und Energiehaushalt

11. Glykolyse
    a) wird die Auflösung von Zucker in Wasser genannt.
    b) heißt der Abbau von Saccharose zu Glucose.
    c) ist ein biochemischer Prozess, bei dem Glucose zu Kohlenstoffdioxid und Wasser abgebaut wird.
    d) ist ein Abbauprozess der Glucose im Zellstoffwechsel, dessen Endprodukte Brenztraubensäure oder die Acetylgruppe sein können.
    e) ist die Verbrennung von Glucose.

12. Grundumsatz
    a) ist die Umsetzung von ATP zu ADP und Phosphat.
    b) ist der Energieumsatz, den ein Organismus im Ruhezustand benötigt.
    c) ist die Nahrungsmenge, die ein Organismus täglich benötigt.
    d) ist die Energie, die beim Abbau von 1 mol Glucose frei wird.
    e) ist diejenige Energie, die beim Glucoseabbau als Wärme frei wird.

13. Ionenpumpe
    a) bewirkt die Ionenwanderung innerhalb der Vakuolen.
    b) kann Ionen auch gegen ein Konzentrationsgefälle transportieren.
    c) befördert Ionen unter Energieaufwand durch Zellmembranen.
    d) ist ein biochemisches System, das aus einem Ionenfluss Energie gewinnt.
    e) die Aussagen b und c treffen beide zu.

14. Osmose
    a) kann nur in lebenden Systemen stattfinden.
    b) ist der Beweis für ein lebendes System.
    c) ist die Diffusion durch eine semipermeable Membran.
    d) ist die Folge des osmotischen Drucks.
    e) ist ein Spezialfall der Diffusion, bei der sich alle Teilchen gegen ein Konzentrationsgefälle bewegen.

15. Plasmolyse
    a) ist die Zerstörung des Plasmas durch Hitze.
    b) ist eine Folge der Diffusion von Wasser aus dem Plasma in die Umgebung.
    c) bewirkt die Ablösung des Plasmas vom Zellkern.
    d) ist die Ablösung des Plasmas von der Zellwand.
    e) Die Aussagen b und d sind beide richtig.

16. Respiratorischer Quotient
    a) ist der Quotient aus abgegebener CO_2- und aufgenommener O_2-Menge.
    b) ist das Verhältnis von eingeatmeter zu ausgeatmeter Luft.
    c) ist der Quotient aus den Konzentrationen von CO_2 und O_2 im Blut.
    d) ist das Verhältnis von CO_2 und O_2 in der Lunge.
    e) a und c sind beide richtig.

31. Multiple-Choice-Test Stoffwechsel und Energiehaushalt

Mithilfe des folgenden Multiple-Choice-Tests können Sie herausfinden, ob Sie einige wichtige Begriffe und Zusammenhänge der Stoffwechselphysiologie beherrschen. Von den möglichen Auswahlantworten sind mindestens eine, höchstens drei Antworten richtig. (zur Auswertung siehe Seite 36 und 37).

1. Welche der folgenden Aussagen über den Proteinaufbau ist/sind zutreffend?
    a) Proteine unterscheiden sich immer durch die Anzahl ihrer Aminosäuren.
    b) Am isoelektrischen Punkt weisen Proteine die größte Löslichkeit auf.
    c) Aminosäuren werden über Esterbindungen miteinander verknüpft.
    d) Die Disulfidbrücken kennzeichnen die Primärstruktur.
    e) Wasserstoffbrücken stabilisieren Helix- und Faltblattstruktur.

2. Welche der folgenden Aussagen über die Funktion von Proteinen ist/sind zutreffend?
    a) Sie sind die häufigsten Bestandteile der Zellwand.
    b) Sie können den Ein- und Austritt von Stoffen an der Cytoplasmamembran erleichtern.
    c) Als Enzyme katalysieren sie Stoffwechselvorgänge.
    d) Die genetische Information ist in der Aminosäuresequenz der Proteine im Zellkern gespeichert.
    e) Sie können Transportaufgaben übernehmen.

3. Welche der folgenden Aussagen über die Eigenschaften von Enzymen ist/sind zutreffend?
    a) Enzyme sind in ihrer Wirkung abhängig von der Temperatur, aber unabhängig vom pH-Wert.
    b) Die katalytische Wirkung eines Enzyms beruht auf der Herabsetzung der Aktivierungsenergie.
    c) Enzyme setzen Substrate zu prosthetischen Gruppen um.
    d) Die aus Ribonucleinsäuren bestehenden Enzyme werden als Ribozyme bezeichnet.
    e) Ratten weisen besonders hitzestabile Enzyme auf.

Multiple-Choice-Test Stoffwechsel und Energiehaushalt 49

4. Welche der folgenden Aussagen über die Wirkungsweise von Enzymen ist/sind zutreffend?
   a) Das aktive Zentrum des Enzyms bestimmt seine Substratspezifität.
   b) Die Konzentration des Substrats muss mit steigender Affinität zum Enzym erhöht werden, um die maximale Reaktionsgeschwindigkeit zu erreichen.
   c) Schwermetalle sind für den Organismus deshalb giftig, weil sie an viele Enzymproteine binden und sie dadurch irreversibel hemmen.
   d) Eine allosterische Hemmung kommt durch einen Inhibitor zustande, der am aktiven Zentrum angreift.
   e) Verbindungen, die den Substraten in ihrer chemischen Struktur ähnlich sind, können Enzyme kompetitiv hemmen.

5. Welche der folgenden Aussagen über die Inhaltsstoffe von Zellen ist/sind zutreffend?
   a) Im Fett ist Glycerin mit mehreren Aminosäuren verestert.
   b) Membranlipide sind polar und enthalten pro Molekül nicht mehr als zwei Fettsäuren.
   c) In der Amylose, einem Bestandteil der Stärke, ist Glucose in α-1,4-Bindung, in der Cellulose in β-1,4-Bindung enthalten.
   d) Chitin ist ein schwefelhaltiges Polysaccharid, das bei Pilzen und Gliederfüßern vorkommt.
   e) Cytosin und Thymin sind zwei der häufigsten Nucleinsäuren.

6. Welche der folgenden Aussagen über die Primärvorgänge der Fotosynthese ist/sind zutreffend?
   a) Das Wirkungsspektrum der Fotosynthese und das Absorptionsspektrum von Chlorophyll weichen bei einer Pflanze in einigen Wellenlängenbereichen deshalb voneinander ab, weil neben dem Chlorophyll auch andere Farbstoffe Licht absorbieren und der Fotosynthesereaktion zuführen können.
   b) Durch Lichtabsorption werden in Chlorophyllmolekülen Elektronen auf ein höheres Energieniveau gebracht.
   c) Chlorophyll ist grün, weil es den grünen Bereich des Spektrums absorbiert.
   d) Der bei der Fotosynthese entstehende Sauerstoff stammt aus dem Wasser.
   e) Energiereiche Endprodukte der Primärreaktionen sind NADPH + H$^+$ und ADP.

7. Welche der folgenden Aussagen über die Sekundärvorgänge der Fotosynthese ist/sind zutreffend?
   a) Das erste Zwischenprodukt, das durch Aufnahme von $^{14}CO_2$ markiert wird, ist der CO$_2$-Akzeptor Ribulose-1,5-bisphosphat.
   b) Der wichtigste Energie verbrauchende Schritt des CALVIN-BENSON-Zyklus ist die Oxidation der Phosphoglycerinsäure zu Phosphoglycerinaldehyd.
   c) Die Synthese eines Moleküls Glucose erfordert die Umsetzung von sechs Molekülen Ribulose-1,5-bisphosphat.
   d) Endprodukte der Sekundärvorgänge sind Glucose und Sauerstoff.
   e) Durch Aufnahme und Reduktion von Kohlenstoffdioxid werden im CALVIN-BENSON-Zyklus Kohlenhydrate hergestellt.

8. Welche der folgenden Aussagen über Stoffabbau und Energiegewinn ist/sind zutreffend?
   a) Mindestens 40 % der durch Veratmung von Zuckern freigesetzten Energie wird als Wärme frei und ist nicht für chemische Umsetzungen verfügbar.
   b) In der Glykolyse werden NADH + H$^+$ und ATP als energiereiche Stoffe gebildet.
   c) Bei der Endoxidation entsteht bei der Oxidation von NADH Kohlenstoffdioxid.
   d) Der Citronensäurezyklus wird durch die Abgabe von aktivierter Essigsäure angeregt.
   e) In der Atmungskette sind Cytochrome als Redoxsysteme an der stufenweisen Energiefreisetzung beteiligt.

9. Welche der folgenden Aussagen über Abbauvorgänge ist/sind zutreffend?
   a) Schwefelwasserstoff entsteht bei anaerober Zersetzung von Eiweiß.
   b) Der anaerobe Abbau von Glucose liefert mehr Energie als der aerobe.
   c) Hefepilze können in der Milchsäuregärung Zucker zu Ethanol und Kohlenstoffdioxid umsetzen.
   d) Zur technischen Ethanolproduktion wird vielfach Cellulose als Ausgangsmaterial verwendet.
   e) Die Zersetzung organischer Substanzen unter Sauerstoffentzug wird als Verwesung bezeichnet.

10. Welche der folgenden Aussagen zu Atmung und Blutkreislauf ist/sind zutreffend?
    a) Myoglobin ist der Sauerstoffspeicher der Leber.
    b) Hämoglobin kann keine Kohlenstoffdioxidmoleküle anlagern.
    c) Rote Blutkörperchen transportieren Kohlensäure in dissoziierter Form.
    d) Mit der Bindung von Protonen an das Hämoglobin kann weniger Sauerstoff angelagert werden.
    e) Steigt der CO$_2$-Gehalt des Blutplasmas, wird die Atemtätigkeit verstärkt.

NEUROBIOLOGIE

Bau und Funktion von Nervenzellen

1. Bau der Nervenzelle ☞ 174 *

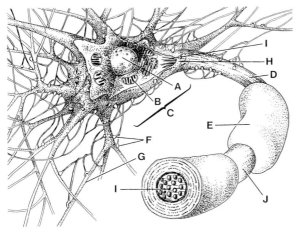

Nervenzelle

Benennen Sie die Strukturen **A–J** der abgebildeten Nervenzelle und erklären Sie ihre Funktion.

2. Neuron ☞ 174 *
Zeichnen Sie eine markhaltige Nervenzelle im Längsschnitt und beschriften Sie.

3. Wirkung von Ionen an Membranen ☞ 176 *

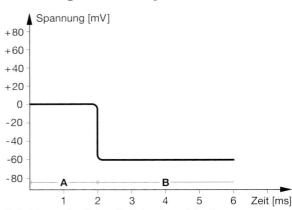

U-Rohr

Die Abbildung zeigt ein U-Rohr, in dessen linken Schenkel eine Salzlösung und in dessen rechten Schenkel Wasser gefüllt wurden. Welche der folgenden Aussagen zu diesem Experiment ist (sind) zutreffend?

A Zu Beginn des Experiments lässt sich keine elektrische Spannung zwischen den beiden Schenkeln nachweisen.

B Nach einigen Minuten ist der rechte Schenkel gegenüber dem linken positiv aufgeladen.

C Die elektrostatische Anziehung der positiven Kaliumionen durch die negativen Chloridionen ermöglicht den großen Ladungsunterschied zwischen Mess- und Bezugselektrode.

D Am Ende des Experiments werden Kalium- und Chloridionen in beiden Schenkeln des U-Rohres gleich verteilt sein.

E Vergleicht man den Versuchsaufbau mit den Verhältnissen an der Nervenmembran, so ist der linke Schenkel des U-Rohres dem Innern der Nervenzelle zuzuordnen.

4. Membranpotential ☞ 176 *
a) Zeichnen Sie eine Apparatur, die geeignet ist, die an der Nervenzellmembran auftretenden Spannungen zu messen.
b) Erklären Sie, wie an der Membran der Nervenzelle ein Membranpotential aufgebaut wird.

5. Messung von Membranpotentialen ☞ 176/177 **

Aufzeichnung des Ruhepotentials während der Messung am Riesenaxon eines Tintenfisches

a) Beschreiben Sie die Versuchsanordnung, die zum Messergebnis von **A** und **B** führt.
b) Wie ist die Veränderung der Spannung zum Zeitpunkt $t = 2$ ms zu erklären?
c) Erklären Sie anhand der Ionenverteilung die gemessene Spannung eines Ruhepotentials an einer Nervenzelle.
d) Was würde das Oszilloskop zeigen, wenn sich die Bezugselektrode und die Messelektrode im Innern des Axons befänden?

Bau und Funktion von Nervenzellen 51

6. Bau und Funktion eines Ionenkanals ☞ 178, 179 ***

a) Zeichnen Sie einen Längsschnitt durch den Ionenkanal in einer Membran einer Nervenzelle im geöffneten wie geschlossenen Zustand. Beschriften Sie Ihre Zeichnung.
b) Wie könnte man erklären, dass der Ionenkanal spannungsgesteuert ist? Formulieren Sie dazu eine begründete Vermutung.

7. Natrium-Kalium-Pumpe ☞ 178 ***

Man kann die Arbeit der Na^+/K^+-Pumpe experimentell indirekt verfolgen, indem man den Na^+-Ausstrom an der Nervenmembran in Abhängigkeit von verschiedenen Bedingungen zwischen t_1 und t_2 misst. Bei den Bedingungen **A–D** ergaben sich die in der Abbildung dargestellten Ergebnisse:

A: Temperaturabsenkung auf 10 °C

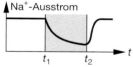

B: Permanente Entfernung von K^+ innen

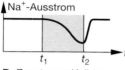

C: Zusatz von Dinitrophenol (reversible Hemmung der ATP-Bildung in den Mitochondrien)

D: Zusatz von Kaliumcyanid

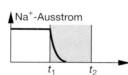

Experimentelle Untersuchungen zum Na^+-Ausstrom an der Nervenmembran

a) Welche Schlussfolgerungen ergeben sich aus den Kurven **A**, **B** und **C** für die Arbeit der Na^+/K^+-Pumpe?
b) Welche Giftwirkung hat Kaliumcyanid (KCN)?
c) Welche Auswirkungen hat der KCN-Zusatz auf das Ruhepotential und die Erregbarkeit?

8. Aktionspotential ☞ 179, 180 **

a) Erklären Sie den Ablauf eines Aktionspotentials.
b) Wie wird ein Aktionspotential an der markhaltigen Nervenfaser weitergeleitet?
c) Vergleichen Sie die Weiterleitung von Aktionspotentialen an der markhaltigen und der marklosen Nervenfaser bezüglich Fortleitungsgeschwindigkeit und Energieaufwand.
d) Beschreiben Sie die Vorgänge, die während der Weiterleitung eines Aktionspotentials an der Synapse einer motorischen Endplatte ablaufen.

9. Ionenverschiebung während des Aktionspotentials ☞ 179 ***

Das nachstehende Schaubild zeigt den zeitlichen Verlauf eines Aktionspotentials. Im Ruhepotential betragen die relativen Permeabilitäten von $K^+ = 1$; $Na^+ = 0,04$; $Cl^- = 0,45$.

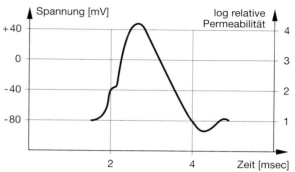

Verlauf eines Aktionspotentials

a) Zeichnen Sie in das Schaubild zusätzlich den zeitlichen Verlauf der Permeabilitätsveränderung von Na^+- und von K^+-Ionen ein (Ordinate für die Permeabilitätsänderung; nur qualitativ).

Werden Nervenzellen mit Cyanid (CN^-) behandelt, so steigt das Ruhepotential innerhalb kurzer Zeit von -60 mV auf null an. Während dieser Spanne lassen sich noch Aktionspotentiale auslösen, deren Amplitude jedoch entsprechend dem Ruhepotential abnimmt.

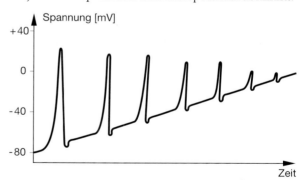

Serie von Aktionspotentialen mit abnehmender Amplitude

b) Erläutern Sie die Wirkung der Cyanid-Ionen auf die Nerven.

10. Weiterleitung eines Aktionspotentials ☞ 180 ***

In einem Experiment wird ein isoliertes, funktionstüchtiges markloses Axon an zwei verschiedenen Stellen gleichzeitig künstlich elektrisch gereizt. Dabei entstehen Aktionspotentiale, die sich mit einer Geschwindigkeit von 5 m/s ausbreiten sollen. Die Versuchsanordnung ist aus der Abbildung ersichtlich:

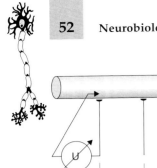

52 Neurobiologie

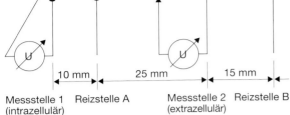

Versuchsanordnung

Der Verlauf der Spannung an den Messstellen kann verfolgt und auf dem Bildschirm dargestellt werden. Ordnen Sie das jeweils richtige Bild den Zeiten richtig zu und begründen Sie Ihre Zuordnung.

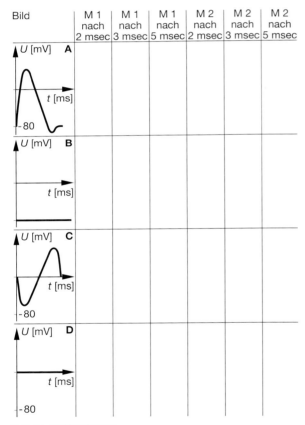

Tabelle mit Messkurven

11. Rezeptormodell zur Heroinsucht ☞ 183 **

Heroin löst subjektiv meist angenehme Empfindungen aus. Durch radioaktive Markierung wurde festgestellt, dass das Heroin längerfristig mit Opiatrezeptoren an der Oberfläche von Nervenzellen reagiert. Diese Rezeptoren (Proteine) sitzen in der Membran der Synapsen in Verbindung mit einem Enzym, das cAMP herstellt. Das cAMP (cyclisches Adenosinmonophosphat) fördert Stoffwechselprozesse, die die charakteristischen Eigenschaften der Nervenmembran garantieren. Dabei wird die Anzahl von cAMP-Molekülen im gesunden Organismus konstant gehalten, d. h., funktionsunfähige Rezeptoren werden immer wieder erneuert. Die Zahl funktionsfähiger Rezeptoren wird reguliert.

Sehen Sie nun fünf Schemazeichnungen zu fünf verschiedenen physiologischen Zuständen im Zusammenhang mit Heroinkonsum.

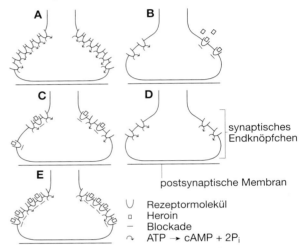

Fünf verschiedene physiologische Zustände im Zusammenhang mit Heroinkonsum

a) Ordnen Sie die Abbildungen **A–E** nach folgender Lebensgeschichte:

„Ein Mensch hat noch nie Heroin konsumiert. Durch einen persönlichen Lebensumstand kommt er in Kontakt mit der gefährlichen Droge. Er erfährt einen angenehmen Rausch. Die Person empfindet keinerlei körperliche Beeinträchtigung und nimmt die Droge weiter. Der Drogenkonsument stellt jedoch von Mal zu Mal fest, dass er die Dosis erhöhen muss, um zu den gewünschten Rauschgefühlen zu gelangen. Manchmal fühlt er sich nicht so wohl, insgesamt scheinen seine Körperfunktionen aber zu funktionieren, und er erkennt keine besonderen Anzeichen von Krankheit. Er spürt jedoch, dass er die Dosis weiterhin erhöhen muss. – Die Person beginnt eine Entzugstherapie. Dort erfährt der Mensch höllische Qualen, Erbrechensanfälle, furchtbare Schüttelfröste. Nach 14 Tagen ist er entgiftet und hat wieder normale Körperfunktionen." (Die psychische Abhängigkeit bleibt aber weiterhin bestehen.)

b) Erläutern Sie mithilfe der Bilder die physiologischen Vorgänge an den Synapsen.

Bau und Funktion von Nervenzellen 53

12. Die synaptische Übertragung ☞ 184 **
a) Benennen Sie die Strukturen **A–E** der Abbildung:

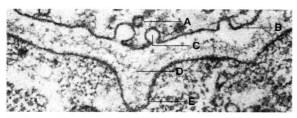

Elektronenmikroskopisches Bild einer Synapse

b) Bezeichnen Sie die Symbole **A–H** der folgenden Abbildung. (Hinweis: **C** = Essigsäure bzw. Acetat)
c) Beschreiben Sie die in der folgenden Abbildung dargestellten und mit **a–g** bezeichneten Vorgänge.

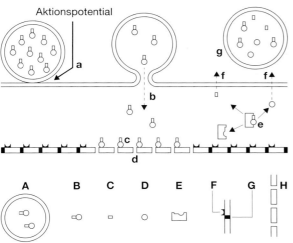

Schematisierte Skizze einer Synapse entsprechend der oberen Abbildung

**13. Beeinflussung der Synapsen-
funktion** ☞ 184, 185 ***
Curare wird in der Medizin eingesetzt, um bei Operationen am geöffneten Brustkorb die Atembewegungen des Patienten auszuschalten. Nach Abschluss der Operation wird den Patienten die Substanz „Prostigmin" injiziert, damit die Atembewegungen wieder einsetzen.
Die Myasthenie ist ein Muskelschwäche, die durch die verminderte Bildung von Acetylcholin (ACh) zustande kommt. Gibt man den Patienten bestimmte geringe Dosen von Prostigmin, kann die Muskelschwäche aufgehoben werden.
Prostigmin bindet nicht an die Rezeptormoleküle der postsynaptischen Membran.
a) Welche Rolle spielt Curare bei der Operation?
b) Erklären Sie, wie Prostigmin wirken könnte.

14. Synapsengifte ☞ 184, 185 ***
E 605, Atropin, Curare, Botulin und das Gift der Schwarzen Witwe entfalten ihre Giftwirkung alle an der Synapse. Um die Giftwirkung aufzuklären, untersuchte man verschiedene Prozesse. In den Schaubildern sehen Sie die Wirkung der Gifte auf:
A die Acetylcholinkonzentration im synaptischen Spalt,
B den Na^+-Einstrom in die postsynaptische Membran,
C die Konzentration der Spaltprodukte des Acetylcholins im synaptischen Spalt.

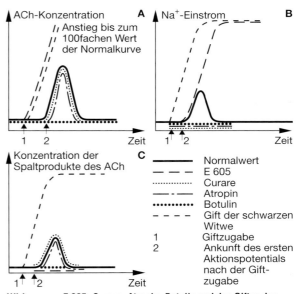

Wirkung von E 605, Curare, Atropin, Botulin und des Giftes der Schwarzen Witwe auf den Synapsenbereich

a) Auf welche Weise wirken die einzelnen Gifte?
b) Welche Auswirkungen haben diese jeweils auf den Organismus?
c) Warum kann Atropin als Gegenmittel bei einer E 605-Vergiftung gegeben werden?
d) Warum kann E 605 nicht als Gegenmittel bei einer Atropinvergiftung gegeben werden?

**15. Signalübertragung an der
Schmerzbahn** ☞ 185, 204 ***
Die postsynaptischen Membranen der chemischen Synapsen **A/B, D/B** sind durch Acetylcholin, Synapse **C/A** durch Endorphin erregbar. Die Pfeile kennzeichnen die Orte an den Neuronen **A, B, C** und **D**, an denen die dargestellten Potentialveränderungen gemessen wurden. Die Verhältnisse sind sehr stark vereinfacht und sollen einen Ausschnitt aus der „Schmerzbahn" wiedergeben.

54 Neurobiologie

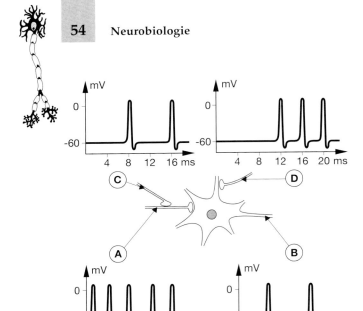

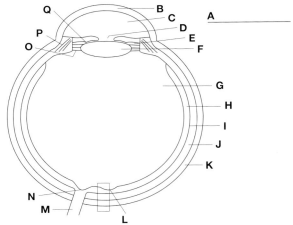

Schematische Darstellung des menschlichen Auges

Schmerzbahn

a) Erläutern Sie die Entstehung der Potentialveränderung im Axon von Neuron **B** nach 4 ms und 12 ms.
b) Begründen Sie, warum es nach 16 ms an Neuron **B** zu keiner Potentialveränderung kommt.
c) Welche Funktion hat Neuron **C** in der Schmerzbahn? Wie könnte man seine Wirkung erhöhen?

c) Zeichnen Sie den gekennzeichneten Ausschnitt (Randbereich des Gelben Flecks). Geben Sie dabei die verschiedenen Zelltypen in den Geweben möglichst genau wieder.
d) Um welches der beiden Augen eines Menschen handelt es sich?

Lichtsinn

16. Facettenauge – Sehleistungen ☞ 191 **
Biene Maja besucht mit ihrem Freund Willi ein Menschenkino. Gezeigt wird der Film „Die Biene Maja". Sie setzen sich erwartungsvoll auf die Lehnen der besten Plätze hinten im Kino.
Doch schon kurze Zeit nach Filmbeginn möchten beide völlig frustriert das Kino verlassen. Sie können nicht begreifen, weshalb die Menschen so gespannt auf die Leinwand starren. Sie finden aber den Weg nach außen nicht.
a) Was sind die Gründe für ihre Enttäuschung?
b) Warum finden sie den Weg trotz der rötlichen Notbeleuchtung nicht mehr?

17. Bau und Funktion des menschlichen Auges ☞ 192 *
a) Beschriften Sie die Zeichnung.
b) Erläutern Sie die Funktion der Linsenbänder, der Ciliarmuskeln und der Linse.

18. Sehleistungen von Facetten- und Linsenauge ☞ 194 *
Eine Biene und ein Falke nähern sich einem Bild CHARLES DARWINs. Sie haben dabei ungefähr folgende Seheindrücke:

A B

Seheindrücke von Biene und Falke

a) Ordnen Sie die Reihe der Eindrücke **A** und **B** der Biene bzw. dem Falken zu und begründen Sie.
b) Erklären Sie das Zustandekommen des jeweiligen optischen Eindrucks aus dem Bau des entsprechenden Auges.
c) Begründen Sie aus der Bildreihe, weshalb man sagen kann, dass die Biene ein tagaktives Tier ist.

19. Funktion der Stäbchen ☞ 194 **

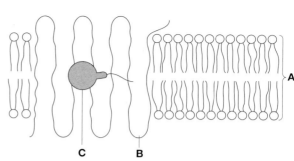

Ausschnitt aus einem Membranstapel eines Zapfens

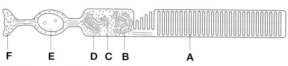

Stäbchenzelle (schematisch)

a) Beschriften Sie die Zellorganellen **A–F** in der oberen Abbildung.
b) All-trans-Retinol (Vitamin A), all-trans-Retinal und 11-cis-Retinal und Opsin sind wichtige Moleküle in den Stäbchen der Wirbeltiere. Geben Sie an, in welchem Teil der Zelle die oben erwähnten Moleküle hergestellt werden und wo ihr Funktionsort ist.
c) Wieso führt Vitamin-A-Mangel zur Nachtblindheit?

21. Farbensehen ☞ 197 *

Wenn man eine mit mäßiger Geschwindigkeit rotierende Scheibe, die aus roten und weißen Sektoren besteht, fixiert, hat man den Eindruck, sie sei grün.
a) Erklären Sie diese Erscheinung.

Wenn man ein gelbes Plakat mit blauem Licht bestrahlt, so erscheint es schwarz.
b) Erklären Sie diesen Effekt.
c) Welchen Eindruck erhält man, wenn man gelbes und blaues Licht auf einer weißen Fläche übereinander projiziert?

22. Das Prinzip der gegenseitigen Hemmung ☞ 199 **

Insekten haben Facettenaugen, die aus optisch voneinander isolierten Einzelaugen zusammengesetzt sind.

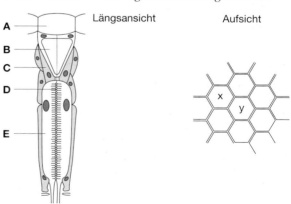

Einzelaugen in verschiedenen Perspektiven

20. Vorgänge in den Sehzellen der Wirbeltiere ☞ 195 *

Beschriften Sie.

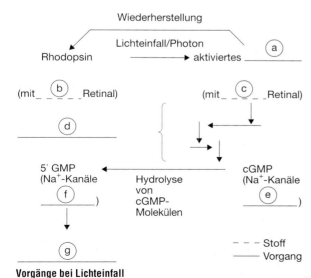

Vorgänge bei Lichteinfall

a) Benennen Sie die Strukturen **A–E** der Abbildung.
b) Beschreiben Sie die in der folgenden Abbildung wiedergegebenen Ergebnisse elektrophysiologischer Untersuchungen (beziehen Sie sich dabei auf die obige Abbildung (rechter Teil)). Werten Sie diese Ergebnisse aus.
c) Welche Bedeutungen haben diese Ergebnisse für das Sehvermögen der Insekten?

56 Neurobiologie

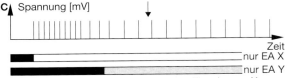

A Spannung [mV] / Zeit
Impulsserie (AP-Folge) bei *starker* Belichtung eines Einzelauges unter Abdeckung aller anderen Einzelaugen; Ableitung von einer der zu diesem Einzelauge gehörigen Nervenfaser

B Spannung [mV] / Zeit
Impulsserie bei *schwacher* Belichtung eines Einzelauges unter Abdeckung aller anderen Einzelaugen; Ableitung von einer der zu diesem Einzelauge gehörigen Nervenfaser

C Spannung [mV] / Zeit — nur EA X / nur EA Y
Impulsserie bei starker Belichtung des Einzelauges X (= EA X) und schwacher Belichtung des Einzelauges Y (= EA Y); Abdeckung aller anderen Einzelaugen, Ableitung von einer der zum Einzelauge X gehörigen Nervenfaser

D Spannung [mV] / Zeit — nur EA X / nur EA Y
Impulsserie bei starker Belichtung des Einzelauges X und schwacher Belichtung des Einzelauges Y; Abdeckung aller anderen Einzelaugen, Ableitung von einer der zu Einzelauge Y gehörigen Nervenfaser

■ Abdunkelung   ▨ Schwachlicht   ☐ Starklicht

Impulsmessungen am Facettenauge bei verschiedenen Belichtungsstärken

d) Beschreiben Sie das Bild, das zu sehen ist.
e) Wie muss für die gleiche Sehleistung eine dreidimensionale Schaltung aussehen?

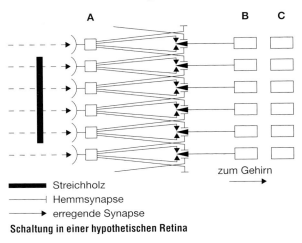

■ Streichholz
⊣ Hemmsynapse
→ erregende Synapse

Schaltung in einer hypothetischen Retina

23. Gegenseitige Hemmung (laterale Inhibition) ☞ 199 **

Die schematische Zeichnung zeigt die Schaltungen zwischen Lichtsinneszellen und den nachfolgenden Neuronen in einer Ebene. Weitergeleitete Impulse sollen mit Pfeilen gekennzeichnet werden.

a) Was würde das Tier bei einem Licht sehen, das alle Sehzellen gleichmäßig reizt?
b) Zeichnen Sie das zum Gehirn weitergeleitete Erregungsmuster in die Kästchenreihe **B** ein. Abgeleitete Erregungen sollen als Pfeil gezeichnet werden.
c) Wie ändert sich das Erregungsmuster, wenn ein kleiner Gegenstand, z. B. ein Streichholz vor das Auge gehalten wird? Zeichnen Sie dieses Erregungsmuster in die Kästchenreihe **C** ein.

Weitere Sinne

24. Neuronale Codierung ☞ 204 **

frei endende Nervenzelle   ableitendes Neuron
Neuron mit Synapse

a) Wie oft wird der Reiz bis zur Stelle X der Abbildung umcodiert? Bezeichnen Sie die Stellen, an denen dies geschieht, mit Pfeilen.
b) Welche Arten der Codierung treten jeweils auf?

25. Reizcodierung ☞ 204, 207 *

Die folgenden Abbildungen zeigen Erregungsmuster von drei verschiedenen Neuronen, die Impulse aufgrund verschiedener Reize erhalten haben.

a) Um welchen Rezeptortyp handelt es sich in **A**?
b) Wo befindet sich dieser?
c) Wie übermitteln die Neuronen in **B** und **C**?

Weitere Sinne 57

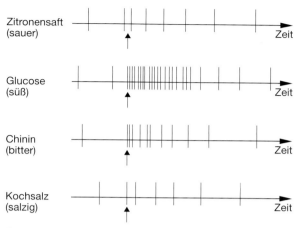

A: Das Neuron leitet von der Zunge zum Gehirn. Die Rezeptoren, die es innervieren, wurden mit vier verschiedenen Geschmacksrichtungen gereizt; ↑ Beginn der Reizung

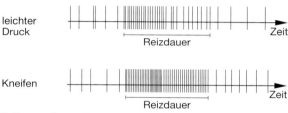

B: Neuron, dessen Rezeptor auf Berührung reagiert, in der Haut liegend

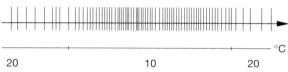

C: Neuron, dessen Rezeptoren auf Kälte reagieren, in der Haut liegend

26. Drehsinn ☞ 205 **

Eine Versuchsperson (VP) wird mit verbundenen Augen auf einen Drehschemel gesetzt. Sie muss den Kopf ca. 30° nach vorne neigen. Am ableitenden Nerv (Nervus vestibularis) des linken Labyrinths wird mithilfe von Elektroden die Aktivität eines Ampullenorgans abgeleitet. Die während des Experiments abgeleitete Frequenz der Aktionspotentiale ist in der Abbildung dargestellt.

a) Zeichnen Sie einen Querschnitt durch ein Ampullenorgan und beschriften Sie.
b) Welche experimentellen Bedingungen liegen jeweils in folgenden Zeitabschnitten vor?
 0–1 s; 10–20 s; 20–21 s
c) Beschreiben Sie die Vorgänge im Drehsinnesorgan der VP sowie deren Empfindungen in den Zeitabschnitten 0–1 s, 3–5 s, 10–11 s und 20–21 s.

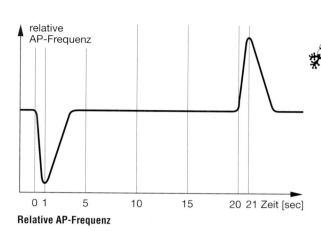

Relative AP-Frequenz

Nervensystem

27. Rückenmark – Kniesehnenreflex ☞ 210 *

a) Zeichnen Sie einen Querschnitt durch das Rückenmark. Die Zeichnung soll alle wesentlichen Nervenbahnen, die für die Erklärung des Kniesehnenreflexes wichtig sind, enthalten.
b) Erklären Sie mithilfe der Zeichnung den Ablauf des Kniesehnenreflexes.
c) Welche biologische Bedeutung hat der Kniesehnenreflex?

28. Gehirnentwicklung beim Menschen ☞ 210 *
Im Labyrinth der Hirnwindungen
Wie Nervenzellen ihren Platz im Körper finden

Den meisten Lesern genügen zwei Sekunden, um die Überschrift dieses Artikels zu verstehen. In dieser Zeit verarbeiten Hunderttausende von Nervenzellen die Lichtsignale auf dem Augenhintergrund, leiten sie an Umschaltstellen im Zwischenhirn weiter und verteilen sie von dort an höhere Zentren, wo sie schließlich als Worte erkannt und mit Bedeutungen assoziiert werden.

Damit dies reibungslos funktioniert, mussten im menschlichen Gehirn schätzungsweise 100 Milliarden Nervenzellen bis zu 100 Billionen Verknüpfungen schaffen. Der Bauplan ist komplizierter und umfangreicher als eine Karte sämtlicher Städte dieser Erde. Doch wie finden die Fortsätze der Nervenzellen im Labyrinth des Gehirns präzise zu ihrem Bestimmungsort?

(...)

Bereits im zweiten Monat der Schwangerschaft beginnen im Embryo die Nervenfasern mit dem Bau des

Neurobiologie

komplexen dreidimensionalen Netzes. Sie legen dafür Entfernungen zurück, die das Hunderttausendfache ihres eigenen Durchmessers betragen und schaffen exakte festgelegte Verbindungen zu anderen Zellen, Muskelfasern und Hormondrüsen. Den Weg dorthin finden die Nervenfasern durch ein erst seit kurzem bekanntes System von Wegweisern und zugehörigen Erkennungsmolekülen.

An vorderster Front der wachsenden Nervenfasern bilden sich kurze fingerförmige Ausstülpungen, die sich in die Umgebung vortasten. Wie Fühler erkunden sie das unbekannte Terrain und suchen mittels Erkennungsmolekülen (Rezeptoren), die auf ihrer Oberfläche sitzen, nach Wegweisern. Als solche dienen ihnen im Gehirn verteilte Eiweißmoleküle, die die Rezeptoren binden können und daher als Liganden (Bindungspartner) bezeichnet werden. Nach Erkennen eines Liganden sendet der Rezeptor Signale ins Zellinnere. Je nach Wegweiser zieht die Nervenfaser die Ausstülpungen zurück oder baut sie aus und lenkt so ihre Wachstumsrichtung.
(...)
Die Wegweiser-Moleküle sind fest an den Zelloberflächen verankert, also nicht frei löslich.
(...)
Überraschend war, dass der Effekt nicht durch anziehende Wechselwirkungen entstand, sondern dass vielmehr diejenigen Zellen, die gemieden wurden, auf ihrer Fläche einen abstoßenden Faktor trugen. Der Wegweiser wirkt wie ein Verbotsschild: Er markiert die Zellen, auf deren Oberfläche er sitzt, als einer fremden Gehirnregion zugehörig. Die Rezeptoren auf den wandernden Nervenfasen erkennen diese Wegweiser und meiden Areale, die für sie tabu sind.
(Text: SZ, S. 42, 12.12.96: Im Labyrinth der Hirnwindungen (gekürzt))

a) Erläutern Sie die molekularen Mechanismen der Synapsenbildung während der Entwicklung von Nervenzellen mithilfe des Textes.
b) Beschreiben Sie die in den Abbildungen gezeigte Entwicklung.
c) Formulieren Sie eine Hypothese, die diese Entwicklung selbst sowie den Zeitpunkt dieser Entwicklung erklärt.

29. Funktionen verschiedener Hirnabschnitte ☞ 210–215 **
Nachfolgend werden einige klinische Befunde bei Hirnschädigungen beschrieben:
A Ein Patient ist unter Narkose. Wenn man sein Auge belichtet, kann man Potentiale am Großhirn wie im Wachzustand ableiten.
B Wird die *Formatio reticularis* des Mittelhirns ausgeschaltet, fällt die Person in Ohnmacht.
C Säuger, denen der Hypophysenvorderlappen entfernt wurde, wachsen nicht mehr. Pflanzt man ihn an anderer Stelle im Körper ein, wächst das Tier wieder.
D Ein Patient mit einer Geschwulst im Kleinhirn bewegt sich ruckartig, schießt über das Ziel bei seinen Bewegungen hinaus, der Bewegungsbeginn wirkt verzögert; ihm sind Schreiben, Musizieren unmöglich. Seine Mimik ist grimassenhaft, sein Sprechen stoßweise. Insgesamt ist er aber nicht gelähmt.

Welche Aussagen lassen sich aus den klinischen Befunden über die Leistungen bzw. Funktionen einiger Gehirnbereiche ableiten?

30. Funktion des Großhirns ☞ 211 *
Einem Patienten wurden zur Bekämpfung von Epilepsie die Nervenbündel (des Balkens) durchschnitten, die die beiden Hemisphären (Hirnhälften) verbinden. Einige Zeit nach der Operation wurde ihm die Aufgabe gestellt, aus dunklen und hellen Dreiecken ein Muster nachzulegen, das man ihm auf einer Schautafel zeigte. Diese Aufgabe sollte zweimal erfüllt werden, und zwar einmal nur mit der rechten Hand, ein zweites Mal nur mit der linken Hand. – Sie sehen nachfolgend das Ergebnis, zu dem sich die Person nach längerem Probieren entschloss. Der Person war bewusst, dass ihr Ergebnis nicht richtig war.
a) Welche normalen Körperfunktionen werden hier durch die Operation zerstört?
b) Welche Veränderungen zeigen die Legemuster der beiden Hände?
c) Wie lassen sich die Fehlfunktionen erklären?
d) Haben Sie Erklärungen für die verschiedenen Legemuster der Hände?

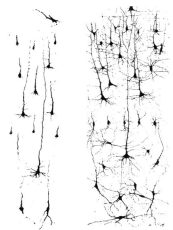

Neugeborenes   nach 3 Monaten   nach 2 Jahren
Entwicklungszustand neuronaler Netze bei Kindern

Nervensystem 59

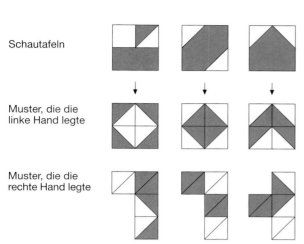

Schautafeln

Muster, die die linke Hand legte

Muster, die die rechte Hand legte

Vorgegebene und durch den Patienten gelegte Muster

Zentren der Großhirnrinde

a) Welchen Großregionen ordnen Sie die folgenden Funktionen zu: Sehen, Motorik, Fühlen und Hören.
b) Welche Funktionen übernehmen vermutlich die Zentren F und G? Versuchen Sie zu differenzieren.

31. Funktionen der Großhirnrinde ☞ 210–215 **

Mit der CBF (Cerebral-Blood-Flow)-Messung erhält man Aufschlüsse über die Großhirnabschnitte, die bei bestimmten Tätigkeiten besonders aktiv sind. Die jeweilige Hirnaktivität erfordert nämlich eine stärkere Versorgung mit Nährstoffen und damit einen stärkeren Blutdurchfluss. Diesen macht man dadurch kenntlich, dass man der Versuchsperson eine schwach radioaktive Substanz spritzt, die sich im Blut löst. Über eine Spezialfotografie ist die Anreicherung dieses Stoffes und damit eine stärkere Durchblutung nachweisbar.

32. Großhirnrindenbezirke bei Säugetieren ☞ 210–215 *

Die Sonderstellung des Menschen wird oft mit der besonderen Leistungsfähigkeit seines Gehirns erklärt. In dem folgenden Material wird das menschliche Gehirn mit anderen Säugergehirnen verglichen.

Erklären Sie die herausragenden Eigenschaften des menschlichen Gehirns mithilfe des vorliegenden Materials.

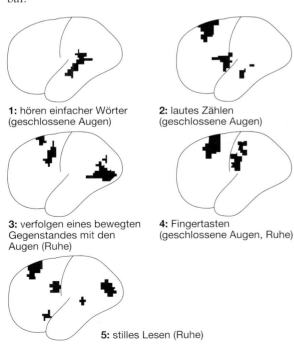

1: hören einfacher Wörter (geschlossene Augen)
2: lautes Zählen (geschlossene Augen)
3: verfolgen eines bewegten Gegenstandes mit den Augen (Ruhe)
4: Fingertasten (geschlossene Augen, Ruhe)
5: stilles Lesen (Ruhe)

Hirnaktivitäten bei verschiedenen Tätigkeiten

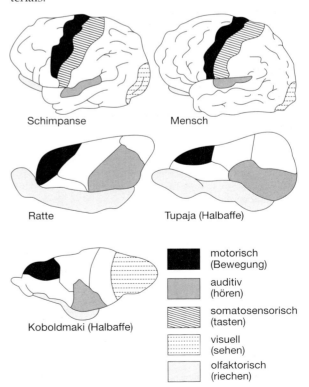

Schimpanse — Mensch
Ratte — Tupaja (Halbaffe)
Koboldmaki (Halbaffe)

■ motorisch (Bewegung)
▨ auditiv (hören)
▩ somatosensorisch (tasten)
▦ visuell (sehen)
□ olfaktorisch (riechen)

Funktionsbereiche in der Großhirnrinde verschiedener Säugetiere

Neurobiologie

Art	Gehirngewicht in g
Elefant	4925
Blauwal	4700
Mensch	1200–1590
Delfin	700
Gorilla	450–650
Orang	370–400
Schimpanse	350–400
Maus	0,4

Gehirngewichte verschiedener Säugetiere

33. Hypothalamus ☞ 214 **

Der Hypothalamus reguliert viele Lebensfunktionen, u. a. wird die Körpertemperatur von ihm beeinflusst. Die folgenden Diagramme zeigen die Funktionsweise des Hypothalamus in der Anfangsphase des Winterschlafs des Goldpelz-Erdhörnchens. Das Tier wurde in eine Winterschlafkammer von 4 °C gesetzt. Der Hypothalamus erhält über Haut- und Körperrezeptoren Informationen über die Temperatur der Umgebung und seine eigene Temperatur. – Tiere und Menschen können durch Muskelzittern Wärme erzeugen.

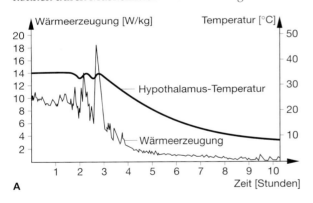

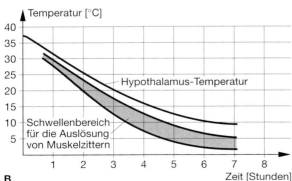

Anfangsphase des Winterschlafs beim Goldpelz-Erdhörnchen (= Einschlafen)

a) Erschließen Sie den Winterschlafmechanismus des Hypothalamus, indem Sie Außentemperatur, Hypothalamustemperatur, Zeit der Wärmeerzeugung und den Schwellenwert zur Auslösung von Wärmeerzeugung in Beziehung setzen.
b) Welchen biologischen Zweck hat der Winterschlaf?
c) An welcher Stelle zeigen die Daten, dass der Winterschlaf der Tiere ein geregelter physiologischer Zustand ist und die Tiere vor Erfrierung schützt?

34. Vegetatives Nervensystem ☞ 216 *

Das unten stehende Schema zeigt Vorgänge innerhalb des vegetativen Nervensystems:

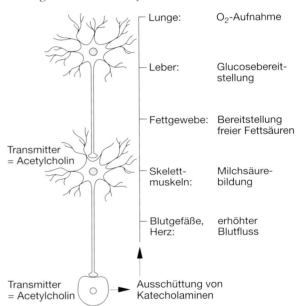

Schematischer Ausschnitt aus dem vegetativen Nervensystem

a) Handelt es sich um den Parasympathikus, den Sympathikus oder das Darmnervensystem?
b) Was sind Katecholamine?

35. Schlafphasen ☞ 218 *
Wie man im Schlaf lernt

Tiefschlaf und Phasen scheinbar oberflächlichen Schlummerns wechseln einander mehrmals pro Nacht ab. Letztere sind von außen an schnellen Bewegungen der Augäpfel hinter den geschlossenen Lidern zu erkennen. Welchen Sinn diese so genannten REM (Rapid Eye Movement)-Phasen haben könnten, fanden Wissenschaftler der Arizona Universität in Tucson (USA) heraus.
(New Scientist, Nr. 2050, S. 19, 1996)

Nervensystem

Bei Versuchen an Laborratten, in deren Gehirn winzige Elektroden eingepflanzt waren, entdeckte das Forscherteam um BRUCE MC NAUGHTON bereits vor zwei Jahren, dass die Gehirnzellen bestimmte Erregungsmuster, die sie im Wachzustand produziert hatten, während der Tiefschlafphasen wieder und wieder „abspulten". Auf diese Weise merke sich das Gehirn Erfahrungen, die es im Wachzustand gemacht hat, so die Interpretation. Die Muster der REM-Phasen haben dagegen keinerlei Ähnlichkeit mit denen des Wachens, wie eine neue Untersuchung jetzt ergab. McNaughton vermutet, daß die REM-Phasen nötig sind, um die Lernfähigkeit des Gehirns aufzufrischen. Denn die Erregungsmuster, die die Nervenzellen im Tiefschlaf wiederholen, „verblassen" mit der Zeit. Nach einer REM-Phase sind sie wieder deutlicher. Für diese Zusammenhänge spricht auch die Beobachtung, dass Menschen, bei denen das Verhältnis zwischen Tiefschlaf und REM-Phasen nicht ausgewogen ist, Lernstörungen entwickeln. tiba
(Süddeutsche Zeitung Nr. 293/S. 33 vom 19.12.1996)
a) Was bedeutet die Wiederholung der Erregungsmuster in der Tiefschlafphase?
b) Fassen Sie die Bedeutung der REM-Phase und der Tiefschlafphase zusammen.

36. Sprache ☞ 222 *

Der nachstehende Multiple-Choice-Test bezieht sich auf Fachvokabular im Bereich „Sprache und Großhirn". Kreuzen Sie die richtigen Aussagen an. Es ist möglich, dass eine oder mehrere Antworten richtig sind.
1. Das Wortgedächtnis enthält bis zu *5000 – 10 000 – 20 000 – 50 000 – 100 000 – 120 000 – 1 000 000* Wörter.
2. In der Sprachwissenschaft nennt man den kleinsten bedeutungstragenden Klang *Ton – Phöbos – Phon – Laut – Phonem*.
3. Eine Sprachstörung nennt man *Aplexie – Analgie – Aphrasie – Aphasie*.
4. Welche Aussagen über das motorische Sprachzentrum sind richtig?
   a) Seine Verletzung bewirkt, dass der Patient nicht mehr versteht, was er liest.
   b) Seine Verletzung bewirkt, dass der Patient nicht mehr gut sprechen kann.
   c) Seine Verletzung bewirkt, dass der Patient nicht mehr versteht, was er hört.
   d) Es wurde von BROCA beschrieben.
5. Welche Aussage ist richtig?
   a) Störungen der WERNICKE-Region nennt man sensorische Aphasie.
   b) Schreiben wird von der WERNICKE-Region gesteuert.
   c) Analysieren von Wort- und Satzbedeutungen erfordert außer der WERNICKE- und BROCA-Region die Zusammenarbeit einer Reihe anderer Großhirnbereiche.
   d) Spricht eine Person einen Satz nach, werden die Großhirnzentren „primäres Hörfeld, sensorisches Sprachzentrum, motorisches Sprachzentrum, motorisches Rindenfeld" in gegebener Reihenfolge durchlaufen.

37. Sprachregionen im Gehirn ☞ 222 **

Die folgenden Beispiele beschreiben Folgen von Schädigungen der Großhirnrinde:
A Ein Patient wird nach seinem Arzttermin gefragt. Er antwortet schwerfällig und langsam: „Ja . . . Freitag . . . Mama und Hans . . . Montag . . . 10 Uhr . . . 11 Uhr . . . Arzt . . . und . . . Bauch."
B Ein Patient hat große Schwierigkeiten zu artikulieren, redet wenig, singt aber flüssig und angenehm.
C Ein Patient wird aufgefordert, einen Brief zu schreiben. Dieser sieht folgendermaßen aus: „Heute . . . Herr . . . Arbeit . . . blau . . . Essen . . . Abend . . . nein . . . und heiß . . . draußen."
D Auf die Bitte, ein Bild zu beschreiben, auf dem zwei Jungen hinter dem Rücken einer Frau Plätzchen stehlen, antwortet ein Patient: „Mutter ist hier weg und arbeitet ihre Arbeit, damit es ihr besser geht, aber wenn sie schaut, blicken die zwei Jungen in die andere Richtung. Sie arbeitet zu einer anderen Zeit."

Welcher Bereich der Großhirnrinde ist jeweils gestört? Begründen Sie kurz.

Entstehung von Bewegungen

38. Bau der Muskeln ☞ 223 **

Die Schemazeichnung gibt den vergrößerten Ausschnitt einer elektronenmikroskopischen Aufnahme eines quer gestreiften Muskels, des Sarkomers, im Längsschnitt wieder. Die Ausschnitte **X, Y** und **Z** zeigen die gleichen Strukturen an verschiedenen Stellen des Sarkomers im Querschnitt.
a) Bezeichnen Sie die Strukturen **A–C** und die Details **a–d**.
b) Zeichnen Sie die Schnittebenen der Querschnitte **X, Y** und **Z** in die Schemazeichnung des Sarkomers ein.

62 Neurobiologie

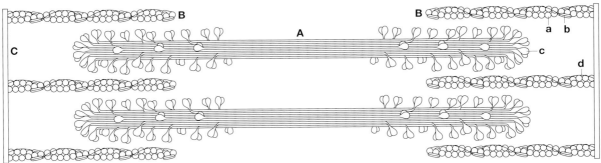

Sarkomer

Querschnitte verschiedener Bereiche des Sarkomers

39. Funktion der quer gestreiften Muskelfaser ☞ 223 **

Die elektronenmikroskopischen Bilder **A** und **B** zeigen den Ausschnitt eines Muskels vor und während einer Kontraktion.
a) Ordnen Sie die Bilder den Zeitpunkten vor und während einer Muskelkontraktion zu.
b) Begründen Sie Ihre Zuordnung.
c) Welche biochemischen Vorgänge laufen während einer Muskelkontraktion ab? Welche Rolle spielt dabei das ATP?

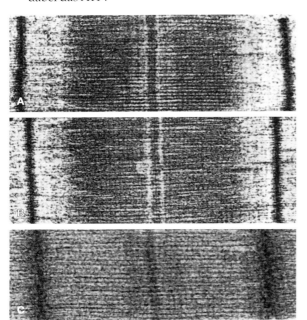

Ausschnitt eines Muskels vor und während einer Kontraktion

40. Muskelstrukturen ☞ 223 **

Jedem Koch ist bekannt, dass die Skelettmuskulatur verschiedener Tiere verschieden gefärbt ist. So ist das Fleisch von Hauskaninchen und Wildkaninchen hell, das des Hasen dagegen dunkel. Taubenfleisch ist dunkel, Hühnerfleisch ist hell.
Erklären Sie die Unterschiede in der Färbung der Muskulatur. Gehen Sie dabei sowohl auf Fragen der Zellphysiologie wie auch der Verhaltensbiologie der genannten Tiere ein.

41. Energiehaushalt des Muskels ☞ 223 *

Nach einer Treibjagd wird „die Strecke gelegt", d. h., die erlegten Tiere werden auf dem Boden aufgereiht. Zu diesem Zeitpunkt sind die erlegten Hasen häufig schon steif wie ein Brett. Werden aber Hasen ohne vorangehende Treibjagd getötet, so tritt die Totenstarre erst nach einigen Stunden ein.
Erklären Sie dieses Phänomen.

42. Sauerstoff im Muskel ☞ 226 *

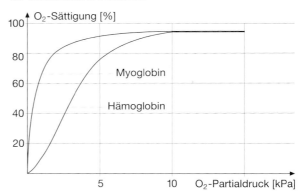

Sauerstoffsättigung von Hämoglobin und Myoglobin in Abhängigkeit vom Sauerstoffpartialdruck

Deuten Sie die Befunde unter Berücksichtigung der Verhältnisse in der Lunge und den Muskelzellen.

Entstehung von Bewegungen 63

43. Musterbildung von Bewegungen ☞ 228 ***

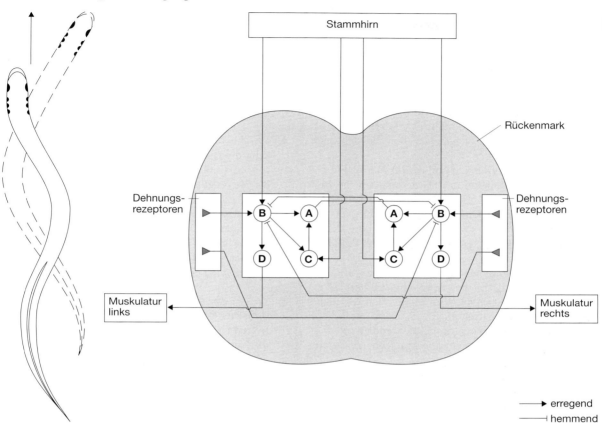

Schematische Abbildung eines Nervennetzes aus dem Rückenmark eines Neunauges

Neben dem Stammhirn und anderen Teilen des Gehirns ist auch das Rückenmark in der Lage, komplizierte Bewegungsabfolgen selbständig zu steuern. Dies wurde am Rückenmark des Neunauges nachgewiesen.
Die Steuerungszentren im Rückenmark sind als Nervennetze (ein zweiteiliges Netz pro Körpersegment, in der Abbildung hell dargestellt) mit einer bestimmten Verschaltung konstruiert. Sie sind untereinander verbunden und haben Kontakt zu Dehnungsrezeptoren an der Körperoberfläche des jeweiligen Segments.
Erklären Sie das Funktionsprinzip der Steuerung von Schlängelbewegungen beim Neunauge. Klären Sie dabei besonders die Funktion der Verschaltungseinheiten **A, B, C, D**.

Neurobiologie

44. Multiple-Choice-Test Neurobiologie

Mithilfe des folgenden Multiple-Choice-Tests können Sie herausfinden, ob Sie einige wichtige Fachausdrücke der Neurobiologie beherrschen. Von den möglichen Auswahlantworten sind mindestens eine, höchstens drei Antworten richtig. Fehlt bei den jeweils fünf Auswahlantworten ein Kreuzchen oder sind mehr als drei Antworten angekreuzt, erhalten Sie keine Punkte. Für eine richtig angekreuzte Antwort notieren Sie für sich einen Punkt. Für jede falsche Antwort, die Sie nicht angekreuzt haben, geben Sie sich auch einen Punkt.

Beispiel: Die Antworten a, c und d sind richtig. Sie haben a, d und e angekreuzt. Dafür erhalten Sie drei Punkte.

Ein weiteres Beispiel: Die Antwort b ist richtig. Haben Sie nur b angekreuzt, erhalten Sie fünf Punkte. Haben Sie a und c angekreuzt, erhalten Sie nur zwei Punkte.

1. Die Nervenzelle besitzt im Vergleich zu anderen Zellen des menschlichen Körpers viele charakteristische Strukturen. Welche der folgenden Aussagen hierzu ist/sind zutreffend?
   a) Mikrotubuli ziehen durch die Dendriten.
   b) Die das Axon isolierende Markscheide ist aus Gliazellen hervorgegangen.
   c) Mitochondrien befinden sich ausschließlich im Soma.
   d) Mit Axonhügel bezeichnet man die Verdickung des Axons an seinem Ende.
   e) Dendriten leiten Erregungen u. a. mithilfe chemischer Substanzen zum Soma der Nervenzelle.

2. Welche der folgenden Aussagen zum Ruhepotential ist/sind zutreffend?
   a) Der passive K^+-Einstrom ist größer als der passive K^+-Ausstrom.
   b) Das Natriumgleichgewichtspotential ist positiv, das Kaliumgleichgewichtspotential ist negativ.
   c) Der passive Na^+-Einstrom ist ebenso groß wie der aktive Na^+-Ausstrom.
   d) Außerhalb der Zelle befinden sich mehr Cl^--Ionen als innerhalb der Zelle.
   e) Während des Ruhepotentials ist die Nervenzelle nicht erregbar.

3. Welche der folgenden Aussagen zum Aktionspotential im Nervengewebe von Säugetieren ist/sind zutreffend?
   a) Durch den Na^+-Einstrom wird die negative Ladung der Membraninnenseite kurzzeitig aufgehoben.
   b) Während der Hyperpolarisation ist die Potentialdifferenz an der Zellmembran größer als während des Ruhepotentials.
   c) Mit Beginn der Repolarisation strömen K^+-Ionen nach außen.
   d) Der Informationsgehalt der Aktionspotentiale liegt in der unterschiedlichen Höhe ihrer Depolarisation.
   e) Es tritt im Axon der Nervenzelle auf.

4. Welche der folgenden Aussagen zu den Eigenschaften von Rezeptoren ist/sind zutreffend?
   a) Sie reagieren auf adäquate Reize.
   b) Sie reagieren wesentlich empfindlicher auf inadäquate als auf adäquate Reize.
   c) Sie bauen ein Rezeptorpotential auf, das je nach Stärke des Reizes unterschiedlich groß ist.
   d) Sie geben den Reiz an eine nachgeschaltete Nervenzelle weiter.
   e) Sie sind spezialisierte Nervenzellen.

5. Welche der folgenden Aussagen zur Verarbeitung optischer Reize im menschlichen Auge ist/sind zutreffend?
   a) Nachtblindheit ist ein Mangel an Zapfen in der Retina des Auges.
   b) Stäbchen können bei Vitamin-A-Mangel degenerieren.
   c) Rhodopsin tritt konzentriert in den zahlreichen Membranstapeln der Stäbchen auf.
   d) Durch Lichabsorption wird das all-trans-Retinal in 11-cis-Retinal überführt.
   e) Vitamin A fördert den Aufbau des Sehpurpurs aus 11-cis-Retinal und Pepsin.

6. Welche der folgenden Aussagen zur chemischen Signalübertragung in den Nervenzellen ist/sind zutreffend?
   a) Acetylcholin ist häufig in erregenden Synapsen anzutreffen. Seine Spaltprodukte sind Cholin und Essigsäure.
   b) Aktionspotentiale erhöhen an den präsynaptischen Membranen die Konzentration an Kaliumionen.
   c) Transmitter werden an der präsynaptischen Membran aus den synaptischen Vesikeln in den synaptischen Spalt entlassen.
   d) Die Rezeptormoleküle der postsynaptischen Membran können Transmittermoleküle enzymatisch abbauen.
   e) Die Spaltprodukte des Transmitters können an der präsynaptischen Membran wieder aufgenommen werden.

Multiple-Choice-Test Neurobiologie

7. Welche der folgenden Aussagen zur Verrechnung elektrischer Impulse an Synapsen ist/sind zutreffend?
   a) Die Folge von Erregungen, die von einer präsynaptischen Nervenzelle ausgelöst werden, können im Soma der postsynaptischen Zelle als postsynaptisches Potential räumlich summiert werden.
   b) IPSP und EPSP können sich gegenseitig verstärken und pflanzen sich unter Dekrement fort.
   c) Ein IPSP beruht auf einer Hyperpolarisation der postsynaptischen Membran.
   d) Die Depolarisation an der postsynaptischen Membran kommt mit dem Na^+-Einstrom durch chemisch gesteuerte Na^+-Kanäle zustande.
   e) Nur wenn am Axonhügel ein Schwellenwert überschritten wird, wird ein entstehendes PSP in Aktionspotentiale überführt.

8. Welche der folgenden Aussagen zur Beeinflussung der synaptischen Übertragung durch körperfremde Stoffe ist/sind zutreffend?
   a) Curare blockiert die Acetylcholinrezeptoren und ruft dadurch Krämpfe hervor.
   b) Nicotin wirkt an erregenden Synapsen wie Acetylcholin und kann ebenfalls von Cholinesterase abgebaut werden.
   c) Insektizide wie E 605 verstärken die Wirkung der Cholinesterase.
   d) Bei einer Fleischvergiftung durch Bakterien hemmt das Botolinumgift die Ausschüttung von Acetylcholin in den synaptischen Spalt.
   e) Atropin ruft im Auge durch Blockade der Acetylcholinrezeptoren eine Pupillenverengung hervor.

9. Welche der folgenden Aussagen zu den Strukturen des Muskels ist/sind zutreffend?
   a) Der Bereich zwischen zwei Z-Scheiben wird als Sarkomer bezeichnet.
   b) Die Myosinfilamente sind direkt an den Z-Scheiben befestigt.
   c) Die an den Myosinfilamenten sitzenden Troponinmoleküle können sich mit Ca^{2+}-Ionen verbinden und somit diese verformen.
   d) Die Myosinköpfe können durch Zugabe von ATP von den Actinfilamenten gelöst werden.
   e) In der Mitte eines Sarkomers befinden sich keine Actinfilamente.

10. Welche der folgenden Aussagen zu den Strukturen des menschlichen Zentralnervensystems ist/sind zutreffend?
    a) Bestimmte Tätigkeiten wie Zählen oder Lesen erfordern eine stärkere Versorgung bestimmter Hirnabschnitte und damit einen langsameren Blutdurchfluss.
    b) Das Sehzentrum des Menschen liegt hinten in der Großhirnrinde.
    c) Im Sprachzentrum grenzen die Bereiche, die für Wortbedeutungen und für Satzkonstruktionen zuständig sind, eng aneinander.
    d) Gehirn und Rückenmark werden auch als ZNS bezeichnet.
    e) Die weiße Substanz des Rückenmarks enthält im Wesentlichen die Zellfortsätze, die graue Substanz eher die Bereiche des Somas der Neuronen.

Auswertung:
31–35 Punkte: knapp bestanden
36–40 Punkte: zufrieden stellend
41–45 Punkte: gut
46–50 Punkte: ausgezeichnet

Optische Täuschungen führen häufig zu Fehlreaktionen

VERHALTEN

Was ist Verhaltensforschung?

1. Zug von Nebelkrähen ☞ 232 *

Nebelkrähen ziehen im Herbst über das Kurische Haff in Richtung SW und kehren im Frühjahr wieder zu ihren Brutplätzen in den baltischen Staaten zurück.
Einige dieser Nebelkrähen wurden im Frühling in Ostpreußen gefangen, beringt, nach Flensburg transportiert und wieder freigelassen. Die Orte, an denen Sie an einem Brutplatz wiedergefunden wurden, sind in der Karte eingezeichnet.

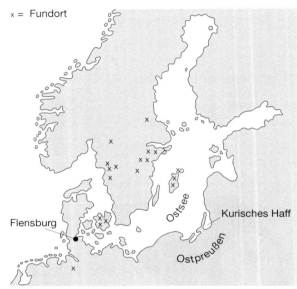

Fundorte der Nebelkrähe

Werten Sie das Versuchsergebnis aus.

Instinktverhalten

2. Ermittlung von Schlüsselreizen ☞ 236 **

Um den Verfolgungsflug des Samtfaltermännchens (1. Teil des Paarungsverhaltens) zu überprüfen, schnitt TINBERGEN schwarze, weiße und andersfarbige Papierschmetterlinge aus, klebte auf manche auch die Originalflügel der Weibchen und befestigte diese Gebilde mit dünnen Fäden an langen Stöcken. So ausgerüstet näherte er sich den ruhenden Männchen. Wenn er an diesen mit einem Abstand von höchstens 25 cm die Papierschmetterlinge vorbeizog, so hatte er in allen Fällen Erfolg, denn die Männchen verfolgten jedes Mal die Papierschmetterlinge.

a) Wie bezeichnet man die Versuche, die TINBERGEN mit den Samtfaltern durchführte? Formulieren Sie die Fragestellung der Versuche.
b) Welchen Verhaltenstyp untersuchte TINBERGEN bei den Faltern?
c) Werten Sie den Versuch aus.
d) Schildern Sie ähnliche Versuche, die weitere Aussagen über den Verfolgungsflug der Männchen zulassen.

3. Schlüsselreizanalyse ☞ 236 **

Die Nektarsuche der Insekten lässt sich in folgende Teilhandlungen untergliedern: Anfliegen einer Blüte, Suche nach Nektar in der Blüte, Aufschlecken des Nektars.
Um dieses Insektenverhalten zu erkunden, führte KNOLL die in der Tabelle beschriebenen Experimente durch.
Versuch **A**: Samtfaltern, Bienenwölfen (einer Grabwespenart) und Bienen wurden Papierblüten angeboten, die in Farbe und Form denjenigen ihrer Futterpflanzen glichen.
Versuch **B**: Wie Versuch A, nur wurde in die Nähe der Papierblüten noch ein farbloses Gazekissen mit dem Duft der entsprechenden Pflanzenblüten gehängt.
Versuch **C**: Bienen wurden gleichzeitig parfümierte und geruchlose Papierblüten nebeneinander angeboten.

Ver-such	Ergebnisse		
	Samtfalter	Bienenwölfe	Bienen
A	beachteten Papierblüten nicht	beachteten Papierblüten nicht	landeten auf Papierblüten, flogen bald darauf fort
B	landeten auf den Blüten und untersuchten sie, bevor sie wegflogen	landeten auf dem Duft-kissen und untersuchten es	wie in Versuch A
C	–	–	landeten auf beiden Papierblütensorten, liefen aber nur auf denen mit Duft unruhig umher, bevor sie abflogen

a) Welchem Versuchstyp entsprechen die Experimente, die KNOLL mit den drei Insektenarten durchführte? Was wollte er mit ihnen herausfinden?
b) Um welchen Verhaltenstyp handelt es sich bei diesen Tieren? Charakterisieren Sie ihn.
c) Werten Sie die drei Versuche aus. Fassen Sie die Ergebnisse Ihrer Auswertung in einer Tabelle zusammen.
d) Wie würden sich vermutlich Bienenwölfe und Samtfalter in Versuch C anstelle der Bienen verhalten? Begründen Sie.

4. Irrläufer   ☞ 236 ff. *

In den folgenden Begriffsreihen befindet sich jeweils ein Begriff, der inhaltlich nicht zu den anderen passt.
A Instinkthandlung; Reflex; angeborenes Verhalten; konditioniertes Verhalten; unbewusstes Verhalten
B Antrieb; Tendenz; Taxis; Appetenz; Motivation; Bereitschaft
C Außenreiz; Aktionspotential; Signal; Impuls; Auslöser; Schlüsselreiz
D Objektprägung; motorische Prägung; Ortsprägung; Zeitprägung; Nahrungsprägung; Biotopprägung
E Habituation; Reifung; Prägung; assoziatives Lernen; Lernen durch Einsicht

Streichen Sie den Irrläufer durch. Nennen Sie kurz, was die anderen Begriffe miteinander inhaltlich verbindet und weshalb der falsche Begriff nicht zu den anderen gehört.

5. Analyse von Auslösern   ☞ 237 *

Der Buntbarsch *Pelmatochromis subocellatus* trägt in seiner Kopfzeichnung einen deutlichen schwarzen Streifen zwischen Auge und Kopfunterseite (s. Pfeil). Die Lage dieses Streifens wird auf einer Attrappe variiert und ihre Wirkung untersucht.

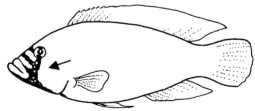

Die Kopfzeichnung des Buntbarsches *Pelmatochromis subocellatus*

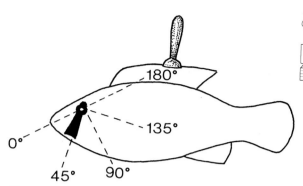

Attrappe des Buntbarsches mit drehbarem Augenstreifen. Der gezeigte Winkel von 45° entspricht den natürlichen Verhältnissen.

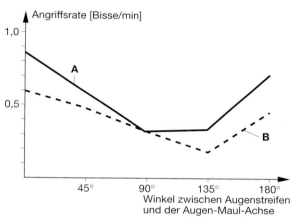

**Angriffsrate der Buntbarsche (Bisse/min) in Abhängigkeit vom Winkel zwischen Augenstreifen und Augen-Maul-Achse. Der drehbare Augenstreifen auf der Attrappe wurde, wie oben gezeigt, den Buntbarschen in einem bestimmten Winkel zur gedachten Linie Auge – Maul präsentiert. Dann wurde gezählt, wie oft der Buntbarsch die Attrappe in einem bestimmten Zeitraum biss. Zusätzlich wurde überprüft, ob die Stellung der Attrappe (vertikal/horizontal) eine unterschiedliche Wirkung auf die Angriffsrate hatte.
A: vertikal, B: horizontal gebotene Attrappe**

Werten Sie die Versuchsergebnisse aus.

6. Maulbrüter   ☞ 237 *

Das Fortpflanzungsverhalten des maulbrütenden *Haplochromis burtoni* enthält folgende hintereinander geschaltete Verhaltenselemente:
A Das Männchen gräbt im Sand eine Mulde und entfernt alle kleinen Steinchen.
B Es wehrt fremde Männchen ab und lockt ein laichbereites (und daher größeres) Weibchen in die Mulde.

Verhalten

C Das Weibchen rutscht durch die Mulde, laicht ab und nimmt die noch unbesamten Eier in sein Maul auf (siehe Abbildung).
D Das Männchen steht ebenfalls in der Mulde und gibt jetzt seine Spermien ab, wobei es die Afterflosse spreizt (siehe Abbildung).
E Das Weibchen nimmt die Spermien in sein Maul auf.
F Bis zu fünf Wochen nach dem Schlüpfen finden die Jungfische im mütterlichen Maul Schutz. Bei drohender Gefahr öffnet das Weibchen sein Maul; dieser Anblick veranlasst die Jungfische hineinzuschwimmen. Der ins Maul führende Wasserstrom löst ebenfalls das Hineinschwimmen aus.

a) Welche äußeren und inneren Faktoren bestimmen die Appetenz (Erwartungshaltung) für die Verhaltensweisen **A** und **B**?
b) Suchen Sie für die Verhaltenselemente **A–C** die jeweiligen Schlüsselreize (B und C enthalten jeweils zwei Verhaltenselemente).
c) Durch welchen Auslöser wird wohl das Weibchen veranlasst, die für es unsichtbaren Spermien ins Maul aufzunehmen (Verhaltenselement **E**)?
d) Durch welche Versuche könnten die angeborenen Voraussetzungen der Jungfische geklärt werden?

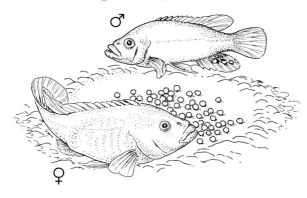

Maulbrüter

7. Mutter-Kind-Beziehungen ☞ 237 *

Wolfgang SCHLEIDT (ein LORENZ-Schüler) untersuchte die Mutter-Kind-Beziehung bei Truthühnern.
Normalverhalten: Eine auf frisch geschlüpften Küken sitzende Henne verteidigt ihr Nest mit starken Schnabelhieben. Ein eigenes Küken aber, das sich piepsend nähert, wird mit beruhigenden Lockrufen in das Nest dirigiert.
Versuch **A**: SCHLEIDT verklebte der Pute die Ohren und ließ – nachdem sie sich beruhigt hatte – wiederum ein Küken piepsend dem Nest zustreben. Prompt kam es zur Katastrophe: Mit kräftigen Schnabelhieben wurde das Küken von der Mutter getötet.
Versuch **B**: SCHLEIDT hatte in einem ausgestopften Wiesel einen Lautsprecher angebracht, aus dem das Piepsen eines sich verlassen fühlenden Putenkükens ertönte. Dieses Wiesel „näherte sich" (durch eine verborgene Vorrichtung) dem Nest. Die Pute stieß zwar mit dem Schnabel nach ihrem Todfeind, ließ aber die Hiebe in der Luft enden; es gelang SCHLEIDT sogar, der Pute das piepsende Wiesel unterzuschieben.

a) Durch welchen Auslöser wird das Brutpflegeverhalten bei der Pute ausgelöst?
b) Was löst die tötenden Schnabelhiebe in Versuch **A** aus? Welchem Zweck dient damit vorrangig der Küken-Auslöser von a) (s. auch Versuch **B**)?
c) In welchen Verhaltensbereichen bei Hühnervögeln (neben den Haushühnern gehören zu ihnen Truthühner, Fasanen und Pfauen) spielen nur optische, in welchen nur akustische und in welchen beiderlei Auslöser eine Rolle? Nennen Sie je ein Beispiel.
d) Weshalb ist das Putenküken (Versuch **A**) nicht vor den Schnabelhieben geflohen? Woran erkennt es normalerweise seine Mutter? Wie und wann entstand diese Kenntnis?
Beantworten Sie die drei Teilfragen in einem Zusammenhang.

8. Feldheuschrecken ☞ 237 ***

Bei vielen Feldheuschreckenarten antworten paarungsbereite Weibchen auf den Gesang eines Männchens mit eigenem Gesang. Um die auslösenden Elemente des männlichen Gesangs für dieses Verhalten herauszufinden, hat man dem Weibchen Klangattrappen dargeboten und das Ausmaß ihrer Gesangsantwort notiert. Die Klangattrappen waren vom Tonband gespielte Lautsequenzen, die sich in Silbendauer und Pausendauer unterschieden.
A zeigt einen Versuch mit konstanter Silbendauer.
B zeigt die Ergebnisse vieler Versuche, bei denen die Parameter Silbendauer und Pausendauer variiert wurden.

Instinktverhalten

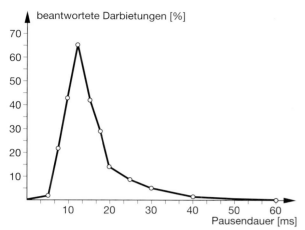

A: Ausmaß der Verhaltensantwort weiblicher Feldheuschrecken auf verschiedene Pausen; Silbendauer: 80 ms

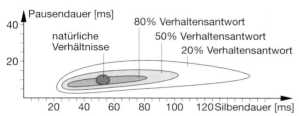

B: Verhaltensantwort weiblicher Feldheuschrecken bei unabhängig voneinander variierender Silben- und Pausendauer

a) Bei welcher Pausendauer beantwortet ein Feldheuschreckenweibchen den Gesang des Männchens am stärksten, wenn dieses 80 ms lang die Hinterbeine an den Vorderflügeln entlangstreichen lässt?
b) Zeichnen Sie das Optimum der Kurve in **A** in die Abbildung **B** ein.
c) Inwiefern kann man den Toleranzbereich der Weibchen als Anpassung an die Temperatur auffassen?
d) Erläutern Sie **B**. Bedenken Sie, dass nur die Gelege der Heuschrecken hier überwintern.
e) Wurden supranaturale Attrappen verwandt?

9. Biene ☞ 237 *

Eine Sammelbiene, die an einer Futterquelle Zuckerwasser saugt, lässt sich durch Störreize kaum ablenken und fliegt erst nach Füllung der Honigblase ab. Bestimmt man die Stärke der Saugbereitschaft und die Abflugbereitschaft, die an der Fühlerstellung erkennbar ist, so erhält man die in **A** und **B** wiedergegebenen Befunde. Gelegentlich unterbricht die Biene ihr Verhalten und putzt sich, obwohl keine Schmutzteilchen an ihr zu erkennen sind. Stellt man die Häufigkeit und die Zeiten des Putzens fest, ergibt sich der Befund **C**.

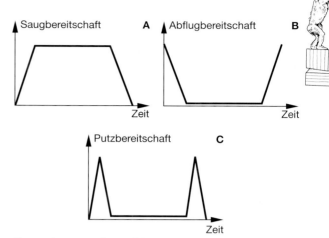

Untersuchungen an Sammelbienen

a) Wie ist das Putzverhalten zu deuten? Versuchen Sie eine weitere Erklärungshypothese zu entwickeln.
b) Vergleichen Sie dieses Verhalten mit dem Verhalten von Stichlingmännchen in der Fortpflanzungszeit, die im Bereich der Reviergrenzen mit dem Maul Sandgruben ausheben.

10. Silbermöwe ☞ 237 *

Man hat Silbermöwenküken verschiedene künstliche Schnabelformen vorgehalten und die Pickreaktionen gezählt. Die Anzahl der Reaktionen auf die oberste Form wurde 100 % gesetzt.

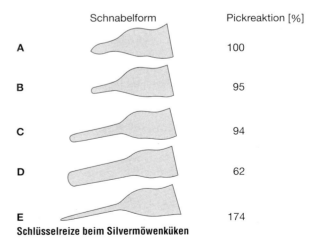

Schlüsselreize beim Silvermöwenküken

a) Was stellen die künstlichen Schnäbel in der Verhaltensforschung dar? Welche Funktion haben sie?
b) Erläutern Sie den Versuchsaufbau und die Ergebnisse unter verhaltensbiologischen Gesichtspunkten.

70 Verhalten

11. Stichling ☞ 237 *

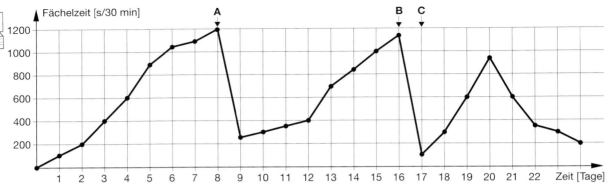

Fächelzeiten während und nach dem Schlüpfen der Jungfische des ersten Geleges (Pfeil A: Schlüpfen der Jungfische des ersten Geleges und sofortiges Unterschieben eines zweiten Geleges; Pfeil B: Schlüpfen der Jungfische des zweiten Geleges; Pfeil C: Unterschieben eines dritten Geleges).

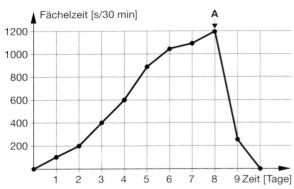

Fächelzeiten von der Eiablage bis zum zweiten Tag nach dem Schlüpfen der Jungfische (Pfeil A: Schlüpfen der Jungfische)

Männliche Stichlinge beginnen einige Zeit nach der Besamung der Eier dem Gelege im Nest frisches Wasser zuzufächeln. In den beiden Diagrammen ist die Fächelzeit eines Stichlingmännchens in Sekunden Fächelzeit pro 30 Minuten dargestellt. Die Umweltbedingungen waren während der Experimente gleich.
Prüfen Sie die folgenden Aussagen und begründen Sie Ihre Antworten aus den Daten der Diagramme.

A Als Schlüsselreiz für das Fächeln dient die vorangegangene Besamung der Eier durch das Männchen.
B Die Eier im Nest sind der Schlüsselreiz für das Fächeln.
C Neben dem Schlüsselreiz müssen noch innere Faktoren bei der Auslösung des Fächelns beteiligt sein.
D Die Fächelintensität könnte auch durch den Sauerstoffverbrauch der Embryonen beeinflusst werden.
E Das Unterschieben eines vierten Geleges hätte vermutlich ein höheres Maximum an Fächelintensität zur Folge als bei dem dritten Gelege.
F Das Fächeln kann auch ohne Schlüsselreiz ausgelöst werden.
G Ein bestimmter Schlüsselreiz löst eine in qualitativer und quantitativer Hinsicht stets gleiche Verhaltensweise aus.
H Das Erscheinen eines Stichlingweibchens setzt die Fächelintensität herab.
I Im Verlauf der Pflege eines Geleges erreicht die Fächelintensität immer ein Maximum.

12. Konditionierung ☞ 239 **

A Setzt man Planarien (im Süßwasser lebende Plattwürmer) in mit Wasser gefüllte Röhren, kriechen sie langsam dahin. Werden sie von einem Lichtblitz getroffen und erhalten sie gleichzeitig einen elektrischen Schlag, zucken sie zusammen. Führt man dieses mehrere Male mit ihnen durch, so zucken sie schon beim Aufleuchten der Lampe zusammen, unabhängig davon, ob ein elektrischer Schlag erfolgt oder nicht. Unterbleibt über längere Zeit der elektrische Schlag, reagieren sie nicht mehr auf das Licht.

B Setzt man einen Regenwurm in eine T-förmige Glasröhre, entscheidet er sich an der Gabelungsstelle wahllos mal für den rechten, mal für den linken Weg. Bringt man hinter der linken Abzweigung Elektroden an, durch die der Wurm jedes Mal, wenn er sich dorthin wendet, einen Stromstoß erhält, wendet er sich ab und wählt den rechten Weg. Wiederholt man das Experiment fünfmal täglich, stellt man am vierten Tag fest, dass der Wurm an der kritischen Stelle nicht mehr nach links kriecht.

Erklären Sie die Verhaltensweisen dieser beiden Wirbellosen.

13. Hahn ☞ 239 *

Am Max-Planck-Institut für Verhaltensbiologie in Seewiesen wurde folgender Versuch durchgeführt:
Ein Hahn einer Zwerghuhnrasse wurde in den ersten drei Wochen nach dem Schlüpfen mit Artgenossen aufgezogen. Danach lebte er 39 Tage mit einer Stockente in einem geschlossenen Gehege, anschließend wieder unter Artgenossen.
Beobachtungen im nächsten Jahr:
– Der Hahn hielt sich bevorzugt am Seeufer auf.
– Man sah ihn häufig bis zum Bauch im Wasser waten.
– Er balzte, auch in Gegenwart artgleicher Hennen, sehr intensiv Stockenten an, und zwar deutlich häufiger als artgleiche Hähne Hennen anbalzen.
– Sein Anbalzen beschränkte sich nicht auf eine einzige Stockente.
– Erpel wurden nicht angebalzt.
a) Warum hielt sich der Hahn bevorzugt am Seeufer auf und warum balzte er nur Enten an?
b) Was führte zu diesem untypischen Verhalten des Hahns?
c) Geben Sie die typischen Kennzeichen für ein solches Verhalten an.
d) Warum balzte der Hahn häufiger, als es für die Art normal ist?

Lernvorgänge

14. Lernvorgänge ☞ 241–244 **

A Ein Krallenfrosch zuckt zusammen, wenn man gegen die Scheibe seines Behälters klopft. Wiederholt man das einige Male hintereinander, zeigt er keine Reaktion mehr.

B Wir schließen unwillkürlich die Augen, wenn ein schwacher Luftstrom auf die Augenoberfläche geblasen wird. Ein Ton vermag die gleiche Reaktion auszulösen, wenn er einige Zeit gleichzeitig mit dem Luftstrom geboten wird.

C Dressierte Grindwale schlagen auf Befehl so lange mit dem Schwanz auf die Wasseroberfläche, bis man das Zeichen zum Aufhören gibt.

D Ab 1952 wurden die Affen auf der Insel Koshima regelmäßig mit Bataten (Süßkartoffeln) gefüttert. 1953 sah man zum ersten Mal, dass das Weibchen Imo die Kartoffeln im Bach wusch. 1962 wuschen bereits 75 % aller über zwei Jahre alten Affen Kartoffeln, heute machen dies alle Makaken der Insel Koshima.

E Lässt man Ratten zunächst ohne Belohnung in einem Labyrinth umherlaufen, dann lernen sie den Weg zum Ziel später, wenn dieses beködert wird, viel schneller als die Kontrolltiere, die sich vorher nie in dem Labyrinth aufgehalten hatten.

F Ein Elefant, der ein Kreuz gegen einen Kreis als positives Futtermerkmal zu unterscheiden gelernt hatte, betrachtete später alles, was gekreuzte Linien zeigte, als positives Merkmal.

G Manche Wirbeltiere lernen, zwei unterschiedlich große Quadrate zu unterscheiden und dabei das kleinere zu bevorzugen. Bietet man ihnen nun neben dem kleineren ein noch kleineres Quadrat, so wählen sie letzteres, obwohl ihnen dieses vor dem Versuch nie gezeigt wurde.

H Schimpansen kamen spontan auf die „Idee", Stöcke zu benutzen, um eine außerhalb des Gitters gelegene Banane heranzuziehen, und Kisten unter hochhängende Ziele, die sie sonst nicht erreichen konnten, zu stellen.

I
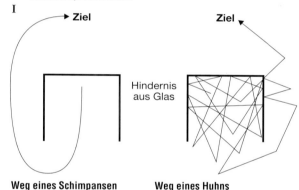

Weg eines Schimpansen   Weg eines Huhns

Unter **A** bis **I** werden unterschiedliche Lernvorgänge beschrieben. Um welche handelt es sich?

Sozialverhalten

15. Akustische Signale bei Vögeln ☞ 245 *

In Mitteleuropa leben drei Laubsänger-Arten: Der Fitis (*Phylloscopus trochilus*), der Zilpzalp (*Phylloscopus collybita*) und der Waldlaubsänger (*Phylloscopus sibilatrix*). Die jeweiligen Geschlechter wie auch die verschiedenen Arten sehen sich so ähnlich, dass auch ein Fachmann sie in ihrer natürlichen Umgebung optisch kaum unterscheiden kann. Die Vögel sind jedoch am Gesang deutlich zu unterscheiden, wie folgende Sonagramme zeigen:

72 Verhalten

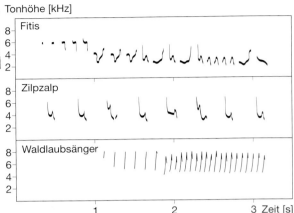

Sonagramme von Fitis, Zilpzalp und Waldlaubsänger

In einem Gebiet der Lüneburger Heide wurden 1994 die Reviere von sechs Fitis-Paaren, fünf Zilpzalp-Paaren und zwei Waldlaubsänger-Paaren ermittelt.

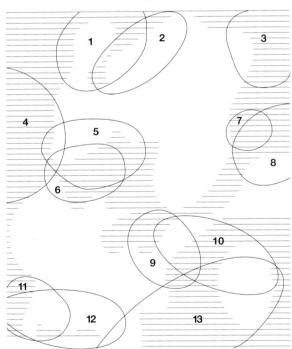

Verteilung von Laubsänger-Revieren in einem Gebiet der Lüneburger Heide
Schraffur: Wald
Waldlaubsänger: Reviere Nr. 4, 13
Zilpzalp: Reviere Nr. 1, 6, 7, 10, 12
Fitis: Reviere Nr. 2, 3, 5, 8, 9, 11

Werten Sie die Abbildungen aus und erläutern Sie die Funktion des Vogelgesangs am Beispiel der Laubsänger.

16. Zwergmangusten ☞ 249 f. *

Die Zwergmanguste (*Helogale undulata rufula*) ist eine Schleichkatzenart in Afrika, die im Familienverband lebt (12–14 Individuen). Typisch für ihr Sozialverhalten ist eine strenge Arbeitsteilung: Nur das Alpha-Männchen begattet die Weibchen, nur das Alpha-Weibchen erzieht die Nachkommen. Rangtiefere Gruppenmitglieder betätigen sich als Babysitter, wenn das Alpha-Weibchen auf Futtersuche geht, oder als Wächter und Verteidiger. Die Jungen begleiten ihre Familiengruppe an ihrem 18.–21. Lebenstag zum ersten Mal bei der Futtersuche. Zur Untersuchung des Soziallebens und damit auch der Frage nach dem Zusammenwirken angeborener und erworbener Verhaltensweisen hat man Zwergmangustenkinder von ihren Eltern getrennt und verschieden aufwachsen lassen: Vier Tiere wuchsen paarweise, fünf Tiere wuchsen jeweils isoliert bei Verhaltensforschern auf. Die Grafik zeigt, wann die Versuchstiere verschiedene Elemente des Sozialverhaltens erstmals zeigten. Entsprechende Daten von natürlich aufgewachsenen Tieren liegen nicht vor.

Entwicklungsstufen des Sozialverhaltens bei in Gefangenschaft aufgewachsenen Zwergmangusten.
Jedes Quadrat repräsentiert ein Individuum.
☐ = isoliert, ■ = paarweise aufgezogene Tiere

Sozialverhalten 73

a) Nennen Sie vier andere Tierarten, bei denen Rangordnung vorkommt.
b) Vergleichen Sie – ausgehend von der Tabelle – die Entwicklung der beiden Versuchsgruppen.
c) Handelt es sich bei den in der Tabelle aufgeführten Verhaltensweisen um angeborenes oder erlerntes Verhalten? (Begründung)
d) Natürlich aufgewachsene Jungtiere warnen erst ca. eine Woche, nachdem sie Dinge optisch fixieren können. Geben Sie eine mögliche Erklärung dieses Verhaltens mithilfe der Aussagen zur Nahrungssuche in der Familie.
e) Deuten Sie die Tabelle, indem Sie auf die Besonderheit der insgesamt später autretenden Entwicklungen achten.

17. Dscheladas („Blutbrustpaviane") ☞ 250 *
Das Foto zeigt eine Dschelada-Gruppe aus dem Tierpark Rheine: links sitzt das ausgewachsene Männchen Gustav, daneben das Weibchen Lilo und ganz rechts der heranwachsende Winnetou.

**Dscheladas. A Gustav, Lilo und Winnetou im Kontakt,
B Verhaltensweise von Lilo aus der Nähe**

a) Welche Verhaltensweise übt Lilo aus? Welche Funktion kann diese haben?
b) In welcher Stimmung befinden sich die Affen vermutlich? (Begründung)

18. Hundeverhalten ☞ 251 **
A   Ein Hund kann der Freund des Menschen sein.
B   Hunde, die im Vorgarten eines Hauses gehalten werden, reagieren auf Briefträger und Vertreter aggressiver als auf die meisten anderen Besucher.
C   Nach einem Zeitungsbericht: Ein kleines Mädchen besuchte seine Tante, die ihr Wohnzimmer mit einem Schäferhund teilte. Das Mädchen hatte Blumen mitgebracht und die Tante verließ das Wohnzimmer, um eine Vase zu holen. Als sie zurückkam, war das Mädchen durch Bisse des Schäferhundes getötet, der vorher das Mädchen noch freundlich begrüßt hatte.

a) Auf welcher biologischen Grundlage beruht die Feststellung **A**?
b) Erklären Sie die Feststellung **B**.
c) Analysieren Sie den Zeitungsbericht und klären Sie dabei folgende Fragen:
Wodurch ist gewöhnlich das Verhalten eines Hundes gegenüber einem kleinen Kind bestimmt?
Welcher fehlgeleitete Trieb baute die Konfliktsituation auf, die zur Tötung des Kindes führte?
Wie können in **C** beschriebene Situationen vermieden werden?

19. Denker ☞ 252 *
A   „Tiere können weder denken noch fühlen."
B   „Das Verhalten des Menschen wird nicht vererbt. Es wird durch den Verstand gesteuert."
Führen Sie Beispiele an, die diese plakativen Aussagen in Frage stellen. Nennen Sie zu Aussage **A** drei und zu Aussage **B** fünf Beispiele.

20. Quiz ☞ 230–252 **
Kreuzen Sie die jeweils richtige Lösung an. In jedem Begriffsfeld ist nur eine Lösung richtig.
1. In einem Heringsschwarm gibt es keine Rangordnung, weil
   a) Fische der niedrigsten Klasse der Wirbeltiere angehören und Rangordnungen erst bei Säugetieren auftreten.
   b) Fische aufgrund ihres relativ kleinen Gehirns nicht genügend lernfähig sind.
   c) die Zahl der Tiere im Schwarm zu groß ist.
   d) es nicht derartig viele Rangabstufungen gibt und zwei Tiere nicht gleichzeitig den gleichen Rang einnehmen können.
   e) es sich um einen offenen anonymen Verband handelt.
2. Kommentkämpfe dienen der
   a) Verteidigung gegen Nichtartgenossen.
   b) Ausstoßung eines Tieres aus einem geschlossenen anonymen Verband.
   c) Ausstoßung eines Tieres aus einem individualisierten Verband.
   d) Festlegung der Rangordnung zwischen artgleichen Individuen.
   e) Rangfestlegung innnerhalb eines offenen anonymen Verbandes.

3. Zum Laichen in ihre Herkunftsgewässer zurückkehrende Lachse liefern ein Beispiel für
   a) einsichtiges Verhalten.
   b) Geruchsprägung.
   c) Lernen durch Versuch und Irrtum.
   d) operante Konditionierung.
   e) einen Wandertrieb mit angeborener Ortskenntnis.

4. Ein Stichlingmännchen, das vor seinem Spiegelbild eine Nistgrube auszuheben beginnt, zeigt
   a) eine Übersprungshandlung.
   b) Appetenzverhalten.
   c) eine Leerlaufhandlung.
   d) einsichtiges Verhalten.
   e) dass es sein Spiegelbild erkennt.

5. Ein Schlüsselreiz ist
   a) ein psychischer Reiz, der eine andressierte Verhaltensweise auslöst.
   b) eine optische Attrappe zur Konditionierung von Verhaltensweisen.
   c) eine Verhaltensweise, die bei Artgenossen immer die gleiche Reaktion auslöst.
   d) der jeweils spezifische physikalische Reiz für ein Sinnesorgan.
   e) ein Reiz, der eine Instinkthandlung auslöst.

6. Unter Prägung versteht man
   a) eine Umweltkonstellation, die besonders einprägsam ist.
   b) ein eindrucksvolles einmaliges Erlebnis, das nicht mehr vergessen wird.
   c) einen schnellen Lernvorgang während einer sensiblen Phase mit angeborener Komponente.
   d) einen Vorgang, der durch ständiges Wiederholen im Gedächtnis haften bleibt.
   e) das Ausprägen bestimmter Körpermerkmale während der Balz.

7. Es trifft nicht zu, dass Instinkthandlungen
   a) angeboren sind.
   b) nach gleich bleibendem Schema ablaufen.
   c) durch Schlüsselreize ausgelöst werden.
   d) der jeweiligen Situation entsprechend zu arttypischem Verhalten führen.
   e) den MENDEL-Gesetzen gemäß vererbt werden.

8. Ein während der Balzzeit einige Zeit eingesperrter Erpel, der zunehmend unruhig wird, zeigt
   a) Appetenzverhalten.
   b) ein arttypisches Isolations-Unmutverhalten.
   c) ritualisierte Leerlaufhandlungen.
   d) dass er gelernt hat, Bewegung hält fit.
   e) eine instinktive Übersprungshandlung.

21. **Multiple-Choice-Test**
    Ethologie/Hormone ☞ 231 ff. **
    Mithilfe des folgenden Multiple-Choice-Tests können Sie herausfinden, ob Sie einige wichtige Begriffe und Zusammenhänge aus den Kapiteln Ethologie und Hormone beherrschen. Von den möglichen Auswahlantworten sind mindestens eine, höchstens drei Antworten richtig (zur Auswertung siehe S. 36, 37).
    1. Welche der folgenden Aussagen über Reflexe ist/sind zutreffend?
       a) Die Auslösbarkeit eines Reflexes ist abhängig von der Situation, in der sich das Tier gerade befindet.
       b) Bei einem monosynaptischen Reflexbogen ist das Axon der Sinneszelle direkt mit dem Motoneuron verbunden.
       c) Reflexe, die aus der Erfahrung entstanden sind, bezeichnet man als unbedingte Reflexe.
       d) Reflexe sind immer gleichermaßen starr ablaufende Reaktionen eines Lebewesens.
       e) Wird ein Reflex immer wieder ausgelöst, so kommt es aufgrund von Ermüdungserscheinungen der Muskeln zur Gewöhnung (Habituation).
    2. Welche der folgenden Aussagen über das Instinktverhalten ist/sind zutreffend?
       a) Als Taxis bezeichnet man die Suche nach einem Schlüsselreiz.
       b) Prägung findet nicht nur in der Kindheit statt.
       c) Der Schlüsselreiz besteht oft aus einer Kombination von Reizen.
       d) Instinkthandlungen sind neuronal vollständig zu analysieren.
       e) Attrappen können eine Instinkthandlung nie stärker auslösen als der natürliche Schlüsselreiz.
    3. Welche der folgenden Aussagen über das Lernverhalten ist/sind zutreffend?
       a) Die Klaustrophobie bestimmter Menschen kann als Produkt einer klassischen Konditionierung angesehen werden.
       b) In SKINNER-Boxen wurde vor allem die klassische Konditionierung untersucht.
       c) Die klassische Konditionierung beruht auf der assoziativen Verknüpfung eines neutralen mit einem bedingten Reiz.
       d) Bei der operanten Konditionierung wird eine bestimmte Handlung mit einem verstärkenden Reiz oder einem Strafreiz in Verbindung gebracht.
       e) Lernen durch Einsicht ist dadurch gekennzeichnet, dass die Erfolg versprechende Handlung zunächst in Gedanken durchgespielt wird.

Multiple-Choice-Test Ethologie/Hormone

4. Welche der folgenden Aussagen über die Kommunikation unter Tieren ist/sind zutreffend?
   a) Tiere können auch über Duftstoffe miteinander kommunizieren.
   b) Rund- und Schwänzeltänze gehören zum Verhaltensinventar der Tanzbären.
   c) Schimpansen können zwar einige Zeichen der Taubstummensprache erlernen, können damit aber keine Sätze bilden.
   d) Die Symbole der Zeichensprache werden von den Schimpansen, die sie einmal gelernt haben, an ihre Kinder weitergegeben.
   e) Unter Ritualisierung versteht man, dass Verhaltenselemente im Laufe der stammesgeschichtlichen Entwicklung durch einen Bedeutungswandel Signalcharakter erhalten.

5. Welche der folgenden Aussagen über das Sozialverhalten ist/sind zutreffend?
   a) Die biologische Bedeutung des Revierverhaltens liegt in der Sicherung der Rangordnung innerhalb einer Gruppe.
   b) Eine ausgeprägte Rangordnung verstärkt die Aggression unter den Gruppenmitgliedern.
   c) Kommentkämpfer versuchen, möglichst schnell den Artgenossen zu beschädigen.
   d) Bei den Affen sind die ranghöchsten Tiere nicht immer auch die kräftigsten.
   e) Es gilt als erwiesen, dass beim Menschen Aggressionen endogen aufgebaut werden, die dann durch entsprechende Verhaltensweisen abgebaut werden müssen.

6. Welche der folgenden Aussagen über altruistisches Verhalten ist/sind zutreffend?
   a) Altruistisches Verhalten findet sich vor allem in Gruppen nicht verwandter Tiere.
   b) Wenn eine Bienenarbeiterin nicht für die Aufzucht ihrer Schwestern, sondern für die Aufzucht eigener Kinder sorgen würde, gelangten mehr ihrer eigenen Gene in die nächste Generation.
   c) Mit zunehmendem Alter der Säugetiere nehmen bei den Eltern die Kosten der Brutpflege ab.
   d) Altruismus unter Tieren gehört zu den einsichtigen Verhaltensweisen.
   e) Altruismus bezeichnet ein uneigennütziges Verhalten, mit dem ein Individuum einem Artgenossen hilft.

7. Welche der folgenden Aussagen über biologische Wurzeln menschlichen Verhaltens ist/sind zutreffend?
   a) Der Mensch wird erst durch die Erziehung zu einem sozialen Lebewesen.
   b) Das Verhalten des Menschen ist sowohl vom Erbgut als auch von Lernvorgängen und Einsicht bestimmt.
   c) Der menschliche Säugling wird auch aktiver Tragling genannt.
   d) Die beim Menschen hoch entwickelten nonverbalen Verständigungsmittel wie Gestik und Mimik werden durch Nachahmung erworben.
   e) Menschliches Sexualverhalten steht auch im Dienste der Partnerbindung.

8. Welche der folgenden Aussagen über die Hypophysenhormone ist/sind zutreffend?
   a) Die Hypophyse liegt an der Unterseite des Hypothalamus.
   b) Die Hypophyse produziert Steroidhormone.
   c) Die Keimdrüsen werden in beiden Geschlechtern durch FSH und LH gesteuert.
   d) Somatostatin wird bei Zwergwuchs als Arzneimittel verwendet.
   e) Oxytozin unterstützt die Wehentätigkeit beim Geburtsvorgang.

9. Welche der folgenden Aussagen über die Wirkung von Hormonen ist/sind zutreffend?
   a) Treten dieselben Hormone in unterschiedlichen Wirbeltierklassen auf, haben sie immer dieselbe Wirkung.
   b) Ein Hormon der Wasserfroschhypophyse steuert die Bewegung von Pigmentgrana in den Hautzellen.
   c) Viele Hormone gehören der Stoffklasse der Kohlenhydrate an.
   d) Die Nebennierenrinde der Frau liefert keine Androgene (männliche Geschlechtshormone).
   e) Mineralcorticoide sorgen für das richtige Verhältnis von Na^+- und H^+-Ionen im Blut.

10. Welche der folgenden Aussagen über die Pflanzenhormone ist/sind zutreffend?
    a) Cytokinine fördern den Alterungsprozess.
    b) Bei der Keimung von Getreidekörnern fördern Gibberelline das Streckungswachstum.
    c) Abgeschnittene Kirschbaumzweige kann man dann nicht zum Blühen bringen, wenn die Abcisinsäure-Menge in den Knospen noch zu hoch ist.
    d) Mithilfe von Auxinen lässt sich die Wurzelbildung an abgeschnittenen Sprossteilen beschleunigen.
    e) Einkeimblättrige Pflanzen wie das Getreide reagieren auf Auxine mit stärkerem Wachstum als zweikeimblättrige Ackerwildkräuter.

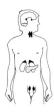

HORMONE

Allgemeine Eigenschaften von Hormonen und Hormondrüsen des Menschen

1. „Land der Hormone" ☞ 256 *

„Der unten aufgestellte Pfahl mit den Hinweisschildern **A–L** führt Sie durch das Land der Hormone." Die Schilder müssen jedoch noch beschriftet werden. Die Informationen $A_1–L_1$ dienen hierzu. Die „Astlöcher" auf dem „Pfahl" ergeben senkrecht gelesen, was Hormone sind.

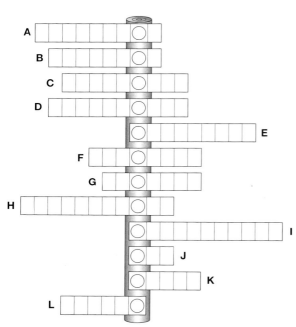

Land der Hormone

A_1: kirschkerngroßes Gebilde an der Unterseite des Hypothalamus; B_1: steigert bei Wirbeltieren den Grundumsatz in den Zellen; C_1: Fachbegriff für männliche Geschlechtshormone; D_1: Pflanzenhormone, die die Teilung junger Zellen anregen und ihr Altern hemmen; E_1: Hormon, das die Konzentrierung des Harns in der Niere steuert; F_1: seine Reifung wird durch FSH ausgelöst; G_1: Arzt, der die Krankheit „Schilddrüsenüberfunktion" entdeckt hat; H_1: Vorgang, der durch die Bindung eines Hormons an seine spezifischen Zellrezeptoren ausgelöst wird; I_1: Fremdwort für „Knochenbrüchigkeit"; J_1: Abkürzung für ein Hormon, das mit dem luteinisierenden Hormon die Keimdrüsen bei Frau und Mann steuert; K_1: : Flight-und-...-Syndrom; L_1: Pflanzenhormone, die das Streckungswachstum der Pflanzen fördern

2. Kaulquappen und Frösche ☞ 257 *

Füttert man junge Kaulquappen von Fröschen mit Schilddrüsengewebe einer Maus, so wandeln sich die Kaulquappen vorzeitig in „Minifrösche" um.
Füttert man ältere Kaulquappen, die kurz vor der Metamorphose (= Umwandlung) stehen, mit Gewebe aus dem Hypophysenvorderlappen einer Katze, so bleibt die Metamorphose aus und man erhält Riesenkaulquappen.
Entfernt man bei einer Kaulquappe die Schilddrüse, so unterbleibt die Umwandlung zum Frosch.
a) Erklären Sie diese Versuchsergebnisse.
b) Welche Schlüsse lassen sich bezüglich der Wirkungsweise von Hormonen bei verschiedenen Tierarten ziehen?
c) Die Unterfunktion der Schilddrüse führt beim Menschen zu einem bestimmten Krankheitsbild. Beschreiben Sie die Symptome, wenn die Unterfunktion schon in der Jugend eintritt.
d) Welche Symptome treten bei Schilddrüsenunterfunktion im Erwachsenenalter auf?
e) Wie kann man der Unterfunktion der Schilddrüse begegnen?

3. Schilddrüse ☞ 257 f. ***

Funktionen von Hormonen kann man nur bei Störungen der normalen Hormonsteuerung erkennen. Eine Möglichkeit, Störungen auszulösen, sind so genannte Hormonblocker, Stoffe also, welche die Hormonproduktion der entsprechenden Drüse blockieren. Für die Schilddrüse ist das Perchloration ein solcher Hormonblocker. Es besitzt etwa den gleichen Durchmesser wie das Iodidion und wird daher wie Iodid von der Schilddrüse aufgenommen.
Zur Erforschung einer wirksamen Therapie bei einer bestimmten Schilddrüsenerkrankung wurde eine Moschusente längere Zeit mit Perchlorat behandelt. Dies führte zu einer Schilddrüsenvergrößerung; die Innenräume der Schilddrüsenfollikel waren zugewuchert, da die Follikelzellen sich stark vergrößert und vermehrt hatten.
a) Wodurch blockiert Perchlorat die Thyroxin-Synthese?
b) Weshalb hatten sich die Follikelzellen vergrößert und vermehrt?
c) Welche Funktion hat das Schilddrüsenhormon im Stoffwechsel?
d) Welche Symptome erwarten Sie bei der Moschusente, wenn ihr längere Zeit Perchlorat gegeben wird?
e) Für welche Schilddrüsenstörung beim Menschen erhoffte man sich vom Perchlorat therapeutische Wirkung?

Allgemeine Eigenschaften von Hormonen und Hormondrüsen des Menschen

f) Inwieweit kann man mit radioaktivem Iodid die Funktion der Schilddrüse prüfen?
g) Unterfunktionen von Hormondrüsen kann man mit genau dosierter Hormonzufuhr begegnen. Welche unerwünschten Folgen hat dies bei längerer Behandlung?

4. Tupajas ☞ 258 *

Männliche Spitzhörnchen (Tupajas) führen Rivalenkämpfe aus, bei denen der Unterlegene seine Niederlage zu erkennen gibt und geschont wird. In Gefangenschaft sterben unterlegene Männchen regelmäßig einige Tage später. Da als Ursachen für den Tod weder Verletzungen noch Infektionen in Frage kommen, suchte man nach anderen Gründen. Man entfernte das unterlegene Männchen aus dem gemeinsamen Käfig und setzte es in einen anderen;
- es erholte sich rasch wieder, wenn es seinen Besieger nicht mehr sehen konnte, oder aber
- es starb, wenn es Sichtkontakt mit seinem Besieger hatte.

a) Was ist die Todesursache für die unterlegenen Männchen?
b) Durch welche stoffwechselphysiologischen Vorgänge wird hier der Tod vorbereitet?
c) Welche physiologischen oder körperlichen Veränderungen lassen sich beim unterlegenen Männchen messen bzw. erkennen?
d) Weshalb sterben unterlegene Tupaja-Männchen in freier Wildbahn normalerweise nicht?
e) Unter bestimmten Bedingungen sterben jedoch auch in freier Wildbahn unterlegene Männchen. Welche Bedingungen sind dies und inwiefern ist dann ihr Tod für die Population von Nutzen?

5. Diabetes ☞ 260 **

Ein gesunder Mensch hat in 100 ml Blut etwa 100 mg Glucose. Bei Verdacht auf Diabetes wird der „Verdächtige" einem Glucose-Belastungstest unterzogen; dabei muss er auf nüchternen Magen eine Lösung von 100 g Glucose trinken. Vor dem Test und dann nach 30, 60 und 90 min werden die Blutwerte gemessen.
Diese Untersuchung fiel bei zwei Personen (A und B) folgendermaßen aus:

Zeit [min]	mg Glucose in 100 ml Blut	
	A	B
0	90	110
30	150	200
60	120	180
90	110	170

a) Zeichnen Sie die Diagramme für die Glucose-Konzentrationen im Blut bei den Personen **A** und **B** in einem Zeitraum von 0 bis 120 min nach der Glucose-Zufuhr.
b) Welche Diagnose gestattet der Test bei beiden Untersuchungen? Erläutern Sie.
c) Einem Patienten mit schwerer Diabetes können nur Insulininjektionen helfen. Warum kann er das Insulin nicht oral (durch den Mund) einnehmen?
d) Welche Injektionsart ist unbedingt anzuraten: intravenös oder intramuskulär? Begründen Sie.
e) Weshalb haben Diabetiker oft großen Durst?

6. Regulation der Pförtnertätigkeit ☞ 260 *

a) Welcher pH-Wert herrscht ungefähr im Magen und wodurch wird er verursacht?
b) Welcher pH-Wert muss im Zwölffingerdarm herrschen, damit sich der Pförtner schließt? Bei welchem pH-Wert muss er sich wieder öffnen?
c) Stellen sie die Regeltätigkeit des Pförtners in einem kybernetischen Regelschema dar. Ordnen Sie den kybernetischen Begriffen die jeweils entsprechenden tatsächlichen Größen zu.

7. Ovarialzyklus ☞ 262 **

Nachstehende Abbildung zeigt ein Regelschema des Ovarialzyklus. Es ist an zahlreichen Stellen unvollständig (Kästchen, Kreisflächen).

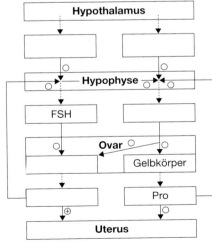

⊕ aktiviert; positive Rückkopplung ----▶ bildet
⊖ hemmt; negative Rückkopplung
Regelschema des Ovarialzyklus

a) Vervollständigen Sie das Schema.
b) Zeichnen Sie die Wirkung eines gebräuchlichen Ovulationshemmers in das Regelschema ein.

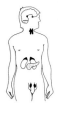

Molekulare Grundlagen der Hormonwirkung bei Tier und Mensch

8. Wirkung von Prolactin ☞ 264 **

Das Hormon Prolactin ist ein Proteinmolekül, das u. a. die Produktion des Milchproteins Casein in den Brustdrüsen der Säugetiere steigert. Dabei wird die Menge der mRNA, die die Information für den Aufbau des Caseins enthält, nicht gesteigert.
Erläutern Sie, wie das Hormon wirken könnte.

Pflanzenhormone

9. Braugerste ☞ 265 **

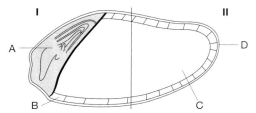

Gerstensamen im Längsschnitt

a) Ordnen Sie den Buchstaben in der Abbildung die richtigen Begriffe zu.
b) Erklären Sie, was geschieht, wenn man die Hälften **I** und **II** getrennt quellen lässt.
c) Wie lässt sich experimentell Ihre Erklärung überprüfen?
d) Erklären Sie, wieso man beim Bierbrauen für die Malzherstellung die Gerste erst nach dem Keimen röstet, um bestimmte Geschmacksstoffe zu erhalten, nicht jedoch vor dem Keimen, obwohl auch dann Geschmacksstoffe entstehen.

10. Hormone im Test ☞ 256–265 **

Kreuzen Sie die jeweils zutreffende Lösung an. In jedem Aufgabenfeld trifft jeweils nur eine Lösung zu.
1. Welche der folgenden Aussagen ist **falsch**?
   a) Hormone regulieren Fließgleichgewichtszustände häufig antagonistisch.
   b) Nur Drüsenhormone werden in endokrinen Drüsen erzeugt.
   c) Hormone mit den gleichen chemischen Grundstrukturen haben auch die gleiche Funktion.
   d) Die Ausschüttung der Hormone wird häufig durch negatives Feedback reguliert.
   e) Hormone sind Informationsträger, die beim Menschen in der Regel über den Blutkreislauf zu den Zielzellen gelangen.
2. Welche der folgenden Aussagen ist richtig?
   a) Geringe Mengen von Drüsenhormonen bewirken die Ausschüttung großer Mengen an Hypophysenhormonen.
   b) Das Hormonsystem arbeitet in der Art einer Hierarchie.
   c) Kein Hormon kann ohne Kontrolle durch das Nervensystem arbeiten.
   d) Eine fehlerlose Arbeitsweise des Nervensystems ist nur über die Kontrolle durch das Hormonsystem gewährleistet.
   e) Hormonantagonismus beruht darauf, dass sich Peptid- und Steroidhormone in ihrer Wirkung neutralisieren, sobald sie aufeinander treffen.
3. Man sagt, dass Hormone wirkungsspezifisch sind, aber nicht artspezifisch. Welche der folgenden Fragen muss mit **Nein** beantwortet werden?
   a) Kann Rinderinsulin den Zuckerspiegel bei Diabetikern senken?
   b) Bewirkt Somatotropin von Schafen bei Kaulquappen Riesenwuchs?
   c) Fördert Somatotropin von Hunden bei Menschen das Wachstum?
   d) Regt Gibberellin aus Weizenkörnern Keimung und Wachstum in Gerstenkörnern an?
   e) Führen Gibberellingaben bei Hydra zur Knospung?
4. Welche der folgenden Zusammenstellungen von Hormonen und deren Wirkung ist **falsch**?
   a) Glucagon → erhöht die Blutzuckerkonzentration durch Glykogenabbau
   b) Thyroxin → aktiviert den Stoffwechsel
   c) Östrogene → stimulieren das Wachstum der Uterusschleimhaut
   d) Adrenalin → verengt alle Blutgefäße zur Erhöhung des Blutdrucks
   e) Oxytocin → stimuliert die Uteruskontraktion und die Brustdrüsen
5. Der Hauptunterschied in der Wirkung zwischen Steroid- und Peptidhormonen ist, dass
   a) Peptidhormone hauptsächlich die Aktivität in der Zelle vorhandener Enzyme beeinflussen, Steroidhormone dagegen die Proteinbiosynthese.
   b) Peptidhormone vorwiegend im Plasma, Steroidhormone dagegen eher im Zellkern wirken.
   c) Peptidhormone an einen Rezeptor in der Membran der Zielzelle binden, Steroidhormone nach Durchqueren der Membran an cAMP binden.
   d) Peptidhormone die Permeabilität von Mem-

branen verändern, Steroidhormone auf den Zellstoffwechsel einwirken.
   e) die Zielzellen auf Peptidhormone langsamer reagieren als auf Steroidhormone.
6. Welche der folgenden Krankheiten des Menschen hat **nichts** mit dem zugeordneten Hormon zu tun?
   a) BASEDOW-Krankheit – Thyroxin
   b) Kretinismus – Thyroxin
   c) Hypophysärer Zwergwuchs – Wachstumshormon
   d) Insulin – Diabetes
   e) ACTH – Tetanus (Krampf)
7. Welches der folgenden Beispiele für negative Rückkopplung bei Hormonen trifft **nicht** zu?
   a) Progesteron hemmt die Ausschüttung von Östradiol.
   b) Insulin hemmt seine eigene Ausschüttung.
   c) TSH der Adenohypophyse hemmt die TRH-Ausschüttung im Hypothalamus.
   d) Cortison hemmt die ACTH-Ausschüttung.
   e) Östrogene hemmen die LTH-Ausschüttung.
8. Welche Antwort trifft zu?
   Hormon- und Nervensystem
   a) unterscheiden sich nur in der Geschwindigkeit der Informationsübermittlung.
   b) können nur mithilfe von Adrenalin Informationen austauschen.
   c) arbeiten bei der Informationsübermittlung mit weitgehend gleichen Methoden.
   d) kommunizieren über Neurotransmitter miteinander.
   e) stehen in keiner kommunikativen Verbindung miteinander.
9. Welche der folgenden Aussagen über die Wirkungsweise von Hormonen an/in der Zelle ist **falsch**?
   a) Steroidhormone können die Zellmembran durchwandern und ihre Wirkung im Zellinneren entfalten.
   b) Lipophobe Hormone werden an Rezeptormoleküle der Zellmembran gebunden.
   c) Alle Hormone binden grundsätzlich an Rezeptormoleküle in der Zellmembran.
   d) cAMP ist einer der wichtigsten second messenger.
   e) Die Wirkung der an Rezeptoren gebundenen Hormone wird durch Phagocytose beendet.
10. Welche der folgenden Aussagen über Pflanzenhormone ist **falsch**?
    a) Gibberelline aktivieren Stärke und Protein spaltende Enzyme.
    b) Sämtliche Pflanzenhormone werden während der Vegetationsphase in den Chloroplasten gebildet.
    c) Cytokinine regen junge Zellen zur Teilung an und hemmen die Alterung.
    d) Auxin regt die Wurzelbildung an.
    e) Abscisinsäure und Jasmonsäure hemmen sowohl den Stoffwechsel als auch die Entwicklung von Pflanzen.
11. Welche der folgenden Zuordnungen zwischen Hormon und dessen Entstehungsort trifft **nicht** zu?
    a) Thyroxin – Schilddrüse
    b) Insulin – Leber
    c) Adrenalin – Nebennierenmark
    d) Östradiol – Ovarium
    e) Testosteron – Hoden
12. Nach dem Unfall im Kernkraftwerk Tschernobyl wurde u. a. das radioaktive Iodisotop ^{131}I freigesetzt, das bei der Aufnahme über Lunge oder Darmtrakt zu Strahlenschäden führen kann. Zur Vorbeugung dagegen empfahlen Ärzte Tabletten des nicht radioaktiven Iodisotops ^{127}I einzunehmen.
    Der korrekte Grund für die Empfehlung ist:
    a) Iod absorbiert radioaktive Strahlung, sodass diese nicht in den Körper gelangen kann.
    b) Durch die künstlich erhöhte Konzentration an Iod im Körper wird die Strahlung auf ein unschädliches Maß verdünnt.
    c) Das radioaktive ^{131}I reagiert mit dem Iod aus den Tabletten unter Bildung eines neuen Isotops ^{129}I.
    d) Die Schilddrüse soll ihre Iodspeicher auffüllen, sodass kein weiteres Iod mehr eingelagert werden kann und das radioaktive Iod rasch wieder ausgeschieden wird.
    e) Das radioaktive ^{131}I wird vom ^{127}I reflektiert und gelangt deshalb nicht in den Körper.
13. Welche der folgenden Aussagen trifft **nicht** zu? Die Aufnahme von viel Glucose ins Blut hat zur Folge, dass
    a) Glucagon zusätzlich Glucose als Muskelglykogen speichert.
    b) die b-Zellen des Pankreas vermehrt Insulin ausschütten.
    c) die Nieren Glucose ausscheiden.
    d) die Leber Glucose in Form von Glykogen speichert.
    e) Fettzellen Glucose in Fett umzuwandeln beginnen.

11. Multiple-Choice-Test Hormone
siehe Seite 169

ENTWICKLUNGSBIOLOGIE

Fortpflanzung

1. Vermehrung von Kulturpflanzen ☞ 267 *

Eine große Anzahl unserer Kulturpflanzen wird vegetativ vermehrt. Darunter befinden sich Nutzpflanzen wie Kartoffel, Weinstock, Zuckerrohr und Banane sowie Zierpflanzen wie Chrysanthemen und Pelargonien (Geranien).

Holzige Nutzpflanzen werden häufig durch Pfropfen veredelt. Dazu wird von der gewünschten Pflanzensorte ein kleiner Zweig (Reis), der schräg angeschnitten wurde, mit einem ebenso angeschnittenen Zweig (Unterlage) des zu veredelnden Baumes eng verbunden. Die Schnittstellen verwachsen miteinander. Das aufgepfropfte Reis wächst auf der Unterlage weiter und liefert Früchte von der Baumsorte, der es entnommen wurde.

a) Welche Vorteile bietet die ungeschlechtliche Vermehrung gegenüber der geschlechtlichen bei Kulturpflanzen?
b) Welche Möglichkeiten der vegetativen Vermehrung gibt es bei Kulturpflanzen?
c) Weshalb wird oft die oben beschriebene Veredelung durchgeführt und die gewünschte Sorte nicht direkt vegetativ vermehrt?
d) Weshalb bildet nach der Veredelung das aufgepfropfte Reis seine „eigenen" Früchte und nicht die der Unterlage?
e) Weshalb gibt es bei der Veredelung keine Abstoßungsreaktionen wie bei Organtransplantationen beim Menschen?

2. Keimung und Entwicklung ☞ 271 *

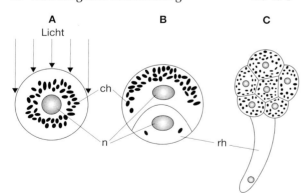

Keimung einer Spore des Schachtelhalms. ch = Chloroplast; n = Zellkern, rh = Rhizoidzelle

Beschreiben und erläutern Sie den dargestellten Prozess.

Keimesentwicklung von Tieren und Menschen

3. Gastrulation ☞ 272 *

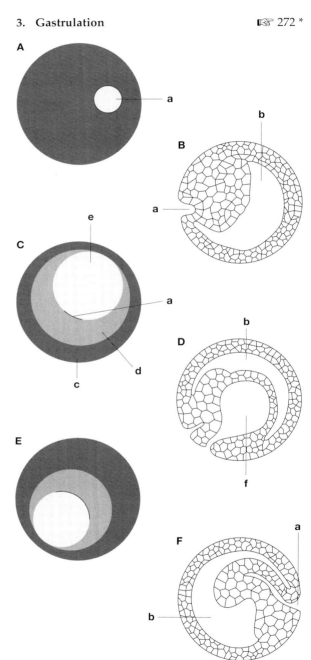

Darstellung verschiedener Entwicklungsstadien des Amphibienkeims in Aufsicht (A, C, E) und im Längsschnitt (B, D, F)

a) Ordnen Sie die Stadien in der zeitlich richtigen Reihenfolge der Entwicklung.
b) Beschriften Sie die Abbildungen.

Keimesentwicklung von Tieren und Menschen

4. Schnürungsversuch am Molchei ☞ 281 *

Die Abbildung zeigt einen Versuch, bei dem mit einer feinen Schlinge das befruchtete Ei (= Zygote) eines Molches vor der ersten Mitose eng eingeschnürt wurde.

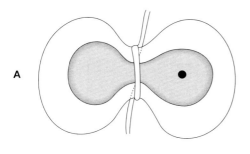

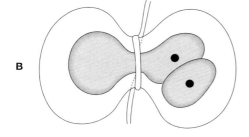

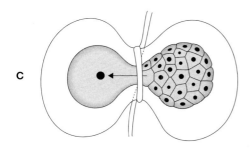

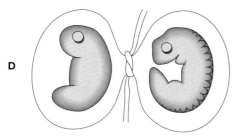

Schnürungsversuch; Zellkerne nicht maßstabgetreu

a) Beschreiben Sie den Versuchsansatz (A) sowie die Ergebnisse (B–D).
b) Wie wird die Entwicklung weiterverlaufen? Begründen Sie.

5. Molchneurula ☞ 282 **

Aus einer Molchneurula wurden Gewebestücke aus zukünftiger Epidermis und aus der Neuralplatte in Einzelzellen zerlegt und gemischt (A). Dieses Zellgemisch wurde in eine geeignete Nährlösung gebracht. Die Abbildungen (B–F) zeigen die Weiterentwicklung.

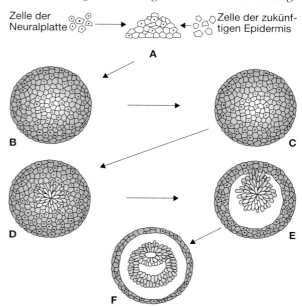

Molchneurula; A–D: Aufsicht, E–F: Schnittbild

a) Beschreiben Sie die Ergebnisse.
b) Welche Annahmen hinsichtlich einer geordneten Entwicklung lässt das Versuchsergebnis zu? Begründen Sie.

6. Augenentwicklung ☞ 283 **

In der Entwicklung des Wirbeltierauges bildet sich zunächst aus dem Neuralgewebe ein Augenbecher, der sich unter die darüber liegende Epidermis schiebt. Im Kontakt mit dem Augenbecher entsteht aus dem Epidermisgewebe eine Linse.

Experiment A:
Entfernt man die Augenbecheranlage des Nervengewebes, entsteht keine Linse.

Experiment B:
Ersetzt man das über der Augenbecheranlage liegende Epidermisstück eines Kammmolchs durch ein Stück der Bauchepidermisanlage eines Teichmolchs, so bildet sich dagegen eine Linse aus. (Der Teichmolch besitzt kleinere Augen als der Kammmolch).

a) Erklären Sie das Ergebnis des Experiments A.
b) Welche Eigenschaften wird die Linse im Experiment B besitzen? Wie bezeichnet man ihre Entwicklung?

GENETIK

Variabilität von Merkmalen

1. Taxusnadeln ☞ 286 **

Die folgende Verteilungskurve zeigt das Ergebnis einer Untersuchung, bei der die Länge von Eibennadeln (*Taxus baccata*) gemessen wurde.

a) Zeichnen Sie idealisierte Verteilungskurven in das Schaubild und ermitteln Sie daraus, von wie vielen Pflanzen die Nadeln stammen könnten.
b) Wie ließe sich die Frage a) experimentell klären, sofern die ausgemessenen Nadeln noch leben und genügend Zeit zur Verfügung steht?
c) Erklären Sie die Begriffe Variabilität, Modifikabilität, Modifikation und Reaktionsnorm.

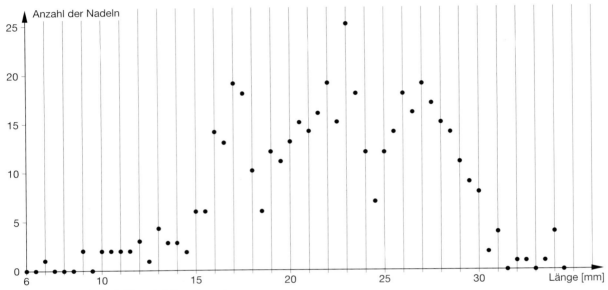

Verteilungskurve der Nadellänge bei *Taxus baccata*

MENDELsche Gesetze

2. Familien ☞ 288 *

In den folgenden beiden Bildreihen sind oben zwei Elternpaare und unten deren Kinder abgebildet. In der oberen Bildreihe sind die zusammengehörigen Elternpaare nebeneinander abgebildet. Die Bilder der Kinder sind nicht geordnet. Sowohl Eltern als auch Kinder wurden im Alter von ca. 18 Jahren fotografiert.
Ordnen Sie Eltern und Kinder einander richtig zu. Nach welchen Kriterien sind Sie dabei vorgegangen?

Elternpaare und ihre Kinder

MENDELsche Gesetze

3. Katzenfell ☞ 290 ***

Katzen können ein einfarbiges Fell, ein farbig meliertes (gesprenkeltes) oder ein Fell mit den genannten Farben besitzen, das außerdem größere weiße Flecken hat. Bei Katern findet man die Melierung nur außerordentlich selten.

einfarbig — schwarz/weiß gefleckt — meliert und gefleckt — meliert

Farbe und Musterung des Katzenfells

Wenn man einfarbig schwarze Kater mit orangefarbigen, melierten Katzen kreuzt, wobei die Eltern bezüglich der genannten Merkmale reinerbig sind, findet man in der F_1-Generation folgende Nachkommen:
weibliche Katzen: schwarz/orange meliertes Fell, ungefleckt;
Kater: einfarbig orangefarbenes Fell, unmeliert.
Kreuzt man diese Individuen aus F_1 untereinander, ergibt sich in der F_2-Generation im Mittel folgendes Ergebnis:

Individuen	Anzahl
Katzen:	
orange/ungefleckt	3
orange/gefleckt	1
orange/schwarz meliert, ungefleckt	3
orange/schwarz meliert, gefleckt	1
Kater:	
schwarz/ungefleckt	3
schwarz/gefleckt	1
orange/ungefleckt	3
orange/gefleckt	1

Merkmale der F_2-Generation

a) Stellen Sie je ein Kreuzungsschema für beide Kreuzungen auf.
b) Welcher Erbgang liegt vor? Wie viele Allele sind an der Vererbung beteiligt und wie werden diese vererbt?
c) Welche Nachkommenverteilung ist zu erwarten, wenn man einen orangefarbenen gefleckten Kater mit einer einfarbig schwarzen Katze kreuzt?

4. Rex-Kaninchen ☞ 290 **

Udi Reger, Verwalter eines Kaninchenzuchtbetriebs, kehrte auf seinem abendlichen Rundgang noch einmal zu seinem Kaninchen-Liebling Regina zurück. Die braunhaarige Regina hatte vor einigen Tagen geworfen (Vater des Wurfes war ein braunhaariger Rammler): Drei weiße und fünf braune Junge waren das Ergebnis. Udi nahm eins der Jungen und musterte es. Irgendwie sah das Fell anders aus als das der Eltern und Geschwister; es war noch seidiger, aber zugleich auch fester, fast biberähnlich – einfach „königlich". Udi schloss das Kleine sofort in sein Herz und taufte es – es war ein Weibchen – Regina II, zu Ehren seiner tüchtigen Mutter. Das biberähnliche Fell nannte er fortan „rex". Regina II mit dem rexen Fell war weiß.
Um die wertvolleren braunen Rex-Felle zu bekommen, paarte Udi Reger Regina II wiederholt mit einem braun-normalen Bruder:
1. Wurf: 3 normal-weiße, 1 rex-weißes, 3 normal-braune;
2. Wurf: 4 normal-weiße, 2 rex-weiße;
3. Wurf: 2 rex-weiße, 5 rex-braune, 1 normal-braunes;
4. Wurf: 1 rex-braunes, 1 rex-weißes, 2 normal-braune.
Wählen Sie bei der Beantwortung der folgenden Fragen für das Gen Fellbeschaffenheit das Symbol **r** und für das Gen Farbe **w**.
a) Analysieren Sie den Erbgang der Merkmale.
b) Sind die Gene **r** und **w** gekoppelt oder frei kombinierbar? Begründen Sie Ihre Antwort.
c) Geben Sie die Genotypen für Regina II, ihren Bruder und die Eltern der beiden an.
d) Welche Genotypen besitzen die Nachkommen von Regina II?
e) Schlagen Sie einen Weg vor, um eine reinerbige Zucht für die gewünschten Felle zu bekommen.

Anmerkung: Person und Geschehnisse sind erfunden, Rex-Kaninchen dagegen gibt es wirklich, ebenso wie Rex-Katzen.

5. Vererbung bei Katzen ☞ 290, 303 ***

Bei Katzen sind zahlreiche Erbmerkmale bekannt. So gibt es z. B. die Vielzehigkeit (Polydaktylie, **pd**) sowie die Fellfarben Rot (o^r) und Schwarz (o^b); daneben gibt es den Phänotyp schildpatt (**?**), der auf cremefarbenem Grund rote und schwarze Flecken aufweist.
In der Tabelle sind vier Katzenpaare mit ihrem Nachwuchs aufgeführt.
a) Analysieren Sie die Erbgänge und geben Sie die Genotypen aller vier Elternpaare an.
b) Fertigen Sie für die Kreuzung **B** ein Kreuzungsschema an.
c) Bei welchen Nachkommen kann man die Genotypen nicht sicher feststellen? Welche Kreuzungen müsste man durchführen, um Sicherheit zu gewinnen? Bearbeiten Sie ein Beispiel.

84 Genetik

Weibchen x Männchen	poly rot	poly schwarz	poly schildpatt	normal rot	normal schwarz	normal schildpatt
A poly rot x poly schwarz	12, nur ♀	–	19, nur ♀	7, nur ♂	–	6, nur ♀
B poly schildpatt x poly rot	19	10, nur ♂	8, nur ♀	6	2, nur ♂	3, nur ♀
C normal schwarz x poly rot	–	22, nur ♂	24, nur ♀	–	–	–
D normal schildpatt x poly rot	12	7, nur ♂	5, nur ♀	13	6, nur ♂	7, nur ♀

Merkmale von vier Katzenpaaren und ihrem Nachwuchs; poly = Polydaktylie

6. Katzen mit und ohne Schwanz ☞ 290, 307 **

Eltern	Nachkommen					
	Manx weiß gesch.	Manx Holländer	Manx ungesch.	normal weiß gesch.	normal Holländer	normal ungesch.
A Manx weiß gescheckt x Manx ungescheckt	0	2	0	0	1	0
B Manx Holländer x normal Holländer	1	2	1	1	2	1
C Manx weiß gescheckt x normal Holländer	1	1	0	1	1	0
D Manx Holländer x normal ungescheckt	0	1	1	0	1	1
E Manx weiß gescheckt x Manx Holländer	2	2	0	1	1	0
F Manx Holländer x Manx Holländer	2	4	2	1	2	1

Anzahl der Nachkommen bei verschiedenen Kreuzungen

Unter den Hauskatzen gibt es ungefähr 40 verschiedene Rassen.
Die Erbmerkmale, die bei den folgenden Kreuzungen beobachtet werden, sind:
Manx (**M** oder **m**) = Schwanzlosigkeit
Scheckung: Das Fell kann ungescheckt (**s⁺**) oder gescheckt (**s**) sein; dabei kann der weiße Fellanteil überwiegen (weiß gescheckt) oder nur vereinzelt vorliegen (Holländerscheckung).
Die Anzahlen bei den Nachkommen entsprechen den statistischen Werten.
a) Bei welchen Anlagen liegt Dominanz, unvollständige Dominanz oder Rezessivität vor?
b) Geben Sie die Genotypen der sechs Elternpaare an.
c) Stellen Sie das Kreuzungsschema für die Kreuzung F auf.
d) Welche Besonderheit liegt in Bezug auf die Anlage für Manx vor?

7. Rhesusfaktor ☞ 292 *

Es gibt ca. 40 verschiedene Rhesus-Antigene, die man alle zusammen als den „Rhesusfaktor" bezeichnet. Von diesen Antigenen ist das Antigen D das häufigste und wichtigste. Es tritt bei ungefähr 85 % der Europäer auf.
a) Ermitteln Sie aus dem folgenden Erbschema, wie der Rhesusfaktor vererbt wird.

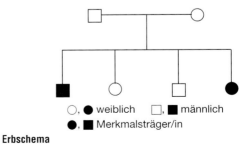

Erbschema

b) Wie groß ist der prozentuale Anteil des rezessiven Allels in der Bevölkerung?
c) Berechnen Sie den Anteil der Heterozygoten bezüglich des Rhesusfaktors.
d) Wie groß ist der Anteil von Trägern des Genotyps DD?

a) Benennen und beschreiben Sie die Vorgänge an den bezifferten Stationen der Abbildung.
b) Geben Sie den Chromosomensatz der weiblichen Keimzelle in den bezeichneten Stadien an und erwähnen Sie jeweils, ob es sich um 1-Chromatid- oder 2-Chromatid-Chromosomen handelt.

Vererbung und Chromosomen

8. DNA-Menge in der Keimbahn ☞ 293 **

Nahezu alle Zellen des menschlichen Körpers müssen aufgrund von Verschleißerscheinungen immer wieder aus den noch intakten Zellen mitotisch nachgeliefert werden. Mit dem Tode hört dieser Regenerationsprozess auf, und die verbliebenen Zellen sterben ab. Diese Zellen werden als Körper- oder Soma-Zellen bezeichnet. Daneben gibt es andere, die sich ebenfalls wiederholt teilen und von Generation zu Generation weitergegeben werden. Sie sind nahezu unsterblich. Die Zellen in dieser Generationenfolge werden als Keimbahn bezeichnet. In der Abbildung sind bestimmte Abschnitte in der Keimbahn durch Angabe der relativen DNA-Menge gekennzeichnet.

9. Zellteilung ☞ 293 *

Die folgende Abbildung zeigt Aufnahmen eines Kernteilungsprozesses in ungeordneter Reihenfolge.

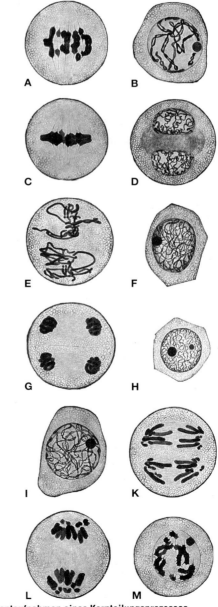

Momentaufnahmen eines Kernteilungsprozesses

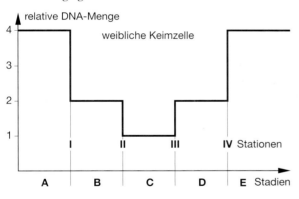

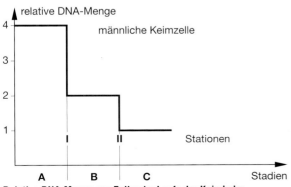

Relative DNA-Menge von Zellen im Laufe der Keimbahn

a) Ordnen Sie die Momentaufnahmen in der richtigen zeitlichen Reihenfolge.
b) Handelt es sich um eine meiotische oder eine mitotische Teilung? Begründen Sie.
c) Erklären Sie die biologische Funktion dieses Teilungsprozesses.

10. Biologische Bedeutung von Mitose und Meiose ☞ 293 *

Meiose und Mitose unterscheiden sich in wesentlichen Grundzügen.
Bei der Darstellung und Verdeutlichung dieser beiden Prozesse verwenden Sie die folgenden Symbole:

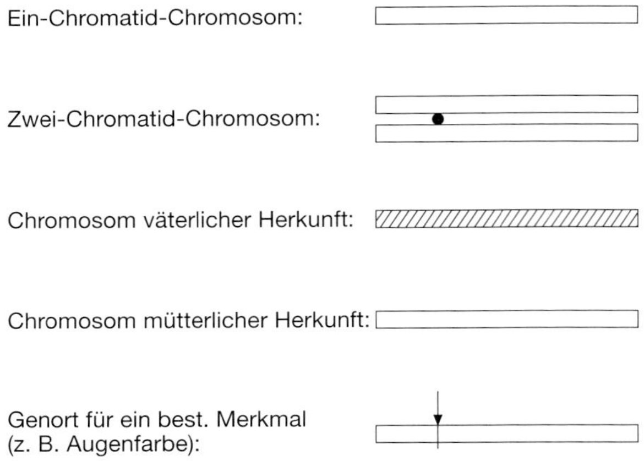

Ein-Chromatid-Chromosom:

Zwei-Chromatid-Chromosom:

Chromosom väterlicher Herkunft:

Chromosom mütterlicher Herkunft:

Genort für ein best. Merkmal
(z. B. Augenfarbe):
Zu verwendende Symbolik

a) Zeichnen Sie den Zustand der Chromosomen, nachdem sie sich in der Äquatorialebene angeordnet haben,
   A im Zuge einer Mitose und
   B während einer Meiose (mit einem Chiasma).
b) Erläutern Sie mithilfe Ihrer Zeichnung den biologischen Sinn der Mitose und der Meiose.

11. Mais ☞ 296 **

Zwei reine Maislinien werden gekreuzt; die F_1 besitzt Kolben mit dunklen Körnern (coloured aleurone, **c**), die beim Trocknen nicht schrumpfen. Kreuzt man die daraus wachsenden Pflanzen mit der gelbkörnigen Elternsorte, deren Körner beim Trocknen schrumpfen (shrunken, **sh**), so enthalten die F_2-Kolben folgende Körner:
coloured normal, gelb shrunken, gelb normal und coloured shrunken im Verhältnis 1 : 1 : 0,03 : 0,03.
a) Analysieren Sie den Erbgang und stellen Sie das Kreuzungsschema auf.
b) Berechnen Sie den relativen Genabstand auf eine Kommastelle.

12. Kopplungsbruch bei Drosophila ☞ 296 *

Rückkreuzungen mit verschiedenen Mutanten von *Drosophila melanogaster* (Taufliege) führten zu folgenden Ergebnissen:

vg	vestigial wings (verkümmerte Flügel)
b	black body (schwarzer Körper)
st	scarlet eyes (hellrote Augen)

vg^+/vg; b^+/b x vg/vg; b/b	
grau; normalflügelig	4071
schwarz ; stummelflügelig	4074
grau; stummelflügelig	925
schwarz; normalflügelig	930

Kreuzung A

st^+/st; b^+/b x st/st; b/b	
rotäugig; grau	2570
hellrote Augen; grau	2565
rotäugig; schwarz	2568
hellrote Augen; schwarz	2563

Kreuzung B

Es bedeuten:
b^+/b Anlagen für graue/schwarze Körperfarbe
st^+/st Anlagen für rote Augen/hellrote Augen
vg^+/vg Anlagen für normalflügelig/stummelflügelig

a) Stellen Sie begründend dar, welches Kreuzungsergebnis auf Genkopplung schließen lässt.
b) Erläutern Sie Kopplung und Kopplungsbruch u. a. auch mithilfe einer Skizze. Stellen Sie die Bedeutung für das dritte MENDELsche Gesetz heraus.
c) Bestimmen Sie den Austauschwert.
d) Entwerfen Sie für die betreffende Kreuzung (Aufgabe a)) ein Kreuzungsschema.
e) Beschreiben Sie ein Kreuzungsexperiment, mit dem Sie zeigen können, ob das Merkmal hellrote Augen (Anlage st) autosomal oder gonosomal vererbt wird (Ihnen stehen die entsprechenden Mutanten und der Wildtyp zur Verfügung).

13. Drosophila ☞ 296 ***

Ein bestimmter Laborstamm (1) von *Drosophila* besitzt braune Augen (sepia, **se**), gespreizte Flügel (dichaete, **D**) und Körperstellen mit dort fehlenden Borsten (hairless, **H**).

Vererbung und Chromosomen

Bei der Wildform (2) sind die Augen rot und die beiden anderen Merkmale „normal" ausgebildet. Die Anlagen für dichaete und hairless sind homozygot letal. Alle drei Anlagen liegen auf demselben Chromosom. Die Nachkommen der Kreuzung von Weibchen des Stammes 1 mit Wildmännchen 2 sind zum einen rotäugig, dichaete, hairless, zum anderen rotäugig, normal, normal im Verhältnis 1 : 1. Außerdem sind noch einige Rekombinanten zu finden.

Nun werden aus der F_1 Weibchen mit den Merkmalen rotäugig, dichaete, hairless mit sepia-normal-normal-Männchen aus einem anderen Stamm (3) gekreuzt. Folgende Nachkommen sind zu finden:

rotäugig normal normal	633 Tiere
sepia dichaete hairless	657 Tiere
sepia normal normal	99 Tiere
rotäugig dichaete hairless	109 Tiere
rotäugig dichaete normal	39 Tiere
sepia normal hairless	33 Tiere
rotäugig normal hairless	224 Tiere
sepia dichaete normal	206 Tiere

a) Analysieren Sie den ersten Erbgang. Welchen Genotyp muss Stamm 1 haben? Begründen Sie.
b) Geben Sie die Genotypen der Ausgangsformen für die zweite Kreuzung an.
c) Analysieren Sie nun die F_2; stellen Sie dazu eine Tabelle auf, die neben den obigen Angaben (Phänotyp und Anzahl der Tiere) folgende Spalten enthält: Genotyp, Feststellung des ausgetauschten Gens, Berechnung des Austauschwerts.
d) Welche Reihenfolge haben die Gene? Begründen Sie.
e) In welchem relativen Abstand liegen die Gene im Chromosom? (Beachten Sie den Austauschwert des in der Mitte liegenden Gens!)

14. Riesenchromosomen   ☞ 298 **

Riesenchromosomen sind in den Speicheldrüsen von *Drosophila*-Larven (und auch in den Larven anderer Zweiflügler) zu finden. Sie entstehen dadurch, dass während der Larvalentwicklung in den Speicheldrüsenzellen die homologen Chromosomen gepaart sind (wie in der Prophase der Meiose) und dass sich die Chromatiden dieser Paare vervielfachen. Im letzten Larvenstadium (vor der Verpuppung) besteht jedes Paar aus ca. 1000 Chromatiden und bildet einen in Längsrichtung eingerollten Hohlzylinder. Nicht aktive Gene oder Gengruppen sind als Banden erkennbar. Bei Wildstämmen von *Drosophila* findet man in den Riesenchromosomen wiederholt ungepaarte Abschnitte (Paarungslücken) und andere Unregelmäßigkeiten.

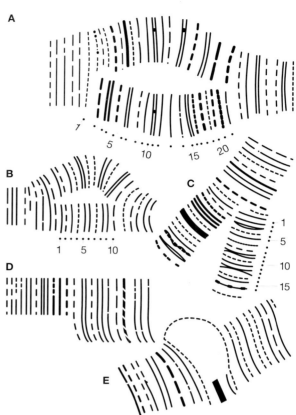

Riesenchromosomen

a) Welche Aufgabe haben Riesenchromosomen in den larvalen Speicheldrüsen?
b) Die Abbildungen **A–D** zeigen Paarungslücken als Folgen von Chromosomenmutationen. Identifizieren Sie diese und begründen Sie Ihre Identifikationen.
c) Wie ist Abbildung **E** zu erklären?
d) Weshalb findet man bei Laborstämmen weitaus weniger Paarungslücken als bei Wildstämmen?

15. Geschlechtsbestimmung beim Menschen   ☞ 302 *

Bei der Untersuchung von Mundschleimhautzellen eines Patienten wird in den Zellkernen neben einem BARR-Körperchen auch jeweils ein F-Body gefunden. F-Bodys sind mit Chinacrin angefärbte Y-Chromosomen, die unter dem Fluoreszenzmikroskop auffallen.

a) Klären Sie den Begriff BARR-Körperchen.
b) Wie stellt man ein Karyogramm eines Menschen her?
c) Welche besonderen Merkmale zeigt die untersuchte Person im Karyogramm? Welches Geschlecht und welche Eigenschaften hat sie?

88 Genetik

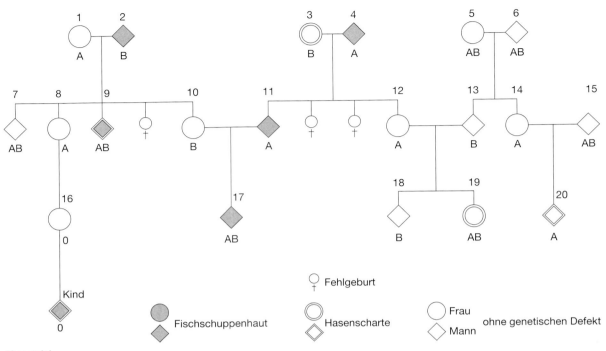

Ahnentafel

16. Blutgruppen ☞ 307 *

Bei Vaterschaftsbestimmungen dienen Blutgruppenuntersuchungen dazu, mögliche „Väter" auszuschließen. Tragen Sie in die Tabelle ein, welche Blutgruppen die jeweiligen Männer haben müssen, um als Vater nicht in Frage zu kommen.

Mutter	Kind	auszuschließender „Vater"
A	0	
AB	B	
0	B	
0	0	
B	AB	
A	A	
A	B	

Blutgruppen-Zugehörigkeit

17. Down-Syndrom oder Trisomie 21 ☞ 308 **

Ein junges Elternpaar (Vater 26, Mutter 25 Jahre alt), das ein Kind mit Trisomie 21 hat, will wissen, mit welchem Risiko es rechnen muss, ein weiteres Kind mit diesem Erbleiden zu bekommen.
a) Welche Untersuchungen müssen gemacht werden?
b) Welche theoretischen Möglichkeiten bestehen für die Vererbung der Krankheit und wie hoch ist dabei jeweils das Risiko?

18. Vaterschaft ☞ 312 ***

Ziel dieser Aufgabe ist es, aus der Ahnentafel den Vater des Kindes zu ermitteln; in Frage kommen nur **17, 18** und **20**. Als Erbmerkmale treten auf:
Blutgruppen A, B, AB und 0 (Allele I^A, I^B, i); Hasenscharte (Oberlippe gespalten); Fischschuppenhaut (Haut mit rauen, dicken Hornplatten bedeckt). Die Anlagen sind nicht gekoppelt.
a) Analysieren Sie die Erbgänge der Merkmale.
b) Erklären Sie die Fehlgeburten.
c) Ermitteln Sie die notwendigen Genotypen der Personen, die zur Identifizierung des Vaters führen. Begründen Sie, weshalb die beiden anderen „Verdächtigen" nicht in Frage kommen.

Molekulare Grundlagen der Vererbung

19. Transformation ☞ 319 **

GRIFFITHs Transformationsexperiment (1928) und die Untersuchungen seiner Nachfolger zeigen, wie sich eine Hypothese weiterentwickelt. Das Experiment lässt sich kurz so beschreiben:

Molekulare Grundlagen der Vererbung

Eine Kultur von kapsellosen Pneumokokken wurde mit den getöteten Zellen einer kapselbildenden Rasse vermischt. Diese Mischung wurde Mäusen injiziert, welche daraufhin an Lungenentzündung starben und bekapselte Pneumokokken im Blut aufwiesen.
Folgende Kontrollversuche führte GRIFFITH aus:
A Injektion von kapsellosen Bakterien; die Mäuse überlebten,
B Injektion mit getöteten bekapselten Bakterien; die Mäuse überlebten.
ALLOWAY konnte 1932 kapsellose Pneumokokken durch einen zellfreien Extrakt von bekapselten Pneumokokken transformieren. Ein zellfreier Extrakt ist eine Suspension von Bakterien, denen man Kapsel und Zellwand entfernt hat.
In jahrelanger Arbeit löste AVERY 1944 das Rätsel der Erbsubstanz.
a) Formulieren Sie die Hypothese, die sich aufgrund des GRIFFITH-Experiments ergab.
b) Formulieren Sie die Fragestellungen, welche den Kontrollversuchen **A** und **B** zugrunde liegen und geben Sie die Antworten mithilfe der Ergebnisse.
c) Wie ist die GRIFFITH-Hypothese nach dem ALLOWAY-Befund neu zu formulieren?
d) Welche Fragestellung hatte sich aus ALLOWAYs Befund ergeben?
e) Wie und mit welchem Ergebnis beantwortete AVERY diese Frage?

20. Mannitol abbauende Pneumokokken ☞ 319 **
Es gibt Pneumokokken, die Mannitol (sechswertiger Alkohol) abbauen und dabei Energie gewinnen und die gegen Streptomycin resistent sind (man$^+$ S^r). Gibt man den zellfreien Extrakt eines solchen Pneumokokken-Stammes zur Kultur eines Stammes, der Mannitol nicht abbaut und gegen Streptomycin sensibel ist (man$^-$ S^s), so erhält man folgendes Ergebnis:
viele Zellen des man$^-$ S^s-Stammes und drei verschiedene Rekombinanten in etwa gleicher Häufigkeit.
a) Welche Rekombinanten sind möglich?
b) Welche Folgerung lässt das Versuchsergebnis zu in Bezug auf die Lage der beiden Gene im Genom der Spenderzellen?
c) Weshalb werden diese Gene in den Empfängerzellen wirksam?
d) Mit welchem bekannten Experiment ist dieser Versuch zu vergleichen? Wie wird diese Erscheinung genannt?
e) Welche Stoffe müssen die Agarplatten enthalten, auf denen die Rekombinanten identifiziert werden? Schlagen Sie einen Weg vor, um diese Identifikation vornehmen zu können.

21. Proteinsynthese bei *Escherichia coli* ☞ 319 **

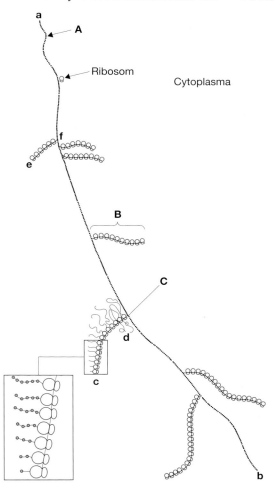

Zeichnung nach einem EM-Bild aus *E. coli*

a) Beschriften Sie in der Zeichnung die Buchstaben **A** bis **C**.
b) Welche Vorgänge sind in der Zeichnung nicht sichtbar, laufen aber gleichwohl ab?
c) Was ereignet sich an den Molekülen, die an den Linien **a–b** und **c–d** liegen?
d) In welchem Verhältnis stehen die Ereignisse, die an den Linien **c–d** bzw. **e–f** stattfinden, zueinander? Erläutern Sie diese Ereignisse.

22. Gentransfer ☞ 319 *
Die folgende Abbildung zeigt schematisch kombiniert verschiedene Möglichkeiten der Genübertragung bei Prokaryoten.
a) Beschriften Sie die Strukturen **A–D**.
b) Benennen Sie die Vorgänge **a–c** und definieren Sie dabei kurz die Mechanismen des Gentranfers.

Genetik

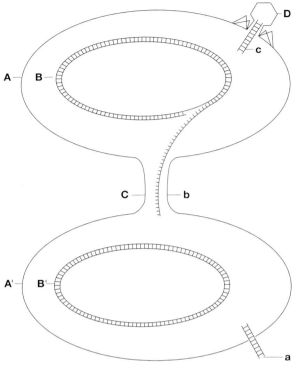

Möglichkeiten der Genübertragung bei Prokaryoten

23. Bakterienkonjugation ☞ 320 ***

Zur Identifizierung der Hfr-Stämme A, B und C und eines F⁻-Stamms von *Escherichia coli* werden zunächst alle Stämme auf einer Agarplatte bebrütet. Die Orte der Kolonienbildung gehen aus der folgenden Abbildung hervor.

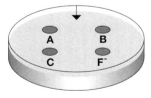

Komplettplatte mit Glucose-Agar und allen erwähnten Aminosäuren

Dann werden die über Nacht gewachsenen Kulturen mithilfe der Stempeltechnik auf mehrere Minimalnährböden überimpft, die erneut bebrütet werden. Die Stellen, an denen Kolonien wachsen, sind in der folgenden Abbildung gekennzeichnet.

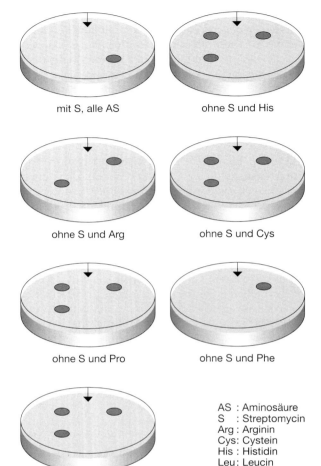

Minimalnährböden als Glucoseagar mit allen Aminosäuren außer der jeweilig angegebenen

Nun werden die Hfr-Stämme jeweils mit dem F⁻-Stamm unterschiedlich lange gemischt und dann auf unterschiedlichen Minimalnährböden ausgestrichen (vgl. die folgende Tabelle).

Agarplatte	fehlende Aminosäure
A	alle Aminosäuren vorhanden (kein Streptomycin)
B	leu
C	arg
D	pro
E	cys
F	phe
G	his

Glucose-Agarböden für die Rekombinanten des Konjugationsversuchs mit den jeweils fehlenden Aminosäuren (Streptomycin vorhanden)

Molekulare Grundlagen der Vererbung   91

Die folgenden Tabellen geben mit einem „+" an, nach wie vielen Minuten Rekombinanten auf den Minimalnährböden wachsen.

Min	Agar-Platten						
	A	B	C	D	E	F	G
1	+	–	–	–	–	–	–
3	+	–	–	+	–	–	–
16	+	–	–	+	–	–	–
21	+	–	–	+	+	–	–
29	+	–	–	+	+	–	–
34	+	–	–	+	+	–	+

Ergebnis der Konjugation mit dem Hfr-Stamm A

Min	Agar-Platten						
	A	B	C	D	E	F	G
14	+	–	–	–	–	–	–
16	+	–	–	–	+	–	–
21	+	–	–	–	+	–	–
24	+	–	–	–	+	+	–
29	+	–	–	–	+	+	+

Ergebnis der Konjugation mit dem Hfr-Stamm B

Min	Agar-Platten						
	A	B	C	D	E	F	G
1	+	–	–	–	–	–	–
3	+	–	–	–	–	–	–
14	+	–	–	+	–	–	–
17	+	–	+	+	–	–	–
21	+	+	+	+	–	–	–

Ergebnis der Konjugation mit Hfr-Stamm C

a) Charakterisieren Sie die Eigenschaften der vier Bakterienstämme durch Angabe ihrer Genotypen aufgrund der Abbildungen.
b) Stellen Sie einen Genkartenausschnitt für *E. coli* mithilfe der Tabellen auf.
c) Beschreiben Sie kurz den Vorgang, der sich in der F⁻-Zelle während der Bakterienkonjugation abspielt.

24. Erbänderungen bei Bakterien   ☞ 321 **
a) Beschreiben Sie den in der folgenden Abbildung dargestellten Versuch.
b) Deuten Sie die Ergebnisse und gehen Sie dabei besonders auf die Vorgänge in Reagenzglas C ein.

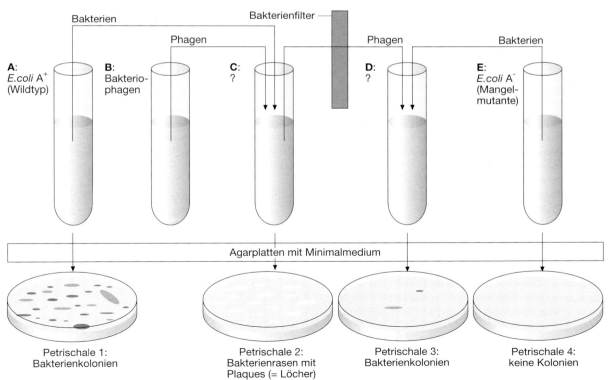

Versuch mit Bakterien und temperenten Bakteriophagen

92 Genetik

25. Parasexuelle Vorgänge bei Bakterien ☞ 321 *

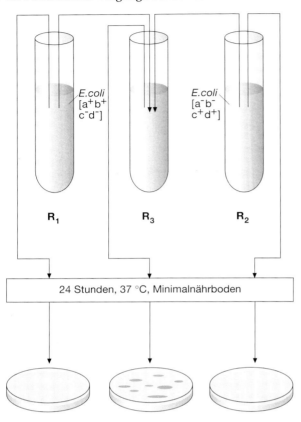

Petrischale 1: keine Bakterienkolonien
Petrischale 3: Bakterienkolonien
Petrischale 2: keine Bakterienkolonien

Versuch mit *E. coli*-Mutanten (Schema)

a) Beschreiben Sie den Versuchsablauf und das Ergebnis des Versuchs.
b) Erklären Sie das Ergebnis ausführlich.

26. Konjugation ☞ 321 ***

1952 entdeckte LEDERBERG, dass unter den vielen Unterstämmen von *E. coli* K12 eine Gruppe existiert, die untereinander nicht konjugiert und daher auch keine Rekombinanten bildet. Man gab dieser Gruppe das Kennzeichen F$^-$ (Fertilität negativ), im Gegensatz zu den *fertilen* Bakterien F$^+$, welche auch mit den F$^-$-Zellen konjugieren und dabei DNA-Stücke übertragen. HAYES führte nun mit F$^+$- und F$^-$-Stämmen folgende „Kreuzungen" durch:

A: (F$^-$) thr$^-$ leu$^-$ bio$^+$ S^r × (F$^+$) thr$^+$ leu$^+$ bio$^-$ S^s
und
B: (F$^-$) thr$^-$ leu$^-$ bio$^-$ S^s × (F$^+$) thr$^+$ leu$^+$ bio$^-$ S^r

Die Genorte thr, leu und bio liegen hintereinander; ein hochgestelltes Plus bedeutet Wildform (welche die jeweiligen Aminosäuren selbst herstellen kann).
thr$^-$, leu$^-$: Threonin- bzw. Leucin-Bedürftigkeit;
bio$^-$, bio$^+$: Biotin-Bedürftigkeit bzw. Wildtyp (Vitamin H);
S^s: Streptomycin-Sensibilität;
S^r: Streptomycin-Resistenz.

Die Kreuzungen lieferten unterschiedliche Ergebnisse, wenn auf Streptomycin-haltigem Nährboden selektiert wurde: War der F$^-$-Stamm resistent, so fand man die erwarteten Rekombinanten, war er sensibel, traten keine Rekombinanten auf.

a) Welche Stoffe muss das Kulturmedium, in dem die Stämme gekreuzt werden, mindestens enthalten?
b) Welche Rekombinanten sind bei den resistenten F$^-$-Stämmen zu erwarten?
c) Welchen Nährboden muss man wählen, um das Wachstum der Elternzellen zu vermeiden?
d) Welche Nährböden muss man in welcher Reihenfolge wählen, um die Rekombinanten mithilfe der Stempeltechnik sicher zu identifizieren?
e) Ist bei den F$^+$-Zellen der F-Faktor ins Bakterienchromosom eingebaut oder liegt er als Plasmid unabhängig vor? Begründen Sie.

27. Genkartierung bei Bakterien ☞ 321 **

In einer Serie von Rekombinationsexperimenten mit dem Bakterium *Escherichia coli* wurde ein Hfr-Stamm vom Wildtyp mit einem F$^-$-Stamm gemischt, der in mehreren Genen mutiert war. Die beiden Ausgangsstämme wurden gemischt und die Lösung wurde zu verschiedenen Zeiten mithilfe eines hochtourigen Mixgeräts geschlagen. Diese Suspension wurde auf Streptomycin-haltige Agarplatten aufgestrichen und dann auf Rekombinanten untersucht.
Die Ausgangsstämme hatten folgende Genotypen:
Hfr: Arg$^+$, Phe$^+$, Ser$^+$, Tyr$^+$, S^s
F$^-$: Arg$^-$, Phe$^-$, Ser$^-$, Tyr$^-$, S^r
(Abkürzungen für Aminosäuren s. S. 95).
S^s: streptomycinsensibel, S^r: streptomycinresistent.
Das Ergebnis der Experimentserie ist in der folgenden Abbildung dargestellt.

a) Beschreiben Sie den biologischen Vorgang, der von dem hochtourigen Mixgerät unterbrochen wird.
b) Geben Sie die Reihenfolge der Gene auf dem Bakterienchromosom an. Begründen Sie mithilfe der Abbildung.
c) Geben Sie mögliche Genotypen eines Bakteriums des F$^-$-Stamms an, dessen Mischung nach 15 Minuten unterbrochen wurde.

Molekulare Grundlagen der Vererbung 93

d) Erläutern Sie die Versuchstechnik, die zur Identifizierung der verschiedenen Rekombinanten dient, an einem Beispiel aus Aufgabe c).

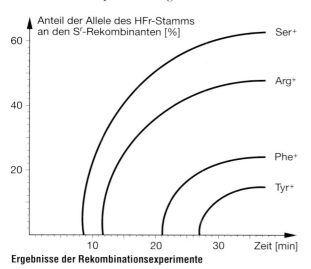
Ergebnisse der Rekombinationsexperimente

Die folgende Grafik zeigt diese im zeitlichen Verlauf und in relativer Menge ihres Auftretens.

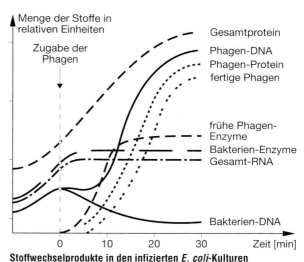
Stoffwechselprodukte in den infizierten *E. coli*-Kulturen

a) In welcher Situation befand sich die Bakterienkultur vor Zugabe der T4-Phagen in das Kulturgefäß?
b) Erklären Sie mithilfe der Grafik den Ablauf der Phagenvermehrung in den Wirtszellen.
c) Welche Vermutung haben Sie für die Abnahme der Bakterien-DNA vom Zeitpunkt 0 an?

28. Proteinbiosynthese ☞ 321, 332 ***

Ein Gen des Phagen T4 codiert das Enzym Lysozym. Dieses besteht aus 129 Aminosäuren. Bei Doppelmutanten dieses Stammes, die als J42J44 bezeichnet werden, zeigt sich im Lysozym eine Aminosäuresequenz, die sich von der des Wildtyps unterscheidet.

Wildtyp: ...Leu Thr Lys Ser Pro Ser Leu Asn Ala Ala...
J42J44: ...Leu Thr Lys Val His His Leu Met Ala Ala...

Bei diesem Vergleich wird die AS-Sequenz der Positionen 33 bis 42 betrachtet. Der AS-Sequenz des Wildtyps konnten folgende Codons zugeordnet werden:

...•U•AC•AAGAGUCCAUCACUUAAUGC•GC•...

(• steht für eine unbekannte Base).

a) Bestimmen Sie die möglichen Basensequenzen im codogenen Strang der DNA für das Wildtyp-Gen für Lysozym in den Positionen 33–42 mithilfe der Abbildung auf S. 95 (Der genetische Code).
b) Bestimmen Sie für die Positionen 33–42 die Basentriplettsequenz des Stamms J42J44.
c) Finden Sie die Ursache für die Abweichung beider Stämme voneinander.
d) Stellen Sie die Bedeutung des Lysozyms für die Phagen heraus.

29. Bakteriophagen ☞ 322 **

Der Bakteriophage T4 befällt das Darmbakterium *Escherichia coli*. Um seine Wirkung genauer zu untersuchen, infizierte man *E. coli*-Kulturen mit diesem Phagen und maß die Menge der Stoffwechselprodukte, die in der Kultur zu finden waren.

30. Existenzbedingungen von Bakterien und Viren ☞ 322 **

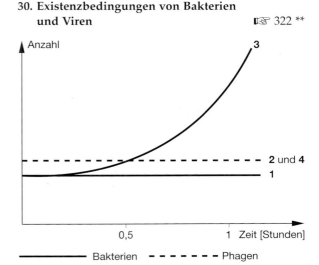

1 Bakterien in physiologischer Kochsalzlösung
2 Phagen in physiologischer Kochsalzlösung
3 Bakterien in physiologischer Kochsalzlösung mit Fleischextrakt
4 Phagen in physiologischer Kochsalzlösung mit Fleischextrakt

A: Bakterien und Phagen in unterschiedlichen Medien

Genetik

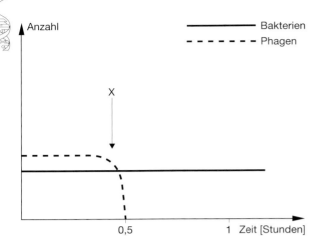

B: Entwicklung eines Gemisches von Bakterien und Phagen in einer physiologischen NaCl-Lösung

a) Interpretieren Sie die Befunde in der Abbildung **A**.
b) Deuten Sie die Grafik **B**. Gehen Sie dabei besonders auf die Stelle „**X**" in der Grafik ein.
c) Stellen Sie grafisch in **B** dar, wie sich die Verhältnisse in B ändern würden, wenn man Fleischextrakt nach einer oder zwei Stunden hinzufügen würde. Begründen Sie Ihre Angaben.

31. Infektion durch Viren (Aids)   ☞ 322 **

a) Erläutern Sie die in der Zeichnung dargestellten Vorgänge.
b) Um welchen Virustyp handelt es sich?
c) Welche Funktion hat die Struktur **X**?

32. Mutationen   ☞ 323 *

In einem Experiment wurden Hefezellen mit UV-Strahlen verschiedener Wellenlängen bestrahlt und danach die entsprechenden Mutationsraten ermittelt. Das Ergebnis ist aus der nachstehenden Abbildung zu entnehmen. In der gleichen Grafik sind die Absorptionskurven von Protein und DNA im UV-Bereich dargestellt.

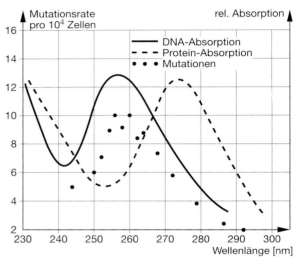

Mutationsrate und Absorptionskurven

a) Begründen Sie, weshalb dieses Experiment AVERYs Befund bestätigt.
b) Was ist der Grund für die mutagene Wirkung der UV-Strahlung?

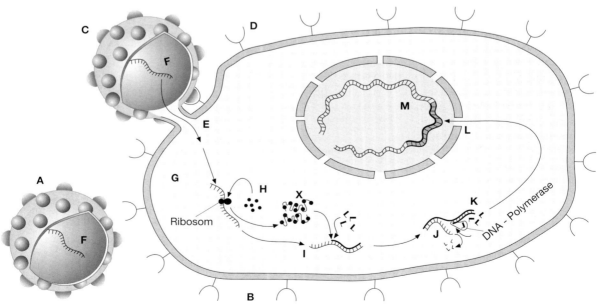

Vorgänge bei der Infektion durch Viren

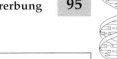

33. Der Genetische Code ☞ 323 ***

An der Entschlüsselung des Genetischen Codes war das Enzym Polynucleotid-Phosphorylase in besonderer Weise beteiligt. Es katalysiert die folgende Reaktion:

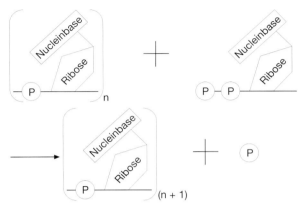

Reaktionsschema

Der von diesem Enzym synthetisierte mRNA-Abschnitt hatte eine Zusammensetzung, die nur vom Verhältnis der in der Inkubationsmischung (Inkubation = Bebrütung) vorhandenen Ribonucleotide abhing. Folglich hatte der Abschnitt eine Sequenz, die praktisch zufällig war.

Man stellte Polynucleotide her, die nur einen Basentyp enthielten, oder solche mit verschiedenen Basentypen. Später gelang es auch, Polynucleotide mit definierter Basenfolge (z. B. Poly-UG oder Poly-UUC) herzustellen. Diese synthetisch gewonnene mRNA gab man zu einem zellfreien Proteinsynthesesystem und maß den Einbau von ^{14}C-markierten Aminosäuren in neu synthetisiertes Protein.

Ein zellfreies Proteinsynthesesystem wurde folgendermaßen aus *Escherichia coli* zubereitet. Man brach die Bakterienzellen durch Zerreiben mit Aluminiumstaub auf und erhielt einen Zellsaft, aus dem man Zellwand- und Membranbruchstücke abzentrifugierte. DNA, mRNA, tRNA, Ribosomen und sämtliche benötigten Enzyme (außer den Energie tragenden Coenzymen) blieben im gewonnenen Überstand.

Ergebnisse:

1. Versuchsreihe

zugegebenes Polynucleotid	^{14}C-Impulse mit markiertem Phenylalanin	mit markiertem Lysin
keines	44	40
Poly-A	50	43700
Poly-C	38	47
Poly-U	39800	60

2. Versuchsreihe

zugegebenes Polynucleotid	synthetisierte Peptidkette
Poly-UC	Poly-(Ser-Leu)
Poly-AG	Poly-(Arg-Glu)

3. Versuchsreihe

zugegebenes Polynucleotid	eingebaute Aminosäure
Poly-UUC	Phe, Ser, Leu
Poly-GUA	Val, Ser

4. Versuchsreihe

zugegebenes Polynucleotid	eingebaute Aminosäuren	relative Einbaurate
aus zwei Basen: Basenanteil von 76 % Uracil und 24 % Guanin	Phe	100
	Val	37
	Leu	36
	Cys	35
	Trp	14
	Gly	12

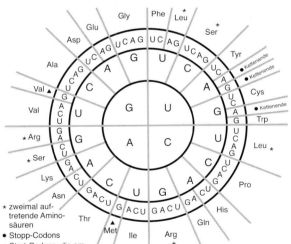

* zweimal auftretende Aminosäuren
● Stopp-Codons
▲ Start-Codons, die am Anfang der Translation stehend stets das Start-Methionin einbauen. In der Mitte der mRNA bedeuten AUG Methionin, GUG Valin. Das Start-Methionin wird nach Ablösung der Polypeptidkette von der mRNA wieder abgetrennt.

Phe Phenylalanin *His* Histidin *Lys* Lysin
Leu Leucin *Gln* Glutamin *Val* Valin
Ser Serin *Arg* Arginin *Ala* Alanin
Tyr Tyrosin *Ile* Isoleucin *Asp* Asparaginsäure
Cys Cystein *Met* Methionin *Glu* Glutaminsäure
Trp Tryptophan *Thr* Threonin *Gly* Glycin
Pro Prolin *Asn* Asparagin

Codesonne mit Liste der Aminosäuren und ihren Abkürzungen

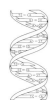

96 Genetik

a) Was unterscheidet die im Text erwähnte Polynucleotid-Phosporylase von der RNA-Polymerase?
b) Welche Substanzen musste man zu dem zellfreien Proteinsynthesesystem (gewonnener Überstand) hinzufügen, um eine Peptidkette herstellen zu können. Erklären Sie die Verwendung der Substanzen ausführlich.
c) Welche Erkenntnis gewann man aus der Versuchsreihe 1? Welches Ergebnis hätte die Verwendung von markiertem Prolin?
d) Welche Erkenntnisse über den Genetischen Code konnte man aus dem experimentellen Ergebnis der Versuchsreihe 2 gewinnen? Welche Peptidkette erhielt man vermutlich bei Zugabe von Poly-AC?
e) In der Versuchsreihe 3 erhielt man unterschiedliche Eiweißketten, die aber jeweils nur einen Aminosäuretyp besaßen, also z. B. Poly-Serin. Erklären Sie, wie verschiedene Polypeptide bei nur einem Polynucleotidtyp möglich waren. Welche Peptidketten sind bei folgenden Zugaben zu erwarten:
A: Poly-AAC, **B:** Poly-UAAC, **C:** Poly-GUAA?
f) Welche Erkenntnisse über den Genetischen Code konnte man aus der Versuchsreihe 4 gewinnen?

34. DNA-Doppelhelix ☞ 324, 328 **

DNA absorbiert elektromagnetische Strahlung in Bereichen unter 300 nm sowohl als Doppelstrang (= Doppelhelix) als auch in einsträngiger Form. Bei 260 nm ist die Absorption der einsträngigen DNA deutlich stärker als die der DNA-Doppelhelix. – Man hat nun das Absorptionsverhalten von DNA verschiedener Organismenarten in Abhängigkeit von der Temperatur gemessen.

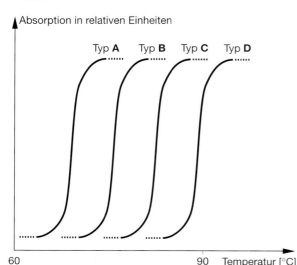

Absorption verschiedener DNA bei 260 nm in Abhängigkeit von der Temperatur

DNA-Typ	Verhältnis von GC-Basenpaaren zu AT-Basenpaaren
1	35 : 65
2	50 : 50
3	66 : 34
4	78 : 22

DNA verschiedener Organismenarten

a) Was bezeichnen die Buchstaben **G, C, A, T** hier?
b) Erläutern Sie die Verhältnisse der Basenpaare.
c) Deuten Sie den Verlauf der Kurven.
d) Bei welchem wichtigen Laborverfahren ist allgemein das Erwärmen von DNA ein notwendiger Teilschritt?

35. Replikation der DNA ☞ 326 ***

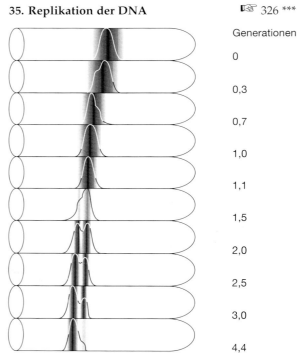

Ort und Stärke der Bande im Zentrifugationsröhrchen und (Schreiberbild der) Dichteverteilung in der Fotografie der UV-Absorption im Zentrifugenröhrchen

WATSON und CRICK entwickelten das Modell von der Raumstruktur der DNA. Bei ihren Forschungen gelangten sie zudem zu der Hypothese von der identischen Verdopplung des Erbguts: D. h., an jeweils einem Strang der Eltern-Doppelhelix wird komplementär ein vollständiger Tochterstrang synthetisiert. Die Forscher MESELSON und STAHL überprüften diese Hypothese experimentell.

E. coli-Zellen (Darmbakterien) wurden über viele Generationen in einem Medium mit ^{15}N-haltigem Ammoniumchlorid gehalten. Bei Beginn des Experimentes wurden sie in ein Medium ^{14}N-Ammoniumchlorid überführt. Mithilfe der Dichtegradienten-Zentrifugation wurde die DNA nach verschiedenen Zeiten untersucht. Man fotografierte die Banden der Zentrifugationsröhrchen (d. h. ihre UV-Absorption) und setzte diese zudem in ein Schreiberbild ihrer UV-Absorption um. Dabei bedeutet starke Absorption an einer Stelle (Bande) des Zentrifugenröhrchens große Menge dieses DNA-Typs.
Es kam zu den in der Abbildung dargestellten Ergebnissen.
a) Was enthalten die unterschiedlichen Banden im Zentrifugationsröhrchen?
b) Werten Sie alle Befunde aus. Was bedeuten in der Spalte „Generationen" die Werte 0,3 bzw. 0,7 etc.

36. Hämoglobin α ☞ 330 **

Die α-Kette des menschlichen Hämoglobins besteht aus 141 Aminosäuren. Im Folgenden sind Beginn und Ende der Kette dargestellt, die jeweils fünf Aminosäuren umfassen:

Kettenanfang				
1	2	3	4	5
Val -	Leu -	Ser -	Pro -	Ala -
Kettenende				
137	138	139	140	141
Thr -	Ser -	Lys -	Tyr -	Arg

Beginn und Ende der α-Kette des menschlichen Hämoglobins

Zur Lösung der Aufgabe verwenden Sie bitte die Codesonne bei Aufgabe 33 (S. 95).
a) Wie könnten die DNA-Abschnitte aussehen, die für den Beginn und das Ende des Hämoglobins codieren?
b) Warum heißt es in Frage a) „könnten"?
c) Warum genügt es, dass die DNA lediglich die Primärstruktur der Proteine festlegt?
d) Wie viele Sorten von tRNA könnten theoretisch an der Synthese der Hämoglobinabschnitte beteiligt sein? Wie viele sind tatsächlich beteiligt? Begründen Sie.
e) Welche charakteristischen Regionen besitzt ein tRNA-Molekül? Welche Bedeutung kommt diesen Abschnitten bei der Biosynthese zu?

37. RNA-Polymerase ☞ 330 *

Versuch zum Nachweis der Eigenschaften von RNA-Polymerase

a) Wie wurde die Eigenschaft von RNA-Polymerase mithilfe des dargestellten Versuchs nachgewiesen? Beachten Sie die Funktion des Filters.
b) Warum werden Nucleotidtriphosphate und nicht Monophosphate verwendet?

38. Mutationen bei *Escherichia coli* ☞ 331 f. ***

Bei E. coli-Zellen entdeckte man eine Mutation an der ersten Stelle eines DNA-Basentripletts, die zum Codon UAG führte.
Bei manchen Klonen dieser mutierten Stämme trat zusätzlich eine Mutation auf, die die Auswirkungen der erstgenannten Mutation milderte. Sie erwies sich als mutiertes tRNA-Gen. (Das Gen-Produkt dieser Mutation zeigt die folgende Abbildung.) – Im Allgemeinen wachsen diese Klone mit zwei Mutationen aber schlechter als der Wildtyp.

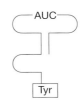

tRNA

a) Stellen Sie die zuerst genannte Mutation ausgehend vom unmutierten codogenen Strang bis zur mRNA schematisch dar.
b) Erläutern Sie die Auswirkung dieser Mutation.
c) Beschreiben und erläutern Sie, wie sich das Vorhandensein einer wie in der Abbildung gezeigten tRNA auf weitere Stoffwechselprozesse auswirkt.
d) Erklären Sie das im Verhältnis zum nicht mutierten Wildtyp schlechtere Wachstum der Zweifach-Mutante.

39. Auf dem Weg zum Merkmal ☞ 332 *

Das unten stehende Schema stellt Vorgänge im Cytoplasma dar, die die Umsetzung der Erbinformation bewirken. Das Schema spiegelt die entsprechende elektronenmikroskopische Aufnahme des Plasmaausschnitts wider.

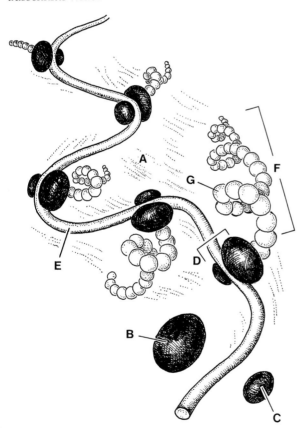

Cytoplasmatische Vorgänge

a) Benennen Sie die Strukturen **A–G**.
b) Um welchen Vorgang geht es insgesamt?
c) Wie laufen die Vorgänge im Einzelnen ab? Erläutern Sie bei der Beantwortung dieser Frage das Schema.

40. Gentechnik in der Landwirtschaft ☞ 333 **

Bestimmte Strahlenpilze, die im Boden leben, hemmen das Wachstum von Pflanzen ihrer Umgebung durch Absonderung von Phosphinothricin, einem natürlichen Herbizid. Für das Ausschalten der Konkurrenz sind diese Strahlenpilze mit zwei Genen ausgestattet, dem PT-Gen, das das Phosphinothricin exprimiert, und dem PAT-Gen, das die Synthese von Phosphothricin-Acetyl-Transferase steuert. Dieses Enzym ist deshalb wichtig, weil es vor dem eigenen Herbizid schützt (vgl. Abbildung).

$$\underbrace{\text{Glufosinat-Alanin-Alanin}}_{\text{Tripeptid: Phosphinotricin}} + \text{Acetyl-CoA}$$

$$\downarrow \text{PAT-Enzym}$$

$$\underbrace{\text{Glufossinatacetyl-Alanin-Alanin}}_{\text{Phosphinotricin-Acetyl}} + \text{CoA}$$

Inaktivierung des Phosphinothricins durch das PAT-Enzym des Strahlenpilzes

Die chemische Industrie untersuchte das natürliche Herbizid mit der Absicht, es in der Landwirtschaft nutzbringend einzusetzen. Man fand heraus, dass die herbizide Wirkung des Tripeptids von der Aminosäure Glufosinat ausgeht. Das Ammoniumsalz des Glufosinats kann sehr leicht aus Phosphinothricin gewonnen werden.
Eigenschaften des Ammoniumglufosinats (vgl. untere Abbildung):
- Strahlenpilze sind nicht nur gegenüber dem natürlichen Herbizid (s.o.), sondern auch gegen dieses Salz geschützt.
- Es ist ein nichtselektives Blattherbizid, das auf viele höhere Pflanzen wirkt. Andere Organismen werden auch durch hohe Konzentrationen dieses Herbizids nicht geschädigt.
- Das Salz ist rasch und vollständig abbaubar.

a) Erläutern Sie die Wirkungsweise des natürlichen Herbizids bzw. des Ammoniumglufosinats aufgrund der folgenden Abbildung.

Hemmung der Glutamin-Synthetase; * Ammoniak ist ein Zellgift

Molekulare Grundlagen der Vererbung

b) Schildern Sie ein gentechnisches Verfahren, das den Mais so verändert, dass der Einsatz von Ammoniumglufosinat auf einem Maisacker möglich ist.
c) Welche Vorteile bietet dieses Verfahren?
d) Welche Risiken sind mit dem vorgeschlagenen Verfahren verbunden?

41. Vererbung von Schwarzharn ☞ 335 *

Schwarzharn (Alkaptonurie) ist eine harmlose, erblich bedingte Stoffwechselstörung, die sich darin zeigt, dass sich Homogentisat anreichert und mit dem Urin ausgeschieden wird. Dieser nimmt an der Luft eine dunkle Farbe an, da das Homogentisat oxidiert und zu einer melaninähnlichen Substanz umgewandelt wird.
Normaler Abbauweg der Aminosäuren Phenylalanin und Tyrosin:
Phenylalanin → Tyrosin → Hydroxyphenylpyruvat → Homogentisat → 4-Maleyl-acetoacetat → 4-Fumaryl-acetoacetat → Fumarat + Acetoacetat

Erklären Sie diese Stoffwechselstörung.

42. Quiz der Definitionen ☞ 286–336 *

Kreuzen Sie die richtigen Antworten an. Es ist jeweils eine Antwort richtig.

1. **Allele**
   a) nennt man in der Molekulargenetik Gene.
   b) sind die bei der Replikation verdoppelten Gene.
   c) sind väterliche und mütterliche Erbanlagen, die sich bei der Befruchtung zu einem Gen vereinigen.
   d) sind Gene, die an gleichen Genorten homologer Chromosomen liegen.
   e) sind Genabschnitte, die auf der DNA direkt hintereinander liegen.

2. **Chiasma**
   a) ist die lichtmikroskopisch beobachtbare Überkreuzung zweier Chromatiden homologer Chromosomen.
   b) ist ein Synonym für Crossover.
   c) ist ein Zustand, in dem die Chromosomen sich in der Äquatorialebene anordnen.
   d) ist eine besondere Chromosomenanordnung während des Tetradenstadiums in der Mitose.
   e) ist der Fachbegriff für „Paarung homologer Chromosomen".

3. **Chromatiden**
   a) ist ein anderer Name für die Chromosomen in der Interphase.
   b) sind Zustände, in denen jedes Chromosom einer diploiden Zellen sich quer teilt.
   c) sind Spalthälften der Chromosomen mit jeweils halbem Erbgut.
   d) heißen die Chromosomen in den Keimzellen.
   e) sind Längseinheiten eines Chromosoms, die in der Prophase der Zellteilung sichtbar werden.

4. **Crossover**
   a) ist die Verbindungsstelle von Chromosomenarmen, die zu einem X-förmigen Aussehen vieler Chromosomen führt.
   b) ist der Bruch zweier Nichtschwesterchromatiden bei der Meiose, die anschließend wechselseitig zusammenwachsen.
   c) ist ein Vorgang, bei dem stets das gesamte väterliche mit dem mütterlichen Erbgut getauscht wird.
   d) ist das kreuzförmige Aussehen mancher Chromosomen in der mitotischen Metaphase.
   e) ist die reziproke Weitergabe von mütterlichem und väterlichem Erbgut an die nächste Generation.

5. **Gen**
   a) ist ein Begriff, der von MENDEL für „Erbanlage" geprägt wurde.
   b) ist ein Chromosomenabschnitt, der sich mit bestimmten (genophilen) Stoffen charakteristisch anfärben lässt.
   c) ist ein DNA-Abschnitt, der im aktiven Zustand immer als „Puff" vorliegt.
   d) ist ein DNA-Abschnitt, dessen Information in funktionelle Moleküle umgesetzt wird.
   e) Ist eine von einer mRNA transkribierte Informationseinheit mit 100 Nucleotiden.

6. **Genom**
   a) sind alle im Ruhezustand befindlichen Erbanlagen eines Organismus.
   b) sind alle Gene, die sich auf einem Chromosom befinden.
   c) ist die Gesamtheit der Erbanlagen einer Zelle.
   d) ist die Gesamtheit aller Gene eines halben Chromosomensatzes.
   e) sind alle in der Zelle aktiven Gene.

7. **Genpool**
   a) ist die Gesamtheit der Erbanlagen aller Individuen einer Population.
   b) sind alle Erbanlagen gleichartiger Zellen eines Organs von mehrzelligen Organismen.
   c) sind alle in einem Organismus aktiven Gene.
   d) sind alle Gene, die in einer Population exprimiert werden.
   e) ist die Gesamtheit der Gene einer Population, die sich auf den Phänotyp auswirkt.

8. **Heterozygot**
   a) ist ein Individuum, das beide Geschlechtsmerkmale entwickelt.
   b) bedeutet, dass für ein Merkmal eines Individuums zwei verschiedene Allele vorliegen.
   c) sind homologe Chromosomen ungleicher Länge.
   d) ist die unterschiedliche Aufteilung von Chromosomen bei der ersten Teilung einer Zygote.
   e) heißt, dass zwei ursprünglich gleiche Allele durch Deletion/Inversion auf das gleiche Chromosom gelangen.

9. **Konjugation**
   a) ist die Kopulation von Organismen zum Austausch von Erbgut.
   b) ist die Verschmelzung einzelliger Organismen zu einem diploiden Organismus.
   c) ist ein anderer Ausdruck für Befruchtung.
   d) bezeichnet die Plasmabrücken zwischen zwei Einzellern.
   e) ist der Kontakt zwischen zwei Bakterien oder Einzellern unter Ausbildung einer Plasmabrücke, über die DNA übertragen wird.

10. **Meiose**
    a) ist eine Sonderform der Zellteilung, die bei Tieren stets zur Bildung von Spermien führt.
    b) ist eine Kernteilung, in deren Verlauf ein Chromosomensatz halbiert wird.
    c) ist die Ausbildung von Sporen bei Pflanzen.
    d) ist eine Zellteilung, die beim Menschen auf das weibliche Geschlecht begrenzt ist.
    e) ist die Abtrennung ursprünglich väterlicher von ursprünglich mütterlichen Chromosomen.

11. **Mitose**
    a) bezeichnet einen Vorgang, der nur bei haploiden Organismen auftreten kann.
    b) ist ein Vorgang, in dessen Verlauf aus haploiden Zellen diploide Zellen werden.
    c) ist die Vereinigung von mütterlichem und väterlichem Erbgut in der befruchteten Eizelle.
    d) ist die Verdopplung und anschließende Teilung analoger Chromosomen.
    e) ist eine Kernteilung, in deren Verlauf die Tochterzellen mit identischem Erbgut ausgestattet werden.

12. **Okazaki-Stück**
    a) ist ein kurzes RNA-Stück, das als Primer für die DNA-Replikation dient.
    b) ist ein kurzes DNA-Stück, das Lücken in der von Reparatur-Enzymen ausgeschnittenen DNA füllt.
    c) ist ein kurzes DNA-Stück, das bei der diskontinuierlichen DNA-Replikation entsteht.
    d) ist ein DNA-Stück, das am 3'-Ende eines DNA-Strangs bei jeder Replikation verloren geht.
    e) ist ein RNA-Stück mit komplementärer Basenfolge zu einer 5'-3'-Sequenz.

13. **Operon**
    a) ist eine DNA-Einheit bei Bakterien, bestehend aus einer Steuerregion und mehreren folgenden Strukturgenen.
    b) ist ein DNA-Stück, an dem sich ein Repressor anheftet.
    c) ist die Andockstelle der Polymerase an die DNA.
    d) ist eine DNA-Region, die nachfolgende Strukturgene kontrolliert.
    e) ist ein Enzym, das die Aktivität eines bestimmten DNA-Abschnitts kontrolliert.

14. **Phänotyp**
    a) ist ein typisches Merkmal eines Individuums.
    b) ist das optische Erscheinungsbild eines Individuums.
    c) ist ein dominant ausgeprägtes Erbmerkmal.
    d) nennt man die Gesamtheit der Merkmale eines Individuums.
    e) sind durch dominante Allele bestimmte Merkmale eines Individuums.

15. **Plasmid**
    a) ist ein Plasmaring in Bakterienzellen.
    b) ist eine zusätzliche ringförmige DNA im Plasma vieler Bakterien und anderer Organismen.
    c) ist die ringförmige RNA in allen Bakterienzellen.
    d) ist das ringförmige Genom von Bakterien.
    e) nennt man die ringförmigen tRNA-Einheiten bei Bakterien.

16. **Polygenie**
    a) ist ein Lebewesen mit vielen Genen, die alle das gleiche Erbmerkmal ausbilden.
    b) ist ein Chromosom, welches mit vielen Genen ausgestattet ist.
    c) sind viele gleichartige Gene, die sich auf mehrere Chromosomen verteilen.
    d) nennt man Gene, die Polysomen codieren.
    e) bedeutet: Die Ausprägung eines Merkmals wird durch viele Gene bestimmt.

17. **Transduktion**
    a) ist die Überführung von Viren in Bakterien.
    b) ist das Durchdringen der Bakterienhülle durch virale DNA.
    c) ist die Übertragung von DNA mithilfe von Viren.
    d) ist das Einschleusen eines Phagen in eine Eukaryotenzelle.
    e) ist die Veränderung des Erbguts durch direkte Übertragung von DNA.

Molekulare Grundlagen der Vererbung

18. **Transformation**
    a) ist die Veränderung von bakteriellem Erbgut durch Viren.
    b) ist die Veränderung des Genotyps einer Zelle durch Aufnahme von DNA.
    c) ist das Umschreiben eines RNA-Codes in einen DNA-Code.
    d) ist die Veränderung einer Proteinstruktur durch Abänderung der entsprechenden mRNA-Basensequenz.
    e) ist das Ausschneiden eines DNA-Stücks durch Restriktionsenzyme.

19. **Transkription**
    a) ist die RNA-Synthese an einer DNA-Matrize.
    b) ist die Umsetzung der in der RNA enthaltenen Information in Proteine.
    c) ist die komplementäre Anlagerung eines mRNA-Strangs an die DNA.
    d) ist die Synthese eines komplementären DNA-Strangs an einem DNA-Matrizenstrang.
    e) ist die Umsetzung der mRNA-Basenfolge in eine tRNA-Basenfolge.

20. **Translation**
    a) ist der Transport von Aminosäuren durch tRNA an die mRNA.
    b) ist die Umsetzung der DNA-Erbinformation in Proteine.
    c) ist die Umsetzung der in der mRNA enthaltenen Information in Proteine.
    d) ist die RNA-Synthese an einer DNA-Matrize.
    e) ist die Übersetzung von viraler RNA in Wirtszell-DNA.

Im Folgenden finden Sie einige Behauptungen, von denen manche falsch sind. Diese sollen Sie finden und richtig stellen.

1. Die DNA ist ein Nucleotid aus Desoxyribose, Phosphat und einer der organischen Basen Adenin, Guanin, Cytosin, Thymin.
2. In der DNA paaren sich nur Purinbasen mit Pyrimidinbasen.
3. Die RNA besteht aus den Basen Uracil, Adenin, Guanin und Cytosin.
4. Ein tRNA-Typ kann nur eine spezifische Aminosäure binden.
5. Die Doppelhelix der DNA wird durch H-Brücken der Basenpaare zusammengehalten.
6. Eine Sequenz von drei Aminosäuren wird durch drei, auf der DNA hintereinander liegende Basen codiert.
7. Bei der Transkription legt sich ein mRNA-Strang an ein komplementäres DNA-Stück an.

8. Bei der Meiose wird ein haploider Chromosomensatz zum diploiden reduziert.
9. Bei der Mitose spaltet sich ein Chromosom in zwei Chromatiden, die je die Hälfte der Erbinformation tragen.
10. Crossover kann an jeder Stelle eines Chromosomenpaars, ausgenommen dem Centromer, stattfinden.

43. Regulatorgen   ☞ 342 ***

Bei Bakterien lassen sich durch parasexuelle Vorgänge (Transduktion, Konjugation) stabile Zellen herstellen, die außer dem kompletten Bakteriengenom zusätzlich ein Genomfragment enthalten.
Bei experimentellen Untersuchungen solcher Bakterien, die für ein bestimmtes Operon mischerbig sind, ergab sich Folgendes:

Versuch A	
$O^+ y^+ z^+ / O^C y^+ z^+$	konstitutive Enzymproduktion der Enzyme y und z
Versuch B	
$O^C y^- z^+ / O^+ y^+ z^-$	Nur das Enzym z wird konstitutiv gebildet, y induktiv.
Versuch C	
$R^+ O^+ y^- z^+ / R^- O^+ y^+ z^-$	Sämtliche Enzyme sind induktiv, also durch Substratinduktion steuerbar.

O = Operatorgen; O^C = mutiertes Operatorgen;
y, z = Strukturgene; $y^+ z^+$ = intakte Gene;
$y^- z^-$ = defekte Gene; R = Regulatorgen;
konstitutiv: dauernde Enzymproduktion, nicht reguliert;
induktiv: Enzymbildung in Abhängigkeit eines anderen Stoffes

a) Erklären Sie die Ergebnisse der Versuche **A** und **B**.
b) Was ergibt sich für die räumliche Anordnung der Gene O, y und z aus Versuch **C**?
c) Ist das mutierte Gen O^C dominant oder rezessiv? Begründen Sie.
d) Welche Aussage bezüglich der Dominanz ergibt sich beim mutierten Regulatorgen?
e) Stellen Sie die Zusammenhänge in einem kybernetischen Diagramm dar.
f) In welcher Beziehung steht der Repressor zum Regulatorgen, in welcher Beziehung zum Operatorgen?

44. JACOB-MONOD-Modell (Endprodukthemmung) ☞ 342 **

Wenn man das Arginin aus *E. coli*-Bakterien entfernt und diese anschließend auf einen Arginin-freien Nährboden ausbringt, erhält man für die Produktion der Arginin-Synthetase folgendes Ergebnis:

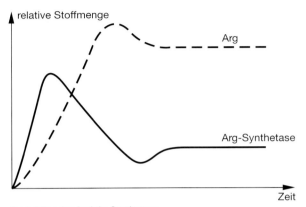

Produktion der Arginin-Synthetase

a) Erklären Sie, wie der Kurvenverlauf zustande kommt.
b) Erklären Sie die molekularbiologischen Mechanismen, die den Ablauf bestimmen.

Anwendung der Genetik

45. Restriktionsenzyme ☞ 351 *

Es seien Ausschnitte der DNA-Sequenzen zweier Organismen-Arten gegeben (siehe unten) und ein Restriktionsenzym (= Restriktionsendonuclease), welches spezifisch an der DNA-Stelle ⌐GATC
CTAG⌐ schneidet.

DNA 1:	GGAAGGATCTTAGAAGTCCA
	CCTTCCTAGAATCTTCAGGT

DNA 2:	AATTGCGTAGTCTGATCCCAGT
	TTAACGCATCAGACTAGGGTCA

a) Zeichnen Sie die beiden DNA-Sequenzen nach Einwirkung mit dem oben genannten Restriktionsenzym.
b) Zeichnen Sie das Rekombinationsprodukt dieser beiden DNA-Sequenzen nach Einwirkung von DNA-Ligase.

46. Genbibliothek ☞ 351 **

Man weiß, dass ein Krebstyp beim Huhn (Hühnerlymphom) genetisch bedingt ist. – Das unten stehende Schema zeigt Vorgehensweisen, die u. a. bei der Forschung an Hühnerlymphomen angewandt wurden.

a) Nennen Sie jeweils das Ergebnis der einzelnen Arbeitsschritte (A–I).
b) Was ist das Ziel dieser gentechnischen Methode?

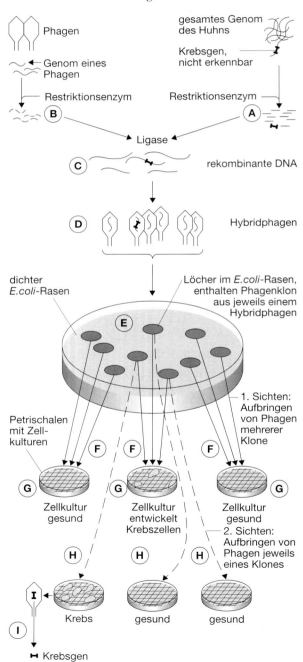

Arbeitsschritte einer gentechnischen Methode

47. Neukombinierte DNA ☞ 352 **

Das folgende Schema zeigt die Methode der Neukombination von DNA. Dabei bedeutet **Amp^r** = Gen für Ampicillin-Resistenz, **LacZ** = Gen für die Herstellung von β-Galactosidase, **X-Gal** = Farbsubstanz, **IPTG** = Substanz, die die Expression des LacZ-Gens fördert. Das LacZ-Gen verursacht bei Wachstum der Wirtszellen in Anwesenheit von X-Gal und IPTG eine Blaufärbung der Kolonien.

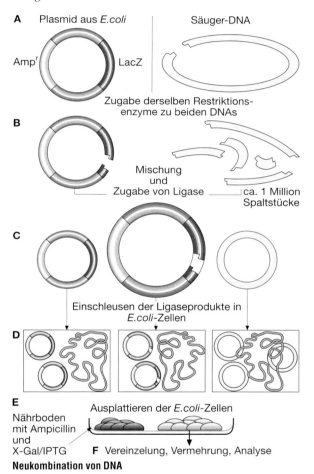

Neukombination von DNA

a) Was ist das übergeordnete Ziel der Methode?
b) Erläutern Sie die einzelnen methodischen Schritte.

48. Gentechnik ☞ 353–355 **

In der industriellen Milchverarbeitung ist der Bakteriophagenbefall von Milchsäurebakterien (z. B. *Lactobacillus johnsonii*) ein nicht unerheblicher Wirtschaftsfaktor. Man hat ein gentechnisches Verfahren entwickelt, das die Bakterien unempfindlich gegen Phagen macht. Das folgende Schema verdeutlicht die Vorgehensweise:

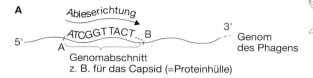

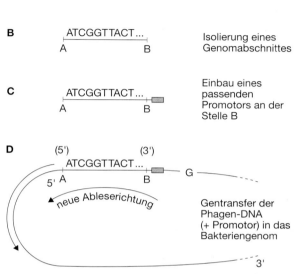

abgelesen wird also ab „Phagen-Genomabschnitt":
...TCATTGGCTA statt ATCGGTTACT und damit eine völlig andere Triplettfolge.

Erzeugung von Unempfindlichkeit gegenüber Phagen bei Bakterien

a) Nennen Sie Ihnen bekannte Produkte, denen als Starterkulturen Bakterien der Gattung *Lactobacillus* zugesetzt werden.
b) Charakterisieren Sie die Lebensform der Phagen kurz.
c) Erläutern Sie, wie Bakterienstämme gemäß der oberen Abbildung unempfindlich gegen Phagen gemacht werden können.

49. Transgene Mäuse ☞ 357 **

Der Kern einer befruchteten Eizelle von einer Maus wurde gentechnisch verändert. Mittels einer Kapillare wurden DNA-Sequenzen einer Ratte eingesetzt. Es handelte sich dabei sowohl um das Gen für das Wachstumshormon als auch um DNA-Sequenzen, welche der Regulierung dieses Gens dienen.
Die so veränderte Eizelle wurde mit normalen (unbehandelten) Eizellen in die Mutter-Maus reimplantiert. Aus der veränderten Eizelle entwickelte sich eine Maus, die etwa doppelt so schwer wurde wie ihre normalen Geschwister.
Beachten Sie, dass Säugerhormone in der Regel nicht artspezifisch wirken.

a) Weshalb ist wohl eine Vielzahl von Ei-Manipulationen nötig, um dieses eine Ergebnis zu erzielen?
b) Weshalb ist es korrekter, die transgene Maus mit ihren Geschwistern zu vergleichen als mit gleichzeitig geborenen Mäusen anderer Mütter aus demselben Labor?
c) Weshalb ist die transgene Maus größer als ihre Geschwister?
d) Welche Auswirkungen hätte es wohl gehabt, wenn von der Ratte
A nur die DNA-Sequenz für das Wachstumshormon,
B nur die regulierenden Sequenzen
in die Maus-Eizelle eingebaut worden wären?

50. Multiple-Choice-Test Genetik ☞ 286 ff. **

Mithilfe des folgenden Multiple-Choice-Tests können Sie herausfinden, ob Sie einige wichtige Fachausdrücke der Genetik beherrschen. Von den möglichen Auswahlantworten sind mindestens eine, höchstens drei Antworten richtig. Fehlt bei den jeweils fünf Auswahlantworten ein Kreuzchen oder sind mehr als drei Antworten angekreuzt, erhalten Sie keine Punkte. Für eine richtig angekreuzte Antwort notieren Sie für sich einen Punkt. Für jede falsche Antwort, die Sie nicht angekreuzt haben, geben Sie sich auch einen Punkt.
Beispiel: Die Antworten a, c und d sind richtig. Sie haben a, d und e angekreuzt. Dafür erhalten Sie drei Punkte.
Ein weiteres Beispiel: Die Antwort b ist richtig. Haben Sie nur b angekreuzt, erhalten Sie fünf Punkte. Haben Sie a und c angekreuzt, erhalten Sie nur zwei Punkte.

1. Die Variabilität eines Merkmals ist von bestimmten Einflüssen abhängig. Welche der folgenden Aussagen hierzu ist/sind zutreffend?
    a) Die Variabilität von Merkmalen innerhalb einer Art ist immer fließend.
    b) Vegetativ erzeugte erbgleiche Kulturpflanzen gleichen Alters sind immer auch gleich groß.
    c) Die Variabilität eines Merkmals innerhalb einer Art wird als Modifikabilität bezeichnet.
    d) Die Reaktionsnorm eines Gens kann eine Vielzahl von Modifikationen zulassen.
    e) Modifikationen sind unter extremen Umweltbedingungen erblich.

2. Welche der folgenden Aussagen über Erbgänge ist/sind zutreffend?
    a) Im dominant-rezessiven Erbgang ähneln die Nachkommen der F_1-Generation immer beiden Elternteilen bezüglich des untersuchten Merkmals.
    b) Das Zahlenverhältnis der Geschlechter ist beim Menschen als Ergebnis einer Rückkreuzung aufzufassen.
    c) Im dihybriden dominant-rezessiven Erbgang treten in der F_2-Generation vier unterschiedliche Phänotypen auf.
    d) Die Vererbung des Geschlechts folgt bei Drosophila dem intermediären Erbgang.
    e) Blutgruppenmerkmale werden sowohl dominant-rezessiv als auch kodominant vererbt.

3. Welche der folgenden Aussagen über Chromosomen ist/sind zutreffend?
    a) Chromosomen bestehen immer aus zwei Chromatiden.
    b) Die DNA ist in den Chromosomen von einer Proteinhülle umgeben.
    c) Homologe Chromosomen besitzen eine identische Allelausstattung.
    d) Das Auftreten eines X-Chromosoms bewirkt beim Menschen die Ausbildung des weiblichen Geschlechts.
    e) In haploiden Zellen treten in der Regel keine homologen Chromosomen auf.

4. Welche der folgenden Aussagen zur Kopplung von Genen ist/sind zutreffend?
    a) Gekoppelte Gene sind solche, die auf einem Chromosom direkt nebeneinander liegen.
    b) Die Kopplungsgruppenzahl entspricht der Anzahl der Chromosomen im haploiden Satz.
    c) Gekoppelte Gene werden aufgrund der Chromosomenanordnung in der 1. Reifeteilung entkoppelt.

Multiple-Choice-Test Genetik

   d) Die Entkopplungshäufigkeit von Genen erlaubt Rückschlüsse auf ihre relative Lage auf einem Chromosom.
   e) In der Regel gehen Chiasmata einem Kopplungsbruch voraus.

5. Welche der folgenden Aussagen zum menschlichen Chromosomensatz ist/sind zutreffend?
   a) Der Mensch besitzt in seinen Körperzellen 22 Autosomen-Paare.
   b) Im Karyogramm eines Menschen sind im Normalfall 46 Chromosomen zu erkennen.
   c) Männer mit zwei Y-Chromosomen sind psychisch abnorm.
   d) Bei Frauen ohne BARR-Körperchen setzt die Regelblutung durchschnittlich etwas früher ein.
   e) Menschen, die aufgrund einer Chromosomenverschmelzung eine Monosomie aufweisen, zeigen immer ein besonderes Krankheitsbild.

6. Welche der folgenden Aussagen über Mutationen ist/sind zutreffend?
   a) Mutationen treten in der Regel spontan auf, doch lassen sich mit manchen Mutagenen ganz gezielt bestimmte Mutationen auslösen.
   b) Die Mutationsrate ist bei den verschiedenen Genen einer einzigen Art gleich hoch.
   c) Ändern sich durch Chromosomenmutationen die Positionen der Gene auf einem Chromosom, nicht aber der Genbestand, hat dies keine Auswirkung auf die Eigenschaften eines Organismus.
   d) Genommutationen können bei Pflanzen, wenn diese dadurch polyploid werden, einen größeren Wuchs zur Folge haben.
   e) Trisomie 18 wurde als DOWN-Syndrom bekannt.

7. Welche der folgenden Aussagen zu parasexuellen Vorgängen bei Bakterien ist/sind zutreffend?
   a) Ein Austausch von Genen durch Konjugation ist auch zwischen Bakterien unterschiedlicher Arten möglich.
   b) Der Fertilitätsfaktor wird durch Transkription vermehrt.
   c) Bei der Bakterienkonjugation können Kopien sowohl von ganzen Plasmiden als auch von DNA-Abschnitten des Ringchromosoms übertragen werden.
   d) Der gesamte über die Plasmabrücke gewanderte DNA-Abschnitt wird in jeder Empfängerzelle in das Ringchromosom eingebaut.
   e) Parasexuell sind Rekombinationsvorgänge, die nicht den Regeln der Meiose folgen.

8. Welche der folgenden Aussagen zur Realisierung der genetischen Information ist/sind zutreffend?
   a) Polysomen bauen mRNA-Moleküle ab, nachdem deren Information von Ribosomen abgelesen worden ist.
   b) Die an den Ribosomen synthetisierten Proteine können mit einer Signalsequenz aus Aminosäuren ausgestattet werden, damit sie das richtige Zellorganell erreichen bzw. aus der Zelle geschleust werden.
   c) Als Antibiotika werden u. a. Stoffe eingesetzt, die in Prokaryoten Transkription oder Translation hemmen.
   d) Genexpression wird auch als Transkription bezeichnet.
   e) Molekulargenetisch betrachtet sind Erbanlagen bestimmte DNA-Abschnitte.

9. Welche der folgenden Aussagen zur Regulation der Genaktivität ist/sind zutreffend?
   a) Puffs an Riesenchromosomen stellen die Orte der geringsten Genaktivität an diesen Chromosomen dar.
   b) Die Endprodukt-Repression findet man vor allem bei der Synthese von Enzymen für abbauende Stoffwechselprozesse.
   c) Regulierte Genaktivität verhindert unnötigen Energieaufwand und überflüssige Synthesen.
   d) Promotor und Strukturgene liegen sowohl bei Prokaryoten als auch bei Eukaryoten eng nebeneinander.
   e) Genregulatorische Proteine werden z. B. von Hormonen aktiviert.

10. Welche der folgenden Aussagen zur Gentechnik ist/sind zutreffend?
    a) Vektoren sind Transportsysteme für den Einbau von Fremd-DNA.
    b) Beim Screening arbeitet man mit radioaktiv markierter einsträngiger DNA oder RNA als Gensonde, die mit dem gesuchten Gen genau übereinstimmt.
    c) Transgene Säugerzellen können den Blutgerinnungsfaktor VIII, den Bluterkranke benötigen, herstellen.
    d) Eine Genbibliothek besteht aus Zellklonen.
    e) Restriktionsenzyme setzen die Mutationsanfälligkeit von DNA herab.

Auswertung:
31–35 Punkte: knapp bestanden
36–40 Punkte: zufrieden stellend
41–45 Punkte: gut
46–50 Punkte: ausgezeichnet

IMMUNBIOLOGIE

Die spezifische Immunreaktion

1. Borreliose ☞ 369 **

Die Lyme-Krankheit (Borreliose) beruht auf einer bakteriellen Infektion. Der Erreger *(Borrelia burgdorferi)* wird durch Zecken übertragen. Die Abbildung zeigt die Antikörperkonzentration im Blut einer Person nach Erstinfektion mit *Borrelia burgdorferi*.

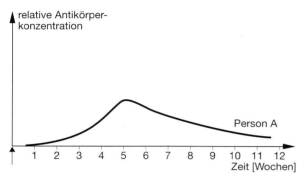

Zeitlicher Verlauf der Antikörperkonzentration nach einer Erstinfektion; ↑ **Infektion**

a) Schildern Sie – ausgehend vom Kurvenverlauf in der Abbildung – die Antikörperbildung nach einer Infektion.
b) Beschreiben Sie den Ablauf einer Immunreaktion einer anderen Person nach einer Zweitinfektion und vergleichen Sie mit jener der ersten Person.
c) Zeichnen Sie in die Abbildung den Kurvenverlauf für die zu erwartende Antikörperkonzentration für die zweite Person ein.
d) Wie ließe sich die Antikörperkonzentration im Blut eines Patienten bestimmen? Beschreiben Sie eine mögliche Methode.
e) Zeichnen Sie schematisch den Bau eines Antikörpers und beschriften Sie die einzelnen Strukturen.

2. Masern ☞ 371 **

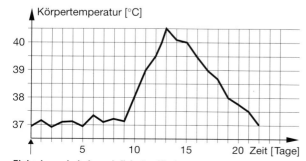

Fieberkurve bei einem infizierten Kind;
↑ **Infektion mit Masernviren**

Masern werden durch Tröpfcheninfektion so verbreitet, dass fast jedes Kind diese Krankheit durchmacht. Auf eine Infektion mit Masernviren reagiert der menschliche Körper unter anderem mit hohem Fieber. Die vorhergehende Abbildung zeigt den Verlauf der Körpertemperatur bei einem infizierten Kind.
Ältere Kinder oder Erwachsene, die nie mit dem Masernvirus infiziert wurden, können sich durch Impfung schützen. Zwei Personen A und B wurden gegen Masern geimpft. Anschließend wurde die im Blut jeweils vorhandene Menge der Antikörper gegen das Masernvirus bestimmt (siehe folgende Abbildung).

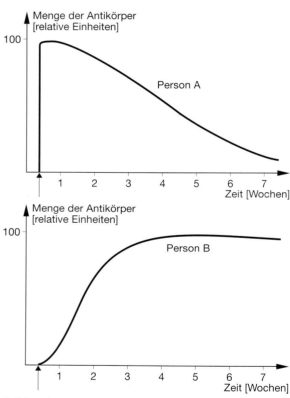

Antikörperkonzentration zweier gegen Masern geimpfter Personen im Blut; ↑ **Impfung**

a) Interpretieren Sie den Verlauf der Temperaturkurve und ordnen Sie der Kurve bestimmte Phasen der Immunantwort zu.
   Beschreiben Sie dabei die Immunantwort auf die Infektion mit Masernviren.
b) Beschreiben und erläutern Sie die Kurvenverläufe bei den Personen **A** und **B** und benennen Sie die jeweilige Art der Impfung.
c) Erläutern Sie allgemein, wie der Impfstoff für die Person **A** gewonnen werden kann.
d) Welche Eigenschaften muss der Impfstoff für Person **B** besitzen, um Immunität zu bewirken?

Die spezifische Immunreaktion 107

3. Impfwirkung ☞ 373 **

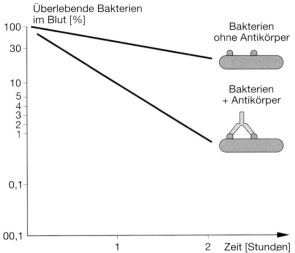

Die Beeinflussung der Bakterienzahl im Blut durch Antikörper

a) Erläutern Sie die Abbildung.
b) Gesetzt den Fall, es befänden sich bei Beginn der Infektion eine Million Bakterien im Blut und der Abwehrprozess des Körpers durch Fresszellen würde schlagartig erst nach zwei Stunden mit der in der Abbildung beschriebenen Wirksamkeit einsetzen: Wie hoch wäre dann die Anzahl von Bakterien
   A im Falle der natürlichen Resistenz (also ehe Antikörper gebildet würden) und
   B bei einer erworbenen Immunität durch eine früher durchgemachte Infektion oder eine Impfung?

4. Prinzip der Schutzimpfung ☞ 373 *

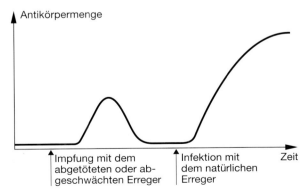

Prinzip der Schutzimpfung

Die Grafik dokumentiert das Prinzip der Schutzimpfung wie es z. B. bei der Diphtherie-Impfung beobachtet werden kann. Erläutern Sie den Verlauf der Kurve.

5. Impfen ☞ 373 **

Um Krankheiten vorzubeugen, kann man sich impfen lassen. Zwei Verfahren sind möglich: die aktive und die passive Schutzimpfung. Die folgende Abbildung verdeutlicht den Unterschied zwischen diesen physiologischen Vorgängen.

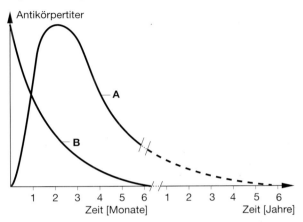

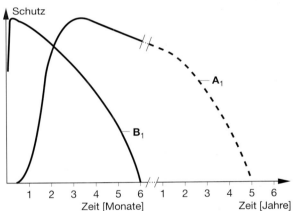

Zeitlicher Verlauf des Impfschutzes nach aktiver und passiver Immunisierung

a) Ordnen Sie die Kurven **A** und **B** der passiven bzw. aktiven Immunisierung zu. Begründen Sie dabei mit den Werten der Antikörperkonzentration.
b) Erläutern Sie kurz allgemein den Zusammenhang „Antikörperkonzentration – Impfschutz".
c) Erläutern Sie den Zusammenhang der Kurven **A** und **B** mit den Kurven **A₁** und **B₁**. Ordnen Sie dabei **A₁** und **B₁** der aktiven bzw. der passiven Immunisierung zu.
d) Warum sollte man im Fall **A** eine Auffrischungsimpfung nach vier Jahren und nicht z. B. nach sechs Jahren durchführen? Beziehen Sie sich bei der Begründung auf die Abbildung.
e) Bei welcher Gelegenheit wird die passive, bei welcher die aktive Impfung eingesetzt?

Immunbiologie

Anwendung der Immunreaktion

6. Zuordnungen ☞ 364–381 *

Ordnen Sie die folgenden Aussagen einander richtig zu.

1.	Aktive Immunität beruht darauf, dass	A	Immunität nur eine begrenzte Zeit anhält.
2.	Passive Immunität beruht darauf, dass	B	ein Organismus mit abgeschwächten oder toten Krankheitserregern geimpft wird.
3.	Aktive Immunität führt dazu, dass	C	einem Organismus Antikörper gegen ein Antigen gespritzt werden.
4.	Die abnehmende Konzentration der Antikörper ist der Grund dafür, dass	D	Plasmazellen rasch Antikörper gegen entsprechende Antigene produzieren können.
5.	Gedächtniszellen sorgen dafür, dass	E	der Organismus bei einer Neuinfektion viele Jahre vor der entsprechenden Krankheit geschützt ist.

7. Quiz ☞ 364–381 **

In jedem der folgenden Fragenfelder trifft jeweils eine Antwort zu.

1. Welche Zelle ist der **falschen** Funktion zugeordnet?
   a) Natürliche Killerzelle – zerstört infizierte Zellen durch Auflösung der Zellmembran.
   b) T-Helferzelle – phagozytiert Antigene.
   c) Makrophage – „frisst" Bakterien und Viren.
   d) Plasmazelle – produziert Antikörper.
   e) Gedächtniszelle – veranlasst bei Kontakt mit „ihrem" Antigen rasch die Bildung entsprechender Antikörper.

2. Die Entwicklung der T-Helferzellen verläuft über folgende Stadien und Stationen:
   a) Stammzelle →Thymus → Lymphozyten-Vorläuferzelle → T-Lymphozyt → T-Helferzelle
   b) Knochenmark → Lymphozyten-Vorläuferzelle → T-Lymphozyt → Thymus → T-Helferzelle
   c) Stammzelle im Knochenmark → Plasmazelle → Thymus → T-Vorläuferzelle → T-Lymphozyt → T-Helferzelle
   d) Stammzelle im Knochenmark → Lymphozyten-Vorläuferzelle → Thymus → T-Lymphozyt → T-Helferzelle
   e) Stammzelle im Knochenmark → Lymphozyten-Vorläuferzelle → Mastzelle → Thymus → T-Helferzelle

3. Unter humoraler Immunabwehr versteht man
   a) die Abwehrmechanismen, die ausschließlich im Blut ablaufen.
   b) die Abwehrmechanismen, die in Blut und Lymphflüssigkeit ablaufen.
   c) Vorgänge innerhalb der Zellen des Immunsystems.
   d) immunbiologische Abwehrvorgänge in den Lachmuskeln.
   e) denjenigen Teilvorgang, der die Bildung monoklonaler Antikörper umfasst.

4. Säuglinge sind durch mütterliche Antikörper zunächst geschützt und erkranken in den ersten Lebenswochen deshalb selten an Infektionskrankheiten. Dieser Schutz verliert sich nach einiger Zeit, weil
   a) es geraume Zeit dauert, bis Infektionen ausbrechen (Inkubationszeit).
   b) das kindliche Immunsystem anfangs noch nicht abgestumpft ist.
   c) die Antikörper allmählich abgebaut werden und das kindliche Immunsystem noch nicht ausreichend funktioniert.

Anwendung der Immunreaktion 109

  d) einige mütterliche Gedächtniszellen bei der Geburt in den kindlichen Blutkreislauf gelangen und zunächst Krankheitserreger erkennen können, dann aber absterben.
  e) Antikörper im Übermaß durch die Muttermilch nachgeliefert werden.

5. Die Identifizierung von Antigenen durch T-Helferzellen ist am ehesten mit folgendem Geschehen vergleichbar:
  a) Polizisten überprüfen Ausweise und filtern diejenigen heraus, die auf der Fahndungsliste stehen.
  b) Jemand lässt sich ein maßgeschneidertes Kleidungsstück anfertigen.
  c) Eine „Glücksfee" zieht aus einer Lostrommel den Hauptgewinn.
  d) Jemand geht in eine Bibliothek und leiht sich ein beliebiges Buch aus, das er noch nicht kennt.
  e) Jemand probiert in einem Schuhgeschäft so lange Schuhe an, bis er passende gefunden hat.

6. Welche der folgenden Aussagen ist **falsch**?
  Der MHC (major histocompatibility complex)
  a) ist alleine verantwortlich für allergische Reaktionen.
  b) befindet sich in der Plasmamembran von Zellen.
  c) ist das entscheidende Kriterium für das Immunsystem, um Körpereigenes von Körperfremdem zu unterscheiden.
  d) wird beim Menschen durch mindestens 20 Gene mit jeweils über 100 Allelen codiert.
  e) aktiviert im Zusammenspiel mit einem Antigen die T-Helferzellen.

7. Monoklonale Antikörper
  a) gehören zur Stoffklasse der Ribonucleinsäuren.
  b) töten Antigene.
  c) sind Lockstoffe, die Killerzellen und Makrophagen zu Antigenen leiten.
  d) können nur gentechnisch hergestellt werden.
  e) werden von Plasmazellklonen produziert.

8. AIDS (aquired immunodeficiency syndrom)
  a) ist ein Synonym für HIV.
  b) entsteht durch ungeschützten Geschlechtsverkehr.
  c) hat man, sobald man mit HIV infiziert ist.
  d) ist das akute Krankheitsbild einer HIV-Infektion.
  e) gehört zur Gruppe der Retroviren.

9. Welche der folgenden Krankheiten sind **nicht** auf Fehlfunktionen des Immunsystems zurückzuführen?
  a) AIDS
  b) Heuschnupfen
  c) Rhesus-Unverträglichkeit
  d) rheumatische Gelenkentzündung
  e) Fehlen natürlicher Killerzellen

EVOLUTION

Geschichte der Evolutionstheorie

1. Evolutionstheorien I ☞ 382 ff. *

Dem folgenden Zitat kann man eine Theorie, die die Entstehung der Arten zu erklären versucht, entnehmen.

„Alles, was die Individuen durch den <u>Einfluss der Verhältnisse</u>, denen ihre Rasse lange Zeit hindurch <u>ausgesetzt ist</u>, und folglich durch den Einfluss des vorherrschenden Gebrauchs oder konstanten Nichtgebrauchs erwerben oder verlieren, wird durch die Fortpflanzung auf die Nachkommen vererbt, vorausgesetzt, dass die erworbenen Veränderungen beiden Geschlechtern oder den Erzeugern dieser Individuen <u>gemein sind</u>."

a) Ersetzen Sie die unterstrichenen Worte durch heutige Fachtermini aus der Evolutionslehre und der Genetik.
b) Von welchem Naturforscher stammt das Zitat? Begründen Sie Ihre Vermutung.
c) Welche Aussage des Zitats ist aus heutiger Sicht nicht mehr haltbar?

2. Evolutionstheorien II ☞ 382 **

Formulieren Sie die zu den Abbildungen **A** bis **D** gehörenden Hypothesen und ordnen Sie diese den Personen zu, die diese Hypothese jeweils vertreten haben.

3. Evolutionstheorien III ☞ 382 *

Zitat A: „Um die wahren Ursachen so vieler verschiedener Gestalten und so vieler verschiedener Gewohnheiten, wie wir sie bei den Tieren vorfinden, zu erkennen, muss man also in Betracht ziehen, dass die unendlich verschiedenartigen, aber ganz langsam wechselnden Verhältnisse, in welche die Tiere jeder Rasse nach und nach gelangten, für jedes derselben neue Bedürfnisse und notwendigerweise Veränderungen in ihren Gewohnheiten herbeigeführt haben. Wer nun diese unleugbare Wahrheit einmal erkannt hat und den beiden folgenden Naturgesetzen, welche die Beobachtung immer bestätigt hat, einige Aufmerksamkeit schenkt, der wird leicht bemerken, wie die neuen Bedürfnisse befriedigt und die neuen Gewohnheiten angenommen werden konnten."

Zitat B: „Nichterbliche Änderungen sind hier für uns von keinem Interesse, doch sind Zahl und Mannigfaltigkeit erblicher Abweichungen, und zwar sowohl der von geringer als auch der von bedeutender physiologischer Wichtigkeit, unendlich groß ... Kein Viehzüchter zweifelt an den Vererbungsgesetzen. Dass Gleiches Gleiches hervorbringt, ist ein Grundglaube, und nur Theoretiker setzen dem Zweifel entgegen. Wenn irgendeine Abweichung häufig vorkommt, und wir sie bei Vater und Kind auftreten sehen, so können wir immer noch nicht sagen, dass dieselbe Ursache auf beide eingewirkt hat. Wenn aber unter offenbar denselben Verhältnissen ausgesetzten Individuen infolge

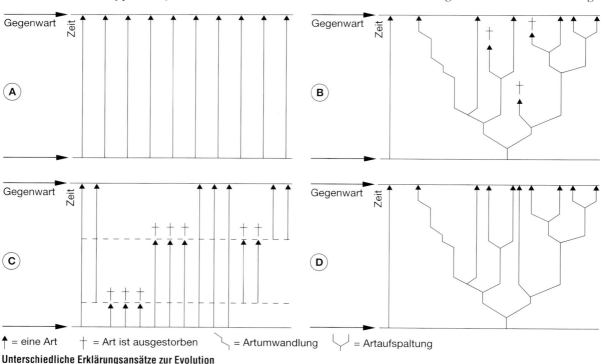

↑ = eine Art   † = Art ist ausgestorben   ⋎ = Artumwandlung   ⋎ = Artaufspaltung

Unterschiedliche Erklärungsansätze zur Evolution

außergewöhnlichen Zusammentreffens von Umständen eine besondere Abweichung beim Vater sichtbar wird (an einem unter Millionen von Individuen) und dann auch beim Kinde erscheint, so können wir mit Wahrscheinlichkeit dieses Wiedererscheinen der Vererbung zuschreiben. Jeder hat wohl schon Fälle von Albinismus, von Stachelhaut, von behaarten Körpern und dergleichen kennengelernt, die bei denselben Mitgliedern derselben Familien vorkamen. Wenn nun solche seltenen und sonderbaren Abweichungen wirklich erblich sind, so werden weniger sonderbare Abweichungen um so mehr als erblich gelten müssen."
Ordnen Sie die Texte bedeutenden Evolutionsforschern zu und begründen Sie Ihre Zuordnung.

4. Irrläufer   ☞ 382 ff. *
In den folgenden Namens- und Begriffsreihen befindet sich jeweils ein Begriff, der inhaltlich nicht zu den anderen passt.
- A LINNÉ; CUVIER; LAMARCK; MENDEL; DARWIN; HAECKEL; WEISMANN
- B natural selection; origine of species; struggle for life; survival of the fittest; genetic engineering
- C populationsgenetischer Artbegriff; geologischer Artbegriff; ökologischer Artbegriff; paläontologischer Artbegriff
- D ökologische Isolation; jahreszeitliche Isolation; sexuelle Isolation; Gametenisolation; artspezifische Isolation; ethologische Isolation
- E Mutation; Selektion; DNA-Reparatur; Zufallswirkung; Gendrift
- F Gestaltauflösung; Mimese; Mimikry; Schrecktracht; Prachtkleid
- G phänotypische Selektion; stabilisierende Selektion; gerichtete Selektion; aufspaltende Selektion

Finden Sie den Irrläufer. Nennen Sie kurz, was die anderen Begriffe miteinander inhaltlich verbindet und inwiefern der falsche Begriff nicht zu den anderen gehört.

5. Spechte   ☞ 382 *
Spechte können mit ihren langen, klebrigen Zungen tief in Gänge von Ameisenhaufen oder in Rindenspalten hineingelangen, um Insekten und deren Larven zu erbeuten.
Erklären Sie die evolutive Entstehung der langen Zunge
a) nach LAMARCK,
b) nach DARWIN.
c) Worin unterscheiden sich beide Lösungsansätze?

6. Vogelhand   ☞ 383, 402 ff., 421 **
Beobachtungen an Skeletten ermöglichen Aussagen über die Stammesgeschichte von Organismen. Die Abbildungen zeigen Ausschnitte von Skeletten, denen man Verwandtschaftsbeziehungen entnehmen kann (Skelette untereinander nicht maßstabgetreu).

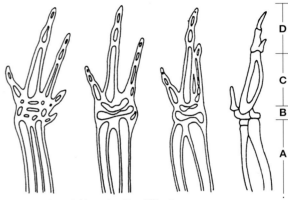

Embryonalentwicklung des Vogelflügels

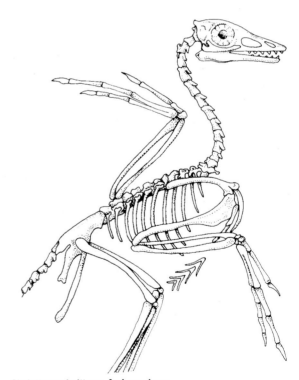

Skelettausschnitt von *Archaeopteryx*

a) Beschriften Sie die Strukturen A–D.
b) Nennen Sie die drei Homologiekriterien.
c) Wenden Sie diese auf die beiden Abbildungen an.
d) Fassen Sie Ihre Aussagen im Sinne der biogenetischen Grundregel von HAECKEL zusammen.

112 Evolution

7. Brutparasitismus
☞ 384 ***

Afrikanische Witwenvögel und europäische Kuckucke sind Brutparasiten, die sowohl Ähnlichkeiten als auch Unterschiede in ihrer Fortpflanzungsstrategie aufweisen.

Arbeitsmaterial 1		
	Spitzschwanz-Paradieswitwe	**Buntastrild (Wirtsvogel)**
Ei		
16-tägiger Jungvogel		
Verhalten der Nestlinge	Junge Witwen schlüpfen mit ihren Stiefgeschwistern. Sie betteln wie diese mit den gleichen Bettellauten und den gleichen auffällig drehenden Kopfbewegungen.	
Rachenzeichnung der Nestlinge		
Altvögel		
Verhalten der Altvögel	Witwenweibchen legen nur je ein Ei in ein Wirtsvogelnest	Wirtsvogel füttert sowohl die eigenen als auch die Küken der Paradieswitwe unterschiedslos

Evolutionstheorie

Arbeitsmaterial 2
NICHOLAS DAVIES und MICHAEL BROOKE beobachteten im Jahre 1991 Kuckucke in Teichrohrsängerrevieren. Dabei stellten sie fest: **A:** Kuckucke entfernen jeweils ein fremdes Ei aus dem Gelege, bevor sie eins dazulegen, werfen es jedoch nicht fort, sondern nehmen es mit in ein Versteck, wo sie es verschlucken. **B:** Findet ein Kuckucksweibchen in seinem Revier in einem Wirtselternnest das Ei eines fremden Kuckucks, so entfernt es nicht ein Wirtselternei, sondern das Kuckucksei, bevor es ein eigenes hineinlegt.

a) Erläutern Sie am Beispiel des Brutparasitismus der Spitzschwanz-Paradieswitwe den Begriff „Mimikry".
b) Rekonstruieren Sie die Evolution dieser Mimikry in engem Bezug zu den Angaben in Arbeitsmaterial 1 und unter der Voraussetzung, dass die Vorfahren der Witwen noch keine Brutparasiten waren.
c) Finden Sie evolutionsbiologische Erklärungen für die beiden Verhaltensweisen der Kuckucke in Arbeitsmaterial 2 und vergleichen Sie kurz mit der Evolution des Brutparasitismus der Witwe.
d) Die Arterhaltung als Triebfeder der Evolution wurde immer wieder diskutiert. Wie lässt sich damit Verhalten B in Arbeitsmaterial 2 erklären?

Evolutionstheorie

8. Beuteltiere ☞ 386, 410, 430 ff. ***

Beuteltiere findet man heute auf zwei Kontinenten. In Südamerika sind Beutelratten und Opossummäuse mit zwölf Gattungen anzutreffen, in Australien ist die Anzahl der Ordnungen und Gattungen dieser Tiere kaum zu überblicken.

An Beuteltierfossilien fand man in Nord- und Südamerika viele verschiedene Formen, die ältesten aus der Oberkreidezeit (vor etwa 120–70 Millionen Jahre), in Australien dagegen fand man nur wenige, aber dennoch auch sehr unterschiedliche Formen. Diese waren jedoch nie älter als zwei Millionen Jahre.

Beuteltiere gehören zu den Säugetieren, von denen in Australien auch noch die Eier legenden Kloakentiere leben. Höhere Säuger wurden erst durch die Siedler eingeschleppt.

Auf der Suche nach der Herkunft der Beuteltiere gab die Paläogeografie einige Aufschlüsse. Zahlreiche Untersuchungen belegen, dass Südamerika bis zur Kreidezeit über die Antarktis mit Australien zusammenhing.

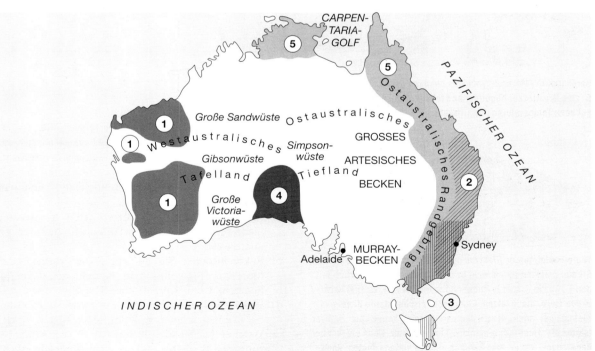

Karte von Australien mit Verbreitung der vorgestellten Beuteltierarten

Hirschkänguru *(Macropus robustus cervinus);* KRL (Kopf-Rumpf-Länge): ca. 140 cm; H. grasen auf weiten Geländeflächen oder auf Lichtungen des Hügellands, bei 30 km/h sind sie recht ausdauernde Läufer (Springer).

Bergkänguru *(Macropus robustus montanus);* KRL: ca. 130 cm; B. sind Grasfresser hügeliger und felsiger Gegenden und ertragen gut hohe Temperaturen und Trockenheit.

Tüpfelbeutelmarder *(Dasyrus quoll);* KRL: ca. 60 cm. Die weißen Siedler machten schon recht früh unliebsame Bekanntschaft mit den T., da sie nachts in Hühnerställe einbrachen. Es sind nachtaktive Tiere, die Insekten, Eidechsen, Fische, kleine Vögel und Kleinsäuger jagen. Die Siedler nannten sie „native cats" und verfolgten sie. Heute wäre mancher Landwirt froh, wenn sie ihm bei der Mäuse-, Ratten- und Kaninchenplage helfen könnten, doch diese Beutler sind in den meisten Gegenden ausgerottet.

Beutelmull *(Notoryctes tryphlops);* KRL: ca. 15 cm; Augen verkümmert, Ohröffnung klein, Körper walzenförmig, kurze Arme mit Grabeklauen, Beutel nach hinten geöffnet. Als der B. 1888 entdeckt wurde, nahm der berühmte amerikanische Anatom COPE nach eingehender Untersuchung sogleich an, dass Beutelmull und Maulwurf direkt von einem gemeinsamen Ahnen abstammen.

Ringelschwanzbeutler *(Pseudocheirus peregrinus);* KRL: ca. 40 cm; R. sind Blätter-, Früchte- und Blütenesser mit dichtem und weichem Fell, runden kurzen Ohren und einem Greifschwanz.

a) Wie kam der Anatom COPE zu seiner Annahme? Nehmen Sie Stellung dazu.
b) Aus welchem Grund bezeichneten die weißen Siedler Australiens die Tüpfelbeutelmarder als „native cats"?
c) Rekonstruieren Sie aufgrund des vorliegenden Materials die Evolution der Beuteltiere auf Australien gemäß der Synthetischen Theorie.
d) Welche Säugetiere haben in Europa die den Beuteltieren entsprechenden ökologischen Nischen inne?
e) Welcher Fachausdruck bezeichnet die Auffächerung der Beuteltiere in so viele unterschiedliche Arten?

9. Mutation und Selektion ☞ 386 *

„Die ‚natürliche Zuchtwahl' oder das ‚Überleben des Tüchtigsten' kann im besten Falle nur die Trennung der Starken von den Schwachen bedeuten. Aber niemals entsteht allein als Folge des ‚Überleben des Tüchtigsten' eine neue Pflanzen- oder Tierart. Und da auch durch Mutationen keine neuen Arten entstehen, fehlen der Evolution die Mechanismen, mit denen sie erklärt werden könnte."

a) Nehmen Sie Stellung zu diesem Zitat unter dem Gesichtspunkt der modernen Evolutionstheorie. Führen Sie Fakten an, die Ihre Aussage untermauern.
b) Wann werden Mutationen in der Evolution wirksam?
c) Wie erklärt sich die größere Formenvielfalt der Haustiere gegenüber derjenigen wild lebender Verwandter?
d) Nehmen Sie an, die Population einer Tierart werde durch ein geologisches Ereignis in zwei Teile getrennt. Werden die nun getrennten Populationen sich auch dann unterschiedlich entwickeln, wenn die Lebensbedingungen beider Populationen identisch sind? Begründen Sie.

10. Säuglingssterblichkeit ☞ 387 **

In der Abbildung ist ein Zusammenhang zwischen dem Geburtsgewicht von Säuglingen und deren Sterblichkeit gezeigt (englische Statistik).

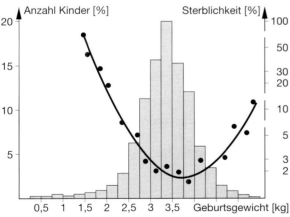

Geburtsgewicht von Säuglingen und deren Sterblichkeit (Kurve)

a) Welche Aussagen können der Statistik entnommen werden?
b) Welche Ursachen kommen für die erhöhte Sterblichkeit in Betracht?
c) Dieses Beispiel kann zur Erklärung eines Selektionstyps herangezogen werden. Erklären Sie an diesem Beispiel das Wirken dieses Selektionstyps.

11. Entstehung von Ähnlichkeiten ☞ 388 *

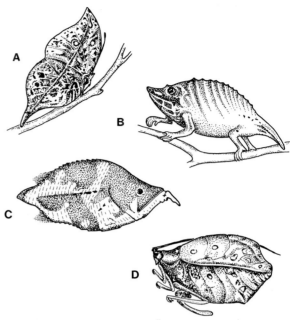

Unterschiedliche Organismen, die Ähnlichkeiten aufweisen

a) Zu welchen Tiergruppen gehören die gezeigten Organismen?
b) Welches Phänomen ist beim Vergleich der Abbildungen erkennbar und wie lässt es sich erklären?
c) Nennen Sie weitere Beispiele für dieses Phänomen und grenzen Sie es gegen die Mimikry ab.

12. Rohrsänger ☞ 394, 395 **

Die Gattung der Rohrsänger (*Acrocephalus*) ist in weiten Teilen Europas mit Formen vertreten, die ca. 13 cm groß sind und einen spitzen Schnabel besitzen (s. Abbildung). An der Oberseite sind sie mittelbraun, an der Unterseite hell. Selbst erfahrene Ornithologen können die Formen äußerlich kaum voneinander unterscheiden. Ein Teil der Vögel im gesamten Verbreitungsgebiet singt relativ eintönig, wobei Laute wie „Tschar" und „Tschirrak" sich dreimal wiederholen. Eine zweite Form lässt einen wesentlich lauteren Gesang mit einer Fülle verschiedener Motive in ständigem Wechsel von Tempo und Klangfarbe hören. Die zuerst genannte Form dieser Rohrsänger brütet im Röhricht. Die andere Form brütet in der Ufervegetation (nicht im Schilf) und auch abseits des Wassers zwischen z. B. Brennnesseln. Die geografische Verbreitung dieser letzteren Gruppe ist im Gegensatz zur ersten (deren Verbreitung der Abbildung vollständig entspricht) eingeschränkt: Sie nistet nicht in Südwesteuropa und östlich des Kaspischen Meeres.

116 Evolution

a) Beurteilen Sie, ob es sich bei den beschriebenen Populationen um Arten oder Rassen handelt.
b) Beschreiben Sie, wie die Rassen- bzw. Artbildung bei den Rohrsängern im Laufe der Evolution stattgefunden haben kann.

Verbreitungsgebiet =
Habitus und Verbreitungsgebiet des Rohrsängers

13. Evolution der Höhlensalmler ☞ 396 **

Die Höhlenseen felsiger Grotten Mexikos sind vor etwa 500 000 Jahren durch Auswaschen kalkhaltigen Gesteins entstanden. Höhlenflüsse standen mit oberirdischen Gewässern in ständiger Verbindung, versiegten jedoch allmählich in eiszeitlichen Trockenperioden und ließen nur noch einzelne Wasseransammlungen zurück.

In diesen Höhlenseen leben Höhlensalmler. Diese Fische sind mehrheitlich blind. In ihrer rosa-fleischfarbenen Haut befinden sich meist keine Pigmente. Allerdings stößt man gelegentlich sowohl auf pigmentlose Tiere mit gut ausgebildeten Augen als auch auf blinde und völlig ausgefärbte Fische. Daneben findet man auch Übergänge bezüglich Färbung und Augen.

Versuch A: Hält man blinde, pigmentlose Höhlensalmler über viele Generationen bei Tageslicht im Aquarium, so verändert sich das Aussehen der Nachkommen nicht.

Versuch B: Höhlensalmler lassen sich mit Silbersalmlern, die in den oberirdischen Flussläufen Mexikos leben, kreuzen. Silbersalmler unterscheiden sich von Höhlensalmlern deutlich in Aussehen und Verhalten.

	Höhlensalmler	Silbersalmler
Nahrung	Tier- und Pflanzenreste, Fledermauskot	kleinere Fische
Sozialform	Einzelgänger	Schwarmfisch
Reaktion auf Schläge mit der flachen Hand auf das Wasser	kommt rasch herbei geschwommen	schwimmt schnell weg

Charakteristika von Höhlensalmler und Silbersalmler

a) Nennen Sie die evolutionsbiologische Fragestellung von Versuch **A**. Werten Sie beide Versuche aus.
b) Rekonstruieren Sie die stammesgeschichtliche Entwicklung des Höhlensalmlers und damit verbunden seine besonderen Eigenschaften als Höhlenfisch.

14. Ökologische Isolation ☞ 396 **

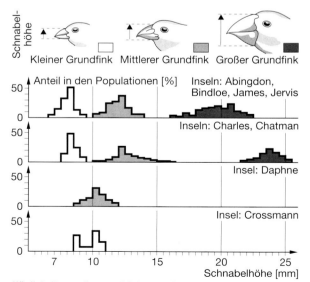

Häufigkeitsverteilung und Schnabelhöhe dreier Grundfinkarten auf verschiedenen Galapagosinseln

Zum Galapagosarchipel gehören 24 benannte Inseln und viele weitere Splittereilande. Die Mehrzahl der hier lebenden Arten ist endemisch, das heißt in ihrem Vorkommen auf den Archipel beschränkt (von 89 Vogelarten z. B. 76). Einige Tier- und Pflanzenarten kommen selbst heute noch nur auf einer einzigen Insel vor. In der Abbildung sind drei Grundfinkarten in ihrem Vorkommen mit ihrer jeweiligen Schnabelgröße aufgelistet. Grundfinken können sich je nach Angebot von Samen, Beeren, Nektar und bei Niedrigwasser auch von kleinen Meereslebewesen ernähren, gelegentlich suchen sie sogar Meerechsen nach Zecken ab.

a) Geben Sie kurz das Vorkommen der drei Grundfinkarten mit ihrer jeweiligen Schnabelgröße an.
b) An welcher Tatsache ist erkennbar, dass es sich um drei Arten und nicht um drei Rassen handelt?
c) Rekonstruieren Sie den möglichen Artbildungsprozess aufgrund von Verbreitung und Schnabelmerkmalen der drei Formen.
d) Deuten Sie die unterschiedlichen Schnabelgrößen des Mittleren Grundfinks auf den verschiedenen Inseln.

15. Soziobiologie ☞ 400 ***

Eine Erscheinung, die DARWIN nicht erklären konnte, ist die Staatenbildung bei Insekten. 2 % aller Tierarten sind Staaten bildende Hautflügler (Bienen, Hummeln, Ameisen u. a.); diese 2 % stellen 5 % der Gesamtbiomasse aller Landbewohner und 30 % aller Tierindividuen dar. Die Männchen aller dieser Hautflügler sind haploid.

Den großen evolutiven Erfolg von Insektenstaaten versucht die Soziobiologie zu erklären. Sie geht dabei von folgenden Überlegungen aus:

A Das Lebewesen mit den meisten fruchtbaren Nachkommen besitzt die größte Fitness. Verantwortlich dafür ist sein Genom, das möglichst viele seiner Gene reproduziert und über die Nachkommen weitergibt.

B Erbinformation wird nicht nur in direkter Linie, sondern auch über Brüder und Schwestern weitergegeben.

C Daher sind für die Fitness von Lebewesen nicht nur die eigenen Nachkommen, sondern auch Nachkommen der Geschwister wichtig.

D Den Anteil an gemeinsamen Allelen bei zwei Genomen bezeichnet man als genetischen Verwandtschaftsgrad r mit den Grenzwerten 0 (kein gemeinsames Allel) und 1 (identische Genome).

In dieser Aufgabe soll untersucht werden, weshalb sich der Bienenstaat im Vergleich zu solitär lebenden Tieren „lohnt".

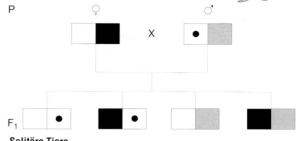

Solitäre Tiere

Erklärung zur Darstellung: Jedes Kästchen stellt einen einfachen Chromosomensatz dar, Doppelkästchen also einen diploiden Chromosomensatz. Die Weitergabe der Chromosomensätze an die F_1 wurde vereinfacht (Rekombinationen weggelassen), was aber für die Berechnung von Verwandtschaftsgraden keine Rolle spielt; die r-Werte sind statistische und nicht individuelle Werte.

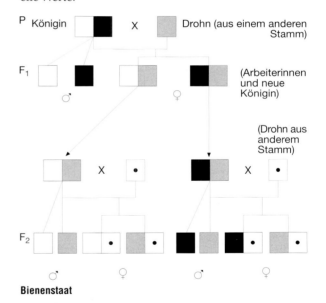

Bienenstaat

(Zur Erinnerung: Drohnen entstehen aus unbefruchteten, also haploiden Eiern; Königinnen legen in der Hauptsaison, April und Mai, bis zu 200 000 Eier.)

a) Berechnen Sie bei solitär lebenden Tieren folgende Verwandtschaftsgrade:
   A zwischen einem Elter und Kindern (P und F_1),
   B zwischen einem Elter (P) und Enkeln (F_2), wenn sich die F_1 mit genetisch fremden Partnern paart,
   C zwischen den Geschwistern der F_1,
   D zwischen Tanten/Onkeln (F_1) und Nichten/Neffen (F_2).

X/Y-Unterschiede sollen bei den Berechnungen vernachlässigt werden.

118 Evolution

b) Berechnen Sie jetzt für den Bienenstaat die Verwandtschaftsgrade zwischen:
   - A Königin der P-Generation und Töchtern und Söhnen,
   - B den Töchtern (F_1) untereinander,
   - C den Söhnen (F_1) untereinander,
   - D den Töchtern und Söhnen (F_1),
   - E Königin der P-Generation und Enkeltöchtern bzw. -söhnen (F_2),
   - F Arbeiterinnen der F_1 und ihren Nichten und Neffen (F_2).
c) Erstellen Sie entsprechend der Abbildung „Bienenstaat" ein Schema mit Drohnen aus dem eigenen Stamm (Inzucht); dieses Schema entspricht sicherlich der Mehrzahl der wirklichen Bienenstaaten. Führen Sie die gleichen Berechnungen wie bei b) durch.

Jetzt haben Sie genug gerechnet. Werten Sie die Ergebnisse bei der Beantwortung folgender Fragen aus:
d) Weshalb „lohnt" sich der Fruchtbarkeitsverlust für die Arbeiterinnen?
e) Weshalb werden nach dem Paarungsflug die Drohnen von ihren Schwestern vertrieben oder getötet?
f) Die P-Königin verlässt noch vor dem Schlüpfen der F_1-Königin den Staat; etwa die Hälfte der Arbeiterinnen folgt ihr. Weshalb folgen ihr nicht wesentlich mehr oder wesentlich weniger Arbeiterinnen? Ist diese Verteilung sinnvoller beim Inzucht- oder beim Nicht-Inzucht-Staat?
g) Welche Vorteile für die Genomträger (also die Bienen) bietet der Bienenstaat?
h) Welche Vorteile demgegenüber hat die solitäre Lebensweise?
i) Welchen evolutiven Sinn sehen Sie – soziobiologisch gedacht – in altruistischen Verhaltensweisen?

16. Helfer am Nest ☞ 400 *

Die Sterblichkeit von Jungvögeln nach dem Verlassen des elterlichen Nests ist sehr groß.
Bei 150 der mehr als 9000 bekannten Vogelarten hat man so genanntes Bruthelferverhalten beobachtet. Jungtiere der Buschblauhäher Westamerikas, obwohl häufig bereits geschlechtsreif, verbleiben z.B. ein volles Jahr im Revier der Eltern und helfen diesen bei der Aufzucht weiterer Bruten.
a) Welche Selektionsvorteile und -nachteile hat das Helferverhalten für die Eltern und die Jungtiere der Buschblauhäher?
b) Welche Vorteile haben die Jungtiere durch ein solches Verhalten unter dem Aspekt, möglichst viele Allele ihres eigenen Erbguts in den Genpool der folgenden Generation einzubringen?

Stammesgeschichte

17. Homologieforschung ☞ 402 **

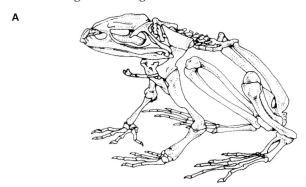

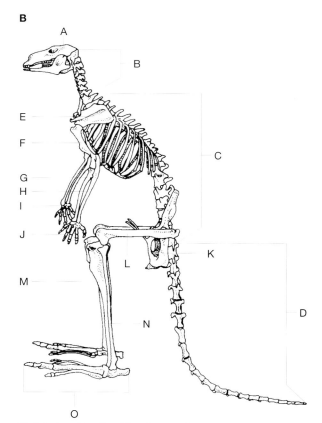

Skelett eines Frosches (A) und eines Kängurus (B)

a) Ordnen Sie den Buchstaben am Känguru-Skelett die richtigen Bezeichnungen zu.
b) Vergleichen Sie die beiden Skelette in der Abbildung.
c) Erläutern Sie, welche Homologiekriterien erfüllt sind.

Stammesgeschichte 119

18. Flugeinrichtungen ☞ 402 **

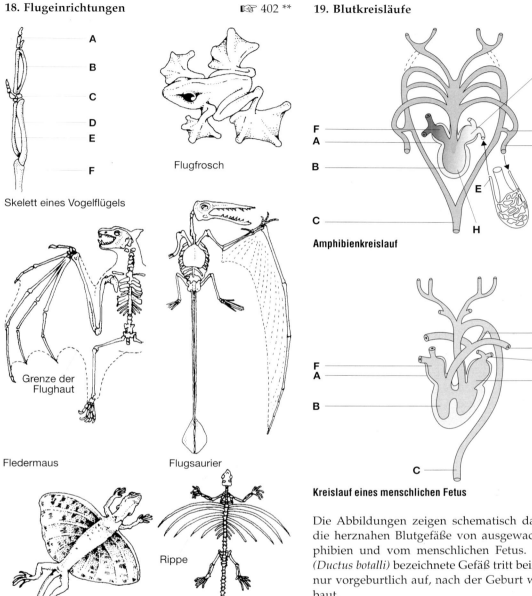

Skelett eines Vogelflügels

Flugfrosch

Grenze der Flughaut

Fledermaus

Flugsaurier

Rippe

Flugdrachen

Flugeinrichtungen

a) Ordnen Sie den Tieren in der Abbildung Wirbeltierklassen zu.
b) Beschriften Sie die Knochen des Vogelflügels.
c) Erklären Sie, welche der abgebildeten Organe den Vogelknochen homolog oder analog bzw. den Flügelflächen des Vogels homolog oder analog sind.

19. Blutkreisläufe ☞ 403 **

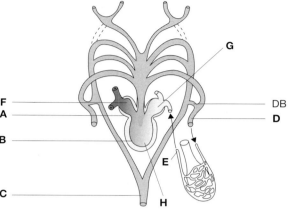

Amphibienkreislauf

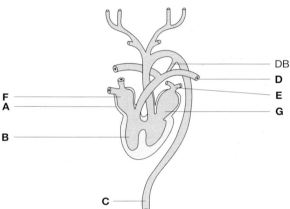

Kreislauf eines menschlichen Fetus

Die Abbildungen zeigen schematisch das Herz und die herznahen Blutgefäße von ausgewachsenen Amphibien und vom menschlichen Fetus. Das mit DB (*Ductus botalli*) bezeichnete Gefäß tritt beim Menschen nur vorgeburtlich auf, nach der Geburt wird es abgebaut.

a) Beschriften Sie in den Abbildungen **A–H**. Welchen Sauerstoffgehalt hat das mit **F, G** und **H** bezeichnete Blut?
b) Welche Funktion hat der *Ductus botalli* beim Fetus? Welche Auswirkungen hat es für die Blutversorgung des Körpers, wenn dieses Gefäß nach der Geburt noch erhalten bleibt?
c) Formulieren Sie die biogenetische Grundregel. Wenden Sie diese Regel auf diejenigen Merkmale an, in denen sich der fetale Blutkreislauf von dem eines Neugeborenen unterscheidet. Welche Hinweise auf die Stammesgeschichte der Säugetiere geben damit diese Merkmale?

120 Evolution

20. Altersdatierung ☞ 410 *

Fundstellen von Cro-Magnon-Menschen lassen sich mithilfe der Radiocarbonmethode altersmäßig einordnen. Zwei (erfundene) Untersuchungsergebnisse dieser Methode sind:

Fund A: Höhle mit menschlichen Knochen, vor der Höhle wolfsähnliche Knochen; 20 % der ursprünglich vorhandenen Menge ^{14}C in den Knochen.

Fund B: menschliche Siedlung mit Menschenknochen und Knochen einer hochbeinigen Kleinkatzenart; ^{14}C-Gehalt 40 %.

a) Zeichnen Sie die ^{14}C-Zerfallskurve für einen Zeitraum von 35 000 Jahren und erklären Sie den Kurvenverlauf (Halbwertzeit 5700 Jahre).

b) Welche Aussagen zu den Funden **A** und **B** sind mithilfe der ^{14}C-Zerfallskurve möglich?

c) Welchen Nutzen hatten wohl die angeführten Tiere zu der Zeit der Funde für den Menschen?

21. Eukaryoten ☞ 415 **

Bei Eukaryoten findet man, dass

A Mitochondrien zwei Membranen besitzen.

B sich in der inneren Mitochondrienmembran Phospholipide befinden, die sonst nur bei Prokaryoten vorkommen.

C Mitochondrien eigene DNA besitzen.

D Mitochondrien sich durch Teilung vermehren.

E die Mitochondrien bei einer Zellteilung im Zellplasma weitergegeben werden.

F die Glykolyse im Zellplasma, die Fotosynthese in den Chloroplasten, die Zellatmung in den Mitochondrien stattfindet.

Alle aufgeführten Eigenschaften können mithilfe einer inzwischen gut begründeten Theorie erklärt werden.

a) Wie heißt diese Theorie?

b) Erläutern Sie diese Theorie mithilfe o. g. Fakten.

c) Untermauern Sie Ihre Argumentation mit weiteren Fakten.

22. Quastenflosser ☞ 419 *

Man geht davon aus, dass Vorfahren der heutigen Quastenflosser das Festland erobert haben. Heute lebende Schlammspringer können ebenfalls einige Zeit an Land überleben.

a) Warum konnten die Quastenflosser und die sich aus ihnen weiter entwickelnden Wirbeltiere das Festland erobern? (Es ist nicht die Beschreibung der Anpassung bestimmter körperlicher Merkmale verlangt.)

b) Auf welche Schwierigkeiten würden Schlammspringer bei der Eroberung des Landes heute im Gegensatz zu den Quastenflossern damals stoßen?

23. Brückentiere und Zwischenformen ☞ 420 f. **

Peripatus, Latimeria, Archaeopteryx, Schnabeltier: Diese Tiere tragen jeweils Merkmale zweier systematischer Klassen.

a) Geben Sie an, zwischen welchen Klassen diese Tiere jeweils eine Brücke bilden und nennen Sie die Merkmale, welche dafür ausschlaggebend sind.

b) Weshalb findet man Brückentiere und ausgestorbene Zwischenformen so selten?

c) Inwiefern kann man den *Ginkgo* als Brückenpflanze bezeichnen?

24. Cytochrom c ☞ 425 **

Vergleichende Untersuchungen der Peptidketten verschiedener Cytochrome c können zur Ermittlung eines Stammbaumes von Tieren und Pflanzen herangezogen werden.

a) Weshalb ist gerade Cytochrom c für phylogenetische Untersuchungen bei Tieren und Pflanzen besser geeignet als z. B. das Insulin der Wirbeltiere oder Stärke?

b) Weshalb erhärten die Cytochrom c-Untersuchungen die Annahme, dass alle Lebewesen einen gemeinsamen Ursprung haben?

c) Welche Hinweise für die Phylogenese geben die Anzahlen der Aminosäure-Unterschiede im Cytochrom c bei verschiedenen Organismen?

25. Mutation und Selektionsdruck ☞ 425 *

Bei verschiedenen Holzgewächsen wie Rotbuche, Hasel, Ahorn u. a. gibt es Mutanten mit viel rotem Anthocyan in den Blättern, so genannte Blutformen. Das fotosynthetisch inaktive Anthocyan befindet sich im Zellsaft der Blattzellen. Aufgrund der geringen Häufigkeit der Mutanten kann man schließen, dass sie einen Selektionsnachteil haben (und ohne das Eingreifen des Menschen wohl wieder verschwinden würden).

Neben den normalblättrigen Brombeeren gibt es eine schlitzblättrige Mutante, die häufig auf friesischen Nordseeinseln zu finden ist, die aber in Wäldern fast gar nicht auftritt.

a) Aus welchem Grund wird die grünblättrige Wildform gegenüber der Blutform von der Selektion begünstigt?

b) In welchem Lebensraum gedeihen daher die Blutmutanten am besten?

c) Weshalb sind schlitzblättrige Brombeeren auf den Nordseeinseln häufiger als im Wald?

26. Bedecktsamer ☞ 427 **

Einen Stammbaum der Bedecktsamer kann man nach morphologischen Kriterien erstellen. Als evolutive Fortschritte gelten zunehmende Reduktion der Anzahl von Blütenteilen sowie das Verwachsen dieser Blütenteile.

a) Von welcher Pflanzengruppe stammen die Bedecktsamer ab? Welche Hinweise gibt es dafür?
b) Erstellen Sie anhand der gegebenen Kriterien ein Verwandtschaftsschema der in der Tabelle angeführten Familien.

27. Eroberung des Landes ☞ 427 *

In der Abbildung sehen Sie den Fortpflanzungszyklus einer Pflanze in schematischer Darstellung.

a) Um welche Pflanze handelt es sich?
b) Erklären Sie anhand der Buchstaben in der Abbildung den Fortpflanzungszyklus und beschriften Sie die dargestellten Strukturen.
c) Welche Eigenschaften und Merkmale dieser Pflanze erinnern an wasserlebende Vorfahren?
d) Welche Veränderungen der Fortpflanzung führen bei Samenpflanzen wie z. B. Tanne oder Kirsche zu einer noch besseren Anpassung an das Leben auf dem Land?

Familie	Kelchblätter	Kronblätter	Staubblätter	Fruchtknoten
Hahnenfußgewächse	5	5–12	∞	∞
Primelgewächse	(5)	(5)	5	1
Glockenblumengewächse	(5)	(5)	(5)	1
Süßgräser	–	–	3	1
Riedgräser	meistens fehlend		3	1
Schwertliliengewächse	6		3	1
Korbblütler	häufig fehlend	(5)	(5)	1
Liliengewächse	6	6		1
Magnoliengewächse	∞	∞	∞	∞
Rosengewächse	5	5	meist ∞	1

Charakteristika einiger Familien der Bedecktsamer;
( ) verwachsen, ∞ mehr als 10

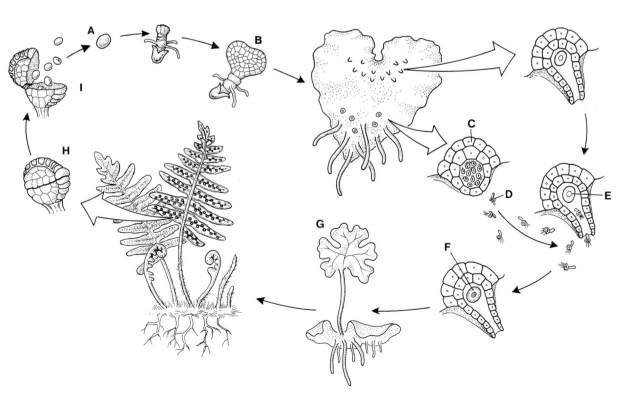

Fortpflanzungszyklus einer Pflanze

Evolution

28. Massensterben ☞ 432 **

Vor 250 Millionen Jahren verschwanden in kurzer Zeit allein mindestens 80 % der damals lebenden Meerestierarten. Durch Untersuchungen an Gesteinen aus dieser Zeit versucht man Hinweise zu erhalten, wie und durch welche Ursachen die Arten verschwanden. Die Abbildung zeigt Ergebnisse solcher Forschungen.

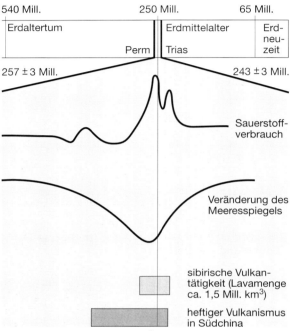

Geochemische Daten zur Zeit des Übergangs vom Erdaltertum zum Erdmittelalter

a) Welche Umweltveränderungen ergaben sich?
b) Wie kann man mit den Veränderungen das Massensterben erklären?

Evolution des Menschen

29. Aufrechter Gang ☞ 439 *

Der entwicklungsgeschichtlich recht junge Erwerb der aufrechten Körperhaltung beim Menschen hat zu einigen Nachteilen geführt. Auch der Verlust der Schnauze hatte nachteilige Folgen.
a) Nennen Sie Nachteile, die aus der aufrechten Körperhaltung des Menschen resultieren.
b) Welche Fähigkeiten sind mit dem Verlust des Schnauzenschädels stark eingeschränkt worden?
c) Welche Vorteile stehen diesen Nachteilen gegenüber?

30. *Homo*-Stammbaum I ☞ 439 **

Die Abbildung zeigt einen Stammbaum des Menschen aus dem Jahr 1984. Die wichtigsten Kriterien zur Erstellung dieses Stammbaums waren fossile Funde. In den Tabellen werden weitere Kriterien angeführt, die zur Klärung der Verwandtschaftsverhältnisse der Primaten beitragen können. Es bedeuten: H = *Homo*; S = Schimpanse; G = Gorilla; O = Orang-Utan; Gi = Gibbon.

Parasit	H	S	G	O	Gi
Malariaerreger	X	X	X		
Trichine	X	X	X	X	X
Zwergfadenwurm	X	X	X	X	
Wanderfilarie	X	X	X		
Spulwurm	X	X	X	X	X
Kopflaus	X	X	X		
Krätzmilbe	X	X	X		

A: Parasiten

	H	S	G	O
H	–			
S	80	–		
G	90	89	–	
O	173	172	180	–

B: Mutationsschritte, die zur Erklärung der Sequenzunterschiede der Hämoglobin-Pseudogene nötig sind, bezogen auf jeweils gleich lange DNA-Abschnitte

a) Welche wichtigen Schädelmerkmale von Fossilien können herangezogen werden, um zu klären, ob es sich um eine Frühform des Menschen oder einen Affen handelt? (Vier Merkmale werden erwartet.)
b) Untersuchen Sie, ob die Befunde der Tabellen den vorgeschlagenen Stammbaum stützen oder widerlegen.
c) Welche weiteren Verfahren können zur Klärung des Stammbaums noch angewendet werden? (vier Angaben)

Evolution des Menschen 123

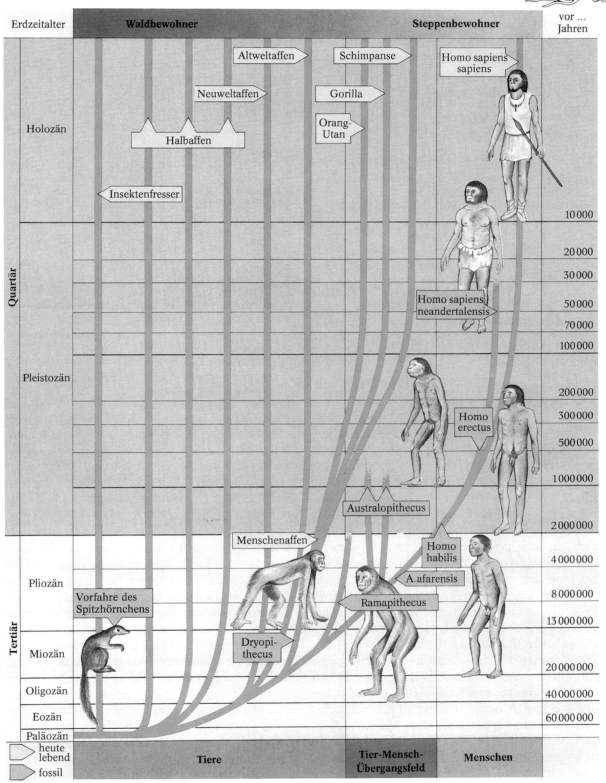

Stammbaum des Menschen aus dem Jahr 1984

31. *Homo*-Stammbaum II ☞ 443 *

Die Grafik stellt in Grundzügen den Stammbaum der Menschenaffen und des Menschen dar.
Ergänzen Sie die Beschriftung von **A** bis **K**.

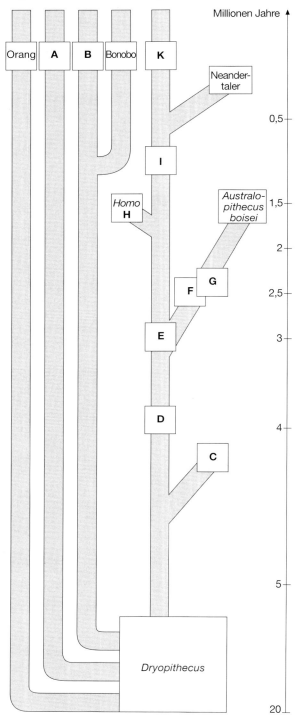

Stammbaum der Menschenaffen und des Menschen

32. Steinzeitmensch ☞ 445 *

Das Foto zeigt ein ca. 12 cm hohes Fundstück aus Nordösterreich.

Prähistorisches Fundstück

a) Um welches Objekt handelt es sich?
b) Wie alt ist es ungefähr und wie heißt das Zeitalter?
c) Inwiefern gibt es einen Hinweis auf die kulturelle Evolution des Menschen?

33. Evolutions-Quiz ☞ 382–432 **

Kreuzen Sie die jeweils richtige Lösung an. In jedem Begriffsfeld ist nur eine Lösung richtig.

1. Adaptive Radiation ist
   a) die Aufspaltung einer Art unter Anpassung an verschiedene Umweltbedingungen.
   b) die Besetzung verschiedener ökologischer Nischen durch eine Art.
   c) die Abtrennung von Teilpopulationen von einer Zentralpopulation.
   d) die Ausbreitung der Individuen einer Population nach allen Richtungen.
   e) die Anpassung verschiedener Arten an die gleichen Umweltbedingungen.

2. Welches der folgenden Begriffspaare kommt nicht als Beispiel für Analogie infrage?
   a) Insektenflügel – Fledermausflügel
   b) Grabbein des Maulwurfs – Grabbein der Maulwurfsgrille
   c) Kaktusdorn – Fangzahn (Eckzahn) der Katze
   d) Lunge – Trachee
   e) Körperform eines Delfins – Körperform eines Gelbrandkäfers

Evolution des Menschen

3. Brückentiere sind
   a) Fossilien, die zwei geologische Epochen miteinander verbinden.
   b) Fossilien, die in Grenzschichten geologischer Formationen vorkommen, sodass sie in beide Schichten hineinreichen.
   c) Tiere, die eine stammesgeschichtliche Verbindung zwischen unterschiedlichen Tiergruppen aufzeigen.
   d) Tiere, die dabei sind, den Übergang vom Wasser- zum Landleben zu bewältigen.
   e) Tierarten, deren Populationen über verschiedene Kontinente verbreitet sind.

4. Welche Aussage trifft nicht zu? Die Endosymbionten-Theorie wird gestützt durch folgende Fakten:
   a) Mitochondrien haben eine eigene Außenmembran.
   b) Chloroplasten vermehren sich unabhängig von der Zellteilung.
   c) Mitochondrien haben eine eigene Erbinformation.
   d) Sowohl Plastiden als auch Mitochondrien haben eigene Ribosomen und eigene Proteinbiosynthese.
   e) Fotosynthese läuft nur in den Chloroplasten ab.

5. Für welche der folgenden Fakten stimmt die in der rechten Spalte gegebene evolutionstheoretische Erklärung oder Begründung nicht?

a)	Gendrift ist in kleinen Populationen ein wichtiger Evolutionsfaktor.	Ein kleiner Genpool kann durch zufällige Ereignisse leicht verändert werden.
b)	Wirbeltiere, die im Wasser leben, haben häufig stromlinienförmige Körper.	Der Selektionsdruck führt zu einer konvergenten Entwicklung.
c)	Mimikry ist die Nachahmung der Körpertracht wehrhafter Tiere durch wehrlose.	Wehrlose Tiere haben einen Selektionsvorteil, wenn sie wie wehrhafte aussehen.
d)	Laien verwechseln Hornissenschwärmer leicht mit Hornissen.	Die Fluggeräusche beider Insekten sind sehr ähnlich.
e)	Der Einsatz von Antibiotika kann leicht zur Resistenz bekämpfter Mikroorganismen führen.	Individuen mit Präadaptationen bekommen bei größeren Umweltveränderungen einen Selektionsvorteil.

6. Was trifft **nicht** zu? Homolog zueinander sind:
   a) Vogelflügel – Grabbein des Maulwurfs
   b) Austernschale – Schildkrötenpanzer
   c) Cytochrom c von Bakterien – menschliches Cytochrom c
   d) Mitochondrien der Maus – Mitochondrien der Buche
   e) Herz eines Fisches – Herz eines Schimpansen

7. Es trifft **nicht** zu, dass die
   a) Ontogenese die Keimesentwicklung eines Individuums ist.
   b) Phylogenese die Stammesentwicklung einer Art ist.
   c) Phylogenese die Keimesentwicklung eines Individuums ist.
   d) biogenetische Regel Phylogenese und Ontogenese in einen Zusammenhang stellt.
   e) Ontogenese eine kurze Wiederholung der Phylogenese einzelner Merkmale eines Individuums darstellt.

8. Richtig ist, dass
   a) die Makroevolution die Entstehung neuer Baupläne, Evolutionstrends, adaptive Radiation und massenhaftes Artensterben umfasst.
   b) in der Makroevolution durch Serienmutationen innerhalb einer Generation neue Arten entstehen.
   c) die Mikroevolution auf einer Punktmutation pro Generation beruht.
   d) Mikro- und Makroevolution sich gegenseitig ausschließen.
   e) das massenhafte Aussterben der Saurier ein Beispiel für Makroevolution ist.

9. Selektion
   a) kann nur in großen Populationen wirken.
   b) kann nur in sehr kleinen Populationen wirken.
   c) führt dazu, dass alle weniger gut angepassten Individuen durch widrige Umweltbedingungen zugrunde gehen.
   d) führt dazu, dass besser angepasste Individuen bessere Fortpflanzungschancen haben.
   e) kann ohne vorausgegangene Mutation nicht zum Tragen kommen.

10. Welche der folgenden Aussagen ist **falsch**?
    a) Atavismen und rudimentäre Organe sind zwei verschiedene Begriffe für den gleichen Sachverhalt.
    b) Als Atavismus bezeichnet man das Wiederauftreten von Merkmalen, die seit vielen Generationen verschwunden waren.

c) Das Auftreten eines Schwanzes bei Neugeborenen ist ein Beispiel für einen Atavismus.

d) Rudimentäre Organe sind Reste von Organen, die im Laufe der Evolution funktionslos geworden sind.

e) Atavismen und rudimentäre Organe gelten als eine Stütze der Evolutionstheorie.

34. Multiple-Choice-Test Evolution

Mithilfe des folgenden Multiple-Choice-Tests können Sie herausfinden, ob Sie einige wichtige Begriffe und Zusammenhänge der Evolutionslehre beherrschen. Von den möglichen Auswahlantworten sind mindestens eine, höchstens drei Antworten richtig. Fehlt bei den jeweils fünf Auswahlantworten ein Kreuzchen oder sind mehr als drei Antworten angekreuzt, erhalten Sie keine Punkte. Für eine richtig angekreuzte Antwort notieren Sie für sich einen Punkt. Für jede falsche Antwort, die Sie nicht angekreuzt haben, geben Sie sich auch einen Punkt.

Beispiel: Die Antworten a, c und d sind richtig. Sie haben a, d und e angekreuzt. Dafür erhalten Sie drei Punkte.

Ein weiteres Beispiel: Die Antwort b ist richtig. Haben Sie nur b angekreuzt, erhalten Sie fünf Punkte. Haben Sie a und c angekreuzt, erhalten Sie nur zwei Punkte.

1. Welche der folgenden Aussagen aus der Geschichte der Evolutionstheorie ist/sind zutreffend?

a) CUVIER fand über das Aufstellen von Homologien heraus, dass sich die heute lebenden Wirbeltiere aus den Lebewesen der Vorzeit entwickelt haben.

b) LAMARCK stellte als Erster Stammbäume auf.

c) Die Rückbildung der Augen von Höhlentieren wurde von LAMARCK als Folge eines Gebrauchs neuer Organe aufgrund neuer innerer Bedürfnisse erklärt.

d) Für DARWIN war in erster Linie das Alter eines Lebewesens ein Maß für dessen Tauglichkeit.

e) Zwischen den Individuen unterschiedlicher Arten findet im Sinne des Darwinismus ein „Kampf ums Dasein" statt.

2. Welche der folgenden Aussagen über die Evolutionsfaktoren ist/sind zutreffend?

a) Punktmutationen waren für das Voranschreiten der Evolution wichtiger als Chromosomenmutationen.

b) Die genetische Bürde behindert die stammesgeschichtliche Entwicklung.

c) Von der vom Menschen geschaffenen künstlichen Umwelt geht kein Selektionsdruck aus.

d) Eine Coevolution kann sich auch zwischen Tier und Pflanze entwickeln.

e) Gendrift findet vor allem in großen Populationen statt.

3. Welche der folgenden Aussagen über Artaufspaltung ist/sind zutreffend?

a) Mit der Artaufspaltung geht immer auch die Aufspaltung des Genpools einher.

b) Selektion setzt immer am Genotyp an.

c) Am Zirpen der Heuschrecken kann eine ethologische Isolation nachgewiesen werde.

d) Durch Inselbildung wird die sympatrische Artaufspaltung gefördert.

e) Die allmähliche Anpassung einer Art an ihre ökologische Nische wird als adaptive Radiation bezeichnet.

4. Welche der folgenden Aussagen über Möglichkeiten und Grenzen der Evolution ist/sind zutreffend?

a) Da Walembryos schon Kiementaschen besitzen, ist anzunehmen, dass im Laufe der stammesgeschichtlichen Entwicklung Wale in der Zukunft Kiemen entwickeln werden.

b) Insbesondere bei homozygoten Tieren können Präadaptationen auftreten.

c) Lungenfische sind unter heutigen Bedingungen potentielle Vorfahren von Landlebewesen.

d) Die Veränderung eines Organs kann seinen Funktionswechsel zur Folge haben.

e) Evolution ist immer auf ein Ziel ausgerichtet, das erst nach sehr vielen Jahren deutlich wird.

5. Welche der folgenden Aussagen zur Soziobiologie ist/sind zutreffend?

a) Die Vererbung von Verhaltensweisen ermöglicht keine Fitnesszunahme im Laufe der Evolution.

b) Die „Kenntnis" der Verwandten ist Voraussetzung für die Maximierung der Gesamtfitness eines Individuums.

c) Altruistisches Verhalten kann nie zur Zunahme der Gesamtfitness einer Population beitragen.

d) Das Phänomen der sexuellen Selektion ist darauf zurückzuführen, dass die Weibchen bei der Partnersuche in der Regel wählerischer sind.

e) Die Strategie „Wie du mir, so ich dir" führte zu evolutionsstabilem kooperativen Verhalten innerhalb einiger Tiergruppen.

6. Welche der folgenden Aussagen zum Homologiebegriff ist/sind zutreffend?

a) Die Ursache für Homologien ist eine gemeinsame stammesgeschichtliche Wurzel.

b) Homologe Strukturen können äußerlich weitgehend unähnlich sein.

c) Organe mit gleicher Funktion sind homolog.

d) Homologe Strukturen sind manchmal erst durch den Vergleich mit Zwischenformen zu erschließen.
e) Gleiche Umwelteinflüsse tragen bei unterschiedlichen Tieren zur Entwicklung homologer Organe bei.

7. Welche der folgenden Aussagen aus der Homologieforschung ist/sind zutreffend?
   a) Rudimente wie die Griffelbeine der Pferde liefern keine Hinweise für eine Verwandtschaft zu anderen Tiergruppen.
   b) Atavismen sind extrem zurückentwickelte Organe.
   c) Innerhalb einer Tierklasse gleichen sich die fertig ausgebildeten Tiere mehr als ihre Embryonalstadien.
   d) Die Kiemenbogenanlagen in menschlichen Embryos sind mit der biogenetischen Regel nach HAECKEL zu erklären.
   e) Trotz gemeinsamer Parasiten sind Dromedar und Lama nicht miteinander verwandt.

8. Welche der folgenden Aussagen über die Altersbestimmung von Fossilien ist/sind zutreffend?
   a) Mithilfe der Kalium-Argon-Methode konnte man exakt berechnen, daß der Gletschermensch „Ötzi" vor 3650 Jahren gelebt hat.
   b) Über den Zerfall von radioaktivem Kohlenstoff ist eine absolute Altersbestimmung möglich.
   c) Die zeitliche Einordnung von Fossilien ist mit Hilfe eines Anatomievergleichs nie möglich.
   d) Bei dem Zerfall von radioaktivem Kohlenstoff entsteht Stickstoff, dessen Menge Aufschlüsse über das Alter eines Fossils gibt.
   e) Die Altersbestimmung über die Radiocarbonmethode geht davon aus, dass das Verhältnis von nicht radioaktivem Kohlenstoff zu radioaktivem Kohlenstoff in der Luft 1 : 10–12 betrug.

9. Welche der folgenden Aussagen über die chemische Evolution ist/sind zutreffend?
   a) Schwefelwasserstoff und Methan sowie freier Wasserstoff sorgten vor mehreren Milliarden Jahren für eine oxidierende Uratmosphäre.
   b) Die Energie für den Aufbau organischer Verbindungen aus den anorganischen der Uratmosphäre stammte u.a. aus kosmischen Gewittern und dem Zerfall der Ozonschicht.
   c) Unter Laborbedingungen lassen sich Mikrosphären herstellen, die einen Stoffwechsel sowie die Fähigkeit zum Wachstum und zur Vervielfältigung besitzen.
   d) Die ersten Nucleinsäuren der Erde waren vermutlich kleinere DNA-Einheiten.
   e) Heute ist man eher der Meinung, dass die ersten Lebewesen Konsumenten und keine Produzenten waren.

10. Welche der folgenden Aussagen zur Evolution des Menschen ist/sind zutreffend?
    a) Der Mensch ist mit den Schmalnasenaffen enger verwandt als mit den Breitnasenaffen.
    b) Der Chromosomensatz des Menschen von 46 stimmt mit dem der Menschenaffen überein.
    c) Die Entstehung der Gattung *Homo* erfolgte vor etwa drei bis zwei Millionen Jahren und ging mit einer stärkeren Klimaveränderung einher.
    d) Zu den Dryopithecinen zählen gemeinsame Vorfahren des Menschen und der Menschenaffen.
    e) Die ältesten Funde des *Homo sapiens* stammen aus Asien.

Auswertung:
31–35 Punkte: knapp bestanden
36–40 Punkte: zufrieden stellend
41–45 Punkte: gut
46–50 Punkte: ausgezeichnet

THEMEN ÜBERGREIFENDE AUFGABEN

1. **Entstehung von Zellen** ☞ 21, 415 *
   (Cytologie, Evolution)

   Das Schema zeigt eine hypothetische Zelle als elektronenoptische Vergrößerung.

   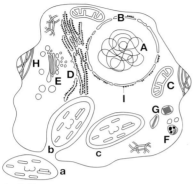

   Hypothetische Zelle

   a) Beschriften Sie die Strukturen **A–I**.
   b) Welche evolutionstheorethische Hypothese stellen die Teilabbildungen **a–c** dar? Erläutern Sie die Hypothese.
   c) Was spricht für diese Hypothese?

2. **C₄-Pflanzen** ☞ 47, 50, 140–146 ***
   (Cytologie, Ökologie, Stoffwechsel und Energiehaushalt)

   C₄-Pflanzen sind anatomisch und physiologisch in besonderer Weise an ihren Standort angepasst. Während die Chloroplasten der Mesophyllzellen den üblichen Aufbau zeigen, besitzen die Chloroplasten der Leitbündelscheiden fast keine Granathylakoide. Außerdem haben diese Pflanzen eine hohe Affinität (Bindungsvermögen) für CO_2, das sie selbst bei hohen Temperaturen in den Mesophyllzellen über die Reaktion von Phosphoenolbrenztraubensäure zu Äpfelsäure aufnehmen und so auch speichern können. Die Äpfelsäure kann in den Leitbündelscheidenzellen unter Abgabe von CO_2 zu Brenztraubensäure umgesetzt werden.

   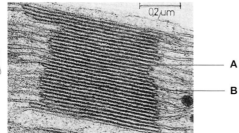

   1: Ausschnitt aus einem Chloroplasten (elektronenmikroskopisches Bild)

   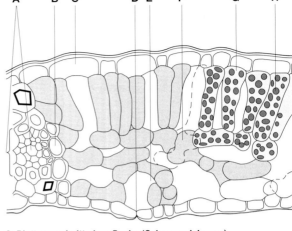

   2: Blattquerschnitt einer Buche (Schemazeichnung)

   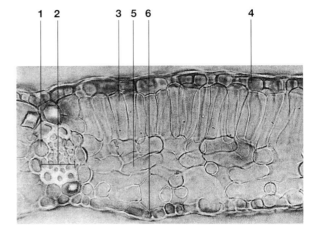

   3: Blattquerschnitt einer Buche (mikroskopisches Bild)

   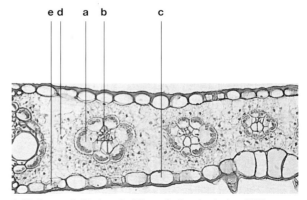

   4: Blattquerschnitt einer C₄-Pflanze (mikroskopisches Bild)

a) Benennen Sie die Strukturen **A** und **B** der Abbildung 1. Welche Vorgänge sind vornehmlich an die Struktur **A**, welche an die Struktur **B** gebunden?
b) Benennen Sie die Strukturen **A–H** der Abbildung 2 (B = Leitbündelscheidenzelle).
c) Welche der Strukturen **A–H** aus der Abbildung 2 können Sie den Ziffern **1–6** der Abbildung 3 bzw. den Buchstaben **a–e** der Abbildung 4 zuordnen?
d) Welcher anatomische Unterschied im Blattaufbau zeigt sich in der Abbildung 4 für eine C_4-Pflanze im Vergleich zur Buche?
e) Wo finden in den Blättern der C_4-Pflanzen die verschiedenen Fotosynthesevorgänge statt?
f) Inwiefern können die C_4-Pflanzen besser als die C_3-Pflanzen an einem heißen und trockenen Standort gedeihen?
g) Warum heißen C_4-Pflanzen so?

3. **Orchidee und Pilz** ☞ 53, 390, 399, 400 **
(Cytologie, Ökologie, Evolution)
Die Abbildung zeigt ein Stück eines Längsschnittes durch die Wurzel der Orchidee *Platanthera chlorantha*, die in Symbiose mit einem Pilz lebt.

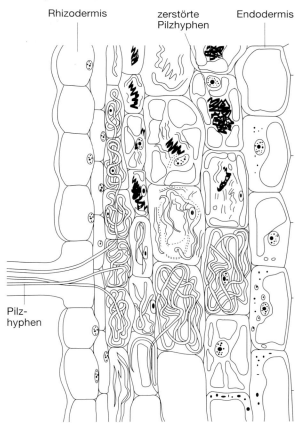

Platanthera chlorantha

a) Beschreiben Sie das histologische Bild.
b) Erläutern und begründen Sie, warum man diese Art des Zusammenlebens Symbiose nennt. Wie heißt diese Symbiose?
c) Diskutieren Sie die Auffassung, es handele sich im angegebenen Beispiel um eine Form des Parasitismus.
d) Wie stellt man sich evolutionstheoretisch die Entstehung des aufgezeigten Zusammenlebens vor?

4. **Temperaturregulation bei Säugern** ☞ 65, 164, 169, 404 **
(Ökologie, Stoffwechsel und Energiehaushalt, Verhalten, Evolution)

A Die meisten Säugetiere tragen in der Regel ein dichtes Haarkleid. Allerdings gibt es auch Ausnahmen, u.a. Wale, Elefanten und Flusspferde, Menschen.

B Katzen- und Hundeartige sowie Paarhufer besitzen an der Gehirnbasis ein Netz aus Blutgefäßen (sog. „Wundernetz"), das dem Temperaturausgleich bei drohender Überhitzung dient. Menschen, Affen, Elefanten, Flusspferde und Wale besitzen diese Einrichtung nicht.

C Menschliche Feten tragen vorübergehend ein vollständiges Haarkleid, das noch vor der Geburt abgestoßen wird und einen Schmierfilm auf der Oberfläche des Fetus bildet.

a) Der genannte Ausgleichsmechanismus arbeitet nach dem Gegenstromprinzip. Erläutern Sie.
b) Erläutern Sie Vor- und Nachteile eines Haarkleids unter ökologischem Aspekt.
c) Formulieren Sie Hypothesen, die das Fehlen des Haarkleids der in **A** genannten Organismen evolutionstheoretisch erklären.

5. **Mehlkäfer in ihrer Umwelt** ☞ 74, 151, 382 **
(Ökologie, Stoffwechsel und Energiehaushalt, Evolution)
Die Familie der Schwarzkäfer lebt in Trockensteppen und Wüstenlandschaften. Die meisten Arten haben eine kompakte, gedrungene Gestalt.
Die Mehlkäfer sind Vertreter dieser großen Familie in den gemäßigten und subpolaren Zonen. Sie sind – allein oder mit anderen Arten zusammen – im Mehl oder anderen Mahlerzeugnissen aus Getreide zu finden. Sie können in Bäckereien, Lagerhäusern und Mühlen große Schäden anrichten.

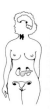

130 Themen übergreifende Aufgaben

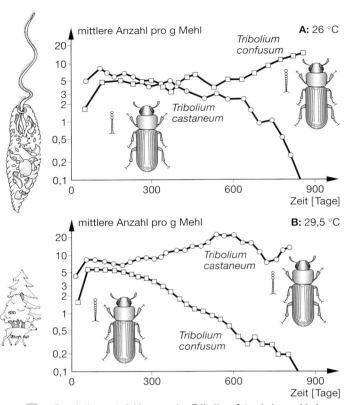

Populationsentwicklung zweier *Tribolium*-Arten bei verschiedenen Temperaturen in Vollkornmehl mit 5 % Hefe unter konstanten Bedingungen.
Quadrate: *Tribolium confusum*;
Kreisflächen: *Tribolium castaneum*

a) Erläutern Sie, wie die Mehlkäfer ihren Wasser- und Energiebedarf decken.
b) Beschreiben und erklären Sie die Befunde der Abbildungen **A** und **B**.
c) Welche ökologischen Faktoren waren in der stammesgeschichtlichen Entwicklung der Mehlkäfer als Selektionsfaktoren wirksam?
d) Welche weiteren Evolutionsfaktoren waren für die Ansiedlung der Mehlkäfer in den gemäßigten Zonen wirksam?

6. **Das Paarungsverhalten der Mückenhaften**
   ☞ 74, 230, 236–238, 389, 390, 400, 401 ***
   (Ökologie, Verhalten, Evolution)

A Der in Nordamerika lebende Mückenhaft *Hylobittacus apicalis* ist ein ungefähr 2 cm langes Fluginsekt. Männchen und Weibchen haben etwa die gleiche Größe und Farbe. Beutetiere der Mückenhaften sind vornehmlich Fliegen unterschiedlicher Arten. Hauptsächliche Feinde sind die Netzspinnen.

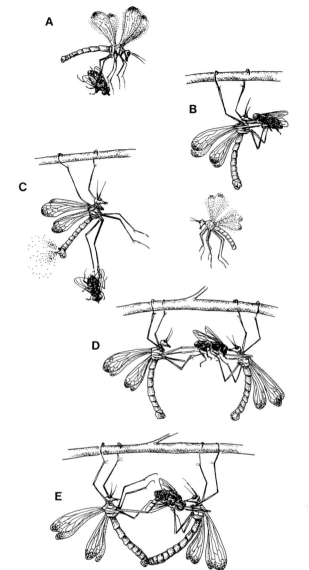

1: Das Paarungsverhalten der Mückenhaften. Die Paarung wird durch ein Hochzeitsgeschenk – hier eine große Schmeißfliege – eingeleitet, die das Männchen (links) dem Weibchen (rechts) anbietet.

Nachdem ein paarungswilliges Männchen ein Beutetier gefangen hat, hängt es sich mit den Vorderbeinen an ein Ästchen und prüft die Beute. Hält sie der Prüfung stand, bleibt sie in den starken Greifklauen der Hinterbeine, und der Mückenhaft stülpt an seinem Hinterleib paarige Drüsensäcke aus, die ein Pheromon abgeben. Das Männchen bietet sein Hochzeitsgeschenk nun einem Weibchen an, wenn ihm dieses gegenüberhängt und seine Flügel senkt. Sobald das Weibchen die Beute prüft und zu fressen beginnt, versucht das Männchen – während es weiter das Geschenk festhält – sich mit dem Weibchen zu paaren. Entspricht die Beute nicht den Erwartungen des Weibchens, beendet es eine bereits eingeleitete Kopulation vorzeitig und versucht dem Partner die Beute zu entreißen. Entspricht die Beute den Erwartungen des Weibchens, so wird die Paarung fortgesetzt, wobei das Weibchen ständig frisst. Das Männchen beendet die Kopulation und dann kommt es zu einem Kampf um die Beute. Behält das Männchen den Rest der Beute, bietet es diese erneut einem Weibchen an.

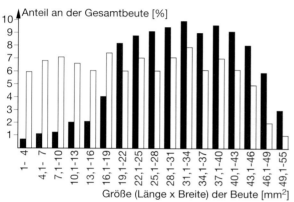

2: Häufigkeit von Beutetieren bestimmter Größe bei Mückenhaft-Männchen (schwarze Balken) und Mückenhaft-Weibchen (weiße Balken)

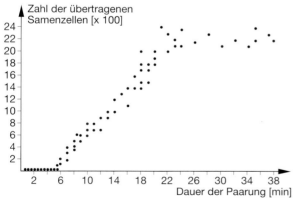

3: Abhängigkeit der Anzahl übertragener Samenzellen von der Paarungsdauer

Die Männchen der Mückenhaften wählen immer Beutetiere der gleichen Größe als Hochzeitsgeschenk. Weibchen, die Männchen mit großen Hochzeitsgeschenken bevorzugen, legen mehr Eier pro Zeiteinheit als Weibchen, die weniger wählerisch sind.

B Einige Männchen von *Hylobittacus apicalis* verhalten sich folgendermaßen: Sie fliegen zu einem anderen lockenden Männchen und senken die Flügel. Dann versuchen sie, diesem lockenden Männchen die Beute abzunehmen. Oft haben sie damit Erfolg und bieten nun ihrerseits einem Weibchen diese Beute an.

a) Benennen Sie stichwortartig die in der Abbildung 1 dargestellten Verhaltensschritte **A–E** des Mückenhaft-Männchens und geben Sie dabei die jeweiligen Schlüsselreize an.
b) Entwerfen Sie zwei Experimente zur Überprüfung der für das Anlocken der Weibchen wirksamen Reize.
c) Mückenhaft-Weibchen gehen gelegentlich auch auf Beutefang. Erklären Sie den Besitz unterschiedlich großer Beute von Mückenhaft-Männchen und -Weibchen in Abbildung 2 auch mithilfe der Abbildung 3.
d) Welche Verhaltensweisen der Weibchen steigern ihren Fortpflanzungserfolg und sind damit selektionsbegünstigt?
e) Ordnen Sie das Verhalten der Mückenhaft-Männchen in Text **B** fachterminologisch ein. Erklären Sie es evolutionsbiologisch. Wird es in der Population der Mückenhaften ab- oder zunehmen?
f) Bei einer anderen Art der Mückenhaften, der Art *Bittacus strigosus*, die sich von den gleichen Beutetieren ernährt, gehen beide Geschlechter auf Beutefang. Die Männchen versorgen die Weibchen nicht mit einem Hochzeitsmahl. Wie könnten sich möglicherweise die Populationen beider Arten dort entwickeln, wo sich ihre Verbreitungsgebiete überlappen? Begründen Sie Ihre Annahme.

7. **Tierversuche** ☞ 183, 214 **
   (Neurobiologie, Verhalten, Erkenntniswege der Biologie)

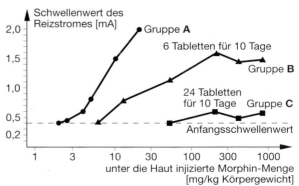

Versuche an Ratten zur Schmerzempfindlichkeit in Abhängigkeit von der Morphingewöhnung

Nähere Erläuterungen zur Abbildung und Versuchsdurchführung:
Fügte man einer Ratte elektrisch einen Schmerz zu, fing sie an zu schreien, wenn der Reiz einen bestimmten Schwellenwert überschritt. Wenn diesen Tieren dann eine Morphininjektion verabreicht wurde, veränderte sich die Schmerzschwelle und damit die Empfindlichkeit der Tiere. Man versuchte herauszufinden, wie sich eine Gewöhnung an das Schmerzmittel auf die Schmerzempfindlichkeit auswirkt.

Gruppe A: unbehandelte Tiere ohne eine Morphinbehandlung vor Beginn des Experiments

Gruppe B: Diesen Tieren wurden für zehn Tage vor der Schmerzschwellenüberprüfung sechs Morphintabletten zu je 75 mg unter die Haut gepflanzt. Danach wurde ihre Empfindlichkeit in Abhängigkeit von einer akut gespritzten Morphindosis gemessen.

Gruppe C: Diesen Tieren wurden für zehn Tage vor der Schmerzschwellenüberprüfung 24 Morphintabletten zu je 75 mg unter die Haut gepflanzt. Danach wurde ihre Empfindlichkeit in Abhängigkeit von einer akut gespritzten Morphindosis gemessen.

a) Beschreiben Sie die Versuchsergebnisse und deuten Sie sie.
b) Diskutieren Sie, ob solche Versuche notwendig waren und sind. Erläutern Sie dabei, welche Wertvorstellungen den jeweiligen Argumenten und Positionen zugrunde liegen und welches Gewicht ihnen jeweils zugemessen wird.

8. **Zornschlange** ☞ 183, 326, 369, 373, 382 **
   (Neurobiologie, Genetik, Immunbiologie, Evolution)

Als giftigste Schlange der Welt gilt die im östlichen Zentralaustralien vorkommende Zornschlange *(Parademansia microlepidota)*. Ihr Biss führt in der Regel zum Tod durch Atemlähmung, wenn nicht unmittelbar danach ein Antiserum gespritzt wird.
Das Gift ist ein Proteinkomplex, der aus drei Polypeptidketten besteht. Es verändert die Eigenschaften der präsynaptischen Nervenzellmembran durch Zerstörung von Lipidbestandteilen derart, dass diese extrem durchlässig für Acetylcholin werden. Außerdem stört es den Nachschub für den Transmitter.

a) Erklären Sie die Giftwirkung aus den biochemischen Vorgängen in der Synapse.
b) Wie wird das „Rezept" für das Gift in die Giftsubstanz umgesetzt?
c) Woraus besteht das Antiserum und wie wirkt es auf das Gift?
d) Auf welche Weise kann man das Antiserum gewinnen?

e) Erklären Sie die Vorgänge, die bei der Bildung des Antiserums ablaufen, und wie man einen Menschen immunisieren kann.
f) Stellen Sie je eine Hypothese nach LAMARCKscher und nach DARWINscher Argumentation auf, wie die Giftigkeit entstanden sein könnte.

9. **Gesangspräferenz** ☞ 231, 232, 237, 393 **
   (Verhalten, Evolution)

Schilfrohrsänger sind 13 cm groß, besitzen einen weißen Überaugenstreif, einen rostbraunen Bürzel und eine rahmfarbene Unterseite mit gelben Flanken. Sie finden sich im April zu Paaren zusammen. Das Männchen lässt seinen Balzgesang von einer höheren Warte aus ertönen. Erblickt das Weibchen das Männchen in seiner Nähe, nimmt es Kopulationshaltung an. Beide Partner sind am Nestbau und an der Jungenaufzucht beteiligt.

Versuch mit Schilfrohrsängerweibchen: Wenn man Schilfrohrsänger-Weibchen Geschlechtshormone verabreicht, stellt man fest, dass die Weibchen den Gesang ihrer Männchen auch dann mit Kopulationshaltungen beantworteten, wenn er nur vom Kassettenrekorder abgespielt wird und sonst keine Männchen zugegen sind. Allerdings zeigen sich dabei deutliche Gesangspräferenzen (vgl. Abbildung).

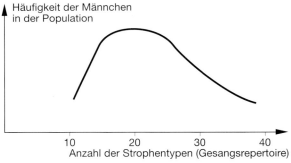

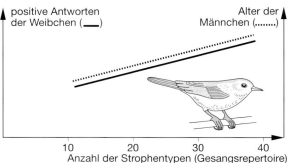

Beziehungen zwischen der Anzahl an Strophentypen im Gesang eines Schilfrohrsängermännchens und der Häufigkeit innerhalb einer Population (oben), seines Alters bzw. der Anzahl positiver Antworten beim Weibchen (unten)

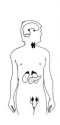

a) Klären Sie aus ethologischer Sicht die Bedeutung von Aussehen und Gesang des Schilfrohrsängermännchens für das Weibchen. Erklären Sie das Versuchsergebnis.
b) Werten Sie die Abbildungen aus.
c) Welche Männchen werden von den Weibchen im April vermutlich als Erste als Partner bevorzugt. Begründen Sie, welche Vorteile damit aus evolutionsbiologischer Sicht verbunden sein könnten.
d) Wie wird sich vermutlich die Zusammensetzung der Männchen innerhalb der in der Abbildung dargestellten Population verändern. Argumentieren Sie aus evolutionsbiologischer Sicht.

10. Insektenhormone ☞ 264, 298, 340 **
(Hormone, Entwicklungsbiologie, Genetik)
Bei den Insekten sind folgende innersekretorische Drüsen gut untersucht:
- neurosekretorische Drüsen im Gehirn,
- die beiden Corpora allata (Singular: Corpus allatum) als Hirnanhangsdrüsen, welche das Juvenilhormon bilden,
- Prothorakaldrüse (ebenfalls im Kopfabschnitt), welche das Ecdyson herstellt.

Insekten haben einen offenen Blutkreislauf, d. h., der Stofftransport erfolgt über die freie Körperflüssigkeit. Die Entwicklung vieler Insekten (z. B. auch der Schmeißfliege) verläuft über die Larve mit vier Häutungsstadien und die Puppe, aus der schließlich die Imago (die eigentliche Fliege) ausschlüpft.
Schnürt man die Larve eines frühen Stadiums so zwischen Kopf und Leib, dass der Flüssigkeitsstrom unterbunden wird, so entwickelt sich die Kopfregion normal weiter, während der Leib auf dem jeweiligen Entwicklungsstand stehen bleibt. Injiziert man in den abgeschnürten Leib Ecdyson, so beginnt bald darauf in ihm die Verpuppung. Der Kopfabschnitt bleibt dabei noch larval. Injiziert man in den Leib Ecdyson und Juvenilhormon, so unterbleibt die Verpuppung, auch wenn der Kopfabschnitt bereits die Verpuppungsphase erreicht hat.
Der Leib entwickelt sich entsprechend den Injektionen auch dann weiter, wenn der Kopf abgetrennt wird.
a) Erklären Sie die hormonalen Zusammenhänge.
b) Welche Funktion haben wohl die neurosekretorischen Zellen?
c) Wie könnte man auf hormonaler Basis eine Riesenschmeißfliege züchten?
d) In welchem Zusammenhang mit den larvalen Hormonen stehen die Ergebnisse der Riesenchromosomenforschung?

e) Einige Pflanzenarten (z. B. Eibe und manche Farne) bilden ebenfalls Ecdyson oder Stoffe mit Ecdyson-Wirkung. Erklären Sie den Nutzen, den Ecdyson für diese Pflanzen hat.

11. Schlickgras ☞ 308–310, 396 **
(Ökologie, Genetik, Evolution)
In den siebziger Jahren des 19. Jahrhunderts trat an Englands Südküste eine Schlickgrasart auf, die man *Spartina anglica* nannte. Pflanzen dieser Art breiteten sich entlang der gesamten Küste Großbritanniens so stark aus, dass sie heute teilweise Flussmündungen verstopfen. Wissenschaftler untersuchten die Entstehung dieser Art und vermuteten dabei einen Zusammenhang mit den in der Abbildung gezeigten Mutationstypen. Beim Vergleich der Chromosomenzahl verschiedener *Spartina*-Arten erhielt man das in der Tabelle dargestellte Ergebnis.

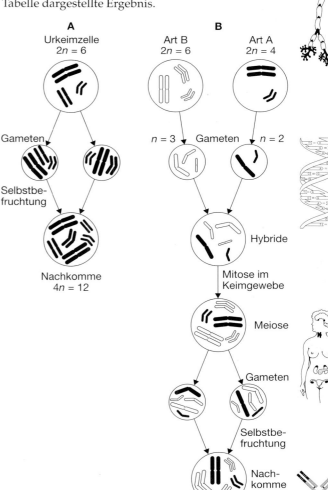

Mögliche Formen von Mutationen

134 Themen übergreifende Aufgaben

Art	Vorkommen	Chromosomensatz
Spartina alternaflora	Amerika	2 n = 62
Spartina maritima	Europa	2 n = 60
Spartina anglica	Großbritannien	2 n = 122

Chromosomensatz verschiedener *Spartina*-Arten

a) Erläutern Sie die Mutationstypen (**A** und **B**) der Abbildung.
b) Inwiefern legen die Werte in der Tabelle einen Zusammenhang mit oben angesprochenen Mutationen nahe?
c) Welchem Vorgang (**A** oder **B**) kann die Entstehung der Art *Spartina anglica* entsprechen? Begründung.
d) Handelt es sich um allopatrische oder sympatrische Artbildung? Begründung.
e) Wie kann man sich das Vorkommen der drei genannten *Spartina*-Arten erklären?

12. Krebstumoren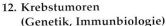
(Genetik, Immunbiologie)

Bei der Krebsforschung versucht man alle Zusammenhänge aufzuklären, die einen Ansatzpunkt zur Bekämpfung dieses Problems bieten könnten. Die unten dargestellten Experimente sollen dazu beitragen.

a) Welche Maßnahme führte hier zur Heilung einer Maus?
b) Welche Fragestellung verbirgt sich hinter dem Versuchsaufbau, die geheilte Maus erneut mit den gleichen Krebszellen zu infizieren?
c) Deuten Sie die Beobachtung, dass die eine Maus nach Neuinfektion beim ersten Mal gesund bleibt und bei der nächsten Infektion stirbt.
d) Kann man aus diesen Experimenten Heilungschancen ableiten? Erläutern Sie.

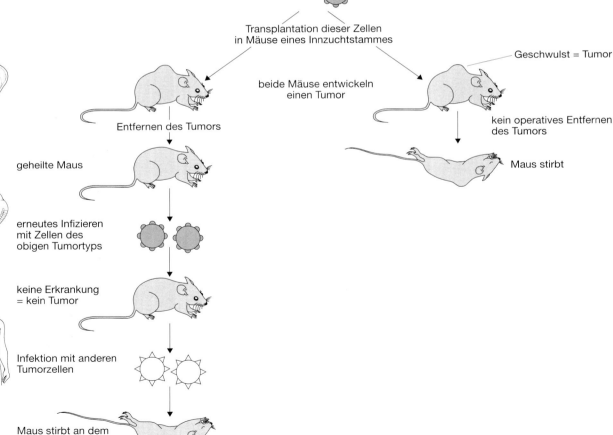

Experimente zur Bekämpfung von Krebstumoren

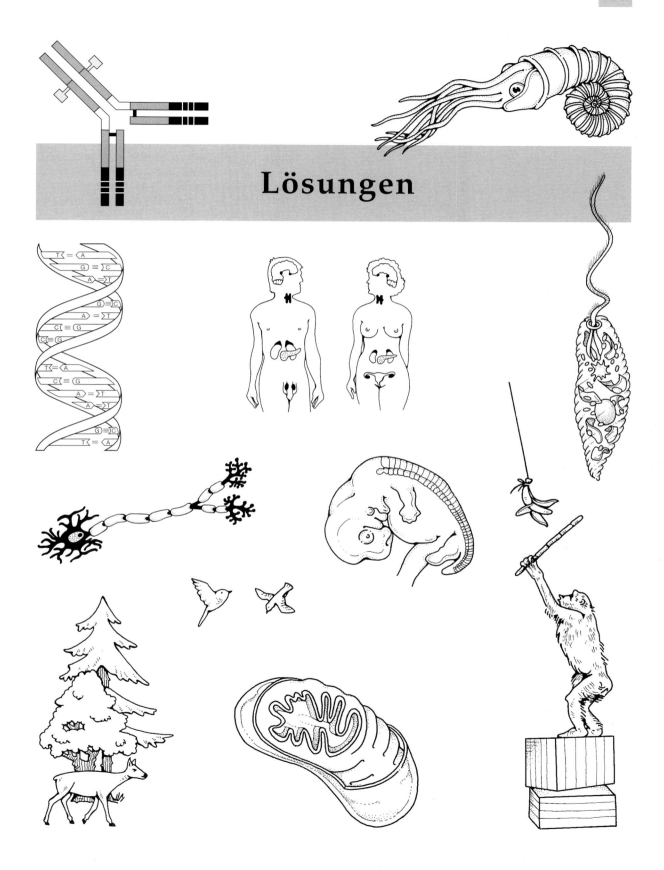

Lösungen

CYTOLOGIE

Die Zelle als Grundeinheit der Lebewesen

1. **Zellen unter dem Lichtmikroskop** ☞ 15 ***
a)

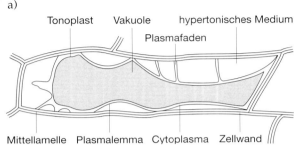

Zeichnung der Zelle in Abbildung A

b) In beiden Abbildungen ist eine Plasmolyse zu beobachten. Beide Zellen sind gegenüber dem umgebenden Medium hypotonisch. Bei dem zu beobachtenden osmotischen Vorgang tritt Wasser durch die semipermeable Zellmembran aus der Zelle.
c) Die Chloroplasten in D halten sich im Gegensatz zu denen in C vornehmlich an den Zellwänden auf, die zum Einfall des Lichtes quer stehen. So zeigen die Chloroplasten die Breitseite und können das vorhandene Licht besser für die Fotosynthese nutzen.

2. **Vergrößerung** ☞ 15 **
a) Berechnung durch Multiplikation der Eigenvergrößerungen von Objektiv (z. B. 28 ×) und Okular (z. B. 25 ×)
A: $70 \times 10 = 700$; **B:** $28 \times 25 = 700$
b) Das Auflösungsvermögen gibt an, wie nahe zwei Punkte beieinander liegen können, damit sie gerade noch als zwei getrennte Punkte vom Objektiv abgebildet werden können.
Die förderliche Vergrößerung vergrößert diese beiden Punkte in der Weise, dass sie auch vom Auge als zwei getrennte Punkte wahrgenommen werden können (A). Die leere Vergrößerung macht das abgebildete Objekt größer, lässt aber keine zusätzlichen Details erkennen. Das Bild wird zugleich verschwommener (B).
c) Das Auflösungsvermögen **d** hängt ab von der Wellenlänge **l** des Lichts und dem Öffnungswinkel **a** des Objektivs gemäß der von ABBE gefundenen Formel: $d = 1/2 \, n.A$, wobei n.A die numerische Apertur ist. Wenn man für blaues Licht eine Wellenlänge von 400 nm oder 0,4 mm in die Formel einsetzt, ergibt sich folgende Rechnung:
Auflösungsvermögen: **A:** $d = 400/2 \times 0{,}9 \approx 222$ nm, d. h., wenn zwei Punkte ca. 222 nm auseinander liegen, können sie gerade noch getrennt wahrgenommen werden.
B: $d \approx 364$ nm, d. h., das Auflösungsvermögen ist ca. 1,6-mal schlechter.
d) Rotlicht ($l = 700$ nm) $700/1{,}8 \approx 389$ nm
e) An den beiden für das Auflösungsvermögen entscheidenden Kriterien lässt sich nicht mehr viel ändern: Kürzerwellige Strahlung als Blaulicht kann vom menschlichen Auge nicht mehr gesehen werden. Die numerische Apertur, d. h. der Öffnungswinkel, kann nicht weiter vergrößert werden.

3. **Osmose** ☞ 15, 16 *
a) Gemeinsames Prinzip ist die Osmose, d. h. Diffusionsprozesse durch eine semipermeable Membran. Ein kleines Molekül (hier Wasser) diffundiert durch eine semipermeable Membran vornehmlich in die Richtung, in der es selbst in geringerer Konzentration vorliegt. Größere Moleküle werden an der semipermeablen Membran zurückgehalten.
b) Das Innere reifer Kirschen enthält viel Zucker. Sie platzen, weil Wasser aufgrund des Konzentrationsgefälles durch die semipermeable Zellwand in das Innere eindringt und dadurch den Druck in den Zellen bis zum Platzen erhöht. Rettiche geben Wasser nach außen ab, weil die Salzkonzentration außen plötzlich sehr hoch ist. Wasser diffundiert nach außen.

4. **Vergleich Lichtmikroskop – Elektronenmikroskop** ☞ 17 *
a) leichte Handhabung des Geräts; einfache Herstellung der Präparate; Präparate können angefärbt werden; die Untersuchung lebender Objekte ist möglich
b) Durch die 2000-mal stärkere Auflösung und Vergrößerung können mehr Details – bis in den molekularen Bereich – erkannt werden.

5. **Mikroskopiertechnik** ☞ 18 ***
a) Gefrierätztechnik: **A:** Das Präparat wird tiefgefroren. **B:** Das so entstandene Eisblöckchen mit Objekt wird im Vakuum geschnitten. An anders gearteten Strukturen, z. B. innerhalb einer Zelle, entstehen Bruchkanten. **C:** Eine dünne Schicht Eis wird weggeätzt, wodurch die Bruchkanten – bes. an den Zellbestandteilen – zutage treten und ein Relief entsteht. **D:** Das Relief wird schräg bedampft (z. B. mit Platin) und somit eine Schicht auf die Oberfläche der Strukturen aufgetragen. **E:** Die Schicht wird abgelöst und stellt ein Negativ der echten Zellstrukturen dar. **F:** Der Abdruck wird fotografiert. Helligkeitsunterschiede im Foto ergeben sich durch unterschiedlich starke Materialauftragung beim Bedampfen, d. h., eine stärkere Beschichtung ist wegen geringerer Elektronendurchlässigkeit dunkler.
b) Der Kern ist zu identifizieren, da er die typischen Kernporen in seiner Membran enthält. Das Endoplasmatische Retikulum (ER) besteht aus länglichen Membranröhren. Die Mitochondrien sind wegen der Größenverhältnisse und der Anzahl zu vermuten. Rundliche Gebilde, die größer als die anderen Zellorganellen sind, lassen auf Vakuolen schließen.

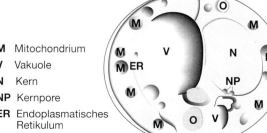

M Mitochondrium
V Vakuole
N Kern
NP Kernpore
ER Endoplasmatisches Retikulum
O Oleosom

Skizze des Mikroorganismus

c) Es handelt sich um eine Hefezelle (die Bäcker- bez. Bierhefe *Saccaromyces cerevisiae*). Hefepilze sind einzellige Mikroorganismen und Eukaryoten, d.h., sie besitzen einen Zellkern mit Membran. Hinweise auf pflanzliche oder tierische Zellstrukturen (z. B. Geißel, Chloroplasten, Spindelapparat) gibt es nicht.

Der Feinbau der Zelle

6. **Bau und Funktion pflanzlicher und tierischer Zellen** ☞ 21 *
a) **A:** Kernmembran; **B:** Chromatin im Zellkern; **C:** Cytoplasma; **D:** Vakuole; **E:** Tonoplast; **F:** Mitochondrium; **G:** Zellwand; **H:** Chloroplast; **I:** Plasmalemma
b) Es handelt sich um eine pflanzliche (Phloemparenchym-) Zelle, die die Merkmale junger, stoffwechselaktiver Zellen besitzt. Die Vakuolen sind nicht miteinander verschmolzen und vergleichsweise klein. Die Zellwand, zwei Chloroplasten und ein relativ großer Zellkern sind erkennbar.
c) Der von zwei Membranen umhüllte Zellkern enthält Erbmaterial und hat die Funktion einer „Steuerzentrale". Die Vakuolen enthalten Ionen, Aminosäuren, Zucker und andere Stoffwechselendprodukte sowie Wasser. Die Chloroplasten enthalten die Reaktionsräume und Strukturen für die Fotosynthese. Das Cytoplasma enthält viele Funktionseinheiten zur Proteinsynthese und zur Bildung, Lagerung und zum Transport der in der Zelle synthetisierten Stoffe. Die Mitochondrien dienen der Energiegewinnung aus energiereichen Substanzen (Zellatmung).
d) Ähnlichkeiten in Struktur und Funktion: Zellmembran als Abgrenzung und Kontaktstelle zur Umgebung; Cytoplasma als Reaktionsraum (Enzyme, Ribosomen, Dictyosomen usw.); Mitochondrien zur Zellatmung; Zellkern als „Steuerzentrale"; Unterschiede: Formen der Energiegewinnung (tierische Zellen nur heterotroph über Mitochondrien; pflanzliche Zellen heterotroph und autotroph (Chloroplasten)); statische Funktion der Zellen (Zellwand bei Pflanzen, Turgor)

7. **Diffusion durch Membranen** ☞ 22 *
a) Die Phospholipide der Doppellipidschicht sind so angeordnet, dass die hydrophoben, unpolaren Anteile (Fettsäurereste) einander zugewandt sind. Die polaren Molekülteile sind hydratisiert und den jeweils wässrigen Phasen zugewandt.
b) **A:** Da die Phospholipide beweglich sind, können bei einem Konzentrationsgefälle von im Wasser gelösten Teilchen diese in das Innere des Raums gelangen, sofern sie klein genug sind. Zu Beginn ist die Anzahl der nach innen diffundierenden Teilchen größer als die Anzahl der nach außen diffundierenden Teilchen. Nach dem Konzentrationsausgleich gelangen gleich viele Teilchen nach innen wie nach außen.
B: Durch ein im Inneren des Raums befindliches Enzym wird ein Konzentrationsgefälle aufrechterhalten. Das Enzym katalysiert die Bildung der Stoffwechselprodukte. Diese reichern sich an. Es entsteht ein Konzentrationsgefälle der Produkte zwischen innen und außen. Die Produkte diffundieren nach außen. Die Diffusionsrate der Teilchen begrenzt die Umsatzgeschwindigkeit.

8. **Anfärbung lebender Hefezellen** ☞ 22 ***
a) Neutralrot diffundiert im ungeladenen Zustand aufgrund des Konzentrationsunterschiedes zwischen Außenlösung und Zellraum der Hefe ins Innere der Hefezelle. Dort nehmen die Moleküle im sauren Milieu Protonen auf und zeigen eine Rotfärbung. Im geladenen Zustand bildet sich um das Molekül eine Hydrathülle. Dieser Komplex aus Hydrathülle und geladenem Teilchen kann nicht mehr durch die Membran der Hefezelle diffundieren. Die zunehmende Konzentration der Neutralrot-Moleküle im Zellinnern führt jedoch nicht zu einem Konzentrationsausgleich, da sich die Eigenschaften des Neutralrots im Zellinnern ändern und somit für die ungeladenen Neutralrot-Moleküle weiterhin der Konzentrationsunterschied besteht.
b) **A:** Der rote Niederschlag besteht aus Hefezellen, die die Farbstoffionen enthalten. Die geladenen Teilchen treten nicht durch die Membran. **B:** Durch das Chloroform werden die Membranen der Hefezellen zerstört; das Neutralrot gelangt jetzt wieder in die alkalische Umgebung, gibt Protonen ab und wird dadurch gelb. **C:** Durch Erhitzen wird die Membran zerstört. Die Membranproteine werden denaturiert und dadurch z.T. unlöslich. Die Phospholipide ändern sich in ihren Bindungseigenschaften.

9. **Biomembran** ☞ 22 *
a) **A:** = Doppelschicht von Phospholipiden; **B:** ein Phospholipid; **C:** = Membranprotein mit Alpha-Helix-Abschnitt; **D:** kompaktes, globuläres Tunnelprotein; **E:** Oligosaccharid-Seitenketten (**E'**: Glycolipid; **E"**: Glycoprotein)
b) Die Kohlenhydratketten befinden sich an der Außenseite der Cytoplasmamembran. Sie dienen der Zell-Zell-Erkennung sowohl innerhalb eines Individuums (Zusammenfinden von Geweben und Organen) wie auch bei der Abstoßung fremder Zellen durch das Immunsystem.

10. **Membranfunktion** ☞ 22, 23 *
a) Es handelt sich um ein Trennverfahren im elektrischen Feld. Das zu untersuchende Stoffgemisch wird in ein Gel eingebracht und bei Gleichspannung aufgetrennt. Seine Komponenten wandern abhängig von ihrer Größe und Ladung mit verschiedener Geschwindigkeit.
b) Anzahl, Lage und Färbeintensität der Banden variieren in allen drei Ansätzen: Bei A sind z. B. die meisten Banden zu erkennen. Teilweise befinden sie sich auf der gleichen Höhe, teilweise haben sie eine unterschiedliche Lage. Die Färbeintensität der Banden ist ebenfalls unterschiedlich: Manche bilden z. B. einen dünnen Strich, andere eher einen „Balken".
c) Die Banden sind durch verschiedene Proteine entstanden. Dies lässt auf unterschiedliche Funktionen der einzelnen Membranen und somit der Zellen schließen.

11. Organellen ☞ 23 *

Zellkern: B, D; Peroxisom (Microbody): A; Dictyosom: J; Leukoplast: B, D, E, H; Ribosom: G; Lysosom: C; Endoplasmatisches Retikulum: I; Chloroplast: B, D, E, H; Mitochondrium: B, D, F

12. Membranfluss ☞ 25 *

Kernmembran (L) und Endoplasmatisches Retikulum (A) gehen ineinander über. An Letzterem werden mithilfe der Ribosomen (B) verschiedene Proteine gebildet und in das Innere (= die nichtplasmatische Phase) des ER transportiert (C). Das in der Nähe des Zellkerns befindliche ER ist hier mit stationären Ribosomen (raues ER) verbunden, das weiter entfernte ER enthält keine Ribosomen (glattes ER, (D)) und dient dem Transport der Proteine in dem Kanalsystem. Vom glatten ER werden Vesikel abgetrennt (E), die dann wiederum zu tellerförmigen Räumen (Dictyosomen) verschmelzen (F). Diese Dictyosomen werden laufend durch Vesikel ergänzt, sodass ein Membranstapel in Form eines „Tellerstapels" entsteht, in dem die Proteine gesammelt, modifiziert und sortiert werden. Die Vesikel werden zumeist zusätzlich von einer Proteinhülle umgeben (G). Von den nach außen liegenden Zisternen (Membranstapeln) werden wiederum Vesikel gebildet (H), die entweder mit anderen Zisternen (I) oder der Zellmembran (J) verschmelzen und somit ihren Inhalt freisetzen (Exozytose) oder die im Zellplasma gelagert (K) werden, wenn vorher spezielle Produkte (z. B. Verdauungsenzyme) gebildet und in die Bläschen eingelagert worden sind und dort z. B. die Funktion eines Lysosoms übernehmen. Alle Dictyosomen der Zelle und die Vesikel bilden in ihrer Gesamtheit den GOLGI-Apparat. (M: Kernpore).

13. Organellen: Funktionen, Eigenschaften, Bau ☞ 15–27 *

Organell	Zuordnung
Chloroplast	2, 6, 7, 8, 10, 13, 18, 21, 23, 25, 33
Dictyosom	11, 27, 28
Endoplasmatisches Retikulum	3, 5, 22, 35
Lysosom	4, 17, 32, 34
Peroxisom	8, 9, 17, 21
Mitochondrium	2, 6, 8, 10, 16, 20, 33
Plastid	2, 6, 18, 23, 25, 31, 33
Ribosom	19, 24
Vakuole	12, 14, 26
Zellkern (Nucleus)	1, 6, 8, 15, 29, 30

14. Cytoskelett ☞ 27 *

a), b) und c)

	Struktur	Wirkung	Beispiel
A	Reißverschlussartig ineinander greifende Proteinstränge	geschlossene, nahezu undurchlässige Schicht zwischen den Zellen	Darmepithel
B	Desmosomen: Proteinbrücken zwischen den Zellen	Desmosomen halten benachbarte Zellen wie Nieten zusammen. Im Zellinneren besitzen sie Anheftungsstellen für quer durch das Plasma ziehende Intermediärfilamente.	Epithelzellen, die starker mechanischer Belastung ausgesetzt sind
C	Kollagen	Netzwerk fädiger Strukturen, das in der Zellmembran verankert ist	Bindegewebe

Stofftransport

15. Ernährung bei *Paramecium* ☞ 31–33 *

a) *Paramecium* strudelt mit den Wimpern des Mundfeldes (A) die Hefezellen an den Grund des Mundfeldes. Nahrungspartikel, die in das Mundfeld gelangt sind, werden bläschenartig abgeschnürt und wandern als Nahrungsvakuole (B) in das Cytoplasma. Danach verschmelzen Lysosomen, in denen sich Verdauungsenzyme befinden, mit der Nahrungsvakuole (C). Zusätzlich gelangen Säuren in die Nahrungsvakuole. Dies bewirkt die Farbänderung des Kongorots. Aminosäuren, Kohlenhydrate, Fettsäuren und Glyceride werden in kleinere Vesikel abgegeben (D) und dann durch die Membran der Vesikel in das Cytoplasma aufgenommen. Der nicht verwertbare Rest der Nahrungsbestandteile wird durch den Zellafter (E) ausgeschieden, indem die Membran der Nahrungsvakuole mit der äußeren Cytoplasmamembran verschmilzt.

b)

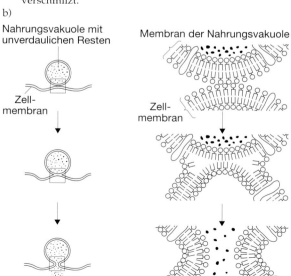

Exozytose bei *Paramecium*

Es handelt sich um eine Exozytose am Zellafter von *Paramecium*. Dieser Ort ist nicht durch eine Zellwand (Pellicula) abgedeckt. Bei der Exozytose verschmelzen die Membranen, indem die Phospholipide der beiden Membranen nach dem in der Abbildung dargestellten Muster zusammenfließen.

16. Erleichterte Diffusion ☞ 32 **

Im Fall **A** handelt es sich um eine so genannte „erleichterte Diffusion" von Glucose, die im Gegensatz zum aktiven Transport keine Energie benötigt. Sie läuft mithilfe von Proteinen, z. B. den sog. Carriern, ab, die den Transport durch die Doppellipidschicht begünstigen. Der Stofftransport ist schon bei sehr geringen Außenkonzentrationen sehr hoch und nähert sich sehr schnell einem maximalen Wert. Im Fall **B**, also beim Transport durch eine künstliche Doppellipidschicht ohne Carrier-Proteine, erfolgt die Annäherung an die maximale Transportgeschwindigkeit bei zunehmender extrazellulärer Glucosekonzentration viel langsamer.

17. Transport durch Biomembranen ☞ 32 **

a) Das Innere der Lipiddoppelschicht enthält viele lipophile Fettsäurereste. Je größer und je hydrophiler der Stoff ist, umso schlechter kann er die Lipiddoppelschichten passieren.
b) Wassermoleküle können 1010-mal besser die künstliche Doppellipidschicht passieren als Natriumionen.
c) Ionen können aufgrund ihrer Hydrathüllen die künstliche Membran nur schlecht passieren. Die Hydrathülle von Natriumionen ist größer als die von Kaliumionen.
d) Carrier oder Kanäle erleichtern bestimmten Ionen die Diffusion durch Biomembranen.

Vermehrung der Zellen durch Teilung; Mitose

18. Mitose ☞ 34 *

a) Chromatinfäden und Chromosomen werden angefärbt.
b) Reihenfolge: C, F, B, A, E, D
   C: Interphase bzw. frühe Prophase, Chromatinfäden spiralisieren sich allmählich zum Chromosom, die Kernmembran beginnt sich aufzulösen; **F:** späte Prophase, Chromosomen sind stark spiralisiert, die Kernmembran ist aufgelöst; **B:** Metaphase, Chromosomen werden von den Spindelfasern in die Äquatorialebene gezogen und nebeneinander angeordnet; **A:** Anaphase, Chromatiden werden von den Zugfasern des Spindelapparats mit dem Centromer voran zu den Polen gezogen; **E:** frühe Telophase, Chromosomen entspiralisieren sich, Kernmembranen werden gebildet; **D:** späte Telophase, der Kernteilung folgt die Zellteilung, in der Mitte wird eine Zellplatte gebildet, an die neue Zellwände angelagert werden

19. Mitose-Stadien ☞ 35 *

a) In pflanzlichen Geweben sind Zellen mit einer Zellwand zu finden. Tierische Zellen besitzen keine Zellwand.
b) Aus wachsenden Pflanzenteilen, z. B. Spross- oder Wurzelspitzen keimender Pflanzen. In diesen Wachstumszonen sind viele sich teilende Zellen zu finden. Im Allgemeinen werden junge Wurzelspitzen verwendet. Sie werden fixiert und gefärbt, und durch Quetschen wird das Gewebe (und die Chromosomen) ausgebreitet.
c) Frühe Stadien der Keimesentwicklung, Hautgewebe oder zur Teilung angeregte Zellkulturen werden gefärbt und auf dem Objektträger ausgebreitet.
d) Wegen ihrer Länge könnten die Chromatiden des Interphasekerns nicht verteilt werden, es käme zu „Verhedderungen". Dieses wird durch die Verkürzung der Chromosomen vor der Chromatidenverteilung verhindert.
e) Chromosomen im Metaphase-Stadium

Differenzierung von Zellen

20. Volvox ☞ 36 **

a) Einfache Zellkolonien bestehen aus gleich gestalteten Zellen. Jede dieser Zellen kann im Dienste der Fortpflanzung bzw. Vermehrung stehen und somit als potentiell unsterblich bezeichnet werden. Die Arten der Gattung *Volvox* zeichnen sich dagegen durch eine zunehmende Arbeitsteilung ihrer Zellen aus. Die Spezialisierung geht so weit, dass nur bestimmte Zellen zur Bildung von Tochterkolonien bzw. Gametangien befähigt sind. Die von Fortpflanzung und Vermehrung ausgeschlossenen Zellen gehen schließlich zugrunde (Leichenbildung).
b) Kernholz des Baumstamms: Stützfunktion; alle Wasserleitungsbahnen; Hornschicht der Säugerhaut: äußerer Schutz oder andere Beispiele

21. Homöostase ☞ 39 **

Regelkreis: ein System, das eine Größe selbsttätig konstant hält. *Vermascht:* Viele Regelkreise stehen miteinander in Verbindung und beeinflussen sich gegenseitig. *Homöostase:* stabiler Zustand in einem Organismus, der auch gegen störende äußere Einflüsse aufrechterhalten wird. *Organismus:* einzelnes Lebewesen; kann im einfachsten Fall eine einzige Zelle sein. *Offenes System:* reaktionsfähige Einheit, die in ständigem Stoff- und Energieaustausch mit ihrer Umgebung steht. *Fließgleichgewicht:* Gleichgewicht, dessen Stabilität auf gleich großem Zu- und Abfluss von Stoffen und Energie beruht.
Der Inhalt des Satzes könnte ungefähr folgendermaßen wiedergegeben werden: Lebewesen stehen in ständigem Stoff- und Energieaustausch mit ihrer Umgebung, wobei die Aufnahme von Stoffen und Energie mit deren Abgabe im Gleichgewicht steht. Jeder Stoffwechselprozess wird ständig selbsttätig geregelt. Alle diese Prozesse beeinflussen sich gegenseitig und führen zu einem stabilen Gleichgewichtszustand im Lebewesen.

22. Hätten Sie's gewusst? ☞ 15–39 *

1. b); **2.** a); **3.** d); **4.** c); **5.** d); **6.** e); **7.** e); **8.** e); **9.** b); **10.** d); **11.** a); **12.** e); **13.** b); **14.** a)

23. Multiple-Choice-Test Cytologie

1. d), e); **2.** e); **3.** c), d); **4.** b); **5.** b), c), e); **6.** a), b), e); **7.** c), d); **8.** a), b), c); **9.** a), c), e); **10.** b), c)

ÖKOLOGIE

Beziehungen der Organismen zur Umwelt

1. **Die Abhängigkeit der Larvenentwicklung von äußeren Faktoren** ☞ 42 ***

a)

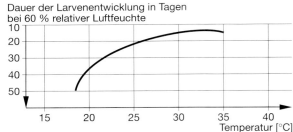

Diagramm Temperatur

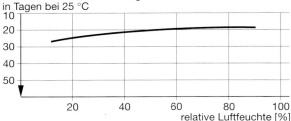

Diagramm relative Luftfeuchte

b) **Diagramm Temperatur:** Die Larvenentwicklung des Getreideplattkäfers zeigt einen relativ engen Temperaturtoleranzbereich (stenotherm), der bei einer relativen Feuchte von 60 % zwischen etwa 19 °C und 38 °C liegt. Im oberen Temperaturbereich fehlen Angaben, um exakte Aussagen machen zu können. Das Pessimum im unteren Temperaturbereich liegt zwischen 19 und 23 °C. Dies entspricht einer Entwicklungszeit von 25 bis 50 Tagen. Der Vorzugsbereich (Präferendum) liegt zwischen 30 und 35 °C (Entwicklungszeit bis zu 12,5 Tagen), das Optimum dementsprechend bei 33 °C.
Diagramm relative Luftfeuchte: Die Larvenentwicklung des Getreideplattkäfers lässt einen relativ breiten Feuchtigkeitstoleranzbereich zu (euryhygre Art), der zwischen etwa 10 bis 90 % relativer Luftfeuchte liegt. Pessimum, Präferendum und Optimum sind bei einer Temperatur von 25 °C kaum eindeutig zuzuweisen. Das Präferendum ist mit ca. 80–90 % Luftfeuchte anzugeben (Entwicklungszeit 17,5 Tage).

c) Aus dem Aufgabenmaterial ergibt sich, dass die Larvenentwicklung des Getreideplattkäfers von der Luftfeuchte und der Temperatur abhängig ist. Diese Faktoren wirken sich in ganz unterschiedlicher Weise auf die ökologische Potenz des Käfers aus und beeinflussen sich gegenseitig. So ist unter 15 °C die Entwicklungszeit des Käfers nicht mehr vom Faktor Luftfeuchte abhängig. Andererseits ist das Temperaturpräferendum z. B. bei einer Luftfeuchte von 80 % breiter als bei einer von 60 %. Genauso sind Beeinflussungen von weiteren Faktoren, wie z. B. Salzgehalt, Sauerstoffgehalt der Luft, Lichtangebot usw. zu erwarten.

2. **Temperaturpräferendum von Mäusen** ☞ 42 *

a) Erdmäuse suchen einen Temperaturbereich von 24 bis 34,5 °C auf. Sie bevorzugen eine Temperatur von 28 °C. Tanzmäuse halten sich dagegen am häufigsten in einem Temperaturbereich von 32–35 °C auf.

b) Im Vergleich beider Kurven fällt auf, dass Erdmäuse ein breiteres Präferendum haben als Tanzmäuse. Erdmäuse sind also vergleichsweise eurytherm, Tanzmäuse stenotherm. Über den Toleranzbereich lässt sich keine Aussage machen, da die Tiere in einer Temperaturorgel selber ihren Aufenthaltsort bestimmen können.

3. **Pflanzen und Temperatur** ☞ 42 ***

a) Durch Stoffwechselvorgänge wie besonders Atmung/Endoxidation, z. B. Abbau von Nährstoffen wie Stärke oder Fett.
Pflanzen können ihre ATP-Bildung bei der Endoxidation abkoppeln und so verstärkt Energie als Wärme freisetzen.

b) – Bei nahe null Grad erzeugt die Pflanze kaum Wärme.
Der Experimentator gibt hier nur die Erklärung, dass vermutlich die beteiligten Enzyme bei dieser Temperatur sehr langsam arbeiten.
– Der Blütenstand steigert so lange seine Wärmeproduktion, bis er sich – egal bei welcher Außentemperatur – auf 37 °C erwärmt hat.
– Die aktive Wärmeproduktion wird dabei wegen geringerer Wärmeabstrahlung bei höheren Lufttemperaturen geringer (Kurven f sinken bei b und noch weiter bei c).
– Dadurch nimmt der Blütenstand verschiedene Temperaturen an (37 °C bei 4 °C Außentemperatur; 42 °C bei 20 °C Außentemperatur; 45 °C bei 40 °C Außentemperatur).

c) Da die Pflanze unabhängig von der Außentemperatur hohe Temperaturen aufrecht erhält (siehe bes. Blüte 37 °C, Luft 4 °C), kann man von echter Thermoregulation, vergleichbar derjenigen gleichwarmer Tiere (Vögel und Säuger), sprechen.

d) Bei **A** fördert die Wärme das Ausströmen von Duftstoffen und damit das Anlocken von Käfern. Bei **B** wird die Reifung der Pollen durch Abkühlung verlangsamt, Käfer dringen tief in Blütenstand und bestäuben weibl. Blüten mit mitgebrachtem Pollen; Selbstbestäubung ist so verhindert worden. Bei **C** sind nach Stunden eigene Pollen gereift – u. U. durch Temperatur reguliert. Die Käfer krabbeln Richtung Öffnung und nehmen, selber erwärmt und dadurch sofort flugbereit, Pollen zu anderen Blüten mit.
Der einheimische Gefleckte Aronstab gehört zur selben Familie. Schon LAMARCK hatte bei dieser Pflanze Wärmebildung festgestellt. Thermoregulation ist an ihm noch nicht untersucht worden.

4. **Aussagewert von Toleranzkurven** ☞ 43 *

a) Bei einer Temperatur von 10 °C spielt die Luftfeuchte für das Überleben von Kiefernspinnereiern keine Rolle, da bei diesen Temperaturen keine Eier überleben können. Bei 30 °C können nur weniger als 25 % bei einer relativen Luftfeuchte zwischen 40 und 90 % überleben. Bei 20 °C ist die Toleranz bezüglich der Feuchte deutlich ausgeprägt: Optimum bei 70 %, Präferendum zwischen 42 bis 98 %, Pessimum zwischen 2 und 17 % relativer Feuchte (Überlebensrate unter 50 %).

Bei einer Feuchte von 5 % können nur bei 20 °C wenige Eier überleben, eine ausgeprägte Temperaturtoleranzkurve lässt sich bei einer Feuchte von 60 % ermitteln. Hier liegt der Temperaturtoleranzbereich zwischen 10 und 32 °C, das Präferendum zwischen 15 und 25 °C.

b) Immer dann, wenn die übrigen beeinflussenden Faktoren im Optimum liegen, ist der zu untersuchende Umweltfaktor bedeutsam und damit tatsächlich existenzbegrenzend, die Temperatur bei diesem Beispiel also bei einer Luftfeuchte von 70 %, die Luftfeuchte bei einer Temperatur von 20 °C.

c) Da alle Umweltfaktoren sich in ihrer Wirkung gegenseitig beeinflussen, ist eine einfache Temperaturtoleranzkurve wenig aussagekräftig.

5. **Pflanzen im Dunkeln** ☞ 43, 45 **

a) Der Lichtbedarf von Sauerklee ist niedriger als der des Maiglöckchens anzunehmen. Das Maiglöckchen kann erst bei höherer Lichtintensität als der Sauerklee seine maximale Fotosyntheserate erreichen.
Diese höhere Lichtintensität kann räumlich durch einen anderen Standort oder zeitlich durch einen anderen Vegetationszeitraum (vgl. Frühblüher) gegeben sein.
Deshalb ist der Sauerklee im Kernschatten der Bäume zu finden, wo nur 4,5 bis 5 % des Sonnenlichts einfallen.

b) Die Sternmiere wird ihre maximale Fotosyntheserate erst bei noch größerem Lichteinfall erreichen, denn sie ist in dem in der Abbildung dargestellten Areal nur an Stellen mit mindestens 6 bis 7 % des Sonnenlichts anzutreffen.

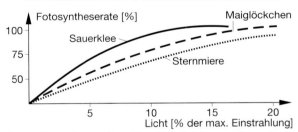

Fotosyntheseraten von Sauerklee, Maiglöckchen und Sternmiere

6. **Blattquerschnitt** ☞ 47 *

a) Die lockere Anordnung der Zellen ermöglicht zum einen einen effektiveren Gasaustausch, zum anderen wird auf diese Weise eine bessere Biegsamkeit der Blattspreite erreicht.

b) CO_2 ist gleichmäßig in der Luft verteilt; die Lage der Spaltöffnungen steht mit dem spezifischen Gewicht von CO_2 in keinem Zusammenhang.
Der Grund für die Anlage der Spaltöffnungen auf der Blattunterseite ist folgender: Die meisten Pflanzen stellen ihre Blätter quer zum Licht. Dadurch trifft auch die Wärmestrahlung nur auf die Blattoberfläche; wenn sich dort die Spaltöffnungen befänden, würden die Blätter durch Verdunstung zu viel Wasser verlieren.

c) Pflanzen mit schwimmenden Blättern (z. B. Seerose) haben die Spaltöffnungen auf der Blattoberseite, verschiedene andere Arten beiderseitig (z. B. Mais, Saubohne).

7. **Historische Experimente zur Fotosynthese** ☞ 47 **

a)

Frage an die Natur	Versuchsergebnis: Span brennt	Versuchsergebnis: Span erlischt	Antwort
A: Kann Licht aus Wasser Sauerstoff erzeugen?		x	nein
B: Kann eine lebende Pflanze mit Licht Sauerstoff erzeugen?	x		ja
C: Ist Energie bei der Sauerstofferzeugung nötig?		x	ja
D: Lässt sich Licht durch Wärme ersetzen?		x	nein
E: Muss die Pflanze zur Sauerstofferzeugung leben?		x	ja
F: Erzeugen Wurzeln und Blüten Sauerstoff?		x	nein

Auswertung der Experimente von PRIESTLEY und INGENHOUSZ

b) Die grünen Sprossteile lebender Pflanzen erzeugen mithilfe von Licht Sauerstoff.

c) Stärke und Sauerstoff:
Bei nur teilweise belichteten Blättern entsteht Stärke nur in den belichteten Blattteilen. Stärke wird durch Iod-Iodkaliumlösung nachgewiesen. Außerdem entsteht Sauerstoff, wie sich bei Belichtung von Wasserpest zeigen ließ. Daher liegt der Schluss nahe, dass Stärkebildung und Sauerstoffproduktion in Zusammenhang stehen.
Lichtsättigungspunkt:
Die Fotosyntheseleistung wird in Abhängigkeit von der eingestrahlten Lichtstärke gemessen. Dabei nimmt die Stoffproduktion (z. B. Menge an Sauerstoff pro Zeiteinheit) nur bis zu einer bestimmten Lichtintensität zu; diesen Wert nennt man Lichtsättigungspunkt.
Primär- und Sekundärreaktionen:
Man bestimmt die Fotosyntheseleistung bei steigender Temperatur; die eine Versuchsserie wird dabei hoher Lichtintensität (Starklicht), die andere niederer Lichtintensität (Schwachlicht) ausgesetzt. Bei Starklicht wird die höchste Fotosyntheserate im Temperaturoptimum (zwischen 30 und 40 °C) erreicht, bei Schwachlicht endet die Steigerung der Fotosyntheseleistung bei einer wesentlich niedrigeren Temperatur. Dies lässt nur den Schluss zu, dass hier zwei verschiedene Reaktionen vorliegen: eine lichtabhängige, aber temperaturunabhängige, welche mit ihren Produkten eine zweite Reaktion beliefert, die ihrerseits temperaturabhängig, aber nicht direkt lichtabhängig ist.

d) Möglich wäre dann die technische Nachahmung einzelner Reaktionen oder des gesamten Prozesses zur kostengünstigen Energiegewinnung.

Ökologie

8. Wasser und Salztransport ☞ 51 *

a) Pflanzen brauchen außer Wasser auch Mineralsalze. Mineralsalze werden in der Regel über Wurzeln aus dem Boden aufgenommen. Untergetaucht lebende Pflanzen können die im Wasser gelösten Mineralsalze auch über die Blätter aufnehmen.

b) Wurzeldruck presst Wasser in die Leitgefäße, aber nur wenige Meter hoch. Aus den Spaltöffnungen verdunstet ständig Wasser, sodass in den Blättern ein Unterdruck entsteht. Wasser wird also von den Wurzeln gegen die Schwerkraft nach oben gedrückt und von den Blättern her nach oben gesaugt.
Die Pflanze schaltet sich in das Wasserpotentialgefälle zwischen Boden (100 % Luftfeuchtigkeit) und Luft (< 100 % Feuchtigkeit) ein.

c) Der Wassertransport erfolgt im Gefäßteil (= Xylem) der Leitbündel. Dies ist experimentell zu belegen, indem man z. B. eine Schnittblume in gefärbtes Wasser stellt und nach einiger Zeit mikroskopische Querschnitte anfertigt. Das Wasserleitungssystem ist dann gefärbt.

9. Einfluss von Salzlösungen auf Kartoffelzylinder ☞ 51 *

a) In der 3%igen Kochsalzlösung hat sich die Länge des Kartoffelzylinders nicht verändert, bei höheren Salzkonzentrationen ist er geschrumpft, bei niedrigeren ist er verlängert. In destilliertem Wasser dagegen ist er wiederum leicht verkürzt.

b) Bei Konzentrationen von 5 % und 7 % sind die zartwandigen Zellen der Kartoffel hypotonisch gegenüber dem Außenmedium. Wasser tritt osmotisch aus. Die Zellen verlieren allmählich ihren Turgor mit der Folge, dass das gesamte Gewebe schrumpft.
Die (hypertonischen) Zellen in den hypotonischen Medien von 1 % und 2 % nehmen dagegen Wasser osmotisch auf und das Gewebe schwillt an. In extrem hypotonischen Lösungen oder in destilliertem Wasser können die Zellen sogar platzen und das Gewebe verliert seinen Turgor. Der Kartoffelzylinder wird kürzer.

c) Die Zellen in der 1%igen Lösung können kein zusätzliches Wasser aufnehmen, damit ist ihre Saugkraft gleich null. In isotonischen oder hypertonischen Medien (hier 3%ig und höher) ist der Wanddruck der Zellen gleich null.

10. Einfluss von Salzlösungen auf „Windeier" ☞ 51 *

Aufgrund osmotischer Vorgänge verändern sich die Eier: Das Ei im destillierten Wasser (hypotonische Lösung) ist stark vergrößert, da Wasser durch die semipermeablen Eihäute eingedrungen ist. In der hochkonzentrierten (hypertonischen) Kochsalzlösung ist das Ei geschrumpft. Wasser ist ausgetreten. Das Ei in der 0,9 %igen Lösung hat sich nicht verändert. Ei und Lösung sind isotonisch.

11. Haltbarkeit von Schnittblumen ☞ 51 **

a) Verfrühtes Verblühen in der Vase mit Verfärben, Schrumpfen und Abfallen der Kronblätter ist die Folge der verstärkten Veratmung von Zellinhaltsstoffen; dies führt zum Zelltod. Das normale Verblühen ist genetisch bestimmt.
Das Verwelken ist die Folge des Wasserverlusts, weil die Transpiration größer ist als der Wassernachschub aus der Vase; dieser kann unzureichend sein, wenn die Leitgefäße des Stängels an der Schnittstelle infolge Fäulnis verstopft sind oder wenn Luft in die Leitgefäße eingedrungen ist.

b) Werden abgeschnittene Pflanzen in eine konzentrierte Salzlösung gestellt, entzieht diese den Zellen das Wasser (Konzentrationsausgleich). Auch wenn Ionen in den Leitbündeln aufstiegen, würden sie zunächst nicht in die Zellen eindringen, da der höhere osmotische Wert der Salzlösung Wasser aus den Zellen zöge. Die Pflanzen würden in einer konzentrierten Salzlösung noch schneller welken.

c) – Entfernung eines Teils der Blätter (Herabsetzung der Transpiration),
– Verbesserung der Wasseraufnahme durch schräges Anschneiden, Aufschlitzen der Stängelenden, Nachschneiden der Stängel unter Wasser,
– Zusatz von Stoffen ins Wasser, welche die Vermehrung von Fäulnis bildenden Bakterien hemmen,
– Nährstoffzusatz (Glucose) zusammen mit einem gärungshemmenden Mittel,
– alterungshemmende Pflanzenhormone,
– Blumenstrauß über Nacht in einen kühlen Raum stellen.

12. Wassertransport in Pflanzen ☞ 53 **

Mit sinkender Lufttemperatur wird ein Birkenstamm während der Julinacht mit Abnahme der Lufttemperatur dicker, mit zunehmender Lufttemperatur, vor allem am Tage, dünner.
Mit steigender Lufttemperatur steigt die Transpiration des Baumes über die Blätter. Dadurch entsteht eine Sogwirkung. Diese wirkt bis in die Leitgefäße des Xylems, die dadurch verengt werden, und damit über den Stamm bis in die Wurzel. Aufgrund dieses Unterdrucks in den Gefäßen, der am Tage zu und in der Nacht abnimmt, verändert sich der Stammdurchmesser.
Der Transpirationssog ist bei den Laubbäumen die treibende Kraft der Wasserleitung.

13. Anpassungen an den Standort bei Pflanzen ☞ 56 **

a) H_1 zu **B**: Starke Behaarung und geringe Größe weisen auf einen vergleichsweise trockenen Standort hin. Die lange Blütezeit lässt für den gesamten Sommer eine gute Belichtung und eine ausreichende Wärmeversorgung vermuten.

H_2 zu **A**: Die fehlende Behaarung der Blätter und die Größe des Krauts erhöhen die Transpiration. Größe und kurze Blütezeit im Frühjahr sind Anpassungserscheinungen an einen schattigen Standort in Laubwäldern, in denen die Frühjahrssonne noch den Boden erreicht.

H_3 zu **C**: Kleiner Wuchs und starke Behaarung sprechen für einen trockenen, die späte Blütezeit für einen hellen Standort, der allerdings erst im Hochsommer die für die Blüten- und Fruchtbildung erforderliche Temperatur aufweist.

b)

Habichts-kraut	Epidermis/Cuticula	Wurzelwerk	osm. Wert des Zellsafts
H_1	dick	breit, flach	hoch
H_2	dünn	klein, flach	gering
H_3	dick	flächig weit ausgedehnt	sehr hoch

Merkmale der Habichtskrautarten $H_1–H_3$

Das ausgedehnte Wurzelwerk ist für Trockenpflanzen deshalb von Vorteil, weil sie damit rasch viel Wasser vom selten fallenden Regen aufnehmen können.

14. Anpassungen von Pflanzen an ihren Standort ☞ 56 **
a) **A:** Cuticula; **B:** obere Epidermis; **C:** Palisadengewebe; **D:** untere Epidermis; **E:** Schwammgewebe mit Interzellularen; **F:** tote Haare; **G:** Spaltöffnung; **H:** Drüsenhaar
b) Alpenheide:
In der Epidermis befinden sich keine Chloroplasten. Die Cuticula ist sehr dick, die Spaltöffnungen liegen in Längsrillen der Blattunterseite, sind eingesenkt und mit vielen toten Haaren vor übermäßiger Verdunstung geschützt. Die wenigen Drüsenhaare dienen nicht der Transpirationsförderung, sondern der Anlockung von Insekten. Aufgrund der Strukturen, die dem Verdunstungsschutz dienen (xeromorph), ist die Alpenheide einem trockenen Standort zuzuordnen.
Zwergpfeffer:
Die obere Epidermis ist zwar dreischichtig, enthält jedoch zahlreiche Chloroplasten, die äußere Zellschicht ist gewellt, die Oberfläche also stark vergrößert. Dadurch wird die Verdunstung über die Cuticula (cuticuläre Transpiration) heraufgesetzt. Eine Förderung der Verdunstung erfolgt außerdem durch die emporgewölbten Spaltöffnungen der Blattunterseite (stomatäre Transpiration). Auch hier trifft man Chloroplasten in der Epidermis an. Der Zwergpfeffer zeigt somit verdunstungsfördernde (hygromorphe) Strukturen. Er wächst an feuchten, schattigen Standorten.
c) Bei geringer Luftfeuchtigkeit rollt sich das Blatt ein, sodass die Spaltöffnungen vor zu großer Transpiration geschützt sind. Bei hoher Luftfeuchte können die zarteren Zellen der unteren Epidermis durch Quellung wieder mehr Wasser aufnehmen, ihr Turgor steigt und somit rollt sich das Blatt wieder zu einer großflächigen Blattspreite aus.

15. Lebensbedingungen für Bodenorganismen ☞ 58 ***
a) Während viele Pilze als Zersetzer von Holz und pflanzlichen Zellwänden (Cellulose, Lignin) gelten, sind Bakterien eher als Mineralisierer bekannt. Bestimmte Bakterien bauen jedoch auch Ligninverbindungen ab. Pilze wandeln organische Substanzen unter Energiegewinn in energieärmere, anorganische Substanzen um. Chemosynthetisch aktive Bakterien setzen Stickstoffverbindungen durch Oxidationsvorgänge um. Hier sind besonders die Nitrit- und Nitratbakterien zu nennen. Ohne diese stände den Pflanzen weitaus weniger Nitrat zur Verfügung.

b) Für Pflanzen sind die Pilze entweder als Parasiten oder als Symbiosepartner von Bedeutung. Über das Mycel erhält die Pflanze Nährsalze und Wasser. Der Pilz kann der Pflanze Kohlenhydrate für seinen Bau- und Energiestoffwechsel entnehmen.
Das Mycel eines Mykorrhiza-Pilzes ist umso besser ausgebildet, je saurer – innerhalb bestimmter Grenzen – ein Boden ist. Das ist von Vorteil für die Pflanze, weil an den relativ wenigen Ton-Humus-Komplexen der sauren Böden die Nährsalze nicht so lange haften bleiben und schnell ausgespült werden können.
c) Je saurer – innerhalb bestimmter Grenzen – ein Boden ist, desto mehr Pilze sind in ihm enthalten. Je basischer ein Boden ist, desto mehr Bakterien sind in ihm vorhanden, da Pilze bei niedrigerem pH-Wert bessere Lebensbedingungen vorfinden als Bakterien.
Wird dem Boden durch Schadstoff-Immissionen zusätzlich Säure zugeführt, verliert er seine Fähigkeit, mithilfe der Bakterien Stickstoffverbindungen zu mineralisieren. Eine Änderung des pH-Werts von 6 auf 4,5 führt zu einer Verringerung der Bakterienzahl um das Achtfache. Umgekehrt nimmt (im Laufe der Zeit) die Zahl der Pilze bei einer pH-Wert-Änderung von 4,5 auf 7 von ca. 500 000 Sporen auf 100 000 Sporen pro Gramm Boden ab, weil die Pilze schlechter wachsen und weniger Sporen erzeugen. Gleichzeitig wird die Anzahl der Bakterien zunehmen, sodass auf neutralen Böden bei einem entsprechenden C/N-Verhältnis immer genügend Bakterien für z.B. die Stickstoffmineralisierung zur Verfügung stehen, was aber auf sauren Böden nicht der Fall ist.

16. Bodensee ☞ 64, 93 *
a) Ihr massenhaftes Auftreten ermöglicht eine Beobachtung auch aus großer Entfernung.
b) Der Nährstoffgehalt des Wassers ist verschieden.
c) Die Pflanzen bieten Lebensräume für andere Organismen. Bei dichterem Auftreten ist die Gefahr der Wasserverschlechterung gegeben, da sie zusammen mit dem vermehrten Phyto- und Zooplankton mehr Detritus liefern und so die Qualität des Wassers für die Trinkwassergewinnung verschlechtern. Zum Abbau großer abgestorbener Pflanzenmassen wird viel Sauerstoff verbraucht, darunter leiden andere aerobe Organismen.
d) Die spezifische Zusammensetzung der Flora ist durch den Zufluss von Haushalts- und Fabrikabwässern zu erklären, die in den 60er Jahren ungeklärt in den See gelangten. Die Pflanzenarten nennt man Zeigerpflanzen.
e) Die große Tiefe. Erst im Februar erreicht der gesamte See die gleiche Temperatur von 4 °C.
f) Während der Vollzirkulation gelangen Mineralstoffe aus der Tiefe nach oben, und von oben wird Sauerstoff in die tieferen Schichten gemischt. Dadurch werden anaerobe Destruenten tieferer Schichten an der Vermehrung gehindert; die Lebensbedingungen für die Sauerstoffzehrer werden verschlechtert.
g) Im Sommer ist der negative Einfluss der Abwässer am stärksten: im Winter halten sich die relativ warmen Abwässer in den oberen Schichten des Sees und fließen den Rhein hinab. Im Sommer dagegen können sie sich in größere Tiefen einmischen.

17. Temperaturabhängige Kennzeichen homöothermer Tiere ☞ 65 **

a)

Art		Waldwühl-maus	Graurötel-maus
Kopf-Rumpf-Länge	bis 13,0 cm	–	X
	bis 12,3 cm	X	–
Schwanzlänge	2,8 bis 4,0 cm	–	X
	3,6 bis 7,2 cm	X	–
Sauerstoffverbrauch in Ruhe pro kg Körpergewicht	größer	X	–
	kleiner	–	X
Körpergewicht	15 bis 55 g	–	X
	14 bis 36 g	X	–

Kennzeichen von Waldwühlmaus und Graurötelmaus

b) BERGMANNsche Regel: Die Vertreter nahe verwandter homöothermer Tiere sind in kälteren Regionen größer.
ALLENsche Regel: Bei nahe verwandten homöothermen Tieren findet man in kälteren Regionen kleinere Körperanhänge.
Homöotherm sind Säuger und Vögel.

18. Klimaregeln ☞ 65 *

a) BERGMANNsche Regel: Die Größe von gleichwarmen Tieren nahe verwandter Arten sowie die Populationen der gleichen Art nimmt von warmen Regionen zu den Polarregionen zu. Große Tiere haben im Verhältnis zu ihrem Körpervolumen eine kleinere Körperoberfläche und damit eine geringere Wärmeabstrahlung.
b) Die Körpertemperatur wechselwarmer Tiere hängt von der Umgebungstemperatur ab; sie können in sehr kalten Regionen nicht existieren, weil die Stoffwechselprozesse zu langsam ablaufen.
c) Bei nicht – oder entfernt verwandten Tieren – spielen andere Anpassungsprozesse meist eine größere Rolle.
d) Die Ohren nordkanadischer Hasen sind im Verhältnis zur Kopflänge kürzer.
e) Geringere Wärmeabgabe durch kleinere Oberfläche und dadurch weniger Futterbedarf, weil der Energieaufwand für die Wärmeproduktion kleiner ist. Die Gefahr des Erfrierens der exponierten Körperteile ist herabgesetzt.
f) Die BERGMANNsche Regel gilt nur für gleichwarme Tiere, deshalb kann sie auf die wechselwarmen Fische nicht angewendet werden. Zudem ist die Umgebung der Fische weitgehend temperaturkonstant, sodass die Problematik der unterschiedlichen Wärmeabgabe nicht existiert.

19. Temperaturabhängige Verbreitung poikilothermer Tiere ☞ 66 **

Eidechsen sind wechselwarm. Ihre Körpertemperatur richtet sich nach der Umgebungstemperatur. Diese kann allerdings in einer bestimmten Region je nach Standort recht unterschiedlich sein. Poikilotherme regulieren über ihr Verhalten ihre Körpertemperatur. Sie können z. B. an wärmeren Plätzen ihre Körpertemperatur erhöhen („Sonnenbaden"). Kleinere Tiere können aufgrund ihrer im Vergleich zum Volumen relativ großen Oberfläche sehr schnell Wärme aufnehmen. Das kommt ihnen in kälteren Regionen zugute. Je größer dagegen poikilotherme Tiere sind, desto eher entspricht ihre Körpertemperatur der durchschnittlichen Tag- und Nachttemperatur der Umgebung.

20. Einsparung von Energie bei Winterschläfern ☞ 66 **

a) Die Energieeinsparung durch den Winterschlaf ist bezogen auf das Körpergewicht für kleinere Tiere größer. Kleinere Tiere verlieren bei niedrigen Temperaturen über ihre relativ große Körperoberfläche viel mehr Energie als größere Tiere. Die Absenkung der Körpertemperatur ist bei ihnen also effektiver.
b) Während der Winterruhe wird die Körpertemperatur weniger stark abgesenkt und die Aufwachphasen sind häufiger. Dachs und Bär sind sehr große Tiere. Daher ist der Vorteil der Temperaturabsenkung nicht besonders groß. Er wiegt den Nachteil der lang andauernden Reaktionsunfähigkeit kaum auf. Dagegen ist bei ihnen die Winterruhe günstiger: Aufgrund der nur geringen Temperaturabsenkung sind diese großen Tiere schneller wieder reaktionsbereit.

21. Atmungsaktivität von Wirbeltieren in Abhängigkeit von der Umgebungstemperatur ☞ 66 **

a) Die beiden Mäuse haben bei den drei Umgebungstemperaturen immer eine Körpertemperatur von ca. 38 °C, die Körpertemperatur des Frösche entspricht der jeweiligen Umgebungstemperatur von 10, 15 und 20 °C.
b) Die CO_2-Produktion entspricht der Energie bzw. Wärme erzeugenden Atmung. Bei 10 °C atmet die kleine Maus relativ mehr als die große. Das bedeutet, dass sie auch mehr Wärme erzeugt. Das ist nötig, damit die Körpertemperatur von 38 °C aufrechterhalten wird, denn die kleinen Mäuse geben relativ mehr Wärme ab. Mit zunehmender Außentemperatur muss weniger Wärme erzeugt werden, da aufgrund der geringeren Temperaturdifferenz zwischen Umgebungs- und Körpertemperatur relativ weniger Wärme abgegeben wird.
Der Frosch atmet vergleichsweise viel weniger. Er ist ein poikilothermes Tier. Seine Körpertemperatur entspricht der Außentemperatur. Er muss keine Energie zur Wahrung einer bestimmten Temperatur erzeugen. Seine Atmung steigt mit der Umgebungstemperatur, da seine Stoffwechselvorgänge gemäß der RGT-Regel beschleunigt werden.
c) Mäuse sind in ihrer Aktivität von der Umgebungstemperatur unabhängig, Frösche können sich mit zunehmender Umgebungstemperatur schneller bewegen. Mäuse sind von einem hohen Nahrungsangebot abhängig, weil sie ständig viel Energie verbrauchen, Frösche können dagegen lange Hungerperioden durchstehen.

22. Stoffwechselaktivität und Temperatur ☞ 66, 103 **

a) Köcherfliegenlarven findet man in sauerstoffreichen, relativ sauberen Fließgewässern unter Steinen, auf kiesigem oder sandigem Untergrund und an Pflanzen. Nach dem Schlüpfen bauen sie sich zum Schutz und als Ver-

steck einen Köcher aus dem jeweils vorhandenen Material des Gewässeruntergrundes.
Sie können als Bioindikatoren für die Gewässergüte verwendet werden.

b) Mit abnehmendem Sauerstoffgehalt des Wassers nimmt die Zahl der Atembewegungen zunächst zu, danach wieder ab. Je höher die Wassertemperatur ist, desto mehr Atembewegungen werden durchgeführt. Die Anzahl der Atembewegungen pro Minute liegt bei einer Temperatur von 10 °C zwischen 5 und 20, bei 25 °C zwischen 50 und 70.

Die Atembewegungen können so lange zunehmen, wie bei abnehmendem Sauerstoffgehalt noch genügend Sauerstoff für die Zellatmung bereitgestellt werden kann. Bei weiterer Verringerung des Sauerstoffgehalts geht die Zahl der Atembewegungen zurück. Das ist darauf zurückzuführen, dass nicht mehr genügend Sauerstoff für die Zellatmung zur Verfügung steht. Zudem wird bei höheren Temperaturen aufgrund der RGT-Regel der Sauerstoff auch schneller umgesetzt.

23. Parasitismus ☞ 68, 69 *

Parasitismus: Ein Lebewesen (Parasit) ernährt sich auf Kosten eines anderen (Wirt). Der Wirt wird in der Regel dabei geschädigt, aber nicht getötet.
Der Bandwurm ist ein Parasit mit Wirtswechsel.
Beispiel: Fuchsbandwurm. 1. Wirt: Fuchs oder Hund; der Bandwurm entwickelt sich im Dünndarm zum geschlechtsreifen Tier, das mit befruchteten Eiern gefüllte Proglottiden absondert. Diese verlassen meist unabhängig von der Stuhlentleerung den Darm und zerfallen, wobei die Eier freigesetzt werden. Gelangen die Eier mit den Fäkalien u. a. an Pflanzen, können sie vom Menschen als atypischem Zwischenwirt (der normale Zwischenwirt ist die Maus) aufgenommen werden. Durch die Magensäure wird die Weiterentwicklung angestoßen. Es entwickelt sich eine Finne, welche die Darmwand durchbohrt und mit dem Blutstrom in die Leber gelangt, wo sie sich einkapselt. Dort kann sie sich ungeschlechtlich vermehren und große Geschwülste bilden. Dadurch kann es zu dermaßen starken Schädigungen der Leber kommen, dass der Mensch daran stirbt.
Durch Knospung bilden sich Tochterblasen, die sich meist in der Leber ausbreiten aber auch in der Lunge und (seltener) im Gehirn festsetzen, dort weiterwachsen und so zur weiteren tödlichen Gefahr werden.

24. Symbiose: Flechten – Leben im Ökosystem Wüste ☞ 71 *

a) Flechten sind auf extrem nährstoff- und wasserarmen Standorten zu finden. Die Pilzhyphen versorgen die Algen indirekt mit Wasser, da Wasser – z. B. in Form von Tauwasser – aufgrund der Adhäsionskräfte und der herabgesetzten Windgeschwindigkeit zwischen den Pilzhyphen für eine bestimmte Zeit sowohl dem Pilz wie auch den zwischen den Hyphen befindlichen Algen zur Verfügung steht, ehe es wieder verdunstet. Zwischen Pilz und Alge erfolgt ein direkter Stofftransport von Zelle zu Zelle. Kohlenstoffdioxid aus der Atmung sowie Nährsalze, die sich mit dem Wasser lösen, gelangen durch die Stoffwechselaktivität des Pilzes zur Alge. Die Algen versorgen die Pilze mit Kohlenhydraten.

b) **A** Rinde aus dickwandigen und miteinander verflochtenen Pilzfäden
B einzellige Grünalgen (Algenschicht)
C einzelne Pilzfäden (Hyphen).

c) Während der Pilz der Alge einen zumindest zeitweise feuchten Lebensraum bietet, in dem die Grünalge Stoffwechsel betreiben kann, bietet die Alge Kohlenhydrate und Stickstoffverbindungen, die der Pilz nicht synthetisieren kann.
Nachts atmet der Gesamtorganismus, gibt CO_2 ab und nimmt Tauwasser auf. Bei Sonnenaufgang um 6 Uhr beginnt eine starke CO_2-Aufnahme infolge der Fotosynthese der Algen, die durch den ständig abnehmendem Wassergehalt bei aufsteigender Sonne ab 7.30 Uhr wieder stark abzunehmen beginnt, bis um 9 Uhr der Gaswechsel eingestellt ist. Erst um 21 Uhr ist wieder eine CO_2-Abgabe zu beobachten.

25. Verdauung bei Pflanzen ☞ 73 **

a) Der Sonnentau hat Drüsenhaare auf seinen Blattoberflächen ausgebildet, mit denen Insekten angelockt, festgehalten und verdaut werden. Die Abbildung zeigt ein gefangenes Insekt, welches vom klebrigen Sekret der Drüsenhaare festgehalten und dessen innere Organe von den Enzymen aus Verdauungsdrüsen zersetzt werden.

b) Sonnentau ist eine Pflanze, die häufig auf nährstoffarmen Hoch- und Quellmooren zu finden ist, deren Untergrund besonders arm an Nitraten und mineralischen Verbindungen ist. Auf stickstoffarmen Standorten können Pflanzen nur deshalb gedeihen, weil sie Einrichtungen besitzen, mit denen sie sich mit Stickstoffverbindungen versorgen können (Beispiele: Mykorrhiza, Knöllchenbakterien der Leguminosen). Hochmoore haben einen Untergrund aus nach unten zu absterbenden Torfmoospflanzen, der besonders sauer und arm an verwertbaren Stickstoffverbindungen ist. Ein mineralischer Untergrund ist von den Pflanzen im Moor nicht erreichbar. Die Stickstoffzufuhr ist für die Blütenbildung beim Sonnentau förderlich.

Mithilfe von gestielten Drüsenhaaren produziert der Sonnentau klebrige Substanzen, die Insekten und andere kleine sich bewegende Organismen festhalten. Auf der Blattoberfläche direkt befinden sich Drüsen mit Verdauungsenzymen, die die Proteine und andere Bestandteile des tierischen Körpers zersetzen.

26. Nitratversorgung in verschiedenen Ökosystemen ☞ 73, 87 *

a) Ähnlichkeiten: Wachstum von Pflanzen an der Oberfläche des betreffenden Raums, Schichtung, Abschluss des Raums nach unten durch Gestein
Unterschiede: Vorhandensein von mineralischen Bestandteilen, Feinschichtung, pH-Wert, Sauerstoffgehalt, Wassergehalt, Artenzusammensetzung

b) Aufgrund des Sauerstoffmangels im Moorboden und des niedrigen pH-Werts von ca. 3 (= ungefähr wie Tafelessig) entwickeln sich kaum Destruenten und Mineralisierer. Organische Stickstoffverbindungen (z. B. Aminosäuren) werden nur zu Ammoniumsalzen abgebaut. Diese Ammoniumsalze werden von Torfmoosen aufgenommen, indem sie gleichzeitig H^+-Ionen abgeben.

146 Ökologie

c) Vergleich Nitratversorgung Wiese/Hochmoor:
Unterschiede: Aufgrund des unterschiedlichen pH-Werts und der unterschiedlichen Durchlüftung ist die Nitratversorgung durch Nitrifizierung (Umsetzung von Ammoniak zu Nitrit und weiter zu Nitrat durch *Nitrosomonas* und *Nitrobacter*) in der Wiese weit höher als im Moor. Im Moor können sich durch das Fehlen dieser Mikroorganismen eher Ammoniumsalze als Abbauprodukt von Harnstoff und anderen Spaltprodukten des Stickstoff-Stoffwechsels höherer Organismen bilden. Unterschiede im Vergleich dieser beiden Ökosysteme (wie auch anderer) liegen auf der Ebene des Biotops in der Art der Stickstoffversorgung, der Struktur des Pflanzensubstrats und auf der Ebene der Biozönose in der Artenanzahl und der Artenzusammensetzung mit ihren jeweiligen Angepasstheiten.
Ähnlichkeiten: Gemeinsame Merkmale der beiden Ökosysteme sind z. B. die Produktion von pflanzlicher Biomasse mithilfe der Sonnenenergie und CO_2 aus der Luft durch kurzlebige und krautige Pflanzenarten.

Population und Lebensraum

27. Größenunterschiede verwandter homöothermer Tiere ☞ 74 **

Mit der BERGMANNschen Regel ist der Größenunterschied nicht zu erklären, wohl aber mit Konkurrenzvermeidung. Große und Kleine Hufeisennasen fressen unterschiedlich große Insekten und besetzen damit unterschiedliche Nahrungsnischen. Das ermöglicht ihnen das gemeinsame Vorkommen (Koexistenz).

28. Ernährung von Insektenlarven im Wasser ☞ 79 *

a) **A** bildet ein Fangnetz zwischen den Beinen des ersten Beinpaars aus und hält dieses in den Wasserstrom, der auf ihren Aufenthaltsstein trifft;
 B lauert und greift über ihrem „Wohnstein" vorbeischwebende Beute auf;
 C filtriert mit einem feinmaschigen Netz, welches gleichzeitig Schutzhülle ist, an der vorderen Unterseite von Steinen Partikel aus dem Wasserstrom;
 D filtert im freien Wasserstrom mit einem großen Trichter Partikel aus dem Wasser;
 E lauert ähnlich einer Spinne auf Partikel, die sich in dem recht grobmaschigen Netz verfangen;
 F konstruiert ein weitmaschiges Netz, welches etwas über den Untergrund hinausragt.

b) Gruppe aus den Tieren **A, D** und **F**:
Die verschiedenen Insektenarten (Eintagsfliege, Fliege und Köcherfliege) zeigen bezüglich des Nahrungserwerbs Konvergenz: Unter Ausnutzung der Wasserströmung haben die verschiedenen Tiergruppen eine ähnliche Fangmethode entwickelt.
Gruppe aus den Tieren **B, C, D** und **E**:
Die verschiedenen Köcherfliegenarten haben verschiedene ökologische Nischen. Ihre Fangmethoden sind dem unterschiedlichen Nahrungsangebot und den unterschiedlichen Strömungsverhältnissen angepasst: Divergenz.

29. Populationsdichte bei Wasserflöhen ☞ 80 *

a) Leben die Arten einzeln, steigen ihre Populationsdichten durch Ausnutzung der Umweltkapazität. Dabei nutzt die kleine Art das geringere Angebot an Nahrung effektiver (Kurven liegen höher); die Anzahl der Tiere bei gutem Nahrungsangebot ist insgesamt bei beiden Arten höher als bei knappem.

b) Herrscht Konkurrenz, so kommt es bei wenig Nahrung zu Konkurrenzausschluss (*Daphnia* stirbt aus); Koexistenz (Zusammenleben) ist nur bei viel Nahrung möglich.

30. Räuber-Beute-Beziehung ☞ 80 *

a) richtige Zuordnung: - - - *Didinium*; — *Paramecium*

b) Bei Abwesenheit von *Didinium* erfolgt ungestörte Vermehrung von *Paramecium* (exponentieller Kurvenanstieg); nach *Didinium*-Zusatz nimmt die Anzahl der *Paramecien* rapide ab, während *Didinium* sehr gute Wachstumsbedingungen hat. Nach dem Aussterben von *Paramecium* geht *Didinium* aus Nahrungsmangel ebenfalls ein. Wenn Versteckmöglichkeiten für *Paramecium* bestehen, hat *Didinium* Schwierigkeiten *Paramecium* aufzuspüren. Je besser *Paramecium* die Versteckmöglichkeiten nutzt, desto ungünstiger werden die Bedingungen für *Didinium* ⇒ *Didinium* stirbt aus; danach wieder optimale Bedingungen für *Paramecium*.

c) Wellenform beider Kurven, wobei die *Didinium*-Kurve gegenüber der *Paramecium*-Kurve immer phasenweise verschoben ist

d) offene Umwelt, weil durch den Zusatz von Individuen eine natürliche Zuwanderung von außen simuliert wird

e) Wird die Beute geschützt, so vermehrt sich der Fressfeind ebenfalls; aus allen Kurven geht hervor, dass eine hohe *Paramecium*-Individuenzahl eine hohe *Didinium*-Vermehrung nach sich zieht.

31. Konkurrenz ☞ 80 *

a) Die Bussarde können die Mäuse nicht ausrotten, da mit abnehmender Zahl der Mäuse das Futter für die Bussarde fehlt. Bevor die letzte Maus gefangen wird, sind längst die Bussarde verhungert oder abgewandert.

b) Unter den Mäusen, die von den Bussarden gefangen werden, ist der prozentuale Anteil an kranken und schwachen Tieren größer als unter den nicht gefangenen. Die Mäusepopulation wird also durch die Bussarde gesund gehalten.

c) Es wird sich ein neues Gleichgewicht einspielen, in welchem die Bussardpopulation zurückgeht. Für die Bussarde sind die Füchse Konkurrenten. Die Mäusepopulation kann sich auf ein anderes mittleres Niveau einpendeln.

d) Aufgrund seiner Jagdüberlegenheit hat der Dingo Beutelwolf und Beutelteufel verdrängt, indem er ihnen die Beutetiere weggefangen hat. Dadurch konnten Beutelwolf und Beutelteufel keine Jungen mehr aufziehen.

e) Durch Entwässern der Feuchtgebiete wurden dem Storch Nahrungsgrundlagen genommen. Hier trat der Mensch gewissermaßen als stärkerer Konkurrent auf, der seine eigenen Lebensgrundlagen auf Kosten derer des Storches verbesserte.

32. Beeinflussung der Konkurrenz durch Parasiten ☞ 80 ***

a) **A**: Beide Samenkäferarten zeigen zunächst das typische Anwachsen einer Population (logistisches Wachstum). Nach der dritten Generation nimmt das Wachstum beider Populationen stark ab. Während *C. maculatus* nach der fünften Generation ausstirbt, erholt sich *C. chinensis* und erreicht von der siebten Generation an eine stationäre Phase.
B und **C**: Unabhängig davon, welche Käferart zunächst im Überschuss in die Mischkultur gegeben wird, können beide noch nach sechs Generationen mit relativ wenigen Individuen zusammenleben (koexistieren).

b) In der parasitenfreien Kultur ist *C. chinensis* konkurrenzüberlegen. In den parasitierten Kulturen können beide koexistieren. Dieses Miteinander wird durch den Parasiten gefördert, weil er die Population befällt, die gerade etwas größer ist.

Ökosysteme

33. Chlorierte Verbindungen als Sondermüll ☞ 85, 109 *

a) PCBs sind fettlöslich und finden sich somit vornehmlich im Fettgewebe der Wirbeltiere. Die anderen genannten Organismen besitzen entweder kein Fettgewebe oder sie werden aufgrund ihrer geringen Größe im Ganzen untersucht.

b) Umweltgifte kann man an von der Verursacherquelle sehr entfernten Stellen wiederfinden. Sie werden über Boden, Luft und wie in diesem Beispiel auch über Gewässer verbreitet und gelangen so auch in die dort lebenden Organismen.

c) PCB reichert sich (besonders im Fettgewebe) über die Nahrungskette an. Bei Verbrauchern (Konsumenten) höherer Ordnung häuft sich also das Gift an (Bioakkumulation). Die Reihe steigenden PCB-Gehaltes verläuft somit in Richtung der Nahrungskette: Pflanzliches Plankton → tierisches Plankton → Wirbellose → Fische → Vögel, Meeressäuger, (Mensch).

34. Der Stickstoffkreislauf im See ☞ 87 ***

a) **A**: nitrifizierende; **B**: Nitrat; **C**: NO_2^-; **D**: NH_3; **E**: Ammonium(ion)

b) **1**: Stickstoffoxidation; **2**: Nitrifikation; **4**: denitrifizierende Vorgänge (Nitrat- und Nitritreduktion); **4a**: Denitrifikation: Freisetzung von Stickstoff aus Nitrat und Nitrit durch Bakterien; **4b**: Denitrifikation: Nitratatmung von bestimmten Bakterienarten, die statt Sauerstoff Nitrat verwenden; **4c**: Reduktion des Nitrits zu Ammoniumverbindungen (Ammonifikation); **5**: Proteinabbau durch Destruenten; **6**: Aufnahme von Ammoniumverbindungen durch pflanzliche Organismen

c) anaerob: **4a, 4b, 4c**

d) Stickstoff wird reduziert in **3, 4a, 4b, 4c**

e) *Nitrobacter*: $2\,NO_2^- + O_2 \rightarrow 2\,NO_3^-$
Nitrosomonas: $2\,NH_4^+ + 3\,O_2 \rightarrow 2\,NO_2^- + 4\,H^+ + 2\,H_2O$

35. Stickstoffverteilung in Wäldern verschiedener Klimazonen ☞ 90 **

Der Wald in England enthält fast viermal so viel Stickstoff wie der Wald in Thailand. In den tropischen Wäldern ist der größere Teil des Stickstoffs in der Pflanzenmasse enthalten. Bei der Umrechnung auf absolute Werte zeigt sich, dass der Stickstoffgehalt im Boden des englischen Waldes mit 772 mg/m² etwa achtmal so hoch ist wie im thailändischen Wald mit 89 mg/m². Die Abbildungen zeigen, dass der geringere Stickstoffgehalt in vielen tropischen Böden auf die geringe Ionenaustauschkapazität (fehlende Huminstoffe im A- und B-Horizont) zurückzuführen ist und somit auch keine Speicherkapazität gegeben ist. Daraus lässt sich ableiten, dass der Boden gemäßigter Breiten mit seinem höheren Stickstoffgehalt für eine ackerbauliche Nutzung früher und besser geeignet ist als ein tropischer Waldboden. Ein tropischer Boden kann durch Zugabe von organischem Material, Kalk und Dünger gut genutzt werden. Dazu ist jedoch ein umfassendes Bodenmanagement notwendig.

36. Fließgewässer ☞ 93 *

a) an der gleichmäßigen Verteilung, die einer Zufallsverteilung widerspricht

b) Die Größe der Territorien ist abhängig von der Größe der Steine und von der Fließgeschwindigkeit. Große Steine vermindern die Sichtweite der Lachse. Diese begrenzt das jeweilige Territorium. Bei geringer Sichtweite können mehr Territorien eingerichtet werden, weil die Lachse sich nicht so häufig sehen. Bei geringerer Strömungsgeschwindigkeit erheben sich die Jungfische mehr vom Bachgrund. Ihre Sichtweite geht über die Steine – bei Kies eher als bei größeren Steinen –, was die Sichtweite erhöht und dadurch ein größeres Territorium erfordert.

37. Stausee ☞ 93 **

a) **A zu a und B zu b**: See A ist in allen Schichten kälter, weil der Oberfläche warmes Wasser entnommen wird; dadurch ist auch die Sprungschicht nicht so deutlich ausgebildet; See B wird kaltes Tiefenwasser entnommen, d.h., selbst das Tiefenwasser hat noch 10 °C, die Sprungschicht rückt dadurch tiefer.

b) **See A**: Lebewesen müssen auf entsprechende niedrigere Temperaturen eingestellt sein (Temperaturtoleranz); es erfolgt ein verstärktes Abziehen der im Oberflächenwasser befindlichen Stoffe und Lebewesen, hier besonders auch der Produzenten; **angeschlossener Fluss**: das Folgegewässer erwärmt sich verstärkt, was u. U. eine größere Verdunstung nach sich zieht;
See B: Mineralstoffe werden während der Sommerstagnation herausgetragen; dadurch hat der Stausee u. U. für Pflanzen zu wenig Nährsalze, der O_2-Gehalt im Stausee ist „günstig" d.h., im Tiefenwasser wird Faulschlammbildung verhindert; das Umkippen des Gewässers ist damit erschwert; **angeschlossener Fluss**: Dieser erhält verstärkt Nährsalze, womit einer beschleunigten Eutrophierung Vorschub geleistet wird. Diese wiederum bewirkt einen größeren Sauerstoffbedarf, wodurch die O_2-Konzentration sinkt. Schlechte Sauerstoffverhältnisse stellen allgemein eine Erschwerung der Lebensbedingungen für die entsprechende Biozönose dar.

148 Ökologie

38. Ökologisches Gleichgewicht ☞ 93 *
a) Ein Gewässer enthält so wenig gelösten Sauerstoff, dass die meisten aeroben Lebewesen sterben.
b) heißer Sommer: Wasser erwärmt sich stark, deshalb kann Wasser weniger Sauerstoff lösen; Lebens- und Wachstumsvorgänge laufen beschleunigt ab, deshalb intensivere Sauerstoffzehrung
regenarm: Rhein führt wenig Wasser, wodurch sich Schadstoffe anreichern
windarm: geringe Verwirbelung von Luft und Wasser und deshalb geringer Sauerstoffeintrag

39. Charakterisierung des Bieler Sees ☞ 93 ***
a) **A:** Im März ist Phosphat im See gleichmäßig verteilt. Weil im Frühling das Gewässer in allen Tiefen die gleiche Temperatur aufweist, kann eine Vollzirkulation stattfinden, bei der der gesamte Wasserkörper umgewälzt wird und somit alle Inhaltsstoffe gleich verteilt werden.
Während der Sommerstagnation im Juni nimmt der Phosphatgehalt in den oberen Schichten (Epilimnion) ab, weil Produzenten Phosphat aufnehmen. Gleichzeitig nimmt der Phosphatgehalt in der Tiefenzone (Hypolimnion) zu. Abgestorbene Organismen sinken zu Boden. Destruenten bauen sie ab und setzen dabei Phosphat frei. Im August setzen sich diese Vorgänge fort. In der oberen Schicht hat sich das Phytoplankton sehr stark vermehrt, sodass hier kaum noch Phosphat anzutreffen ist. Stellte zunächst das Licht für die Pflanzen den Minimumfaktor dar, befindet sich nun Phosphat im Minimum. So wird das Phytoplankton in tiefere Zonen gedrängt. Die im Tiefenwasser gelöste Menge an Phosphat kann kaum nach oben gelangen, weil die Temperaturschichtung in Epi-, Meta- und Hypolimnion eine vollständige Durchmischung und damit ein Auffüllen des Phosphatvorrats im Epilimnion verhindert.
Im November kühlt das Oberflächenwasser ab, sodass die Herbstvollzirkulation einsetzen kann. Bis in 25 m Tiefe sind die Salze schon gleichmäßig verteilt.
B: Im März ist aufgrund der Frühjahrsvollzirkulation der Sauerstoff im See gleichmäßig verteilt. Im Mai verstärken die Pflanzen aufgrund der steigenden Temperaturen und des größeren Lichtangebots die Fotosynthese und produzieren dabei in der trophogenen Zone vermehrt Sauerstoff. Im Sommer kann dies sogar zu einer Übersättigung im Oberflächenwasser führen. Gleichzeitig nimmt der Sauerstoffgehalt in der tropholytischen Zone ab. Hier verstärken die Konsumenten gemäß der RGT-Regel ihre Atmung, verbrauchen also mehr Sauerstoff. Zusätzlich werden abgestorbene Organismen unter Sauerstoffverbrauch von den Destruenten abgebaut. Diese Sauerstoffzehrung ist vor allem im Seebodenbereich erheblich, da sich hier das meiste organische Material ansammelt.
Am Jahresende sorgt eine Vollzirkulation für die Gleichverteilung des gelösten Sauerstoffs im See. Sein Gehalt ist gegenüber dem März gesunken.
b) Da Ende des Sommers mehr als die Hälfte des gelösten Sauerstoffs in der tropholytischen Zone verbraucht ist, ist der Bieler See als eutroph einzustufen.
c) Das Phytoplankton vermehrt sich vor allem im Frühjahr und im Sommer. Im Juni geht die Phytoplanktonpopulation kurzzeitig stark zurück. In den Wintermonaten findet man nur wenige Algen im See.
Die Abnahme der Phytoplanktonpopulation im Juni ist auf eine Abnahme der Nährsalze und vor allem auf die Zunahme der Konsumenten zurückzuführen.
d) Die Biomasse des Phytoplanktons ist ein deutlicher Hinweis auf die Trophiestufe eines Sees. Nur Seen, die mit vielen Nährsalzen belastet sind, weisen viel Phytoplankton auf. Da der Bieler See als eutroph einzustufen ist, müssen auch die Seen, die noch mehr Algen enthalten, eutroph sein. Comer See und Sempachersee können aufgrund mittlerer Algenvorkommen als mesotroph bezeichnet werden. Thuner See, Lago Maggiore und der schwedische See sind dagegen oligotroph.

40. Charakterisierung eines Sees ☞ 93 **
a) Der hohe Sauerstoffgehalt in einer Tiefe von 0 bis 10 m weist auf eine hohe Fotosyntheseleistung des hier vorkommenden Phytoplanktons hin. Dieser Bereich ist somit der trophogenen Zone (Nährschicht) zuzuordnen, in der oxidierende Vorgänge ablaufen können wie z. B. die aerobe Atmung der Konsumenten und Destruenten, die für die Nachlieferung an CO_2 verantwortlich sind.
Mit zunehmender Tiefe werden die Atmungs- und Abbauvorgänge gesteigert, sodass der Sauerstoffgehalt abnimmt. Bei etwa 20 m ist die Kompensationsebene fast erreicht, darunter ist in der tropholytischen Zone (Zehrschicht) die Sauerstoffzehrung so groß, dass Sauerstoff nicht mehr anzutreffen ist. Hier können also nur noch anaerobe Abbauprozesse durch Bakterien und andere Destruenten ablaufen. Der Kohlenstoffdioxidgehalt steigt dementsprechend.
Das Sauerstoffvorkommen beeinflusst auch den Gehalt an Nitrat- und Ammoniumionen. Die trophogene Zone ist reich an Nitrationen. Hier können die durch bakteriellen Abbau anfallenden Ammoniumionen von Nitrit- und Nitratbakterien zu Nitrationen oxidiert werden. In der tropholytischen Zone setzt dieser Vorgang mangels Sauerstoff aus. Am Grund des Sees wird am meisten Ammonium gebildet, weil sich hier die meisten abgestorbenen Organismen nach dem Absinken ansammeln.
In Bodennähe entsteht auch das meiste Phosphat einerseits durch anaeroben Abbau organischen Materials, andererseits versagt hier die Phosphatfalle: Unlösliches Eisen(III)-phosphat des Untergrundes wird unter Sauerstoffmangel zu wasserlöslichem Eisen(II)-phosphat reduziert und trägt somit zu einem Anstieg des Phosphatgehalts bei. In der trophogenen Zone werden Phosphationen vom Phytoplankton aufgenommen.
Da während der Sommerstagnation der gesamte Sauerstoffvorrat der tropholytischen Zone aufgezehrt wurde, handelt es sich um einen eutrophen See. Diese Tatsache wird unterstützt durch den hohen Gehalt an Ammonium- und Phosphationen in der tropholytischen Zone.
b)

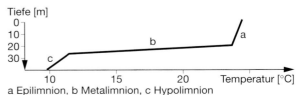

a Epilimnion, b Metalimnion, c Hypolimnion

Diagramm zur vermutlichen Temperaturschichtung im Juni

c) Aufgrund der Herbstvollzirkulation werden die Inhaltsstoffe des Sees im Dezember wieder gleichmäßig verteilt sein. Ammoniumionen werden dann nur noch in Spuren vorkommen, da diese im Hypolimnion vollständig zu Nitrat oxidiert werden können.

41. Wattenmeer ☞ 94 *

a) Pierwurm (Ringelwürmer), Austernfischer (Vögel), Herzmuschel (Muscheln), Seestern (Stachelhäuter), Seepocke und Strandkrabbe (Krebstiere), Napfschnecke (Schnecken)

b) Der Austernfischer frisst vorwiegend bei Ebbe; dann kann er zu Fuß das Watt nach Krabben, Muscheln, Schnecken und Würmern absuchen. Die anderen genannten Tiere nehmen bei Flut Nahrung auf, da nur dann das Watt mit Wasser bedeckt ist. Das Wasser bringt kleinere Planktonorganismen mit und schützt die Tiere vor den Vögeln.

c) Von dem reichlichen Plankton, welches das ruhige Wattenmeer besiedelt, rieselt ein starker Detritus-Strom auf den Boden. Durch den Schutz der Inselkette wird er während der wechselnden Gezeiten nur wenig aufgewirbelt und nicht ins offene Meer abtransportiert. Auch die größeren Tiere hinterlassen große Mengen organischer Stoffe.

d) Napfschnecke und Seepocke sitzen fest an Steinen und können durch Wellen nicht abgespült werden. Sie besitzen kräftige Schalen als Schutz vor Vogelschnäbeln.
Herzmuschel und Pierwurm leben meist im Schlick eingegraben. Ihre Nahrung bekommt die Herzmuschel über einen Sipho (körpereigene Röhre), der Pierwurm über seine zum Wasser offene Wohnröhre. Eingegraben sind beide weitgehend geschützt vor Vögeln. Strandkrabbe und Seestern können sich ebenfalls durch Eingraben schützen.
Der Austernfischer besitzt einen langen, kräftigen Schnabel, mit dem er Muschelschalen und Krebspanzer aufmeißeln kann. Lange Beine und Schwimmhäute erleichtern das Laufen auf dem Schlick.

e) Der Schlick ist sehr weich und wasserreich, sodass seine Bewohner sich sehr leicht eingraben können. Sie strudeln oder pipettieren Wasser und Nahrung durch sich hindurch und reichern auch in größeren Tiefen (bis etwa 60 cm) den Biotop mit Nährstoffen an.

f) Die Brandung ist hier nur schwach. Deshalb werden die zarten Jungfische nicht durch die Kraft der Brecher beschädigt. Für viele größere Fische (Fressfeinde der Jungfische) sind die Priele während der Ebbe zu flach. Reichlicher Detritus, den Destruenten mineralisieren und der sich im ruhigen Wattenmeer absetzen kann, macht es zu einer fruchtbaren Zone für Phyto- und Zooplankton, der Nahrung für die Jungfische.

g) Während der Mauser sind Vögel empfindlich und in ihrer Flugfähigkeit eingeschränkt. Im Wattenmeer gibt es wenige Beutejäger und die Nahrungssuche ist leicht.

h) Schiffe und Motorboote verlieren Öl (absichtlich und unabsichtlich), viele Öltankerunfälle kommen vor, die Industrie entlässt giftige Abfälle ins Meer, Touristen stören brütende Vögel, hinterlassen Berge von Abfällen, verscheuchen Seehunde, die sich dann wund-„robben" u. v. a., niedrig fliegende Düsenjäger stören die Vogelwelt und verwüsten durch Abwurf von Testbomben Biotope; Panzer und Landstreitkräfte stören und zerstören Biotope und Lebensgemeinschaften.

Nutzung und Belastung der Natur durch den Menschen

42. DDT-Einsatz auf Borneo ☞ 97 ***

a)
Nahrungsnetz

Nahrungsnetz und ökologische Pyramiden

b) DDT ist ein schwer abbaubares Insektizid (Nervengift). Nach etwa zehn Jahren ist die Hälfte des ursprünglich von Organismen aufgenommenen DDT abgebaut. Daher kann es sich im Körper anreichern. 1971 wurde es verboten. Es wird sowohl über Schleimhäute, Lungen und Kiemen direkt aus der Umwelt oder aber auch über die Nahrungskette aufgenommen und reichert sich vor allem im Fettgewebe des Organismus an. Durch Luft- und Wasserbewegung wird es überallhin verfrachtet.

c) **Mäuse- und Rattenplage**
Die Katzen stehen am Ende der Nahrungskette. Das DDT reichert sich bei ihnen in besonderem Maße an, da sie sich von den vielen Geckos ernähren, die sich an den DDT-haltigen Insekten vergiftet haben und somit für die Katzen zu einer leichten Beute werden. Die Katzen werden dadurch ihrerseits vergiftet und fallen als Feinde der Mäuse und Ratten aus.
Bettwanzen- und Insektenplage
Nachdem sich das DDT bei den Geckos angereichert hat, fallen diese als Fressfeinde der Insekten aus.

150 Ökologie

3. VOLTERRAsches Gesetz: Werden Räuber und Beute gleichermaßen geschädigt, erholt sich die Beute schneller als der Räuber. Die Insekten erholen sich schneller und können sich ohne Kontrolle durch den Gecko explosionsartig vermehren.

d) Man hätte noch weiter Katzen verstärkt einsetzen oder Geckos züchten und aussetzen können.

43. Probleme mit der Schaflausfliege ☞ 97 **

a) Anhaltspunkt für die Beurteilung, ob das Fleisch noch relativ unbedenklich verzehrt werden kann, ist die geduldete Höchstmenge.
Rechnung: 0,01 mg/kg × 70 kg : 0,3 kg = 2,3 mg/kg. Nach dieser Berechnung, die davon ausgeht, dass ein Erwachsener über längere Zeit 300 g Lammfleisch pro Tag zu sich nimmt, könnte man das Muskelfleisch noch verzehren. Von Leber und Fettgewebe wäre jedoch abzuraten.

b) Lindan hat eine hohe Halbwertzeit. Daher reichert es sich durch Aufnahme über die Schleimhäute oder auch über die Nahrung, in diesem Fall Muttermilch, an.
Schafsmilch ist sehr fettreich. Lindan reichert sich daher verstärkt auch in der Milch an.

c) Schaflausfliegen besitzen lange, mit Haken versehene Beine, mit denen sie sich gut im Fell der Wirte festhalten können, ihre Flügel sind verkümmert, sie besitzen ein Saugorgan am Kopf, ihr Körper ist abgeflacht, sodass sie sich gut im Haarkleid vorwärts bewegen können.

d)

Ökologische Pyramiden

Im Gegensatz zu den ökologischen Nahrungsketten-Pyramiden steht im Wirt-Parasit-System die Zahlenpyramide auf dem Kopf und die Biotoppyramide mit der Basis nach unten.

44. Akkumulation von Quecksilber ☞ 97 **

Quecksilber kann von den im Wasser lebenden Organismen sowohl über die Kiemen als auch über die Nahrung aufgenommen werden. Die Aufnahme über die Nahrung hat den größeren Effekt, da sich in den Beuteorganismen schwer abbaubare Stoffe stärker anreichern als in dem umgebenden Wasser. Die Stärke der Anreicherung ist zudem davon abhängig, welchem Glied der Nahrungskette ein Beuteorganismus zugeordnet ist. Von Glied zu Glied werden in der Nahrungskette die Schadstoffe exponentiell angereichert. So enthalten z. B. kleine Krebse oder Würmer, die am Anfang der Nahrungskette stehen, weniger Schadstoffe als z. B. große Raubfische, die sich ausschließlich von den vielen Organismen ernähren, die diese Schadstoffe schon über die Nahrung angereichert haben. Junge oder schnellwüchsige Fische haben weniger Quecksilber angereichert als alte und langsam wachsende. Daher wird in den Verbrauchertipps vor allem vom Verzehr großer Raubfische wie Hai und Thunfisch gewarnt.

45. Waldkahlschlag ☞ 100 **

Die Samen der genannten Pflanzen gelangen auf den Waldboden. Solange aber die Laubschicht der Bäume kein fotosynthesewirksames Licht (Rotlicht) auf den Boden durchlässt, können sich ihre Keimlinge nicht entwickeln.

46. „Mittelstreifenflora" ☞ 101, 102 **

a) Wind (100 km/h und mehr), Abgase und karger Boden, fortgesetzte Staubzufuhr aus Teer- und Gummiabrieb

b) Zur Bestäubung kommen nur Insekten in Frage, die diesen Wind vertragen (und die den Mittelstreifen überhaupt erreichen); Schmetterlinge also nur eingeschränkt. Auch die Abgase halten manche Insektenarten fern. Folglich kann die Mittelstreifenflora als Dauerformen nur solche Pflanzenarten enthalten, für die die „robuste" Insektenarten zuständig sind (z. B. Fliegen) oder welche durch den Wind bestäubt werden (Gräser) und Selbstbestäuber.

c) Feste Verwurzelung im Boden, stabiler Wuchs, schmale, zerteilte oder sehr derbe Blätter; kleine, unempfindliche Kronblätter; geringe Ansprüche an Boden und Wasserzufuhr; zahlreiche Blüten und damit Samen und/oder vegetative Vermehrung, Unempfindlichkeit gegen Staub und Schadstoffe.

d) Küsten der Nord- und Ostsee (oder anderer Meere) und Marschgebiete, (schwach) salzhaltige Böden.

e) Durch winterliches Salzen der Autobahn und nachfolgendes Abschwemmen durch Regen ist der Boden am Autobahnrand salzhaltig geworden. Samen des Salzschwadens sind vermutlich im Nord-Süd-Verkehr von verschmutzten Autos mitgebracht worden. Auch ist eine Verbreitung mit dem Streugut möglich: Dort, wo Salz gelagert wird, wächst Salzschwaden und hinterlässt Samen.

47. Nitratgehalt im Grundwasser ☞ 102 **

Der Nitrateintrag hängt von der Nutzungs- bzw. Bewirtschaftungsart ab. So beträgt die Nitratkonzentration z. B. unter einer Mähwiese 3–7 mg N/l. In einem Acker ohne Winterzwischenfrucht kommt es bei gleicher Düngung zu einer stärkeren Stickstoffanreicherung im Boden. Obwohl eine Intensivweide doppelt so stark gedüngt wird wie ein Acker mit Winterzwischenfrucht und Hackfrucht, gelangt unter einer solchen Weide nicht wesentlich mehr Nitrat in das Grundwasser.
Bei gleich intensiver Düngung einer Mähwiese und einer Intensivweide wird das Grundwasser unter der Mähwiese jedoch weniger als halb so stark mit Nitrat belastet. Besonders stark wird das Grundwasser unter Sonderkulturen (Gemüse, Blumen) belastet.
Die Belastung mit Nitrat allgemein kann einerseits auf den fehlenden Durchwurzelungsgrad des Bodens und andererseits auf die Einseitigkeit der Bewirtschaftung zurückgeführt werden. Gräser und Kräuter einer Mähwiese können den vergleichsweise hohen Stickstoffeintrag fast vollständig aufneh-

men. Die einzelnen Pflanzen haben eine unterschiedliche Fähigkeit, den Stickstoff aufzunehmen. Außerdem bilden sie ein dichtes Wurzelgeflecht. Durch die Mahd wird zudem ein großer Teil der Mineralstoffe und organischen Verbindungen, die die Pflanze mithilfe des Düngers produziert hat, von der Nutzfläche abtransportiert. Dies ist bei der Weide nicht der Fall. Hier werden Stickstoffverbindungen vom Weidevieh umgesetzt und nur zum geringeren Teil in ihren Körper eingebaut. Der größte Teil wird als Kot wieder in Bodenkontakt gebracht und dort umgesetzt bzw. in das Grundwasser gespült.

48. Rückgang der tropischen Feuchtwälder ☞ 102 **

a)

Region	Jährlicher Verlust	
	absolut [10⁶ ha]	prozentual
Tropen insgesamt	5,12	0,47
Westafrika	0,28	2,0
Zentralafrika	0,16	0,09
SO-Asien	1,92	1,12
davon Inseln	0,92	0,53
Festland	1,00	0,84
Südamerika	2,36	0,45
Mittelamerika	0,32	0,3

Absoluter und prozentualer Verlust der tropischen Feuchtwälder von 1975 bis zum Jahr 2000

Die Prozentangaben geben Auskunft über die Geschwindigkeit des Rückgangs. Er ist besonders hoch in Westafrika und SO-Asien.
Die absoluten Werte geben den tatsächlichen Flächenverlust an. Er ist besonders hoch in Südamerika und SO-Asien. Diese Regionen sind durch ein starkes Bevölkerungswachstum gekennzeichnet.

b) Die wirtschaftlichen Ursachen sind im starken Bevölkerungswachstum zu suchen. Zunächst erfolgt ein verstärkter Holzeinschlag (Exportholz, Bauholz) durch die Holzindustrie. Im Zuge von dann durchgeführten Rodungsmaßnahmen wird Brennholz gewonnen oder Brandrodung durchgeführt. Danach werden die Flächen ackerbaulich oder als Viehweide genutzt.
Der Waldverlust kann zu klimatischen Änderungen (Verwüstungsprozesse) führen. Bei fehlendem Bodenmanagement werden die meisten tropischen Böden durch zu intensive Bewirtschaftung ausgelaugt. Der Brennholzbedarf der Landbevölkerung – insbesondere in Westafrika und Südamerika – führt zum völligen Fehlen einer Dauervegetation. Dadurch kommt es verstärkt zu Bodenerosion und weiterer Verschlechterung der Böden. Dies führt schon heute großflächig zu starken Wanderungsbewegungen sowohl in die Städte wie auch in andere landwirtschaftlich genutzte Regionen (z. B. in Ostafrika) und damit vermehrt zu ethnischen Konflikten.

49. Gewässergüte/ Indikatororganismen ☞ 103 *

a) und b) (Die Güteklasse ist hinter den Buchstaben vermerkt.)
1 – I (II); 2 – D (II); 3 – H (IV); 4 – A (II); 5 – B (I);
6 – C -(IV); 7 -K (I); 8 – E (III); 9 – L (IV); 10 – F (II);
11 – G (III)

50. Treibhauseffekt und Luftbelastung ☞ 104, 109 *

a)

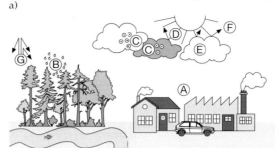

Treibhauseffekt und Luftbelastung

b) Treibhauseffekt bedeutet im Wesentlichen Erwärmung der Erdoberfläche. Sulfataerosole bewirken, dass Sonnenstrahlung reflektiert wird, d. h. vermindert auf die Erdoberfläche gelangt. Dadurch haben sie eine Kühlwirkung und mindern tatsächlich den Treibhauseffekt.

c) Nein: Zum einen bleibt das Problem des sauren Regens (Schwefelemissionen); zum anderen könnte ein kurzfristiger Abkühleffekt auftreten, langfristige klimatische Folgen sind nicht absehbar.
Der Abkühleffekt wäre mit starker Versauerung und schweren Vegetationsschäden teuer erkauft.

51. Schwermetalle als Umweltfaktor ☞ 105, 106 *

a) Der Mensch gewinnt zwar durch Industrieprodukte Lebensvorteile. Jedoch muss er berücksichtigen, dass die bei der Nutzung entstehenden schädlichen Stoffe immer im Kreislauf erhalten bleiben und früher oder später beim Menschen „landen". Die hier angesprochenen Schwermetalle nimmt der Mensch über pflanzliche und tierische Nahrung sowie über das Trinkwasser auf.

b) Bei Zn, Cd, Pl steigt die Löslichkeit mit zunehmendem pH-Wert. Die Konzentrationen sind bei den drei Schwermetallen unterschiedlich, der Abhängigkeitsverlauf bei Blei (Pb) ist bei höheren Werten insofern anders, als bei pH 6–8 die Löslichkeit ungefähr gleich ist, bei Zn und Cd abnimmt.

c) Der Mensch wird auf mehrfache Weise durch Schwermetalle belastet: einmal durch die bei A aufgezeigte Schwermetallgewinnung durch die Industrie. Andererseits verstärkt sich die Einbringung in den Kreislauf durch eine pH-Wert-Erhöhung in Böden, wie sie durch den sauren Regen (weitere industrielle Vorgänge) gefördert wird.

52. Müll als Umweltproblem ☞ 112 *

80 Mill. · 4,5 g = 360 t Müll ($\triangleq$ 360 t · 4,9 m³ = 1764 m³).
Eine 1 m breite Mauer hätte dann eine Länge von 1764 m;
1764 m · 4 = 7056 m = 7,056 km;
$\triangleq$ der Länge einer Mauer, die 25 cm, d. h. ¹/₄ so breit ist.

53. Definitionen

1. c); **2.** b); **3.** d); **4.** a), **5.** a); **6.** e); **7.** b); **8.** e); **9.** b); **10.** d); **11.** e); **12.** d); **13.** a); **14.** d); **15.** d); **16.** e)

54. Multiple-Choice-Test Ökologie

1. c), e); **2.** b), d); **3.** d), e); **4.** a), c), e); **5.** a); **6.** b); **7.** d); e);
8. b), c), d); **9.** a), b) c); **10.** a), d)

STOFFWECHSEL UND ENERGIEHAUSHALT

Enzyme und Zellstoffwechsel

1. **Isoelektrischer Punkt** ☞ 116 **
a) H–O–C = O
   |
   H–C–H
   |
   H–N–H

   Strukturformel des Glycins

   Funktionelle Gruppen sind 1. die Carboxylgruppe (–COOH), die als Protonendonator für die sauren Eigenschaften verantwortlich ist und 2. die Aminogruppe (–NH$_2$), die als Protonenakzeptor basische Eigenschaften besitzt.

b) Der IEP ist der pH-Wert, bei dem die Aminosäure (fast) vollständig als Zwitterion vorliegt.
c) Der IEP von Glycin liegt bei pH 6 (exakt 6,1). Es ist der Wendepunkt der pH-Kurve bei dem steilen Anstieg nach Zugabe von 10 ml NaOH.
d) Die elektrische Leitfähigkeit hängt von der Anzahl und der Wanderungsgeschwindigkeit der in Lösung befindlichen, beweglichen Ionen ab. H$_3$O$^+$- und OH$^-$-Ionen verursachen eine sehr hohe elektrische Leitfähigkeit. Zu Beginn ist die Aminogruppe der Aminosäure protoniert (–NH$_3^+$). Aufgrund ihrer Größe bewegen sich im elektrischen Feld langsam. Durch Zusatz von OH$^-$-Ionen wird jeweils ein Proton vom Stickstoff der Aminogruppe abgespalten und neutralisiert, dadurch werden auch die zuvor positiv geladenen Aminosäureionen elektrisch neutral. Insgesamt nimmt die elektrische Leitfähigkeit ab. Durch weiteren Zusatz von OH$^-$-Ionen werden nun die von der Carboxylgruppe abgespaltenen Protonen neutralisiert, wodurch die Aminosäure negativ geladene Ionen bildet.
e) H$_3$N$^+$–CH$_2$–COOH + OH$^-$ → H$_2$O + H$_2$N–CH$_2$–COOH;
   pH < 4
   H$_2$N–CH$_2$–COOH + OH$^-$ → H$_2$O + H$_2$N–CH$_2$–COO$^-$;
   pH > 8
f) Der pH-Wert ist eine logarithmische Funktion; der Zusatz von 10^{-6} mol OH$^-$-Ionen verändert den pH-Wert von 6 nach 7. Bei der verwendeten NaOH sind 10^{-6} mol OH$^-$-Ionen in 10 ml enthalten. Geringste Volumenveränderungen führen also zu starken pH-Änderungen.

2. **Primärstruktur von Proteinen** ☞ 118 *
Die drei Aminosäuren sind durch zwei Peptidbindungen miteinander verbunden.

Strukturformel der verknüpften Aminosäuren

3. **Peptidaufbau** ☞ 118 *
a) Peptide
b) Glutathion besteht aus drei Aminosäuren, die durch Peptidbindungen miteinander verknüpft sind.
c)
```
        H     O
        |     ‖
   H–N–C–C
   |   |    \
   H   H     O–H
```
Dritter Baustein des Moleküls

4. **Proteinstruktur** ☞ 118 *

	Proteinstruktur		
	Primär	Sekundär	Tertiär
Disulfidbrücken	–	(+)	+
Ionenbindung	–	(+)	+
Peptidbindung	+	–	–
Wasserstoffbrücken	–	+	+

Bindungskräfte und Proteinstruktur

5. **Enzymaktivität** ☞ 121 *
a) Die Enzymaktivität hängt vom pH-Wert ab: E$_2$ arbeitet bei pH 7 rascher als bei pH 6; E$_1$ umgekehrt.
b) Erhöhung um 10 °C führt zu höherer Reaktionsgeschwindigkeit; Erhöhung um 30 °C: kleinere Reaktionsgeschwindigkeit; der Grund hierfür ist die beginnende Denaturierung
c) Mg^{2+}-Ionen aktivieren die Wirkung von E$_1$.
d) Es entsteht bevorzugt Ethanol, da E$_2$ rascher arbeitet und in gleicher Zeit mehr Substrat umsetzt.
e) Um möglichst viel Acetyl-CoA zu erhalten, muss der pH-Wert auf 6 abgesenkt und Mg^{2+}-Ionen zugesetzt werden.
f) MICHAELIS-MENTEN-Konstante (K$_M$) = Enzymkonzentration bei $1/2$ v$_{max}$ (bei halbmaximaler Reaktionsgeschwindigkeit); hier: 2,8 · 10^{-3} mol/l

6. **Wirkungsweise von Enzymen** ☞ 121 *
a) Es liegt eine Oxidation bzw. eine Dehydrierung vor, da dem Sorbitol am zweiten C-Atom Wasserstoff entzogen wird.
b) Sorbitoldehydrogenase
c) Als Cofaktor **(B)** kommt NAD$^+$ in Frage, das in der Reaktion zu NADH + H$^+$ **(C)** reduziert wird.

7. **Waschmittel** ☞ 122 **
Das Waschmittel enthält als waschaktive Substanzen überwiegend Enzyme, die die wasserunlöslichen Verschmutzungen wasserlöslich und damit ausspülbar machen. Lipasen erleichtern die Lösung und den Abbau von Fetten, Proteasen diejenige von Eiweiß (sofern es nicht stark denaturiert ist), und Amylasen oder andere unspezifische Hydrolasen erleichtern die Lösung von vernetzten Kohlenhydraten.

Lösungen **153**

8. Wirkung von Enzymen ☞ 122 *

a) Während die Aktivitätskurve eines Enzyms in Abhängigkeit vom pH-Wert annähernd symmetrisch verläuft, also gleichmäßig bis zum Maximum ansteigt und gleichmäßig absinkt, steigt die Aktivität eines Enzyms in Abhängigkeit von der Temperatur bis zu ihrem Maximum immer stärker an und sinkt danach immer stärker ab.

b) Die Änderungen in der Aktivität bei unterschiedlichem pH-Wert sind abhängig vom Ladungszustand des Enzymproteins. Jede Veränderung des pH-Wertes geht mit einer Änderung der Ionenverhältnisse einher.
Die Temperaturabhängigkeit der Enzymaktivität ist auf zwei Ursachen zurückzuführen: Im ansteigenden Bereich gilt die RGT-Regel, im absteigenden Bereich nimmt die Denaturierung (= Änderung der räumlichen Verhältnisse, verursacht durch Änderung der Bindungen und somit der Sekundär- und Tertiärstruktur) zu.

9. Enzyme ☞ 122 *

a) Jeder Reaktionsschritt im Stoffwechsel einer Zelle wird durch ein Enzym katalysiert. Da in einer Zelle sehr viele Stoffwechselreaktionen ablaufen, ist eine Vielzahl von Enzymen nötig. Die Anordnung vieler Enzyme in oder an Membranen, in Zellorganellen oder als Multienzymsysteme (Kompartimentierung) sorgt zudem für einen geordneten Ablauf der Reaktionen.

b) Ein Enzym besteht in der Regel aus einem Apoenzym (Protein) und einem Coenzym (oder einer prosthetischen Gruppe); das Coenzym ist ein kleineres Molekül. Das Apoenzym enthält ein aktives Zentrum; hier liegt eine räumliche Anordnung der Aminosäuren vor, in welcher deren Seitenkettenreste mit einem bestimmten Substrat in Wechselwirkung treten können. Das Enzym ist daher substratspezifisch. Häufig können mit einem bestimmten Substrat verschiedene Enzyme in Wechselwirkung treten; sie katalysieren unterschiedliche Reaktionen. Dies nennt man die Wirkungsspezifität eines Enzyms.

c) Pepsin: katalysiert im Magen die Spaltung von Eiweißen zu Peptiden; Lipase: katalysiert im Dünndarm die Spaltung von Fetten in Glycerin und Fettsäuren; Amylase: katalysiert im Speichel und im Darm die Spaltung von Amylose zu Maltose und Glucose; Katalase: katalysiert im Blut und v. a. in der Leber die Spaltung von Peroxiden

10. Urease ☞ 123 *

a) Ammoniak reagiert mit Wasser gemäß der Gleichung:
$NH_3 + H_2O \rightarrow NH_4^+ + OH^-$
Bei der Spaltung von Harnstoff entstehen also Hydroxidionen, deren zunehmende Konzentration sich mit dem pH-Meter bestimmen lässt (Hydroxidionen steigern den pH-Wert, während das ebenfalls bei der Reaktion entstehende Kohlenstoffdioxid den pH-Wert kaum beeinflusst).

b) Die Kurve steigt nicht weiter (es entsteht eine Parallele zur Zeitachse). Da Urease durch Bleiionen unspezifisch gehemmt wird, entstehen keine weiteren Hydroxidionen.

c) 1. Die Enzymkonzentration (oder die Substratkonzentration) wird erhöht und damit auch die Umsatzrate; 2. die Temperatur wird erhöht (höchstens bis 50 °C), wodurch gemäß der RGT-Regel die Umsatzgeschwindigkeit gesteigert wird.

11. Regulation der Enzymwirkung ☞ 124 **

a) Malonsäure ist im Aufbau der Bernsteinsäure ähnlich. Sie kann dadurch die Reaktion kompetitiv hemmen, dass sie am aktiven Zentrum des Enzyms gebunden wird, aber nicht umgesetzt werden kann. Dann kann keine Bernsteinsäure gebunden werden. Kennzeichnend für die kompetitive Hemmung ist, dass die Erhöhung der Substratkonzentration die Hemmung aufhebt. Citronensäure oder auch ATP ähneln dagegen dem Substrat der Reaktion 2, dem Fructose-6-phosphat, überhaupt nicht. Deshalb ist eine allosterische Hemmung zu vermuten. Citronensäure oder ATP binden nicht ans aktive Zentrum der Phosphofructokinase, sondern an andere Stellen des Enzyms und verändern so seine räumliche Struktur.

b) Durch die Veränderung der räumlichen Struktur wird bei der allosterischen Hemmung auch das aktive Zentrum verändert, sodass Fructose-6-phosphat nicht mehr angelagert werden kann. Auch eine höhere Substratkonzentration kann daran nichts ändern.

c) Die Reaktion ist eine Dehydrierung, das Enzym heißt Bernsteinsäuredehydrogenase (A), Cofaktor ist NAD$^+$ (B), das zu NADH + H$^+$ (C) wird.

d) Unspezifische Enzymhemmung durch Schwermetallionen, Denaturierung der Proteinstruktur des Enzyms durch Hitze, starke Säuren und Laugen, Veränderung der Hydrathülle durch Aussalzen etc.

12. Enzymwirkung ☞ 124 **

a) **Reagenzglas (Rg) 3:** Trypsin baut im Darm bei einem pH-Wert von 8 (pH-Optimum) Proteine ab, die Temperatur von 20 °C dürfte noch ausreichen.
Rg 4: Gleiche Verhältnisse wie in Rg 3, nur führt die erhöhte Substratkonzentration zu einem langsameren Abbau.
Rg 1: Die Herabsetzung der Temperatur um 10 °C gegenüber Rg 3 verlangsamt die Geschwindigkeit der Reaktion um das Zwei- bis Dreifache (RGT-Regel), Abbau langsamer als in Rg 3.
Rg 6: Der pH-Wert ist gegenüber Rg 3 erniedrigt, das Enzym ist außerhalb seines pH-Optimums, Proteine werden langsamer als in Rg 3 abgebaut.
In den übrigen Reagenzgläsern verschwindet die Trübung nicht.

b) **Rg 2:** Quecksilberionen zerstören Trypsin irreversibel, da sie mit den Disulfidbrücken reagieren und somit die Tertiärstruktur zerstören.
Rg 5: Durch konzentrierte Lauge wird Trypsin denaturiert.
Rg 7: Amylase baut Kohlenhydrate, aber keine Proteine ab.
Rg 8: Die Enzyme werden durch hohe Temperaturen irreversibel denaturiert.

Stoffwechsel und Energiehaushalt

13. Lysozym ☞ 124 **

a) Es wurde in Schweiß, Tränen und Speichel nachgewiesen.

b) Es zerstört Bakterien durch Zerstörung der Bakterienzellwand.

c) Das Band selber stellt die Folge der Aminosäuren dar (= Primärstruktur), die spiraligen Abschnitte zeigen die alpha-Helix-Abschnitte des Proteins (= Sekundärstruktur), die insgesamt kompakte Form lässt die Tertiärstruktur erkennen, die räumliche Struktur, bei der das Enzym wirksam werden kann.

d) Das Enzym besitzt einen bestimmten Bereich, das Aktive Zentrum, das durch seinen Bau bzw. seine Ladungsverhältnisse der Aminosäureseitenketten geeignet ist, das Substrat zu binden (Substratspezifität von Enzymen). So entsteht der Enzym-Substrat-Komplex. Das Substrat wird, ebenfalls durch die Molekülstruktur bedingt, in spezifischer Weise chemisch umgesetzt (Wirkungsspezifität von Enzymen). Nach Ablauf dieser Reaktion verlassen die Produkte (oder das Produkt) das Aktive Zentrum des Enzyms. Das Enzym geht – wie ein Werkzeug – unverändert aus der Reaktion hervor und steht für eine erneute enzymatische Katalyse zur Verfügung.

14. Enzymkinetik ☞ 124 **

a) Es handelt sich um den typischen Verlauf einer Enzymreaktion, d. h., bei zunehmender Substratkonzentration ist die Reaktionsgeschwindigkeit ebenfalls steigend. Die Reaktion läuft mit maximaler Geschwindigkeit ab, wenn jedes Enzymmolekül mit einem Substratmolekül im Enzym-Substrat-Komplex vorliegt.

b) Die Steigung von Kurve B ist geringer als die von Kurve A, d. h., die Geschwindigkeitssteigerung der Enzymreaktion ist bei Ansatz A höher als bei Ansatz B. Bei Ansatz C ist keine Steigerung der Geschwindigkeit erzielt. Das Enzym wird durch Oxalsäure und Iodacetamid gehemmt. Dabei hemmt Oxalsäure – wohl wegen ähnlicher Struktur – kompetitiv, da bei Erhöhung der Bernsteinsäure-Konzentration die Hemmung wieder aufgehoben werden kann, d. h. die Hemmung reversibel ist. Iodacetamid hemmt dauerhaft, d. h. nichtkompetitiv. Dieser Hemmstoff ist irreversibel an Enzymmoleküle gebunden, sodass diese nicht für die Reaktion zur Verfügung stehen. Die Konzentration des Hemmstoffs ist hier so, dass noch Enzymmoleküle katalysieren können.
Iodacetamid geht mit der Bernsteinsäure-Dehydrogenase eine kovalente Bindung im aktiven Zentrum ein.

15. Fettverdauung ☞ 124, 153 *

a) Fett + Wasser $\xrightarrow{Pankreatin}$ Glycerin + Fettsäuren
Die entstehenden Fettsäuren säuern die Milch an. Dadurch wird Phenolphthalein farblos.

b) Hydrolase nach dem Reaktionstyp, Lipase nach dem Substrat

16. Fette ☞ 128 *

a) $R_{f(B_1)} = 8 : 15 = 0{,}53$; $R_{f(B_2)} = 0{,}2$

b) Das Fließmittel eignete sich gut für die Gemische B und C. In beiden Fällen erfolgte eine gute Auftrennung. Weniger gut eignet es sich für D, da die Flecken nicht deutlich getrennt sind, und für E, weil ein Fleck auf der Startlinie zurückblieb. Es ist für A ungeeignet, da keine Trennung erfolgte.

c) Eine mobile Phase, die das zu trennende Gemisch mit sich führt, fließt über eine stationäre Phase. Die Komponenten des Gemisches werden an die Oberfläche der stationären Phase in unterschiedlichem Maße adsorbiert und durch die mobile Phase wieder in Lösung gebracht. Dadurch wird eine unterschiedliche Wanderungsgeschwindigkeit für die einzelnen Komponenten erreicht.

d) Natürliche Fette sind Fettsäureester des Glycerins. Die Fettsäuren können gesättigt, einfach oder mehrfach ungesättigt sein. Dabei sind alle drei Hydroxylgruppen des Glycerins verestert.

$$\begin{array}{c} CH_3(CH_2)_nCOOCH_2 \\ | \\ HCOOC(CH_2)_nCH_3 \\ | \\ CH_3(CH_2)_nCOOCH_2 \end{array}$$

gesättigte Fettsäuren: n liegt in der Regel bei 14 und 16

17. Energiegewinnung ☞ 136 *

a) $CO_2 + 12 H_2O \underset{\text{Atmung im weiteren Sinne}}{\overset{\text{Fotosynthese}}{\rightleftarrows}} C_6H_{12}O_6 + 6 O_2 + 6 H_2O \quad | \, DG < 0$

b) Adenosintriphosphat → Adenosindiphosphat + P_i
   (ATP) (ADP)

c) Knallgasreaktion: $2 H_2 + O_2 \rightarrow 2 H_2O \quad | \, DH < 0$

18. ATP-Synthese ☞ 136, 151 **

a) **A:** äußere Mitochondrienmembran, **B:** nichtplasmatische Phase (Intermembranraum), **C:** innere Mitochondrienmembran, **D:** Einfaltung der inneren Membran (Crista), **E:** Mitochondrienplasma = Mitochondrienmatrix

b) $NADH + H^+$ überträgt Elektronen auf die Redoxsysteme der Innenmembran. Diese nutzen den Elektronenfluss zum Transport der H^+-Ionen in den Intermembranraum. Die Protonenanreicherung außen wird als sinkender pH-Wert gemessen.

c) Aufbau einer Spannung: innen negativ, außen positiv

d) Die Protonen fließen durch den ATPase-Kanal aufgrund des Potentialunterschieds nach innen. Dieser Protonenfluss wird zur ATP-Synthese genutzt.

e) Die nach innen gelangten Protonen reagieren mit den aus der Atmungskette stammenden Sauerstoffionen zu Wasser.

f) DNP könnte <u>Protonen binden</u>, die ATPase schädigen, die Protonenkanäle des ATPase-Komplexes schließen oder <u>den direkten Protonenfluss durch die Membran ermöglichen</u>.
Die unterstrichenen Aussagen treffen tatsächlich zu.

Energie- und Stoffgewinn autotropher Lebewesen

19. Fotosyntheserate ☞ 140 **

a) C₃-Pflanze: Das CO₂ reagiert im CALVIN-Zyklus mit Ribulose-1,5-bisphosphat zu zwei Molekülen Glycerinsäurephosphat, die je drei C-Atome enthalten.
C₄-Pflanzen: CO₂ wird zunächst in einer Dicarbonsäure mit vier C-Atomen gespeichert. Erst danach entstehen Kohlenhydrate. Hierdurch ist die CO₂-Bindung um etwa das Zehnfache effektiver; hierfür ist allerdings auch wesentlich mehr Energie erforderlich.

b)

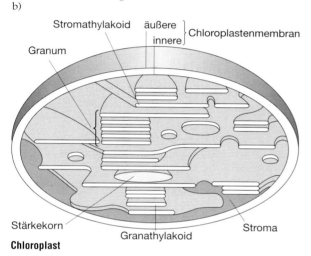

Chloroplast

c) Die Lichtreaktion läuft in den Thylakoiden ab, die lichtunabhängige Reaktion im Stroma.

d)

Primär- und Sekundärreaktionen der Fotosynthese

20. Fotosynthese ☞ 140 ***

a) rot

b) Blaulicht hebt je ein Elektron jedes Chlorophyllmoleküls in den zweiten Anregungszustand. Bei der Rückkehr in den ersten Anregungszustand wird Wärme freigesetzt. Die verbleibende Energie kann beim Übergang in den Grundzustand als rotes (energiearmes) Licht oder ebenfalls als Wärme abgestrahlt werden.

c) Die vom Licht angeregten Elektronen werden auf das Redoxsystem übertragen und kehren nicht direkt zum Chlorophyll zurück.

d) Je 100–300 Chlorophyll-Moleküle bilden eine Licht sammelnde Funktionseinheit (Antennenkomplex). Die Absorption eines Photons durch eines der Antennenpigmente führt dazu, dass dessen Energie zum Reaktionszentrum weitergeleitet wird und dort ein Elektron in einen höheren Anregungszustand anhebt. Das angeregte Elektron wird anschließend auf den primären Elektronenakzeptor übertragen.

e) Man kann das Schicksal des Sauerstoffs mithilfe des schweren Sauerstoffisotops ^{18}O verfolgen, indem man die Fotosynthese zum einen mit $H_2^{18}O$ und zum anderen mit $C^{18}O_2$ durchführt. Nur wenn sich das ^{18}O zuvor im Wasser befindet, kann ^{18}O in dem von der Pflanze freigesetzten Sauerstoff nachgewiesen werden.

21. Effektivität der Fotosynthese ☞ 145 ***

Die Pflanzen nehmen CO₂ durch Fotosynthese auf und geben CO₂ durch Atmung ab. Dadurch ergibt sich in der Umgebungsluft der Pflanze in einem abgeschlossenen Gefäß eine bestimmte CO₂-Konzentration. Die Menge des CO₂ im Gasraum des Gefäßes stellt also ein Maß für die Fähigkeit der Pflanze dar, CO₂ fotosynthetisch zu binden.
Die Hydrogencarbonatlösung mit dem Indikator reagiert einerseits auf die Entnahme von CO₂ aus der Luft durch die Pflanze mit einer Abgabe von CO₂ aus dem Wasser in die Luft. Dabei verändert sich gleichzeitig der pH-Wert: Die Lösung wird durch die absolute Zunahme der Protonen saurer, wenn CO₂ ins Wasser gelangt, und alkalischer, wenn CO₂ über die Luft in die Pflanze gelangt. Denn in der Hydrogencarbonatlösung stellt sich ein Gleichgewicht nach folgendem Muster ein: $H_2O + CO_2 \rightleftharpoons H_2CO_3 \rightleftharpoons HCO_3^- + H^+$
Bei der andererseits auch im Licht stattfindenden Atmung der Pflanzen diffundiert das entstehende CO₂ in die Lösung und erniedrigt so ihren pH-Wert.
In den jeweiligen Ansätzen stellt sich so eine bestimmte CO₂-Konzentration, bedingt durch Fotosynthese- und Atmungsprozesse, ein. Der starke Farbumschlag nach Belichtung der Maispflanze deutet darauf hin, dass sie als C₄-Pflanze der Luft mehr CO₂ entziehen kann als die C₃-Pflanze Bohne.
Im Dunkeln wird die CO₂-Konzentration nur durch die Atmung bestimmt; CO₂ reichert sich an und führt zur pH-Wert Erniedrigung, was durch die gelbe Farbe angezeigt wird.

22. Lichtunabhängige Reaktion ☞ 145 **

a) Zu Beginn des Versuchs ist in den Chloroplasten die Konzentration an NADPH + H⁺ gering. Sie steigt mit der Belichtung stark an, sinkt dann etwas ab und bleibt dann konstant hoch. Mit der Belichtung können die Primärreaktionen ablaufen, die im Zusammenhang mit der Fotolyse des Wassers NADP⁺ zu NADPH + H⁺ reduzieren. Die Energie für die Reduktion wird durch Lichtabsorption bereitgestellt.

b) **A:** Die Konzentration an ADP + P_i ist in abgedunkelten Chloroplasten hoch und fällt mit der Belichtung, bei der daraus ATP entsteht, ab.
B: Die Konzentration an Ribulose-1,5-bisphosphat ist in unbelichteten Chloroplasten gering, da in der Dunkelreaktion aus Ribulose-1,5-bisphosphat durch Aufnahme von Kohlenstoffdioxid viel Glycerinsäurephosphat entstanden ist. Mit dem Licht steigt die Konzentration an Ribulose-1,5-bisphosphat, da es nun wieder nachgeliefert werden kann.

C: Die Konzentration an Glycerinsäurephosphat ist im Dunkeln hoch, da es ohne NADPH + H⁺ und ATP nicht zu Glycerinaldehydphosphat umgesetzt werden kann. Mit dem Lichtangebot wird die Umsetzung zu Glycerinaldehydphosphat möglich und die Konzentration an Glycerinsäurephosphat sinkt.

D: Die Konzentration an Kohlenstoffdioxid ist im Dunkeln recht hoch, da Ribulose-1,5-bisphosphat als Kohlenstoffdioxid-Akzeptor fehlt. Wenn mit der Lichtzufuhr die Konzentration an Ribulose-1,5-bisphosphat steigt, kann Kohlenstoffdioxid wieder gebunden werden und seine Konzentration sinkt.

23. Sekundärvorgänge der Fotosynthese ☞ 145 *
a) **A:** Kohlenstoffdioxid; **B:** C_3; **C:** 2 NADPH + H⁺ + 2 ATP; **D:** 2 NADP⁺ + 2 ADP + 2 Phosphatreste; **E:** C_3; **F:** C_6
b) 12 Moleküle Glycerinaldehydphosphat, 6 Moleküle Ribulose-1,5-bisphosphat

Stoffabbau und Energiegewinn in der Zelle

24. „Probleme" bei der Energiegewinnung heterotropher Lebewesen und ihre Lösung ☞ 153 **
a) Der schematisch und stark verkürzt dargestellte Prozess **A** ist die Glykolyse. Glucose wird zunächst mithilfe von ATP aktiviert und zum C_6-Körper Fructosediphosphat umgeformt. Dieser C_6-Körper wird in zwei C_3-Körper gespalten und oxidiert. Das Stoffwechselprodukt **b** ist Brenztraubensäure, eines der oxidierten Spaltprodukte.
B stellt schematisch die Milchsäuregärung, **C** die alkoholische Gärung dar.
b) ATP (Substanz **1**) wird zu Beginn der Glykolyse für die Aktivierung der Glucose benötigt. Die im Glucosemolekül enthaltene Energie kann nur durch Hinzufügen von Aktivierungsenergie gewonnen werden. Pro Mol Glucose werden zwei Mol ATP benötigt. Nach dem Zerfall des umgebauten C_6-Körpers zu den C_3-Körpern Glycerinaldehydphosphat und Dihydroxyacetonphosphat, die im Gleichgewicht zueinander stehen, wird das Glycerinaldehydphosphat durch die Substanz **2** NAD⁺ oxidiert und gleichzeitig ein Phosphorsäurerest hinzugefügt. Dann erfolgt Energiegewinn in Form von ATP-Bildung (Substanz **3**), wobei ein Phosphorsäurerest vom Glycerinsäure-1-3-bisphosphat auf ADP übertragen wird. Nach Umbau des C_3-Körpers wird ein zweiter Phosphorsäurerest auf ADP übertragen.
c) Die Glykolyse (**A**) ist bei vielen Organismen anzutreffen, die Glucose abbauen können. Dazu gehören alle Organismen mit Mitochondrien, also alle Eukaryonten. Der Prozess (**B**) stellt schematisch den Endschritt der Milchsäuregärung dar, der Prozess (**C**) den der alkoholischen Gärung. Die Milchsäuregärung führt z. B. *Lactobacillus* (Milchsäurebakterium) durch; die alkoholische Gärung wird z. B. von der Bäckerhefe und verwandten Formen (Weinhefe) zur Energiegewinnung bei Abwesenheit von Sauerstoff verwendet.

d) Alle gärenden Organismen führen eine Glykolyse oder ähnliche Energiegewinnungsprozesse durch, bei denen Energie in Form von ATP und mit Wasserstoff beladenene, also reduzierte Coenzyme entstehen.
Die Unterschiede bei den verschiedenen Gärungsformen bestehen in den Wasserstoffakzeptoren, die notwendig sind, um die Coenzyme wieder zu oxidieren, also vom Wasserstoff zu befreien, und die Glykolyse weiter ablaufen lassen zu können. Im einfachsten Fall wird der Wasserstoff auf Brenztraubensäure übertragen (Milchsäuregärung), im anderen Fall wird Brenztraubensäure zu Acetaldehyd decarboxyliert und dieser C_2-Körper mit Wasserstoff reduziert, sodass ein Alkohol entsteht, nämlich Ethanol.

Stoffwechsel vielzelliger Tiere

25. Verdauung ☞ 159 **
a)

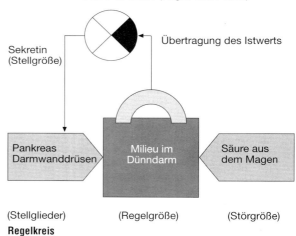

Regelkreis

b) zum Beispiel: $HCO_3^- + H_3O^+ \rightarrow H_2O + CO_2$
c) Magen und Darm bilden schützende Schleimschichten; außerdem werden die Proteasen als inaktive Vorstufen in den Magen bzw. Darm ausgeschüttet, sodass sie ihre Bildungszellen nicht schädigen können. Erst an ihren Bestimmungsorten werden sie aktiviert (im Magen durch Salzsäure, im Dünndarm durch das Enzym Enterokinase).
d) Reizarme Kost wie Haferschleim. Gemieden werden sollte alles, was den Magen zur Bildung von Salzsäure und Pepsinogen anregt und dadurch die Geschwüre vergrößert: schwer verdauliches Eiweiß, Fett und alle scharfen Gewürze. Bis zur Ausheilung der Geschwüre sollte der Magen so wenig wie möglich an der Verdauung teilnehmen. *Die meisten Magengeschwüre werden jedoch durch bakterielle Infektion verursacht. Dann sind Antibiotika therapeutisch wichtiger als Diät.*

e) Im Allgemeinen denaturieren starke Säuren die Tertiärstruktur der Enzyme; daher ist das Milieu fast des gesamten Verdauungstrakts neutral oder schwach alkalisch. Eine der Aufgaben des Magens ist jedoch die Desinfizierung der Nahrung; die meisten Bakterien gehen im stark sauren Milieu zugrunde und einige Giftstoffe werden durch Salzsäure unwirksam gemacht. Pepsin ist dem pH-Wert des Magens angepasst.

26. CALVIN-BENSON-Zyklus ☞ 165 **
a) Welche chemische Verbindung entsteht direkt nach der CO_2-Aufnahme aus dem CO_2-Akzeptor und wie wird diese Verbindung im Stoffwechsel weiter umgesetzt?
b) Aus dem CO_2-Akzeptor geht als erste Verbindung PGS hervor, dann PGA, nach 1,2 sec wird schon Ribulosebisphosphat nachweislich hergestellt.
c) Vermutlich wird nach weiteren Sekunden neben anderen Kohlenhydraten auch Glucose radioaktiv sein. Der CALVIN-BENSON-Zyklus muss mehrmals durchlaufen werden, damit Glucose angereichert werden kann.
d) Die Substanzflecken von PGS, PGA und RibBP würden sich allmählich zugunsten eines wachsenden radioaktiven Substanzfleckens von Glucose verkleinern.

27. Blutgerinnung ☞ 166 *
a) In einem Netz von Fibrinsträngen sind deformierte Erythrozyten gefangen.
b) Bei der Verletzung von Gewebezellen oder dem Zerfall von Blutplättchen wird Thrombokinase in das Blutplasma freigesetzt. Dieses Enzym katalysiert die Umwandlung von Prothrombin in Thrombin. Thrombin katalysiert die Umwandlung von Fibrinogen in Fibrin. Fibrin bildet eine fädige, miteinander vernetzte Gerüstsubstanz, in der sich die zellulären Bestandteile des Blutes, besonders Erythrozyten und Blutplättchen, verfangen. Diese Einheit bildet ein Gerinnsel.

28. Sauerstofftransport ☞ 167 *
a)

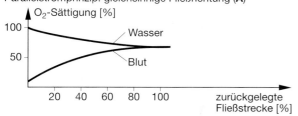

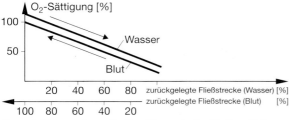

Sauerstofftransport vom Medium Wasser in das Medium Blut

b) Während die Messwerte der Sauerstoffsättigung des Hämoglobins bei zunehmendem Sauerstoff-Partialdruck einen s-förmigen Kurvenverlauf aufweisen, steigt die Kurve der Sauerstoffsättigung des Myoglobins sofort steil an und nähert sich schon bei einem viel geringeren O_2-Partialdruck seiner Sättigungsgrenze.

c) Die unterschiedlichen Kurvenverläufe in der Abbildung zeigen, dass Hämoglobin und Myoglobin als Sauerstofftransport- und Speichersysteme bei Luftatmern unter verschiedenen Bedingungen jeweils optimal arbeiten. Im Gasraum der Lungenbläschen ist der Sauerstoffpartialdruck mit über 5 kPa vergleichsweise hoch. Die leichte Beweglichkeit der Moleküle im gasförmigen Zustand führt zu einer schnellen Diffusion zwischen Gasraum der Lungenbläschen und Hämoglobin im Blut. So kann eine große Anzahl von O_2-Bindungsstellen im Hämoglobin besetzt werden. An den Verbrauchsorten des Sauerstoffs sinkt sein Partialdruck in der Körper- bzw. Zellflüssigkeit. Das Hämoglobin gibt nun die Sauerstoffmoleküle ab. Diese Abgabe erfolgt entweder aus den Kapillaren über das Zellplasma in die Mitochondrien der Zellen oder zum Myoglobin, welches in der Muskulatur die Funktion eines Sauerstoffspeichers hat.

Beim Austausch der in Flüssigkeiten gelösten Gase führt die geringere Beweglichkeit der Sauerstoffmoleküle zu einer geringeren Transportgeschwindigkeit vom Wasser ins Blut. Je geringer der Konzentrationsunterschied des Sauerstoffs zwischen Wasser und Blut ist, desto langsamer erfolgt der Sauerstofftransport. Dieses Problem kann gelöst werden, indem ein Gegenstromverfahren verwendet wird. Bei diesem Prinzip kann ein gleichmäßiger Konzentrationsunterschied zwischen Wasser und Blut aufrechterhalten werden, sodass auch bei geringen Sauerstoffkonzentrationen im Wasser ein Sauerstofftransport ins Blut möglich ist.

29. Niere ☞ 172 *
Je höher die Glucosekonzentration im Blut ist, desto höher ist der Glucosegehalt im Primärharn und desto höher ist auch der Glucosegehalt im fertigen Urin. Die gepunktete Linie zeigt die Menge der reabsorbierten Glucose. Es wird deutlich, dass die Niere nur eine bestimmte Menge Glucose wieder zurückgewinnen kann. Steigt der Glucosespiegel im Blut deutlich über 200 mg/100 ml, so ist im Urin Glucose nachweisbar.
Der (zu hohe) Glucosespiegel im Urin dient als Nachweis für Diabetes.

30. Fragen quer durch den Stoffwechsel **
1. a); 2. d); 3. c); 4. e); 5. a); 6. e); 7. a); 8. b); 9. d); 10. a); 11. d); 12. b); 13. e); 14. c); 15. b); 16. a)

31. Multiple-Choice-Test Stoffwechsel und Energiehaushalt **
1. e); 2. b), c), e); 3. b), d); 4. a), c), e); 5. b); 6. a), b), d); 7. c), e); 8. a), b), e); 9. a), d); 10. c), d), e)

NEUROBIOLOGIE

Bau und Funktion von Nervenzellen

1. **Bau der Nervenzelle** ☞ 174 *
   A: *Zellkern*, speichert die genetische Information, Steuerungsorgan der Zelle; **B:** *Mitochondrium*, liefert chemische Energie; **C:** *Zellkörper der Nervenzelle (Soma)*; **D:** *Axon*, leitet Nervenimpulse (Aktionspotentiale) vom Soma fort; **E:** *SCHWANNsche Zelle*, isoliert als Markscheide (aus einer Gliazelle hervorgegangen) das Axon; **F:** *Synapsen*, Verknüpfungsstellen zwischen den Nervenzellen; **G:** *Dendrit*, Fortsatz der Nervenzelle, leitet Nervenimpulse (graduierte Potentiale) zum Zellkörper; **H:** *Axonursprung (Axonhügel)*, hier entspringt das Axon am Zellkörper; überschreitet hier ein graduiertes Potential den Schwellenwert, wird mindestens ein Aktionspotential ausgelöst; **I:** *Mikrotubuli* dienen u. a. dem axoplasmatischen Transport der synaptischen Bläschen; **J:** *RANVIERscher Schnürring*, von Ring zu Ring wird die Erregung in Form der Aktionspotentiale längs des Axons weitergegeben (saltatorische Erregungsleitung).

2. **Neuron** ☞ 174 *

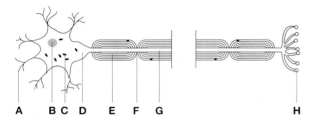

   A   B C D   E   F   G   H

   A Dendrit   **E** SCHWANNsche Zelle
   B Zellkern   **F** RANVIERscher Schnürring
   C Mitochondrium   **G** Axon
   D Axonursprung   **H** Endköpfchen

   Längsschnitt einer markhaltigen Nervenzelle

3. **Wirkung von Ionen an Membranen** ☞ 176 *
   Richtige: **A, B, E**. Der Fehler in **C** ist die elektrostatische Anziehung. Sie mindert sogar die Ladungsdifferenz, die durch den Diffusionsdruck der Kaliumionen zustande kommt. Der Fehler in **D** ist die Gleichverteilung der Ionen: Die Chlorid-Anionen können die Membran nicht passieren und bleiben daher vollständig im linken Schenkel. Von den Kaliumionen wandern einige wenige aufgrund des Diffusionsdrucks in den rechten Schenkel, der weitaus größte Anteil der Kaliumionen wird durch die negative Ladung der Chloridionen im linken Schenkel des U-Rohrs zurückgehalten.

4. **Membranpotential** ☞ 176 *
   a)

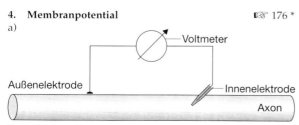

   Versuchsapparatur

b) Das Membranpotential ist im Wesentlichen ein K^+-Gleichgewichtspotential, das an der für K^+-Ionen selektiv permeablen Zellmembran entsteht. Im unerregten Zustand der Nervenzelle befindet sich ein K^+-Ionen-Überschuss im Zellinneren. Ein Teil davon diffundiert ständig nach außen. Deshalb lädt sich die Membran außen positiv gegenüber dem Inneren auf (⇒ siehe Aufgabe 5).

5. **Messung von Membranpotentialen** ☞ 176, 177 **
a) **A:** Bezugselektrode und Messelektrode außen; **B:** Messelektrode innen, Bezugselektrode außen
b) Beim Einstich der Messelektrode in das Axon springt der Lichtpunkt auf dem Bildschirm des Oszilloskops von 0 auf ca. −60 mV und bleibt auf diesem Messwert.
c) Der Ladungsunterschied entsteht durch den Konzentrationsunterschied und die Anzahl der jeweils beteiligten Ionen. Das Innere der Nervenzelle und auch der extrazelluläre Raum sind mit einer wässrigen Salzlösung angefüllt, die positive und negative Ionen enthält. Die negative Ladung innerhalb der Zelle wird repräsentiert von vielen organischen Anionen, die die Membran nicht passieren können. Dementsprechend verteilen sich die Kaliumkationen: pro µm Zellmembran 100 000 K^+ intrazellulär, 2000 K^+ extrazellulär. Dabei halten sich zwei Kräfte die Waage: elektrostatische Anziehung durch die organischen Anionen und Diffusion gemäß dem Konzentrationsgefälle. Genau umgekehrt sind die Chloridanionen verteilt. Etwas anders verteilen sich die Na^+-Ionen: extrazellulär 108 000 Na^+-Ionen, intrazellulär 10 000. Konzentrationsgefälle und die elektrostatische Anziehung durch die organischen Anionen fördern den Natriumionenleckstrom durch die Membran in das Zellinnere. Diesem steht der Kaliumionenleckstrom in die andere Richtung gegenüber. Dem wirkt die Kalium-Natrium-Pumpe aktiv entgegen, sodass die ungleichen Ionenverteilungen bestehen bleiben und die Erregbarkeit der Membran gewährleistet wird.
d) Es wäre kein Ladungsunterschied feststellbar. Die gemessene Spannung läge bei null.

6. **Bau und Funktion eines Ionenkanals** ☞ 178, 179 ***
   a)

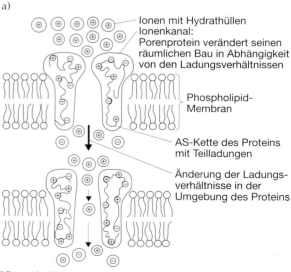

   Ionen mit Hydrathüllen
   Ionenkanal: Porenprotein verändert seinen räumlichen Bau in Abhängigkeit von den Ladungsverhältnissen

   Phospholipid-Membran

   AS-Kette des Proteins mit Teilladungen

   Änderung der Ladungsverhältnisse in der Umgebung des Proteins

   Längsschnitt des Ionenkanals

b) Da der Ionenkanal aus Proteinmolekülen besteht, die an verschiedenen Stellen Teilladungen besitzen können, wäre es denkbar, dass sich durch die Veränderung der Ladungsverhältnisse in der direkten Nachbarschaft des Ionenkanals auch die Teilladungen im Protein ändern, die zu einer veränderten räumlichen Struktur des Proteins führen können.

7. Natrium-Kalium-Pumpe   ☞ 178 ***

a) Na^+/K^+-Pumpe arbeitet temperaturabhängig und unter Energieverbrauch; Na^+- und K^+-Transporte sind gekoppelt.

b) KCN: lähmt Na^+/K^+-Pumpe (genau: lagert sich an das Eisen(II)-Ion der Cytochrom-Oxidase und blockiert dadurch die ATP-Bildung in der Atmungskette).

c) RP wird weniger negativ, da die Ungleichverteilung der Na^+- und K^+-Ionen durch die Na^+/K^+-Pumpe nicht aufrechterhalten werden kann, d. h., Na^+-Ionen diffundieren nach innen, K^+-Ionen nach außen. Deshalb geht die Erregbarkeit auf null zurück.

8. Aktionspotential   ☞ 179, 180 **

a) Das AP besteht aus einem kurzfristigen Anstieg der Membranspannung von –80 mV auf +40 mV. Etwa 1 ms später geht diese Spannung nach kurzer Hyperpolarisierung auf den Ausgangswert zurück. Zu Beginn des Vorgangs öffnen sich die Na^+-Kanäle, wodurch diese (positiv geladenen!) Ionen in die Zelle einströmen und für eine örtliche Ladungsumkehr sorgen. Der Na^+-Ionen-Einstrom dauert nur sehr kurz, weil sich die Na^+-Ionenkanäle sofort wieder schließen. Wegen des Anstiegs des Membranpotentials öffnen sich anschließend, aber noch vor der Spannungsumkehr, die spannungsabhängigen K^+-Kanäle, sodass nun K^+-Ionen aus der Zelle ausfließen und das ursprüngliche Potential wiederherstellen.

b) Die Erregungsweiterleitung am markhaltigen Axon erfolgt saltatorisch. Nur an den RANVIERschen Schnürringen gibt es spannungsgesteuerte Ionenkanäle, an den Abschnitten mit Markscheide jedoch nicht. Aktionspotentiale können deshalb auch nur an den Schnürringen auftreten. Tritt an einem Schnürring ein AP auf, entstehen wegen der Potentialumkehr Ausgleichsströmchen zum nächstfolgenden, ca. 1–2 mm entfernten Schnürring. Die Markscheide ist ein guter elektrischer Isolator, der die Ionen innerhalb und außerhalb des Axons trennt. Daneben verhindert sie einen Ionenfluss durch die Membran. Ionen im Innen- und Außenmedium können sich deshalb gegenseitig nicht beeinflussen und sind längs der Axonmembran leichter zu verschieben. Dies bedingt eine geringere Abschwächung der Ausgleichsströmchen und es kommt am benachbarten Schnürring rascher zu einer Depolarisierung und einem neuen AP. Die Erregung kann sich ohne Abschwächung (= ohne Dekrement) sehr rasch ausbreiten (bis 120 m/s).

c) Die Leitungsgeschwindigkeit in der marklosen Faser ist wesentlich kleiner als in der markhaltigen, der Energieaufwand in der marklosen Faser wesentlich höher. An der marklosen Faser werden ausgehend von einem AP die direkt benachbarten Membranstellen erregt, in der markhaltigen treten APs aber nur in Abständen von 1–2 mm auf. Die Arbeit der Na^+/K^+-Pumpe ist mit Energieaufwand verbunden und benötigt wenige Millisekunden Zeit, um den Ausgangszustand wiederherzustellen. Je näher die Orte erneuter Erregung beieinander liegen, desto größer der Zeit- und Energieaufwand.

d) Durch ein am Endknopf ankommendes AP werden die spannungsgesteuerten Ca^{2+}-Kanäle kurzfristig geöffnet, sodass Ca^{2+}-Ionen in das Zellinnere einströmen können. Diese bewirken, dass die synaptischen Bläschen an die präsynaptische Membran wandern, mit dieser verschmelzen und ihren Inhalt (Acetylcholin) in den synaptischen Spalt entleeren. Durch rasche Beseitigung der Ca^{2+}-Ionen wird dieser Prozess schnell wieder gestoppt. Im synaptischen Spalt diffundiert das ACh rasch (Dauer ca. 0,1 ms) an die postsynaptische Membran, wo es sich an ACh-Rezeptoren anlagert. Die Anlagerung bewirkt eine Öffnung der Na^+-Kanäle. Na^+ strömt ein und die postsynaptische Membran wird depolarisiert. Es bildet sich ein erregendes (= excitatorisches) postsynaptisches Potential (= EPSP). Das ACh kann sich wieder ablösen und an anderer Stelle erneut andocken. Trifft es jedoch auf Cholinesterase, wird es in Acetat-Ionen und Cholin gespalten. Dadurch wird eine Dauererregung verhindert. Beide Spaltprodukte können von der präsynaptischen Membran wieder aufgenommen und zu ACh resynthetisiert und in den synaptischen Bläschen deponiert werden. Bei Überschreiten eines Schwellenwertes löst das EPSP ein AP aus, das zur Muskelkontraktion führt.

9. Ionenverschiebung während des Aktionspotentials   ☞ 179 ***

a)

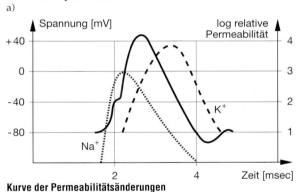

Kurve der Permeabilitätsänderungen

b) Die Weiterleitung von Erregung wird durch Lähmung der Na^+/K^+-Pumpe unterbunden; Begründung: Da weitere APs möglich sind, sind die Funktionseinheiten dafür in Ordnung. APs sind so lange möglich, wie Natriumionen außen und Kaliumionen innen im Überschuss vorhanden sind. Bei Ausfall der Na^+/K^+-Pumpe gleichen sich die Konzentrationen nach mehreren tausend APs aus, eine weitere Erregung ist nicht möglich.

10. Weiterleitung eines Aktionspotentials   ☞ 180 ***

Begründung für die folgende Zuordnung:
Fall 1: AP befindet sich an M 1; intrazelluläre Ableitung; Fall 2: RP ist wiederhergestellt; Fall 3: keine Erregung: RP; Fall 4: extrazelluläre Ableitung: noch keine Erregung, keine Spannung zwischen den Elektroden; Fall 5: AP von rechts ist an M 2 angelangt; Fall 6: keine Erregung, da sich die gegenläufigen APs ausgelöscht haben

160 Neurobiologie

Bild	M 1 nach 2 msec	M 1 nach 3 msec	M 1 nach 5 msec	M 2 nach 2 msec	M 2 nach 3 msec	M 2 nach 5 msec
A		X				
B			X	X		
C					X	
D					X	X

Tabelle mit Messkurven

11. Rezeptormodell zur Heroinsucht ☞ 183 **
a) D, B, C, E, A
b) **D:** Kein Heroinmolekül vorhanden, an vier Rezeptoren wird cAMP hergestellt, physiologisch günstiger Zustand. **B:** Heroin setzt sich in die Rezeptoren, die die cAMP-Bildung auslösen. Es kann weniger cAMP gebildet werden; ungeregelte physiologische Verhältnisse, Rausch. **C:** Der Körper hat neue Rezeptoren gebildet, d. h. regulativ eingewirkt, um einen einigermaßen „normalen" Zustand wiederherzustellen. Das cAMP wird in anfänglichen Mengen ausgeschüttet, der Organismus kann wie vorher weiterleben (Herz, Verdauung, Körpertemperatur); um Rausch zu erreichen, muss die Dosis erhöht werden; Zustand der Gewöhnung und des Entzugs. **E:** Wie bei C, jedoch verstärkte Gewöhnung, d. h.; Dosis muss weiter erhöht werden. **A:** Heroin ist abgesetzt, alle Rezeptoren sorgen für cAMP-Bildung, totale Überreaktion (Erbrechen, Schüttelfrost, Schmerzen), Entwöhnung bedeutet Abwarten, bis der Organismus die Rezeptoreiweiße wieder abgebaut hat und Zeit körperlicher Qualen

12. Die synaptische Übertragung ☞ 184 **
a) **A:** synaptisches Bläschen; **B:** präsynaptische Membran; **C:** mit der präsynaptischen Membran verschmolzenes synaptisches Bläschen; **D:** synaptischer Spalt; **E:** postsynaptische Membran
b) **A:** synaptisches Bläschen, gefüllt mit Transmittermolekülen; **B:** Acetylcholin als Transmitter; **C:** Essigsäure; **D:** Cholin; **E:** Acetylcholinesterase; **F:** Rezeptormolekül der postsynaptischen Membran; **G:** geschlossener Natriumionenkanal; **H:** geöffneter Natriumionenkanal
c) **a:** Das Aktionspotential bewirkt die Öffnung von Calciumionen-Kanälen in der präsynaptischen Membran. Calciumionen diffundieren aus dem Spalt über diese Ionenkanäle in die präsynaptische Zelle und veranlassen die Verschmelzung der synaptischen Bläschen mit der präsynaptischen Membran. **b:** Transmitter (Acetylcholinmoleküle) diffundieren aus den Bläschen durch den synaptischen Spalt zur postsynaptischen Membran. **c:** Acetylcholinmoleküle (ACh-Moleküle) docken kurzfristig an den Rezeptormolekülen der postsynaptischen Membran an. **d:** ACh-Moleküle bewirken dort das Öffnen der Natriumionenkanäle. Na$^+$-Ionen strömen in die postsynaptische Zelle und rufen eine Depolarisation des Ruhepotentials hervor, das als erregendes (excitatorisches) postsynaptisches Potential (EPSP) bezeichnet wird. **e:** ACh-Esterase spaltet Acetylcholin in Essigsäure und Cholin. **f:** Die zerlegten Bausteine der Transmittermoleküle können über die präsynaptische Membran wieder aufgenommen werden. **g:** Synaptische Bläschen nehmen unverbrauchte oder auch die Zerlegungsprodukte der Transmitter wieder auf und wandern z. T. wieder zurück in den Zellkörper (Soma).

13. Beeinflussung der Synapsenfunktion ☞ 184, 185 ***
a) Curare bindet an die ACh-Rezeptoren der postsynaptischen Membran. Es kann kein PSP gebildet werden. Dadurch wird der Informationsfluss blockiert.
b) Prostigmin muss die Konzentration von ACh an der postsynaptischen Membran erhöhen. Dies könnte erreicht werden durch:
A: Verstärkung der Freisetzung von ACh aus den synaptischen Bläschen (vgl. Wirkung des Gifts der „Schwarzen Witwe"); **B:** Verhinderung des ACh-Abbaus durch Hemmung der Cholinesterase: Folglich erhöht sich die ACh-Konzentration. Dies führt im Fall der Operation zu einer Verdrängung von Curare an den Rezeptoren der postsynaptischen Membran und hat damit eine verstärkte Depolarisation des Membranpotentials (PSP) zur Folge.

14. Synapsengifte ☞ 184, 185 ***
a) und b)

Gift	Wirkmechanismus	Auswirkung auf den Organismus
E 605	hoher Na$^+$-Einstrom, keine Ach-Spaltprodukte → Hemmung der Cholinesterase	Dauererregung, die zum Krampf führt
Atropin	kein Na$^+$-Einstrom → Blockade der ACh-Rezeptoren	Lähmung
Botulin	verhindert ACh-Ausschüttung → keine erregenden postsynaptischen Potentiale	Lähmung
Gift der Schwarzen Witwe	sofortige Entleerung der synaptischen Bläschen in den synaptischen Spalt	Übererregung → Krampf
Curare	kein Na$^+$-Einstrom → Natriumkanäle werden nicht geöffnet, weil das Gift die Ach-Rezeptoren blockiert	Lähmung

c) Atropin besetzt die Rezeptorstellen für ACh. Deshalb kann auch der durch E 605 bedingte ACh-Überschuss die Natriumkanäle nicht öffnen.
d) Umgekehrt kann E 605 durch drastische ACh-Erhöhung keine Öffnung der Natriumkanäle bewirken, wenn die Rezeptoren durch Atropin besetzt sind.

15. Signalübertragung an der Schmerzbahn ☞ 185, 204 ***

a) An der Synapse **A/B** laufen bei 2 ms und 4 ms Aktionspotentiale ein, die über eine Transmitterausschüttung (der Schmerzsubstanz P) eine zeitliche Summation zweier EPSP an der postsynaptischen Membran bewirken. Dieses Potential wird unter Abschwächung (Dekrement) zum Axonhügel weitergeleitet (Stelle X), wo es den Schwellenwert erreicht und ein Aktionspotential auslöst. Sowohl an der Synapse **A/B** als auch an der Synapse **D/B** rufen nach 12 ms ankommende Aktionspotentiale je ein EPSP hervor. Beide EPSP werden an den Axonursprung (Axonhügel) weitergeleitet. Räumlich summiert erreichen sie dort den Schwellenwert und lösen ein Aktionspotential aus, das nach 12 ms im Axon nachgewiesen wurde.
b) Das nach 16 ms einlaufende Aktionspotential (AP) an der Synapse **A/B** wird durch ein gleichzeitig an der Präsynapse **C/A** ankommendes AP in seiner Wirkung gehemmt. Präsynaptisch wird nämlich seine Amplitude herabgesetzt, sodass weniger Transmittermoleküle in **A/B** ausgeschüttet werden. Die Folge ist ein vermindertes EPSP, das trotz räumlicher Summation mit dem EPSP, das durch ein AP an der Synapse **D/B** bei 16 ms postsynaptisch ausgelöst wird, den Schwellenwert am Axonhügel nicht erreicht.
c) Neuron **C** bewirkt, wenn es aktiviert wird, eine präsynaptische Hemmung. In der Schmerzbahn dient es der Schmerzdämpfung.

An der postsynaptischen Membran der Synapse C/A sitzen Opiatrezeptoren, die nicht nur auf Endorphine, sondern auch auf Opiate ansprechen. Die Wirkung von Neuron C kann daher chemisch durch Zufuhr von Opiaten oder ähnlichen Wirkstoffen über Blutbahn oder Lymphe, aber möglicherweise auch durch Akupunktur gesteigert werden.

Lichtsinn

16. Facettenauge – Sehleistungen ☞ 191 **

a) Biene Maja sieht keine Bilder, räumliches Auflösungsvermögen des Facettenauges ist zu gering (Öffnungswinkel der Ommatidien in Beziehung zur Entfernung des Objekts); kein Film, sondern Einzelbilder; Verschmelzungsfrequenz ist zu hoch (ca. 300 Bilder/sec bei Bienen-Facettenauge); Farbeindruck völlig anders ⇒ vermutlich nur schwarzweiß (grün), da UV im Film nicht vorkommt und Rot von Bienen nicht gesehen werden kann
b) Bienen orientieren sich an der Ebene von polarisiertem Sonnenlicht; Notbeleuchtung im Kino ist nicht polarisiert; außerdem hoher Rotanteil des Lichts, welcher nicht wahrgenommen werden kann

17. Bau und Funktion des menschlichen Auges ☞ 192*

a) **A**: schematischer Längsschnitt durch ein menschliches Auge, horizontal von oben, in Höhe des Sehnervs; **B**: Hornhaut; **C**: vordere Augenkammer; **D**: Pupille; **E**: hintere Augenkammer; **F**: Linse; **G**: Glaskörper; **H**: Netzhaut; **I**: Pigmentzellen der Netzhaut; **J**: Aderhaut; **K**: Lederhaut; **L**: Gelber Fleck; **M**: Sehnerv; **N**: Blinder Fleck; **O**: Linsenbänder; **P**: Ciliarmuskeln, quer geschnitten; **Q**: Pigmentschicht der Iris
b) Der ringförmige, entspannte Ciliarmuskel wird vom Augeninnendruck gedehnt. Die Linsenbänder werden gespannt und flachen die elastische Linse ab. Mit der Spannung der Linse durch die Bänder ist kein Energieverbrauch verbunden. Die Linse hat dann eine geringere Brechkraft: Ein entfernter Gegenstand wird scharf auf der Netzhaut abgebildet. Der Ciliarmuskel kontrahiert sich. Dadurch erschlaffen die Linsenbänder, und die Linse kugelt sich aufgrund ihrer Eigenelastizität ab. Dadurch vergrößert sich die Brechkraft der Linse, und nahe Gegenstände werden auf der Netzhaut scharf abgebildet.
c)

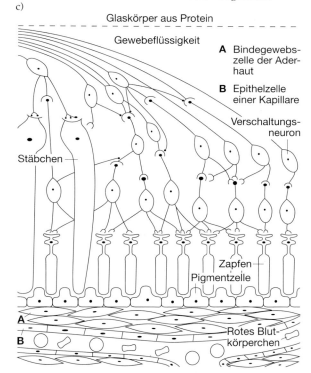

Längsschnitt durch den Randbereich des Gelben Flecks

d) Es handelt sich um das rechte Auge im Horizontalschnitt von oben betrachtet, da der Sehnerv vom Auge aus zum Gehirn zur Mitte hin verläuft.

18. Sehleistungen von Facetten- und Linsenauge ☞ 194 *

a) und b) **A** = Biene, **B** = Falke
Begründung: **A**: Bilder sind aus einzelnen Punkten zusammengesetzt ⇒ viele Einzelaugen, die viele Bildpunkte erzeugen. Die Bildschärfe hängt vom Raumwinkel ab, der vom einzelnen Ommatidium erfasst wird. **B**: Die Lin-

se bildet das Objekt auf der Retina ab. Je weiter der Gegenstand entfernt ist, desto kleiner das Bild (Prinzip der Lochkamera).

c) Tagaktivität deshalb, weil das Bild aus sehr vielen Bildpunkten zusammengesetzt ist ⇒ kleiner Raumwinkel/Ommatidium ⇒ Einzelauge ist verhältnismäßig lichtschwach, weshalb Dämmerlicht nicht zur Erregung ausreicht, da die Erregungsschwelle unterschritten ist.

Linsenaugen mit vergleichbarer Größe von Facettenaugen haben ein geringeres Auflösungsvermögen als große Linsenaugen.

19. Funktion der Stäbchen ☞ 194 **

a) **A:** Membranstapel; **B:** Mitochondrium; **C:** Dictyosom, Teil des GOLGI-Apparats; **D:** Endoplasmatisches Retikulum; **E:** Kern; **F:** Synapse mit Bläschen;

b) Opsin wird als Protein an den Ribosomen des Endoplasmatischen Retikulums synthetisiert. Hier ist auch das all-trans-Retinol (Vitamin A) anzutreffen. Es wird zunächst in 11-cis-Retinal überführt, bevor es mit dem Opsin zu Rhodopsin verbunden wird. Das Rhodopsin (Sehpurpur) diffundiert nun zum GOLGI-Apparat und dann weiter zu den Membranstapeln, an denen es konzentriert wird. Durch Lichtabsorption wird die prosthetische Gruppe des Rhodopsins, das 11-cis-Retinal zum all-trans-Retinal, das dann vom Opsin abgespalten wird.

c) In den Sehstäbchen muss Rhodopsin neu gebildet werden, da immer wieder einige Moleküle für den Sehvorgang verloren gehen. Daher ist die Aufnahme von Vitamin A über die Nahrung erforderlich. Dieses Vitamin kann nämlich im Stoffwechsel nicht synthetisiert werden, es ist essentiell.

Aus Vitamin A stellt die Sehzelle 11-cis-Retinal her, das zusammen mit Opsin den Sehpurpur bildet. Seine dichte Packung garantiert die hohe Lichtempfindlichkeit des Auges in der Nacht.

Bei geringer Rhodopsinsynthese können Stäbchen sogar degenerieren und ihre Funktion verlieren. Nachtblinde Menschen sehen vornehmlich nur noch mit den Zapfen.

20. Vorgänge in den Sehzellen der Wirbeltiere ☞ 195 *

A: Membran der Stapel/Lipiddoppelschicht; **B:** Opsin/Proteinanteil des Rhodopsins; **C:** Retinal; **a:** Rhodopsin; **b:** 11-cis-; **c:** all-trans-; **d:** Signalkette/Kaskade von biochemischen Reaktionen nach Lichtimpuls; **e:** geöffnet; **f:** geschlossen; **g:** Rezeptorpotential an den Membranstapeln des Zapfens, Hyperpolarisation

21. Farbensehen ☞ 197 *

a) Negatives Farbnachbild. Rot-Zapfen werden gereizt, Blau- und Grün-Zapfen „ruhen sich aus". Im nächsten Augenblick werden alle Zapfenarten gleichermaßen gereizt: Blau-Grün-Zapfen liefern höhere Impulsfrequenz als die schon etwas adaptierten Rot-Zapfen, deshalb überwiegt der grüne Seheindruck.

b) Wenn ein Gegenstand gelb erscheint, wird aus dem eingestrahlten weißen Licht der Blauanteil absorbiert, der Rest reflektiert. Eingestrahltes blaues Licht wird vollkommen absorbiert, es kann also kein Licht reflektiert werden.

c) Die Summe der eingestrahlten und wieder reflektierten Lichtanteile ergibt Weiß.

22. Das Prinzip der gegenseitigen Hemmung ☞ 199 **

a) **A:** Linse (Cornea); **B:** Kristallkegel; **C:** Pigmentzelle; **D:** Sehstab (Rhabdom); **E:** Sehzelle

b) **A** Wird ein Einzelauge stark beleuchtet, ist nach kurzzeitiger starker Erregung (es handelt sich um phasisch tonische Rezeptoren) von dem mit Pfeil markierten Zeitpunkt an eine Folge von 13 Aktionspotentialen festzustellen.

B Wird dasselbe Einzelauge nur schwach beleuchtet, werden im gleichen Zeitraum nur sechs Impulse (also rund die Hälfte) registriert.

C Wird nun während einer Starklichtbeleuchtung ein benachbartes Einzelauge nur schwach belichtet, so ist eine Herabsetzung der Impulsfrequenz von 13 auf 9 für den gleichen Zeitraum festzustellen. Die Fortleitung der Aktionspotentiale wird also um ca. ein Drittel herabgesetzt. Verantwortlich dafür ist folglich die schwach beleuchtete Nachbarzelle, die über Verschaltungen nach dem Prinzip der lateralen Inhibition ihren Einfluss nimmt.

D Aus dieser Impulsserie geht hervor, dass bei schwacher Beleuchtung des Einzelauges y und starker Belichtung der Nachbarzelle vergleichsweise nur sehr wenige Impulse von y fortgeleitet werden (vier gegenüber sechs). Der Einfluss der lateralen Hemmung geht also von beiden Zellen aus.

c) Die gegenseitige Hemmung führt zur besseren Auswertung der im Komplexauge erzeugten Bilder durch das Gehirn. Sie schärft die wahrgenommenen Bilder und erhöht die Kontraste.

23. Gegenseitige Hemmung (laterale Inhibition) ☞ 199 **

a) Bei gleichmäßigem Licht sieht das Tier nichts, da sich Weiterleitung und Hemmung gerade aufheben.

b) Kästchenreihe **B** bleibt leer.

c) einzuzeichnende Pfeile: oberstes und unterstes Kästchen der Reihe C

d) Das Tier sieht den hellen Umriss der Figur auf dunklem Hintergrund.

e) räumlich: pro Schaltzelle acht Ableitungen: vier erregend, vier hemmend, je eine oben, unten, vorne und hinten

Weitere Sinne

24. Neuronale Codierung ☞ 204 **

a)

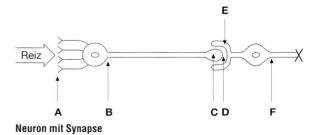

Neuron mit Synapse

Der Reiz wird insgesamt sechsmal umcodiert:
A: Reizintensität entspricht der Höhe des Rezeptorpotentials; **B:** am Axonursprung: Höhe des Rezeptorpotentials entspricht der AP-Frequenz; **C:** präsynaptische Membran: AP-Frequenz entspricht dem Ca^{2+}-Einstrom (der Ca^{2+}-Konzentration); **D:** synaptischer Spalt: Ca^{2+}-Einstrom entspricht der Transmitter-Ausschüttung (der Transmitter-Konzentration); **E:** postsynaptische Membran: Transmitter-Konzentration entspricht der Höhe des postsynaptischen Potentials; **F:** Axonursprung des nachfolgenden Neurons: Höhe des postsynaptischen Potentials entspricht der AP-Frequenz

b) an den Axonen:
Impulsserien ⇒ (AP-Frequenz) digitaler Code
an den Synapsen:
unterschiedliche Ach-Konzentrationen ⇒ analoger Code
Soma:
Höhe (Amplitude) des postsynaptischen Potentials (analoger Code)

25. Reizcodierung ☞ 204, 207 *

a) Das gezeigte Neuron hat für Glucose eine niedrige Reizschwelle, d. h., der adäquate Reiz ist Glucose.
b) auf der Zungenspitze
c) Die Intensität des Reizes (siehe leichter Druck – Kneifen und 20 °C – 10 °C) wird durch eine höhere Frequenz der Aktionspotentiale widergespiegelt (siehe auch konstante Höhe der Aktionspotentiale an einem Axon).

26. Drehsinn ☞ 205 **

a)

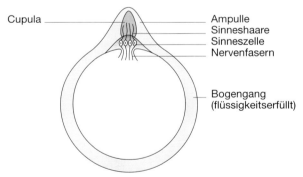

Schemazeichnung des Ampullenorgans

b) und c)

Zeit [s]	Vorgang/experimentelle Bedingung	Empfindung
0–1	Drehbeschleunigung nach links	beginnende Drehung nach links
3–5	gleichmäßiges Weiterdrehen	Drehung nach links
10–20	gleichmäßiges Weiterdrehen	keine Empfindung
20–21	Stopp	Drehung nach rechts

Nervensystem

27. Rückenmark – Kniesehnenreflex ☞ 210 *

a)

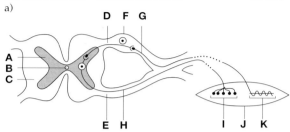

A	graue Substanz	G	afferente Axone
B	Rückenmarkskanal	H	efferente Axone
C	weiße Substanz	I	motorische Endplatte
D	hintere Wurzel	J	Muskel
E	vordere Wurzel	K	Muskelspindel
F	Spinalganglion		

Querschnitt Rückenmark – Schema Kniesehnenreflex

b) Die Muskelspindel ist der Rezeptor, der durch kurzzeitige Dehnung der Kniesehne gereizt wird. Die Erregung wird durch die sensible Faser über das Spinalganglion-Hinterhorn in das Rückenmark geleitet. Umschaltung auf α-Motoneuron, die zum Muskel führt und eine Kontraktion bewirkt. Meldung zum Gehirn kommt frühestens gleichzeitig, deshalb keine Kontrolle möglich.
c) Erhaltung des Körpergleichgewichts (Stolperreflex)

28. Gehirnentwicklung beim Menschen ☞ 210–215 **

a)

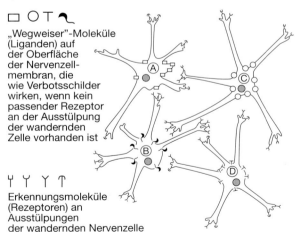

„Wegweiser"-Moleküle (Liganden) auf der Oberfläche der Nervenzellmembran, die wie Verbotsschilder wirken, wenn kein passender Rezeptor an der Ausstülpung der wandernden Zelle vorhanden ist

Erkennungsmoleküle (Rezeptoren) an Ausstülpungen der wandernden Nervenzelle

Synapsenbildung

Die Zellen B und D weisen jeweils für die anderen Nervenzellen nur „Verbotsschilder" auf. C kann zu A, B zu C Kontakt aufnehmen.

b) Die Abbildungen stellen die zunehmende Vernetzung der Nervenzellen während der Entwicklung der Hirnrinde eines Menschen kurz nach der Geburt dar.

Neurobiologie

c) Hypothese zur Vernetzung von Nervenzellen: Die Entwicklung des Nervennetzes wird sowohl durch genetische Faktoren (Ausstülpungsvorgänge, Entstehung der membrangebundenen Rezeptoren und Liganden, Vorhandensein von Bindungen) wie auch durch äußere Bedingungen (aktueller Versorgungszustand der Nervenzellen, Lage der Zellen im Gehirn) bestimmt.

Hypothese zum Zeitpunkt der Entwicklung: Ein optimaler Zeitpunkt ist gegeben, wenn die Vernetzung möglichst früh, aber auch in „Auseinandersetzung mit der Umgebung", d. h. sowohl der umgebenden Nervenzellen wie auch der dadurch bereits gegeben Netzstruktur, erfolgt.

29. Funktionen verschiedener Hirnabschnitte ☞ 210–215 **

A Andere Hirnbereiche als die des Großhirns wirken auf den Bewusstseinszustand; Dinge werden vom Sinnesorgan gesehen, kommen aber nicht zum Bewusstsein.

B Das Mittelhirn beeinflusst den Bewusstseinszustand.

C Die Informationsübertragung geschieht hier über Hormone, die den Blutweg nehmen und nicht an neuronale Verknüpfungen gebunden sind.

D Die durch das Großhirn veranlasste Willkürmotorik arbeitet normal, doch die die Motorik modifizierenden, verfeinernden und abstimmenden Zentren im Kleinhirn sind gestört.

30. Funktion des Großhirns ☞ 211 *

a)–d) Die Bewegungen der rechten Körperseite werden von der linken Hirnhälfte, und umgekehrt, die der linken von der rechten Hirnhälfte gesteuert. Durch die Operation wurde die Fähigkeit zur Motorik des Legens nicht zerstört, auch die Hirnareale, die für die Lösung des Musterproblems, der Erkennung der Gestalt verantwortlich sind, scheinen zu arbeiten, da gewisse Muster gelegt wurden. Doch scheinen beide Hemisphären eigene Lösungsbeiträge zu liefern, und erst die Vereinung der Vorschläge aus beiden Hirnteilen – gewährleistet durch Nervenbahnen – führt zu der richtigen Lösung. Die Hemisphären sind in ihrer Funktion nicht identisch.

31. Funktionen der Großhirnrinde ☞ 210–215 **

a) *Sehen:* Region **E**, da sowohl in Abb. 3 als auch in Abb. 5 dieses Zentrum gut durchblutet ist. *Motorik:* Region **A**. Diese Region ist in den Abb. 2 bis 5 markiert, in denen die Tätigkeiten der Versuchsperson mit Bewegungen verbunden sind. *Fühlen:* Region **C** (vgl. Abb. 4 und mit Einschränkung 2), *Hören:* Region **D** (vgl. Abb. 1 und 2).

b) In den Bereichen **F** und **G** sind offensichtlich sprachliche Fähigkeiten ausgebildet, wobei zusammenhanglose Wortbedeutungen in **F** und Satzkonstruktionen mit **G** erfasst werden.

32. Großhirnrindenbezirke bei Säugetieren ☞ 210–215 *

Die Sonderstellung des Menschen ist nicht mit dem größten Hirnvolumen zu erklären. Vielmehr ist die Qualität der Hirnrindenregionen entscheidend. Die Bereiche sensibler Zentren, die für das Riechen, Sehen, Tasten und die Bewegung der Muskeln zuständig sind, sind beim Menschen im Vergleich zum gesamten Gehirn wenig ausgebildet. Hirnregionen ohne direkte Verknüpfungen mit den Sinnesorganen haben einen viel größeren Anteil. Sie dienen offensichtlich der Verarbeitung der Informationen und machen die Denk- und damit Leistungsfähigkeit des Gehirns aus. Diese so genannten Assoziationsfelder nehmen anteilmäßig in der Reihe Ratte, Tupaja, Koboldmaki, Schimpanse, Mensch zu.

33. Hypothalamus ☞ 214 **

a) **A** zeigt, dass die Hypothalamus-Temperatur sich bei abnehmender Außentemperatur abkühlt und auf einen Wert von 8 °C / 9 °C einpendelt. Sinkt die Hypothalamus-Temperatur unter 32 °C wird zu Beginn noch durch Wärmeerzeugung gegengesteuert. Schließlich erfolgt nur noch eine äußerst geringe Regulation durch periodische Wärmeerzeugung. Der Schwellenwert für die Auslösung Wärme erzeugender Reaktionen wird anscheinend gesenkt. Der Hypothalamus „dreht seinen Thermostaten herunter", er wird nicht einfach ausgeschaltet. **B** zeigt dasselbe Phänomen. Die Hypothalamus-Temperatur sinkt allmählich im Verlaufe der Stunden und pendelt sich bei ca. 9 °C ein. Doch wird noch immer Wärme erzeugt (s. Schwellenwerte), wenn der Hypothalamus zu schnell kalt wird. Bei Werten über 32 °C wird in der Regel keine zusätzliche Wärme durch Muskelzittern erzeugt.

b) drastische Verminderung aller Stoffwechselprozesse zum Zweck der Energieersparnis in Zeiten von Nahrungsmangel

c) Ein Schwellenwert von 2–4 °C bleibt erhalten (s. Abb. **B**), d. h., das Tier zittert sich warm, wenn der Hypothalamus zu kalt wird. Dies ist ein Alarmweckmechanismus.

34. Vegetatives Nervensystem ☞ 216 *

a) Sympathikus. 1. Argument: Nach der Acetylcholin-Freisetzung ist ein weiteres Neuron geschaltet, welches erst wieder Stoffe aussendet, um den Erfolgsorgan Meldung zu machen. Diese Zellen gehören zum Nebennierenmark und senden die Hormone Noradrenalin und Adrenalin aus. 2. Argument: Die Wirkungen auf die Organe zeigen, dass der Organismus sich im Stress, in Alarmbereitschaft befindet, denn die Organe werden besser mit O_2 und kleineren, verfügbareren Stoffwechselzwischenprodukten versorgt (z. B. Glykogenabbau führt zur Erhöhung des Glucosespiegels → ATP-Bereitstellung).

b) die Hormone Noradrenalin und Adrenalin

35. Schlafphasen ☞ 218 *

a) Die Wiederholung der Erregungsmuster stellt eine „Bahnung" dar: Der Nachrichtentransport wird durch Intensivierung der Stoffwechselleistung (z. B. hinsichtlich ATP-Verbrauch, Bereitstellung von Transmittern, Enzymen zur Transmitterverarbeitung bzw. -synthese, Transportgeschwindigkeit der Information) in den betreffenden Neuronen erleichtert. So gelangen bestimmte Informationen leichter über bestimmte Schaltkombinationen von Neuronen.

b) Tiefschlafphase: stoffwechselintensive „Bahnung", bei der bestimmte Neuronen besonders beansprucht werden REM-Phase: Erholung für die während der Tiefschlafphase stark beanspruchten Neurone durch Verlagerung der Neuronenaktivität auf den Bereich der Motorik der Augenmuskulatur, die in der Tiefschlafphase nicht aktiv ist

36. Sprache ☞ 222 *

1. 120 000; **2.** Phonem; **3.** Aphasie; **4.** b) und d); **5.** a), c) und d)

37. Sprachregionen im Gehirn ☞ 222 **
A: BROCA-Region, denn ein Plan, ein Programm für die Sprachproduktion kann nicht erstellt werden; **B:** BROCA-Region, nur die linke Hirnhälfte, die rechte Hälfte ist für andere Fähigkeiten – hier Musik – zuständig; **C:** BROCA-Region, ein Programm für die Schreibproduktion kann den Händen als Schreibwerkzeuge nicht zugestellt werden; **D:** WERNICKE-Region, denn die Stimmbildung ist nicht geschädigt, ist flüssig, doch die Wortwahl, Bedeutung der Wörter wird nicht mehr präzise erkannt.

Entstehung von Bewegungen

38. Bau der Muskeln ☞ 223 **
a) **A:** Myosin-, **B:** Actinfilament, **C:** Z-Scheibe; **a:** Actinmolekül, **b:** Troponin, **c:** Myosinkopf, **d:** Tropomyosin
b) **X** enthält Actin- und Myosinfilamente, **Y** nur Myosinfilamente, **Z** nur Actinfilamente

39. Funktion der quer gestreiften Muskelfaser ☞ 223 **
a) **A:** Muskel entspannt; **B, C:** zunehmende Kontraktion.
b) Der Abstand zwischen den Z-Scheiben ist in **B** (besonders in C) kürzer, der Muskel damit zusammengezogen.
c) Wenn Ca^{2+}-Ionen aus dem Endoplasmatischen Retikulum der Muskelfasern freigesetzt werden, werden sie von Troponin gebunden. Daraufhin verformen sich die Troponinmoleküle und verlagern die Tropomyosinfäden, sodass die Actinfilamente mit den Myosinköpfen eine kurzzeitige Bindung eingehen können. Die Myosinköpfe klappen dabei um und ziehen so das Aktinfilament in Richtung der Sarkomermitte am Myosinfilament vorbei. Gleichzeitig wird am Myosinkopf ADP+P freigesetzt. Wird nun ATP vom Myosinkopf aufgenommen, so löst er sich wieder vom Actin. Der um ca. 45° abgeknickte Myosinkopf richtet sich unter ATP-Spaltung wieder auf und heftet sich erneut an die nächste Bindungsstelle des Actinfilaments. Durch das wiederholte Abknicken und Aufrichten werden die beiden Filamente aneinander vorbeigezogen und der Muskel verkürzt sich.
Das ATP sorgt dabei nur indirekt für das Abknicken der Myosinköpfe. In erster Linie liefert es die Energie dafür, dass die Myosinköpfe vom Actinfilament gelöst werden.

40. Muskelstrukturen ☞ 223 **
Die helle Skelettmuskulatur enthält wenig, die dunkle viel Myoglobin. Kaninchen und Hühner sind keine ausdauernden Läufer, sondern eher Sprinter. Der Sauerstoffgehalt ihres Blutes sowie der in der Muskulatur vorhandene ATP-Vorrat reichen für einige wenige Muskelkontraktionen aus, mit denen sie den rettenden Unterschlupf erreichen können. Hase und Taube dagegen müssen sich einem Feind durch eine länger anhaltende Flucht entziehen. Dies erfordert eine ATP-Produktion auch über einen Zeitraum von mehreren Minuten. Eine hohe ATP-Produktion in den Mitochondrien ist nur durch Zellatmung in Anwesenheit von Sauerstoff möglich. Da der Sauerstoff unter Umständen nicht rechtzeitig über das Gefäßsystem herangeschafft werden kann, ist ein Sauerstoffvorrat in den Muskelzellen von Vorteil.

41. Energiehaushalt des Muskels ☞ 223 *
Beim Tod des Hasen wird die Sauerstoffzufuhr durch Gasaustausch unterbrochen. Nach einer Treibjagd ist der größte Teil des Sauerstoffvorrats im Myoglobin der Muskulatur verbraucht. Es kann daher kein ATP durch Zellatmung gebildet werden, welches eine Lageveränderung der Myosinköpfe an den Actinfilamenten ermöglichen würde. Wird der Hase ohne Treibjagd (kein starker Verbrauch der Sauerstoffvorräte) getötet, kann noch eine Zeit nach dem Todeszeitpunkt ATP gebildet werden.

42. Sauerstoff im Muskel ☞ 226 *
Hämoglobin und Myoglobin arbeiten als Sauerstofftransport- und Speichersysteme unter verschiedenen Bedingungen jeweils optimal. In der Lunge bzw. den Kiemen ist der Sauerstoffpartialdruck vergleichsweise hoch, die Sauerstoffsättigung des Hämoglobins ebenfalls. Dieses transportiert den Sauerstoff in sauerstoffärmere Zonen des Körpers (z. B. Muskulatur). Dort ist der Sauerstoffpartialdruck viel niedriger und Hämoglobin verliert den an sich gebundenen Sauerstoff. Dieser diffundiert dann aufgrund des Konzentrationsgradienten entweder direkt an den Ort des Verbrauchs (Mitochondrien in den Muskelzellen) oder wird an das Myoglobin im Muskel angelagert. Das Myoglobin kann bei niedrigem Sauerstoffpartialdruck Sauerstoff an sich binden, wenn dies das Hämoglobin nicht mehr kann.

43. Musterbildung von Bewegungen ☞ 228 ***
Zum einen erhält das Nervennetz Befehle vom Hirnstamm. Zum anderen erregen Neuronengruppen einer Segmentseite sich sowohl untereinander als auch diejenigen der anderen Segmentseite. Ein Neuronentyp wirkt hemmend auf bestimmte Neuronen, die jeweils auf der anderen Segmentseite liegen.
Erregende Zellen (**B**) aktivieren auf derselben Seite Motoneuronen (**D**), die ihrerseits zur Kontraktion von Muskelzellen dieser Seite führen. Die (**B**)-Zellen regen gleichzeitig hemmende (**A**)-Zellen an, die Erregung im Steuerkreis der Gegenseite zu senken, sodass deren Muskeln erschlaffen. Um die Signale einer Seite, die dort die Muskelkontraktion auslösen, zu beenden und die Gegenseite aktiv werden zu lassen, treten zwei verschiedene Arten von Dehnungsrezeptoren im Randbereich des Rückenmarks in Aktion. Sie geben Signale ab, wenn die Muskulatur auf ihrer Seite durch die Muskelkontraktion auf der anderen Seite gestreckt ist. Ein Dehnungsrezeptor teilt über Nervenimpulse dem Neuron (**B**) der gedehnten Seite mit, nun hier eine Kontraktion einzuleiten. Der andere signalisiert der Gegenseite über hemmende Synapsen, dort die Kontraktion aufzuheben. Auf diese Weise werden die typischen Schlängelbewegungen synchron gesteuert. In jedem der beiden Schaltkreise liegen aber auch Neuronen (**C**), die auf Signale vom Hirnstamm hin die (**A**)-Zellen hemmen können. Diese hören dann auf, die Kontraktion der Gegenseite zu verhindern. Das bewirkt, dass z. B. die (**A**)-Zellen auf der linken Seite ihrerseits hemmende Signale auf die (**B**)-Zellen der rechten Seite schickt. Auf diese Weise werden über den Hirnstamm diese speziellen Reflexkreise gesteuert.

44. Multiple-Choice-Test Neurobiologie
1. b), c); **2.** c), d); **3.** a), b), e); **4.** a), c), e); **5.** b), c); **6.** a), c), e); **7.** c), d), e); **8.** d); **9.** a), d), e); **10.** b), d), e)

VERHALTEN

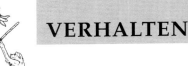

Was ist Verhaltensforschung?

1. Zug von Nebelkrähen ☞ 232 *

Die Fundorte der nach Flensburg verfrachteten Nebelkrähen liegen in einer Entfernung von etwa 400 bis 900 Kilometern nordöstlich Flensburgs. Die Vögel konnten sich bei ihrem Flug zu den Brutplätzen nicht an erlernten Landmarken (Küstenlinien, markante Erhebungen, Seen u. a.) orientieren, sondern hielten eine bestimmte Himmelsrichtung ein und flogen eine festgelegte Strecke.

Die Orientierung der Vögel könnte zu bestimmten Anteilen genetisch fixiert sein. Dies müsste durch zusätzliche Versuche überprüft werden.

Sollten die Nebelkrähen gelernt haben, sich an Landmarken zu orientieren, ist dies durch den Versuch ausgeschlossen worden. Sie könnten allerdings auch gelernt haben, zu einer bestimmten Zeit eine bestimmte Strecke in einer bestimmten Richtung zu fliegen.

Instinktverhalten

2. Ermittlung von Schlüsselreizen ☞ 236 **

a) Attrappenversuche. Welche Schlüsselreize lösen und richten den Verfolgungsflug des Samtfaltermännchens aus?

b) Er untersuchte das angeborene Sexualverhalten.

c) Der Verfolgungsflug der Männchen wird durch ein sich bewegendes Objekt in Schmetterlingsgröße bei einer Entfernung bis höchstens 25 cm ausgelöst.

d) Farbe, Duft, Form, Größe und Bewegungsart der Weibchenattrappen könnten variiert werden, um ihre Bedeutung als Bestandteil des Schlüsselreizes genauer angeben zu können. Es könnte auch geprüft werden, ob die Attrappen genauso attraktiv sind wie natürliche Weibchen.

3. Schlüsselreizanalyse ☞ 236 **

a) Attrappenversuche. Welche auslösenden und richtenden Reize bestimmen die Nektarsuche der drei Insektenarten?

b) Instinktverhalten als angeborener Verhaltensmechanismus, der sich in geordneten Bewegungsabläufen (Erbkoordinationen) äußert und über bestimmte Reize ausgelöst (Auslösemechanismus) und ausgerichtet (Taxiskomponente) werden kann

c)

d) Samtfalter und Bienenwölfe würden ausschließlich die parfümierten Papierblüten aufsuchen, unruhig herumkrabbeln und wieder davonfliegen.

4. Irrläufer ☞ 236 ff. *

A Konditioniertes Verhalten: Dieses ist erlernt; die anderen Begriffe bezeichnen Instinktverhalten.

B Taxis: Komponente der Endhandlung; die anderen Ausdrücke sind andere Bezeichnungen für die Appetenz einer Instinkthandlung.

C Aktionspotential: Das AP ist ein Begriff der Neurobiologie und bezeichnet einen Vorgang am Axon der Nervenzellen. Es stellt zwar auch einen Impuls (elektrischen) dar, löst aber allein kein Instinktverhalten aus. Die anderen Ausdrücke stehen für ein Zeichen aus der Umwelt, das bei einem Tier ein Instinktverhalten auslösen kann.

D Zeitprägung: Dieser Begriff ist nicht belegt. Die anderen Begriffe bezeichnen bestimmte Formen von Prägung.

E Reifung: Dies ist ein angeborener Vorgang; die anderen Begriffe bezeichnen Lernvorgänge.

5. Analyse von Auslösern ☞ 237 *

Der Attrappenversuch zeigt, dass

1. der Auslöser nicht allein im Vorhandensein des Augenbalkens besteht, sondern die Lage des Balkens ausschlaggebend ist und

2. mit Attrappenversuchen auch sog. überoptimale Auslöser gefunden werden können. Die Angriffsrate ist bei einer Lage des Streifens direkt auf der Augen-Maul-Linie am größten, obwohl der natürliche Winkel etwa 45° beträgt.

Die vertikale Stellung des Fisches ist aggressionsfördernd, erhöht also die Drohwirkung. Dies entspricht den natürlichen Verhältnissen bei dieser und anderen Fischarten, bei denen eine vertikale Körperstellung Imponier- bzw. Drohwirkung hat.

6. Maulbrüter ☞ 237 *

a) Wassertemperatur, evtl. Tageslänge und Hormonspiegel (Sexualhormone)

b) Für A: Anblick einer geeigneten Sandstelle

Für B: Der Anblick eines größeren Artgenossen löst das Anlocken aus; gleich große Artgenossen erregen während der Fortpflanzungsstimmung aggressives Verhalten.

Für C: Der Anblick der Mulde und der Körperkontakt mit ihr veranlasst das Weibchen abzulaichen. Vermutlich lässt der Anblick der Eier das Weibchen diese in sein Maul aufnehmen. Daher ist es vorteilhaft, dass das Männchen vorher alle Ei-ähnlichen Steinchen entfernt hatte.

	Samtfalter		Bienenwolf		Biene	
Erbkoordination	auslösender Reiz	richtender Reiz	auslösender Reiz	richtender Reiz	auslösender Reiz	richtender Reiz
Anfliegen der Blüte	Blütenduft (olfaktorisch)	Blüte (optisch)	Blütenduft (olfaktorisch)	Blütenduft (olfaktorisch)	Blüte (optisch)	Blüte (optisch)
Nektarsuche	Blütenduft (olfaktorisch)					

c) Die gespreizte männliche Afterflosse enthält die Zeichnung von Eiern, und das Weibchen versucht vermutlich diese aufzunehmen; dabei gelangen die Spermien in sein Maul.
d) Die oben genannten Auslöser (offenes Maul, Wasserstrom) können den Jungfischen als Attrappen geboten werden. *Dunkle Punkte auf einer Glasscheibe oder die Öffnung schwarzer Reagenzgläser werden von den Jungfischen gezielt angeschwommen. Aber auch ein helles Glasrohr, durch welches Wasser gesaugt wird, lockt die Jungfische an.*

7. Mutter-Kind-Beziehungen ☞ 237 *

a) Die Pute reagiert nur auf das Piepsen ihrer Küken (akustischer Auslöser).
b) Alles, was sich dem Nest nähert und nicht nach Kükenart piepst, wird von der Pute als Nestbedrohung aufgefasst und abgewehrt. Das Piepsen dient also vorrangig zur Unterdrückung der Abwehrreaktionen.
c) Nur optische Auslöser: Angeborene Schemata von Boden- und Luftfeinden entsprechen den optischen Bildern dieser Feinde.
Nur akustische Auslöser: Neben dem Piepsen des Kükens und Lockrufen der Mutter bedeutet auch das Krähen des „Hahnes auf dem Mist" ein akustisches Signal für den Reviernachbarn.
Beiderlei Auslöser: Bei der Balz imponiert der Pfauenhahn optisch (Rad) und akustisch (durch Zittern seiner Schwanzfedern erzeugt das Rad ein starkes Schwirren); Hähne anderer Hühnervögel (z. B. Birkhähne) stoßen Lautfolgen aus, wobei sie mit ausgebreiteten Flügeln und gespreiztem Schwanz in die Luft springen.
d) Innerhalb weniger Stunden nach dem Ausschlüpfen befinden sich Nestflüchterjunge in ihrer Prägungsphase, d. h. in einer gewissen Erwartungshaltung; auf ihr Piepsen des Verlassenseins antwortet normalerweise die Henne mit Lockrufen; wenn die Henne sich fortbewegt, läuft ihr das Küken nach. Dabei wird das optische und akustische Bild der Henne unauslöschlich eingeprägt. Die Henne ist auch dann die einzige „Bezugsperson", wenn sie tötende Schnabelhiebe austeilt.

8. Feldheuschrecken ☞ 237 ***

a) 12,5 ms lang
b)

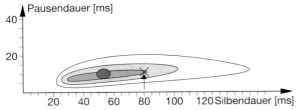

Verhaltensantwort weiblicher Feldheuschrecken bei unabhängig voneinander variierender Silben- und Pausendauer

c) Die länglich ovale Form des Antwortbereichs lässt sich als eine Anpassung an die Temperaturabhängigkeit der Heuschrecken als wechselwarme Tiere verstehen: Die Geschwindigkeit, mit der die Männchen ihre Beine bewegen können, hängt stark von der Temperatur ab. Die Weibchen gleichen dies insofern aus, als ihr AAM – nimmt man einen solchen an – eine gewisse Toleranz bei niedrigen Temperaturen (d. h. hohe Pausendauer, geringe Silbendauer) zeigt.
d) Es handelt sich um angeborenes Verhalten, da in unseren Breiten nur die Gelege der Heuschrecken überwintern und dadurch die Tiere im folgenden Jahr „Kaspar-Hauser-Tiere" sind. – Der Versuch zeigt, dass der natürliche Gesang nicht notwendig ist, um die Reaktion des Weibchens auszulösen, sondern vielmehr künstliches Zirpen ausreicht. Bei der akustischen Darbietung sind jedoch die Pausendauer und die Silbendauer bzw. ihre Kombination von Bedeutung. Die Werte hoher Verhaltensantwort des Weibchens kann man als Auslöser bezeichnen. B zeigt, dass die Kombination von 50–60 ms Silbendauer und ca. 10 ms Pausendauer einen effektiven Auslöser darstellt.
e) Nein. Die Intensität der Verhaltensantwort betrug in den Versuchen nicht mehr als 100 %.

9. Biene ☞ 237 *

a) Das Putzverhalten ist mit einer Übersprungshandlung vergleichbar, im Konflikt von Abflugbereitschaft und Saugbereitschaft. Die Putzbereitschaft ist dann besonders hoch, wenn die Abflugbereitschaft sinkt und die Saugbereitschaft steigt oder umgekehrt. Bei eindeutiger Vorherrschaft eines der beiden Triebe ist keine Putzbereitschaft zu beobachten.
Alternativ: gegenseitige Hemmung von Abflug- und Saugbereitschaft, wobei die Erregung in eine andere Handlung (Putzen) abfließt.
b) Bei Stichlingen ist das Graben ebenfalls ein Konfliktverhalten im Widerstreit von Flucht und Aggression, was als umorientierte Handlung gedeutet wird.

10. Silbermöwe ☞ 237 *

a) Die künstlichen Schnäbel stellen Attrappen dar. Attrappen sind stark vereinfachte, variierte Nachbildungen natürlicher Formen. Sie müssen jedoch die auslösenden Merkmale besitzen.
b) Hier wurde der Aspekt „Schnabelform" getestet. – Alle sind länglich und lösen wahrscheinlich deshalb das Picken aus. Die Länge des Schnabels relativ zum Kopf ist nicht unbedingt von entscheidender Bedeutung, zu sehen an der Tatsache, dass Schnabel **B** (ca. halbe Länge von **C**) auch zu 95 % Picken auslöst. Der breite Schnabel ist nicht so effektiv. „Dünn" scheint daher ein Element des Auslösers zu sein. Besonders deutlich wird dies an Schnabel **E**, der sich mit 174 % stark von den anderen abhebt.

11. Stichling ☞ 237 *

A Falsch: Bei untergeschobenem Gelege dürfte der Stichling nicht fächeln.
B Richtig: Immer, wenn Eier vorhanden sind, wird ein neuer Fächelzyklus induziert.
C Möglich: Nach dem Unterschieben des zweiten Geleges nimmt die Fächelintensität zunächst ab und steigert sich erst später wieder. Die Fächelintensität könnte aber auch ausschließlich durch äußere Faktoren bestimmt werden (siehe D).
D Möglich: Wenn die Embryonen größer werden, brauchen sie mehr Sauerstoff.

168 Verhalten

E Falsch bzw. nicht zu belegen: Bei jedem weiteren Gelege nimmt die Fächelintensität ab.
F Falsch: Nach den Daten aus den Diagrammen gibt es ohne Gelege kein Fächeln. Es kann aber keine Aussage darüber gemacht werden, ob dies grundsätzlich nicht möglich ist.
G Falsch: Fächelzyklen sind unterschiedlich lang und intensiv.
H Fraglich: Diese Aussage ist aus den Schaubildern nicht zu belegen.
I Richtig: Kurz vor dem Schlüpfen der Eier hat jeder Fächelzyklus ein Maximum.

12. Konditionierung ☞ 239 **

A Klassische Konditionierung. Neutraler Reiz (Lichtblitz) und unbedingter Reiz (elektrischer Schlag) werden gleichzeitig gegeben. Die Planarie zuckt reflexartig zusammen (unbedingte Reaktion). Durch Wiederholung werden beide Reize assoziiert und die Planarie reagiert schon bald nur noch auf das Licht (bedingter Reiz) mit einer bedingten Reaktion. Treten beide Reize über längere Zeit nicht mehr gleichzeitig auf, wird entweder vergessen oder umgelernt (Extinktion).
B Auch der Regenwurm ist zum assoziativen Lernen fähig. Er verbindet die Rechtswendung mit dem Strafreiz und meidet den Weg nach links. Er zeigt damit eine bedingte Reaktion.

13. Hahn ☞ 239 *

a) Aus dem Balzverhalten ergibt sich, dass der Hahn sexuell auf Enten geprägt war, weshalb er ihre Nähe aufsuchte.
b) Die sensible Phase für die sexuelle Prägung lag in der Zeit, in der der Hahn mit den Enten zusammen war.
c) Die Prägung ist irreversibel und erfolgt während einer kurzen sensiblen Phase. Wenige charakteristische Merkmale prägen sich dem Lebewesen ein und lösen dafür typische Verhaltensweisen aus.
d) Es kam vermutlich zu einem Triebstau, weil der Geschlechtstrieb nicht befriedigt werden konnte.

Lernvorgänge

14. Lernvorgänge ☞ 241–244 **

A Habituation oder Gewöhnung
B Klassische Konditionierung. Der Ton, zunächst neutraler Reiz, wird zum bedingten Reiz, der die bedingte Reaktion, den Lidschluss, auslöst.
C Bei der Tierdressur werden oft Lernarten miteinander verschränkt. Das Flossenschlagen könnte z. B. mit Pfiffen verstärkt werden, die für die Tiere Futter bedeuten, dann handelt es sich bei dem Flossenschlagen um bedingte Appetenz, die der klassischen Konditionierung entspricht. Werden dagegen zufällig gezeigte Verhaltensweisen erst anschließend belohnt, handelt es sich um bedingte Aktionen, also um instrumentelle Konditionierung.
D Das Weibchen Imo erwarb dieses Verhalten vermutlich durch Einsicht, die übrigen Affen ahmten dieses Verhalten nach. Durch Weitergabe dieser Verhaltensweise an die nächsten Generationen wird es zur Tradition.

E Das gegenüber den Kontrolltieren schnellere Auffinden des beköderten Labyrinthweges ist auf vorangegangenes latentes (verborgenes) Lernen zurückzuführen.
F Lernen durch Einsicht (Fähigkeit zur Generalisation)
G Lernen durch Einsicht (Abstraktionsvermögen, hier relatives Lernen)
H Lernen durch Einsicht (Werkzeuggebrauch)
I Schimpanse: Lernen durch Einsicht (Umweglernen)
  Huhn: Lernen durch Versuch und Irrtum

Sozialverhalten

15. Akustische Signale bei Vögeln ☞ 245 *

Das ähnliche Gefieder der Laubsänger führt zu Problemen bei der Erkennung des Geschlechtspartners sowohl bei der eigenen Art wie auch bei verwandten Arten. Der Gesang ist daher ein wichtiges Erkennungsmerkmal für diese Vögel. Er dient somit der innerartlichen akustischen Kommunikation (Balz, Revierabgrenzung) – besonders in unübersichtlichen Lebensräumen, in denen eine optische Kommunikation nicht möglich ist. In der Abbildung ist zu erkennen, dass jede Art für sich Reviere abgrenzt, die sich nicht überschneiden. Dadurch wird die intraspezifische Konkurrenz herabgesetzt. Alle drei Arten besiedeln nur die Wald- bzw. Waldrandbereiche und meiden Freiflächen.
Das Überschneiden der Reviergrenzen verschiedener Arten ist problemlos, da alle drei Arten verschiedene ökologische Nischen (Nahrung, Brutplätze, Nutzung unterschiedlicher Baumarten und -höhen) innehaben.

16. Zwergmangusten ☞ 249 f. *

a) Affenarten, Wölfe, Dohlen, Hühner
b) Die organische Entwicklung der Augen und Ohren ist ähnlich, zu erkennen an der ähnlichen Kästchenverteilung beider Versuchsgruppen. Bis auf die vier unteren Punkte der Tabelle gilt dies auch für die anderen Verhaltensweisen. – Verteidigung zeigen die isoliert aufgewachsenen Tiere durchschnittlich eine Woche früher, Nachfolgen, Spielruf und Spielen mit Objekten dagegen ca. zwei Wochen später. Soziales Spiel ist bei den isoliert aufgewachsenen Tieren wegen der Isolation nicht möglich.
c) Es handelt sich um angeborenes Verhalten, da alle neun Versuchstiere „Kaspar-Hauser-Tiere" sind und alle dieselben Verhaltensweisen zeigen, wenn auch in einem unterschiedlichen Alter. Für eine stichhaltige Beweisführung müsste man ausschließen, dass die Tiere anderswärtig gelernt haben.
d) Die Jungtiere sehen zwar den Feind und könnten akustisch warnen, doch müssen sie in der ersten Woche, in der sie ältere Familienmitglieder begleiten, noch lernen, was ein Feind ist (z. B. ein Greifvogel).
e) Bei den drei zuletzt aufgeführten Verhaltensweisen der Tabelle zeigen die mit Artgenossen aufgewachsenen Tiere durch gegenseitigen Anreiz die Verhaltensweisen eher. Entscheidende Elemente des Verhaltens, die ein geregeltes Leben im sozialen Verband möglich machen, haben die neun Versuchstiere nicht gelernt. Hier sind wohl ältere Tiere, die z. B. auch Traditionen vermitteln, unentbehrlich.

17. Dscheladas (Blutbrustpaviane) ☞ 250 *

a) Lilo betreibt soziale Fellpflege *(auch „grooming" genannt, kommt aus dem Englischen)*. Die Erklärungsansätze für die Funktionen des „Groomings" reichen von der ursprünglich rein hygienischen Funktion (der Körper wird von Schmutz, Hautschuppen, Schorf, Ektoparasiten u. a. befreit) über die Herstellung und Festigung sozialer Bindungen zwischen den Gruppenmitgliedern bis hin zu der Aussage, dass das „Groomen" Spannungen reduziert, Aggressionen hemmt und somit letztendlich die Stabilität des sozialen Gefüges wiederherstellt.

b) Alle drei Individuen wirken sehr entspannt, wenngleich Gustav *(als Haremshalter)* den Fotografen dieses Bildes mit seinem Blick fixiert. Winnetou scheint sich von allen dreien (als Empfänger der sozialen Fellpflege) am entspanntesten zu fühlen. Er liegt auf dem Rücken, streckt den rechten Arm und das rechte Bein in die Höhe, zeigt somit die gesamte Fläche seines Bauches und damit empfindlicher Körperbereiche.

18. Hundeverhalten ☞ 251 **

a) Hunde sind als Nachfahren der Wölfe Rudeltiere mit sozialem Verhalten.

b) Briefträger und Vertreter bringen die Gerüche vieler Reviere mit; da der Hund sein Revier (den Garten) verteidigen will, wird seine Aggression hier besonders gesteigert.

c) • Aufgrund des Kindchenschemas, welches der Hund auch auf den Menschen bezieht, verhält sich ein Hund gewöhnlich einem kleinen Kind gegenüber besonders friedlich.
  • Als die Tante das Zimmer verlassen hatte, war der Hund plötzlich Ranghöchster und damit erster Revierverteidiger. Die Aggression war umso stärker, als das Revier (Wohnzimmer) nur klein war. Offenbar war diese Aggression stärker als der befriedende Einfluss des Kindchenschemas; möglicherweise wurde die Aggression auch noch durch die Panik des Kindes verstärkt.
  • Ein Hund sollte nie einen Teil der Wohnung als sein Revier betrachten können. Wenn der Hund seinen Schlafplatz (das Revierzentrum) außerhalb der Wohnung hat, ist er innerhalb der Wohnung nur Gast; der Trieb zur Revierverteidigung wird dann nicht (so stark) erregt.

19. Denker ☞ 252 *

A klassischer KÖHLERscher Versuch mit Schimpansen, denen Kisten und unerreichbare Bananen geboten wurden;
Spiegelversuch mit Menschenaffen: Tiere erkennen sich selbst;
Begrüßungsfreude bei Hunden;
Willensäußerungen von Menschenaffen mittels Symbol- oder Zeichensprache;
gedanklich im Voraus gelöster Labyrinthversuch bei Menschenaffen;
Graupapagei „Alex" kann Unterschiede und Gemeinsamkeiten von Gegenständen benennen;
bewusste Täuschungsmanöver bei Menschenaffen zur Irreführung anderer

B Klammer-, Saug- und Suchreflex bei Säuglingen;
sensible Phasen für individuelle Bindung und das Erlernen von Sprachen in früher Kindheit;
Gesten, Mimik werden in allen Kulturen verstanden;
Rangordnung in der menschlichen Gesellschaft;
menschliches Territorialverhalten;
Reaktion auf Schlüsselreize wie Kindchenschema, Mann- und Frau-Schema;
unterschiedliche Pupillenreaktion von Mann und Frau auf unterschiedliche Situationen;

20. Quiz ☞ 230–252 **
1. e); 2. d); 3. b); 4. a); 5. e); 6. c); 7. d); 8. a)

21. Multiple-Choice-Test Ethologie/Hormone ☞ 231 ff. **
1. a), b); 2. b), c); 3. a), d), e); 4. a), e); 5. d); 6. e); 7. b), e); 8. a), c), e); 9. b), e); 10. c), d)

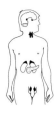

HORMONE

Allgemeine Eigenschaften von Hormonen und Hormondrüsen des Menschen

1. **„Land der Hormone"** ☞ 256 *
   A: Hypophyse; **B:** Thyroxin; **C:** Androgene; **D:** Cytokinine; **E:** Adiuretin; **F:** Follikel; **G:** BASEDOW; **H:** Signalkette; **I:** Osteoporose; **J:** FSH; **K:** fight; **L:** Auxine.
   Lösungswort: **Signalstoffe**

2. **Kaulquappen und Frösche** ☞ 257 *
   a) Das Schilddrüsenhormon (Thyroxin) löst die Metamorphose aus. Diese Wirkung dominiert über die Wachstumsförderung. Bei Entfernung der Schilddrüse bleibt die Metamorphose aus. Ein Hormon des Hypophysenvorderlappens (Somatotropin) verhindert die Metamorphose und fördert das Wachstum.
   b) Hormone wirken bei allen Wirbeltieren gleich. Sie sind wirkungsspezifisch, nicht artspezifisch.
   c) Thyroxinmangel in der Jugend führt zu Kleinwüchsigkeit, Schwachsinn, Kretinismus.
   d) Bei Erwachsenen ist der Stoffwechsel gedrosselt; es treten folgende Symptome auf: niedrige Körpertemperatur, langsamer Herzschlag, Schlafsucht, Appetitlosigkeit, Myxödem, Apathie bis zum Schwachsinn, harter Kropf.
   e) je nach Ursache: Iod in Form von Iodid zuführen oder Thyroxinpräparate

3. **Schilddrüse** ☞ 257 f. ***
   a) Perchlorat wird wie Iodid von den Schilddrüsenzellen aufgenommen, kann aber nicht mit der Vorstufe des Thyroxins reagieren. Thyroxin bildet sich nur mit Iodid. Durch Perchlorat wird die Aufnahmefähigkeit für Iodid eingeschränkt (Konkurrenzwirkung); dadurch kann die Schilddrüse weniger Thyroxin bilden.
   b) In den Follikelzellen reichern sich Perchlorat und die Vorstufe des Thyroxins an, was zu einer Erhöhung des osmotischen Wertes des Zellplasmas führt; die Zellen nehmen Wasser auf und schwellen an. Außerdem bilden sich infolge des Thyroxinmangels mehr Drüsenzellen.
   c) Thyroxin erhöht den Grundumsatz; es bremst die Ausschüttung von Thyreotropin (TSH) aus der Hypophyse; es fördert die körperlichen Veränderungen während der Pubertät.
   d) Symptome der Schilddrüsenunterfunktion: erniedrigte Körpertemperatur, verstärktes Fettgewebe der Haut, geringe Lebhaftigkeit. Wenn Perchlorat vom Schlüpfen an gegeben wird, sind auch zurückgebliebener Wuchs und mangelnde Geschlechtsreife zu erwarten.
   e) Man erhoffte therapeutische Wirkung bei Überfunktion. Durch genaue Dosierung von Perchlorat sollte die Thyroxin-Produktion auf das Normalmaß beschränkt werden. *Perchlorat wird beim Menschen nicht eingesetzt, da sich herausgestellt hat, dass gravierende Nebenwirkungen auftreten.*
   f) Die Schilddrüse reichert als einziges Organ Iodid in ihren Zellen an. Aus der Geschwindigkeit der Aufnahme des radioaktiven Iodids und dessen Verteilung im Schilddrüsengewebe kann man Rückschlüsse auf den Gesundheitszustand der Schilddrüse ziehen.
   g) Die Produktion der ohnehin schwach arbeitenden Hormondrüse wird noch weiter herabgesetzt. Entweder greift das von außen zugeführte Hormon in den Rückkopplungsmechanismus ein, der zwischen Hormondrüse und Hypophyse bzw. Hypothalamus besteht (bei der Schilddrüse würde die TSH- bzw. TRF-Ausschüttung gebremst), oder das von außen zugeführte Hormon verhindert einen Stoffwechselreiz auf die Hormondrüse. Die körpereigene Hormonproduktion wird zunehmend unterdrückt, sodass die Funktionsfähigkeit der Hormondrüse immer mehr nachlässt.

4. **Tupajas** ☞ 258 *
   a) Die Männchen sterben an Herzversagen infolge von sozialem Stress.
   b) Durch die Dauerbelastung für das unterlegene Männchen (Sichtkontakt mit dem Sieger) erhöht sich der Adrenalinspiegel und damit die Herzfrequenz stark.
   c) Unruhe, Zittern, erweiterte Pupillen; rascherer Herzschlag, erhöhter Blutzuckergehalt, vermehrte Fettsäuren im Blut
   d) Die unterlegenen Männchen können in freier Wildbahn ausweichen und den Sichtkontakt mit dem Sieger vermeiden.
   e) Ist die Population für das zur Verfügung stehende Territorium zu groß, so kann es vorkommen, dass unterlegene Männchen sich ihren Besiegern nicht völlig entziehen können und dann wie unter Laborbedingungen an Stressfolgen sterben. Damit vermindert sich die Population um vermehrungsfähige Männchen und schrumpft so allmählich zu angepasster Größe.

5. **Diabetes** ☞ 260 **
   a)

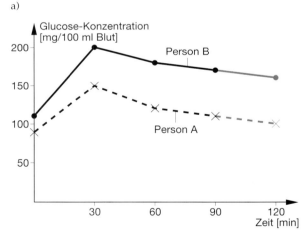

Diagramm für die Glucose-Konzentration im Blut bei den Personen A und B in einem bestimmten Zeitraum nach der Glucose-Zufuhr

   b) **B** ist ein Diabetiker, **A** ist gesund. Einem plötzlichen Anstieg der Glucose-Konzentration begegnet die Bauchspeicheldrüse mit vermehrter Insulinausschüttung. Insulin senkt den Glucosespiegel durch Erhöhung der Kapillarendurchlässigkeit für Glucose. Bei A wird genügend Insulin produziert, um den Sollwert von 100 mg in 100 ml Blut wiederherzustellen. Bei B kann in derselben Zeit das Pankreas nicht genügend Insulin herstellen.
   c) Insulin ist ein Peptidhormon, welches auf dem Verdauungsweg in Aminosäuren gespalten würde.

d) Insulin muss intramuskulär injiziert werden, damit es sich über die Kapillaren möglichst verlangsamt im Blutgefäßsystem ausbreitet. Intravenös verabreicht würde das Insulin schwere Krämpfe auslösen (Insulinschock). Auch bei intramuskulärer Injektion kann es noch zu vorübergehenden Beschwerden kommen: Am Anfang nach der Injektion ist die Insulinkonzentration relativ hoch, sodass der Glucosespiegel unter den Wert eines Gesunden sinkt. Dann wird vermehrt Adrenalin ausgeschüttet, um den Glykogenabbau anzuregen.

e) Aufgrund der zu hohen Glucose-Konzentration im Blut ist dessen osmotischer Wert erhöht. Über Glucose-Rezeptoren des Hypothalamus wird dieser Zustand im Gehirn in das Gefühl Durst „übersetzt".

6. **Regulation der Pförtnertätigkeit** ☞ 260 *

a) Es herrscht ein pH von etwa 1, verursacht durch die Salzsäure des Magens.

b) Ein saurer pH-Wert veranlasst den Pförtner zum Schließen, ein alkalischer zum Öffnen.

c) Der pH-Wert ist die Größe, die geregelt werden muss (Regelgröße).
Störgröße ist der Magenbrei, der durch den Pförtner in den Zwölffingerdarm gelangt und den pH-Wert erniedrigt (sauer macht).
PH-Fühler im Zwölffingerdarm melden den Zustand (Istwert) an den Hypothalamus weiter.
Der Hypothalamus vergleicht Ist- und Sollwert und gibt Befehl an den Pförtner zum Schließen (Stellgröße).
Durch die alkalischen Verdauungssäfte wird der Darminhalt allmählich wieder alkalisch.
Es erfolgt erneut eine Meldung mit der Folge, dass jetzt der Pförtner öffnet.

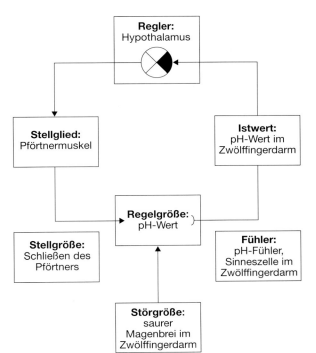

Kybernetisches Regelschema der Pförtnertätigkeit

7. **Ovarialzyklus** ☞ 262 **

a) und b)

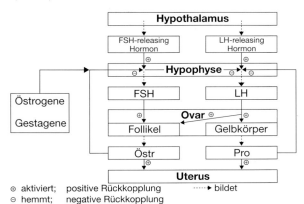

⊕ aktiviert; positive Rückkopplung · · · · ▶ bildet
⊖ hemmt; negative Rückkopplung

Regelschema des Ovarialzyklus

Molekulare Grundlagen der Hormonwirkung bei Tier und Mensch

8. **Wirkung von Prolactin** ☞ 264 **

Wenn das Hormon nicht zur Transkription der genetischen Information für Casein führt, erfolgt die Kontrolle der Caseinproduktion nicht über DNA-bindende Proteine. Die Information zur Erhöhung der Caseinproduktion gelangt demnach über Rezeptoren, die in der Zellmembran „installiert" sind, in die Zelle. Somit könnte entweder ein Enzym in der Zellmembran (Proteinkinase) eine Kettenreaktion von Enzymaktivierungen auslösen bis hin zur Aktivierung von Enzymen, die die Caseinproduktion katalysieren, oder das Hormon bindet an einen anderen Rezeptor in der Zellmembran und löst dann eine Signalkette über cAMP aus.

Pflanzenhormone

9. **Braugerste** ☞ 265 **

a) **A:** Embryo; **B:** Aleuronschicht; **C:** Mehlkörper; **D:** miteinander verwachsene Frucht- und Samenschale

b) Nur in der Hälfte I wird die Stärke zu Zuckern abgebaut, da vom Keimling Gibberelline produziert werden, die in den lebenden Zellen der Aleuronschicht die Bildung von Amylase hervorrufen.

c) Gibt man zu der quellenden Hälfte II Gibberellin-Lösung, lässt sich nach einiger Zeit Maltose nachweisen.

d) Durch das zu frühe Rösten würde man die lebenden Zellen der Aleuronschicht sowie den Keimling abtöten. Die Stärke im Mehlkörper würde nicht zu Maltose und Glucose abgebaut, da sowohl keine Gibbereline wie auch keine Amylasen gebildet würden. Für die Gärung durch die Bierhefe sind Maltose und Glucose notwendig.

10. **Hormone im Test** ☞ 256–265 **

1. c); 2. b); 3. e); 4. d); 5. a); 6. e); 7. a); 8. a); 9. c); 10. b); 11. b); 12. d); 13. a)

ENTWICKLUNGSBIOLOGIE

Fortpflanzung

1. **Vermehrung von Kulturpflanzen** ☞ 267 *
a) Bei der vegetativen Vermehrung sind die Nachkommen genetisch identisch mit der Elternpflanze. Daher sind alle genetisch bedingten Merkmale von Elter und Nachkommen ebenfalls gleich; dies ist besonders wichtig bei Kulturpflanzen, die durch Züchtung eine bestimmte Merkmalskombination aufweisen (z. B. Fruchtgröße, Geschmack, Resistenz usw.) oder die keine Samen mehr bilden (Banane).
b) Vegetative Vermehrung kann erfolgen durch Brutknospen (Knoblauch), Ausläufer (Erdbeere) oder durch Wurzel- und Sprossknollen (Dahlie, Pfingstrose, Kartoffel) sowie durch Tochterzwiebeln (Tulpe). Man kann weiterhin Stecklinge (Weide) oder Sprossstecklinge (Pelargonie), so genannte Ableger, abnehmen und Stauden teilen (Astern u. v. a. Gartenstauden).
c) Edelsorten wie Rosen und Obstgehölze sind häufig empfindlich gegen Bodenschädlinge und bilden zu schwaches Wurzelwerk. Daher wird in diesen Fällen eine stabilere Wildsorte als Unterlage benutzt.
d) Die Früchte gehen ausschließlich aus Zellen des aufgepfropften Reises hervor, ihre Bildung wird also von dem Erbgut der Edelsorte gesteuert.
e) Da Pflanzen kein Immunsystem besitzen, welches körperfremdes Gewebe erkennt und zerstört, können die beiden Pflanzenteile miteinander verwachsen.

2. **Keimung und Entwicklung** ☞ 271 *
Nach der Bestrahlung einer einzelligen Spore mit Licht gelangen die Chloroplasten auf die lichtzugewandte Seite der Spore. Die Zelle teilt sich ungleichmäßig. Zwei Zellen entstehen, die sich durch Größe und Chloroplastengehalt unterscheiden. Während sich aus der chloroplastenhaltigen Zelle der oberirdische Pflanzenkörper entwickelt, entsteht aus der Rhizoidzelle das Rhizoid, ein wurzelähnliches Organ.
Die Programmierung der Zellen wird offensichtlich über das Licht und Licht aufnehmende Strukturen in der Zelle (z. B. Phytochromsystem) gesteuert.

Keimesentwicklung von Tieren und Menschen

3. **Gastrulation** ☞ 272 *
a) Reihenfolge: C/B – E/F – A/D
b) **a:** Urmund; **b:** Blastocoel (primäre Leibeshöhle); **c:** animale Zone (dotterarmer Teil der Eizelle); **d:** Randzone (Grauer Halbmond der Eizelle); **e:** vegetative Zone (dotterreicher Teil der Eizelle); **f:** Urdarm

4. **Schnürungsversuch am Molchei** ☞ 281 *
a) **A:** Die Zygote wird so geschnürt, dass der Zygotenkern in eine Hälfte gelangt. **B:** Die Hälfte mit dem Kern durchläuft eine Mitose, und zwei Zellen entstehen. **C:** Weitere Zellteilungen finden statt. Ein Zellkern gelangt über die Plasmabrücke auf die andere Seite. **D:** In beiden Hälften bilden sich Embryonen, wobei der Bereich, der den ersten Zellkern erhielt, einen Entwicklungsvorsprung besitzt.
b) Theoretisch steht einer relativ normalen Entwicklung in beiden Schnürungshälften nichts im Wege, da durch Mitosen die Abkömmlinge des Zygotenkerns die gesamte Erbinformation enthalten. Dies ist anhand von Abbildung C zu erkennen: In der linken Hälfte entsteht ein vollständiger Keim (Omnipotenz oder Totipotenz des Zellkerns). Es werden sich beide Embryonen zu Larven entwickeln. Der Embryo, der aus dem „ausgewanderten Kern" entstanden ist, holt u. U. den Entwicklungsverzug bis zum Schlüpfen ein oder schlüpft etwas später. Die Larven werden halb so groß wie normale Larven sein.

5. **Molchneurula** ☞ 282 **
a) **B:** Die Zellen vermehren sich. **C:** Die Zellen ordnen sich – noch gemischt – zu einer Hohlkugel an. **D:** Die Zellen verschiedener Gewebeherkunft entmischen sich. **E:** Die Zellen der Neuralplatte wandern in die Hohlkugel, die Zellen der Epidermis bilden die Hülle der Kugel. **F:** Die Zellen der Neuralplatte bilden ein Rohr.
b) Die Zellen sind differenziert, denn sie entmischen sich entsprechend ihrer prospektiven Bedeutung. Chemische und/oder physikalische Signale zwischen den Zellen müssen folgende Regulationen leisten: 1. Kontaktaufnahme und Erkennung von Zellen gleichen Typs, sodass Gewebe entstehen (B–E); 2. Bestimmung der Anordnung und Lage verschiedener Gewebe untereinander (F).

6. **Augenentwicklung** ☞ 283 **
a) Die Anlage des Augenbechers stellt einen Organisator dar, von dem die Entwicklung weiterer Gewebe induziert wird. Fehlt er, wird das entsprechende Organ, hier das Auge, in all seinen Einzelteilen nicht gebildet.
b) Die Linse wird kleiner als die des Kammmolchs sein, da in den Zellen der Bauchepidermisanlage zwar die der Umgebung entsprechende DNA-Information abgelesen wird, aber nicht die des Kamm-, sondern die des Teichmolchs. Das Transplantat entwickelt sich also orts- und artgemäß.

Die Metamorphose grenzt an ein Wunder

GENETIK

Variabilität von Merkmalen

1. **Taxusnadeln** ☞ 286 **
a)

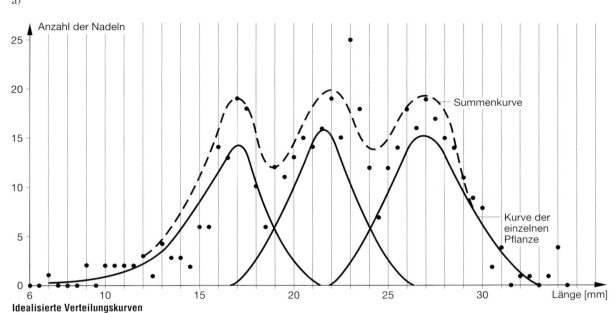

Idealisierte Verteilungskurven

Die Nadeln könnten von drei Pflanzen stammen.

b) Eiben lassen sich durch vegetative Vermehrung von Zweigen der entsprechenden Pflanzen nachzüchten. Besser wäre die vegetative Nachzucht aus Nadeln, d. h. Klonierung der Taxusnadeln:
Züchtung von Klonen aus Nadellänge (NL) < 15 mm; NL > 28 mm, 20 mm < NL < 25 mm; erneutes Ausmessen, nachdem die Pflanzen genügend groß geworden sind und Vergleich mit den ursprünglichen Ergebnissen.

c) Unter Variabilität versteht man die Veränderlichkeit eines Merkmals (Länge der Nadeln); dieses kann genetisch oder umweltbedingt sein. Im letzteren Fall spricht man von Modifikabilität.
Modifikation ist die unterschiedliche Ausprägung eines Merkmals (Länge der Nadeln) eines Lebewesens innerhalb genetisch bedingter Grenzen, der Reaktionsnorm.

MENDELsche Gesetze

2. **Familien** ☞ 288 *
Zuordnung: Das linke Elternpaar hat die beiden in der Mitte abgebildeten Kinder. Das rechte Elternpaar hat die Kinder, die links und rechts außen abgebildet sind.
Kriterien: Formen von Gesicht, Mund, Augen, Nase; Ohrläppchen angewachsen oder nicht? (soweit erkennbar), Haaransatz
Haben Sie die Lösung selbst gefunden? Herzliche Gratulation zu Ihrem Scharfblick.

3. **Katzenfell** ☞ 290 ***
a)

	XG	YG
Xg	XXgG meliert/ungefleckt	XYGg orange/ungefleckt

Kreuzungsschema P x P ⇒ F₁

	X G	Y G	X g	Y g
X G	XXGG meliert/ungefleckt	XYGG schwarz/ungefleckt	XXGg meliert/ungefleckt	XYGg schwarz/ungefleckt
X G	XXGG orange/ungefleckt	XYGG orange/ungefleckt	XXGg orange/ungefleckt	XYGg orange/ungefleckt
X g	XXgG meliert/ungefleckt	XYgG schwarz/ungefleckt	XXgg meliert/gefleckt	XYgg schwarz/gefleckt
X g	XXgG orange/ungefleckt	XYgG orange/ungefleckt	XXgg orange/gefleckt	XYgg orange/gefleckt

Kreuzungsschema F₁ x F₁ ⇒ F₂

b) Erbgang: dihybrid, dominant rezessiv; Farbe: gonosomal; Fleckenmuster: autosomal
Insgesamt werden zwei Merkmalspaare vererbt. Es handelt sich um die Allele für die Farben: Orange und <u>Schwarz</u> sowie die Allele für <u>ungeflecktes</u> und geflecktes Fell. Dominante Allele sind unterstrichen.

Die Melierung kommt dadurch zustande, dass im weiblichen Geschlecht jeweils nur eines der beiden X-Chromosomen mit dem jeweiligen Farballel aktiv ist. Welches aktiv ist, bleibt zufällig. Dadurch entsteht ein Mosaik.

c) Katzen können prinzipiell sowohl bezüglich der Farbe als auch des Fleckenmusters reinerbig oder mischerbig sein, Kater nur bezüglich des Fleckenmusters. Nach der Voraussetzung der Aufgabe können hier Katzen bezüglich der Farballele nur reinerbig, bezüglich des Fleckenmusters rein- oder mischerbig sein, Kater sind auf jeden Fall reinerbig.

	XG	YG
Xg	XXgG meliert/ungefleckt	XYgG orange/ungefleckt

Katze reinerbig

	Xg Xg	Yg
XG	XXGg meliert/ungefleckt	XYGg schwarz/ungefleckt
Xg	XXgg orange/gefleckt	XYgg orange/gefleckt

Katze mischerbig

Bei der Kreuzung reinerbiger Katzen ergibt sich folgende Nachkommenverteilung:
Katzen: meliert/ungefleckt: 1
Kater: schwarz/ungefleckt: 1

Bei der Kreuzung mischerbiger Katzen ergibt sich folgende Nachkommenverteilung:
Katzen: meliert/ungefleckt: 1
         orange/gefleckt: 1
Kater: schwarz/ungefleckt: 1
         orange/gefleckt: 1

4. **Rex-Kaninchen**   ☞ 290 **

a) Dominant verhalten sich die Allele für braunes und für normales Fell, da die Eltern von Regina II normal-braune Felle besaßen und unter ihren Nachkommen die Merkmale weiß und rex auftraten.

b) Die Gene sind nicht gekoppelt, da die Nachkommen von Regina II im Verhältnis 1 : 1 : 1 : 1 aufspalten. Dies entspricht dem Ergebnis einer Testkreuzung mit ungekoppelten Genen.

c)

Regina II	Bruder	Eltern
r w	R W	R W und R W
r w	r w	r w r w

Genotypen

d)

normal-weiß	rex-weiß	rex-braun	normal-braun
R w	r w	r W	R W
r w	r w	r w	r w

Genotypen der Nachkommen von Regina II

e) Die rex-braunen Kaninchen werden miteinander gepaart, um reinerbige Nachkommen in Bezug auf die Farbe zu erhalten. Da man diese von den mischerbigen braunen phänotypisch nicht unterscheiden kann, werden Testkreuzungen mit weißen Partnern unternommen: Nur wenn die nachfolgende Generation uniform braun ist, besteht die Wahrscheinlichkeit, dass das getestete Tier homozygot bezüglich der Farbe ist. Es kann dann für die gewünschte Zucht verwendet werden.

5. **Vererbung bei Katzen**   ☞ 290, 303 ***

a) Es handelt sich um einen dihybriden Erbgang mit ungekoppelten Genen (Zahlenverhältnisse!). Die Allele für die Fellfarbe verhalten sich kodominant, das Gen liegt auf dem X-Chromosom (die Kombination $o^r o^b$ tritt nur bei Weibchen auf); pd verhält sich dominant gegenüber dem Normalallel (s. Kreuzungen A und B).

A	B	C	D
pd o^r × pd o^b	pd o^r × pd o^b	+ o^b × pd o^r	+ o^b × pd o^r
+ o^r + Y	+ o^b pd o^r	+ o^b pd Y	+ o^r + Y

Genotypen der Eltern

b) Genotypen des Elternpaares   pd o^r ×   pd o^r
                                  + o^b + Y

	pd o^r	pd Y	+ o^r	+ Y
pd o^r	pd o^r	pd o^r	pd o^r	pd o^r
	pd o^r	pd Y	+ o^r	+ Y
pd o^b	pd o^b	pd o^b	pd o^b	pd o^b
	pd o^r	pd Y	+ o^r	+ Y
+ o^r	+ o^r	+ o^r	+ o^r	+ o^r
	pd o^r	pd Y	+ o^r	+ Y
+ o^b	+ o^b	+ o^b	+ o^b	+ o^b
	pd o^r	pd Y	+ o^r	+ Y

Kreuzungsschema für die Kreuzung B

c) Alle polydaktylen Tiere aus den Kreuzungen **A**, **B** und **D** können homo- oder heterozygot für dieses Merkmal sein. Testkreuzung mit normalzehigem Partner: Aufspaltung bei den Nachkommen zeigt Heterozygotie des getesteten Elters an.

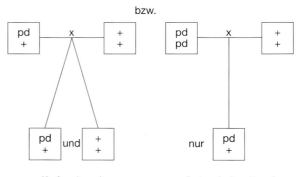

Kreuzungsschema für ein Beispiel

6. Katzen mit und ohne Schwanz ☞ 290, 307 **

a) Dominant ist die Anlage für Manx (siehe z. B. erste Kreuzung). Die Anlage für Scheckung verhält sich unvollständig dominant (Holländerscheckung stellt den intermediären Phänotyp dar).

b)

A	B	C	D	E	F
MsM + ms m +	Ms m + ms ms	Ms m + ms ms	Ms m + ms m +	Ms M + ms ms	Ms M + ms ms

Genotypen der Elternpaare

c)

	M +	M s	m +	m s
M+	M + M +	M + M s	M + m +	M + m s
M s	M s M +	M s M s	M s m +	M s M s
m +	m + M +	m + M s	m + m +	m + m s
m s	M s M +	m s M s	m s m +	m s m s

Kreuzungsschema für die Kreuzung F

d) Die Anlage für Manx verhält sich homozygot letal. Dies geht z. B. aus den Nachkommenzahlen der Kreuzung F hervor. Da es sich um statistische Zahlen handelt, sollten insgesamt 16 Nachkommen auftreten; in der oberen Tabelle sind es jedoch nur zwölf, da die vier Nachkommen mit Homozygotie für Manx fehlen.

7. Rhesusfaktor ☞ 292 *

a) Der Rhesusfaktor wird autosomal dominant vererbt: Beide Eltern sind Rhesus-negativ, bei den Kindern tritt der Rhesusfaktor in beiden Geschlechtern auf.

b) Berechnung nach dem HARDY-WEINBERG-Gesetz:
Anteil der reinerbig Rhesus-negativen :
q = Allelfrequenz des rezessiven Allels im Genpool
q^2 = als Merkmal phänotypisch in Erscheinung tretender Anteil des rezessiven Allels
$q^2 = 0{,}15$ oder 15 % und
$q = \sqrt{0{,}15} = 0{,}387 \approx 0{,}39 = 39\,\%$

c) p = Allelfrequenz des dominanten Allels im Genpool
2 pq = Anteil der Heterozygoten
Aus $p + q = 1$ folgt $p = 1 - q = 0{,}61$
$2\,pq = 2 \cdot 0{,}39 \cdot 0{,}61 = 0{,}4758 \approx 0{,}48$ oder 48 %

d) Der übrige Bevölkerungsteil ist bezüglich des Allels D reinerbig (D^+D^+): 100 % – 15 % – 48 % = 37 %.
Ein anderer Rechenansatz führt zum gleichen Ergebnis: $p^2 = 0{,}61^2$; p = 0,37 oder 37 %.

Vererbung und Chromosomen

8. DNA-Menge in der Keimbahn ☞ 293 **

a) weibliche Keimzelle: **I:** erste Reifeteilung bzw. Abtrennung des ersten Polkörperchens; **II:** Abtrennung des zweiten Polkörperchens; **III:** Befruchtung der Eizelle, Kopf des Spermiums dringt in die Eizelle ein. *Die Teilung der Oocyte zweiter Ordnung muss nicht schon beendet sein, bevor die Befruchtung erfolgt. Somit könnten die Vorgänge II und III auch in umgekehrter Reihenfolge stattfinden.* **IV:** Replikation der DNA in der folgenden Interphase (S-Phase); männliche Keimzelle: **I:** erste Reifeteilung; **II:** zweite Reifeteilung und Entstehung der vier Spermatozoiden

b) **A:** 2n, 2-Chromatid-Chromosomen; **B:** n, 2-Chromatid-Chromosomen; **C:** n, 1-Chromatid-Chromosomen; **D:** 2n; 1-Chromatid-Chromosomen; **E:** 2n, 2-Chromatid-Chromosomen

9. Zellteilung ☞ 293 *

a) Reihenfolge: H, F, I, B, M, C, A, L, D, E, K, G

b) Meiose. Begründung: **B:** Homologe Chromosomen paaren sich (Tetradenstadium); **C:** Anordnung homologer Chromosomenpaare in der Äquatorialebene; **G:** vier neue Kerne haben sich gebildet, das entspricht der Bildung von vier Keimzellen

c) Ziel der Teilung: Bildung haploider Zellen. Diese können Keimzellen sein, bei Pflanzen auch Sporen oder Pollen.

10. Biologische Bedeutung von Mitose und Meiose ☞ 293 *

a)

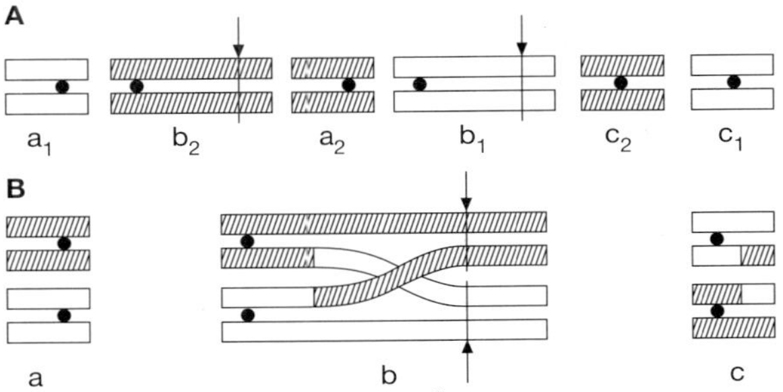

Anordnung der Chromosomen in der Äquatorialebene im Zuge einer Mitose (A) und einer Meiose (B)

b) Mitose: Die Anordnung der Zweichromatid-Chromosomen in der Äquatorialplatte gewährleistet eine identische Aufteilung des Erbmaterials auf die beiden Tochterzellen im Zuge einer Zellteilung.
Bei der Meiose wird die Voraussetzung für die Neukombination und Weitergabe des Erbmaterials in eine neue Generation geschaffen. Dabei wird die Menge des Erbmaterials vor der Verschmelzung der Keimzellen halbiert (Reduktion von 2n auf 1n), ohne dass es zu einem Verlust von Erbinformation kommt. Bei der Paarung homologer Chromosomen kommt es zu einer Neuverteilung der genetischen Information, die in den elterlichen Chromosomen gespeichert ist. Während dieser Paarung erfolgt durch das Crossover eine zusätzliche Neukombination des genetischen Materials.

11. Mais ☞ 296 **

a) Es handelt sich um einen dihybriden, dominant-rezessiven Erbgang, bei dem die Gene gekoppelt sind. Dominant verhalten sich die Allele für dunkle Farbe und Nicht-Schrumpfen. Die Kopplung ersieht man aus dem Spaltungsverhältnis der F_2; bei Nichtkopplung müssten bei dieser Kreuzung (Rückkreuzung) die Nachkommen im Verhältnis 1 : 1 : 1 : 1 aufspalten.

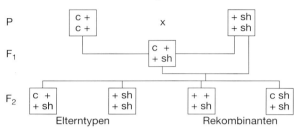

Kreuzungsschema

b) $2,06 = 100\% \Rightarrow 0,06 = 2,9\%$
Der relative Genabstand beträgt 2,9 centi-Morgan (1 centi-Morgan entspricht der Häufigkeit von 1 % Crossover).

12. Kopplungsbruch bei Drosophila ☞ 296 *

a) Kreuzungsergebnis A, weil das Ergebnis nicht dem erwarteten Zahlenverhältnis (für einen nicht gekoppelten Erbgang) von 1 : 1 : 1 : 1 bei der hier vorliegenden Rückkreuzung entspricht

b) Erbanlagen sind gekoppelt, wenn sie auf einem Chromosom liegen. Sie können in der Oogenese (Prophase der Meiose) getrennt werden, wenn es zu einem Austausch von Chromosomenabschnitten benachbarter homologer Chromatiden kommt. Das genetische Ereignis des Kopplungsbruchs wird als Crossover bezeichnet. (Skizze siehe Lösung der Aufgabe 10. a)

c) Der Austauschwert gibt die Wahrscheinlichkeit eines Crossovers zwischen zwei Genorten wieder und entspricht dem Abstand der Genorte auf dem Chromosom. Er entspricht auch dem Anteil der Nachkommen, bei denen die betreffenden Gene entkoppelt vorliegen. Bezogen auf die Aufgabe ist das bei 1855 von 10 000 Nachkommen, also bei 18,55 %, der Fall. Der Austauschwert zwischen b und vg beträgt also aufgrund dieses Kreuzungsergebnisses 18,55 (centi-Morgan).

d)

P		vg⁺ b⁺	vg b	x	vg b	vg b	
P: Genotypen der Gameten		vg⁺ b⁺	vg b	vg⁺ b	vg b⁺	♀ ♂	
F_1	vg⁺ b⁺ / vg b	vg b / vg b	vg⁺ b / vg b	vg b⁺ / vg b			
F_1-Phänotypen	grau normalflügelig	schwarz stummelflügelig	schwarz normalflügelig	grau stummelflügelig			

Kreuzungsschema

e) Würde ein Wildtyp-Weibchen mit einem Männchen mit hellroten Augen gekreuzt, wären alle Nachkommen vom Wildtyp. Bei der reziproken Kreuzung dagegen hätten alle männlichen Nachkommen hellrote Augen, alle weiblichen Nachkommen wären vom Wildtyp, wenn die Anlage st auf dem X-Chromosom läge.
Die Anlage für hellrote Augen liegt nicht auf dem X-Chromosom. Allerdings liegen einige Anlagen für die Augenfarbe auf dem X-Chromosom, so z. B. die Anlage r für rubinfarbene Augen oder auch w (white eyes), ca (carmine eyes), v (vermilion eyes).

13. Drosophila ☞ 296 ***

a) Stamm 1 hat den Genotyp se D H/se + +. Die Anlagen D und H können nur heterozygot auftreten, und das Allel se verhält sich rezessiv (alle Nachkommen der ersten Kreuzung sind rotäugig).

b) se D H/ + + + und se + + /se + +

c)

Anzahl der Tiere	Phänotyp	Genotyp	ausgetauschtes Gen	%
633	rotäugig normal normal	+ + + / se + +	Elterntypen	64,5
657	sepia dichaete hairless	se D H / se + +		
99	sepia normal normal	se + + / se + +	se	10,4
109	rotäugig dichaete hairless	+ D H / se + +		
39	rotäugig dichaete normal	+ D + / se + +	D	3,6
33	sepia normal hairless	se + H / se + +		
224	rotäugig normal hairless	+ + H / se + +	H	21,5
206	sepia dichaete normal	se D + / se + +		

Analyse der F_2-Generation

d) se-D-H; das mittlere Gen kann nur durch ein Doppel-Crossover ausgetauscht werden; da ein solches seltener auftritt als ein Einzel-Crossover, kann man das mittlere Gen am niedrigsten Austauschwert erkennen.

e) Der Abstand zwischen se und D beträgt 10,4 + 3,6 centi-Morgan, der zwischen D und H 21,5 + 3,6 centi-Morgan. Erklärung: Bei der Bildung von 10,4 % der weiblichen Keimzellen hatten Crossover zwischen se und D stattgefunden, was zu 208 (109 + 99) Rekombinanten führte. Diese waren aber nicht die einzigen festgestellten Crossover zwischen se und D. Bei der Rekombinantengruppe von 72 Tieren hatten Doppelcrossover stattgefunden; 3,6 % der Keimzellen waren durch Crossover zwischen se und D und gleichzeitig durch Crossover zwischen D und H entstanden. Für die relative Abstandsbestimmung werden alle festgestellten Crossover verwertet, also müssen die 3,6 % sowohl den 10,4 % wie auch den 21,5 % hinzugezählt werden.

14. Riesenchromosomen ☞ 298 **

a) Insektenlarven sind Wachstumsstadien. Ein rasches Wachstum wird durch gut funktionierende Verdauungsdrüsen ermöglicht, in denen zahlreiche Verdauungsenzyme tätig sind. Die hohe Zahl dieser Enzyme wiederum wird durch die hohe Zahl von Genen gewährleistet, die für sie codieren (bis zu 1000facher Genbestand).

b) **A:** Inversion, die Reihenfolge der Banden im ungepaarten Abschnitt ist gegenläufig; **B:** Duplikation, im oberen Teil des ungepaarten Abschnitts treten vier Banden zweimal auf; **C:** Translokation, die ungepaarten Abschnitte besitzen unterschiedliche Banden; **D:** Duplikation oder Deletion, da ein Endabschnitt überhängt (bzw. fehlt)

c) In Abbildung E ist ein halbseitiger Puff (aktiver Chromosomenabschnitt) dargestellt. Der nicht gepuffte homologe Abschnitt trägt also die gegenüber dem gepufften Abschnitt rezessiven Allele. Hier wird nur die Information des Allels (der Allelengruppe) eines Elternteils abgelesen.

d) Laborstämme sind Inzuchtstämme, bei denen sich die Elterntiere genetisch nur wenig unterscheiden; Unterschiede in der Genabfolge ihrer Chromosomen sind damit viel seltener als bei Wildstämmen.

15. Geschlechtsbestimmung beim Menschen ☞ 302 *

a) Jede Körperzelle einer Frau besitzt zwei Geschlechtschromosomen, von denen pro Zelle nur eins aktiv ist. Das inaktive X-Chromosom ist unter dem Lichtmikroskop als kompakte Struktur an der Kernmembran zu erkennen und wird als BARR-Körperchen bezeichnet.

b) Man vermehrt Lymphozyten eines Menschen in einer Nährlösung und stoppt die mitotischen Teilungen nach drei Tagen durch Colchicinzugabe im Metaphasestadium, in dem sie in hypotonischer Lösung leicht gequollen sind. Tropft man sie auf einen feuchten Objektträger, platzen die Kernmembranen, und die Chromosomen der Metaphase werden ausgebreitet. Nach Anfärbung werden Mikrofotos hergestellt. Anschließend werden die Chromosomen nach Größe, Lage des Centromers und Bandenmuster sortiert. Das übersichtliche Bild der Chromosomen einer Person wird als Karyogramm bezeichnet.

c) Hier handelt es sich um eine Person vom XXY-Typ. Es liegt eine spezielle Form der Trisomie (2n + 1), genauer das KLINEFELTER-Syndrom, vor. Es hat eine Häufigkeit von 1 : 400. Diese Männer (Y-Chromosom geschlechtsbestimmend) sind eunuchoid (zuweilen auch mit Hochwuchs), meist geistig retardiert.

16. Blutgruppen ☞ 307 *

Mutter	Kind	auszuschließender „Vater"
A	0	AB
AB	B	–
0	B	0, A
0	0	AB
B	AB	0, B
A	A	–
A	B	0, A

Blutgruppen-Zugehörigkeit

17. Down-Syndrom oder Trisomie 21 ☞ 308 **

a) Bestimmung der Häufigkeit, mit der Trisomie 21 in der Verwandtschaft auftritt; Anfertigung der Karyogramme von Eltern und Kind

b) Theoretische Möglichkeiten:
A: getrennt vorliegende Chromosomen 21; in der Verwandtschaft keine weiteren Fälle; Risiko: sehr gering;
B: getrennt vorliegende Chromosomen 21; in der Verwandtschaft weitere Fälle von Trisomie 21. Wenn die Krankheit in der väterlichen Verwandtschaft auftritt, ist das Risiko wie in dem oben beschriebenen Fall. Tritt die Krankheit in der mütterlichen Verwandtschaft auf, ist das Risiko leicht erhöht, da vermutlich in der weiblichen Meiose Nondisjunktion vermehrt auftritt.
C: Translokation: Chromosom 21 hängt an einem anderen Chromosom; erhöhtes Risiko (33 %), wenn die Translokation auch bei einem Elternteil festgestellt wird

18. Vaterschaft ☞ 312 ***

a) Die Blutgruppen werden autosomal vererbt, da eine Geschlechtsabhängigkeit in der Ahnentafel nicht zu erkennen ist.
Die Hasenscharte tritt ebenfalls bei beiden Geschlechtern auf, wird also autosomal vererbt. Das verantwortliche Allel verhält sich rezessiv, siehe z. B. 1, 2 und 9.
Die Fischschuppenhaut tritt nur bei Männern auf, es handelt sich um einen gonosomalen Erbgang. Das verantwortliche Allel verhält sich rezessiv, siehe z. B. 3 und ihren Sohn 11 (da das Allel auf dem X-Chromosom liegt, kann es nur von der Mutter auf den Sohn übertragen werden).

b) Die Fehlgeburten sind weiblich; hier tritt das Allel für Fischschuppenhaut homozygot auf. Diese Kombination ist letal.

c) Person 17 kann aufgrund ihrer Blutgruppe nicht der Vater sein, ebensowenig 20, da diese in Bezug auf ihre Blutgruppe homozygot sein muss. Also kommt nur 18 in Frage, die sowohl i als auch das Allel für die Hasenscharte besitzen kann.

1	2	3	4	5
$I^A + X^F$ i h X^+	$I^B + X^F$ i h Y	I^B h X^F i h X^+	$I^A + X^F$? ? Y	$I^A + X^F$ I^B ? ?
6	**7**	**8**	**9**	**10**
I^A h X^+ I^B h Y	I^A h X^+ I^B h Y	$I^A + X^F$ i ? X^+	I^A hX^F I^B hY	$I^B + X^F$ i ? X^+
11	**12**	**13**	**14**	**16**
$I^A + X^F$ i h Y	$I^A + X^F$ i h X^+	$I^B + X^+$ I^B h Y	$I^A + X^+$ I^A h ?	i + X^F i h X^+
17	**18**	**19**	**20**	**Kind**
$I^A + X^F$ I^B ? Y	$I^B + X^+$ i h Y	I^A h X^+ I^B h ?	I^A h X^+ I^A h Y	i h X^F i h Y

Genotypen; ? Keine sichere Feststellung des Genotyps

Molekulare Grundlagen der Vererbung

19. Transformation ☞ 319 **

a) Da kapsellose Pneumokokken in Gegenwart von bekapselten toten Pneumokokken zu ebenfalls bekapselten transformiert werden, muss von den toten Zellen eine Substanz auf die kapsellosen Zellen übergegangen sein, welche für die Kapselbildung verantwortlich ist.

b) **A:** Können kapsellose Pneumokokken durch Mutation die Fähigkeit zur Kapselbildung erlangen? – Nein, da die Mäuse überleben; es sind offenbar keine virulenten (bekapselten) Bakterien entstanden.
B: Wird die Lungenentzündung durch Teile (z. B. Gifte) der toten Pneumokokken ausgelöst? – Nein, da die Mäuse überleben.

c) Kapsellose Pneumokokken werden durch eine Substanz der bekapselten transformiert, wobei weder Zellwand noch Kapsel einen Einfluss haben.

d) Die transformierende Substanz muss aus dem Cytoplasma der toten Zellen stammen. Um welche Substanz handelt es sich?

e) Für die Transformation kommen nur Makromoleküle in Frage, da nur diese Information tragen können. AVERY stellte hochgereinigte Extrakte dieser Makromoleküle (Proteine, Kohlenhydrate, RNA und DNA) her und prüfte deren Transformationsfähigkeit. Nur mit DNA war die Transformation möglich. Die Transformation unterblieb, wenn der DNA-Extrakt mit DNAse (einem DNA-spaltenden Enzym) behandelt worden war.

20. Mannitol abbauende Pneumokokken ☞ 319 **

a) man$^-$ S^r, man$^+$ S^s, man$^+$ S^r

b) Die beiden Gene liegen benachbart im Spendergenom, daher kommen sie häufig auf einem gemeinsamen DNA-Stück des Extrakts vor. Wären sie immer getrennt, dürften die Rekombinanten man$^+$ S^r nur sehr selten auftreten.

c) Die Gene werden in die DNA des man$^-$ S^s-Stammes eingebaut und bei der Zellteilung an die Tochterzellen weitergegeben.

d) Vergleichbar mit dem Experiment von GRIFFITH (Übertragung der Fähigkeit der Kapselbildung auf kapsellose *Pneumokokken*). Wenn aus Zellextrakten Gene in lebende Zellen übertragen und dort wirksam werden, nennt man dies Transformation.

e) **A:** Ausstreichen der Kultur auf Komplettagar ohne Streptomycin (mit Glucose als Energielieferant); hier wachsen sowohl Kolonien der Empfängerzellen (man$^-$ S^s) wie auch der Rekombinanten.
B: Überstempeln auf
– Komplettagar ohne Streptomycin und ohne Glucose, aber mit Mannitol; hier wachsen nur man$^+$-Kolonien, die gegen Streptomycin sensibel oder resistent sind;
– Komplettagar mit Streptomycin und Glucose (aber ohne Mannitol); hier wachsen nur Sr-Kolonien.
C: Überstempeln der Kolonien aus B auf Komplettagar mit Streptomycin und Mannitol, aber ohne Glucose; hier wachsen nur die Doppel-Rekombinanten.

21. Proteinsynthese bei *Escherichia coli* ☞ 319 **

a) **A:** DNA; **B:** Polysomen, durch mRNA miteinander verbunden; **C:** Ort, an dem die Polymerase einen DNA-Strang abliest und mRNA bildet (Transkription)

b) An jedem Ribosom bildet sich eine Polypeptidkette.

c) **a–b:** In Richtung von b nach a öffnen die Polymerasen die Wasserstoffbrücken zwischen den Basen des DNA-Strangs und bilden ein RNA-Molekül, das zum codogenen Strang komplementär ist. **c–d:** Der Abschnitt von c nach d stellt eine Ribosomenkette an einem mRNA-Molekül dar. Das Ribosom bei d lagerte sich an das mRNA-Molekül, sobald es die Polymerase verließ. Das Ribosom bei c lagerte sich zum Schluss an.

d) Die Ribosomenkette c–d ist „älter" als die Ribosomenkette e–f. Außerdem befinden sich bereits längere Polypeptidketten an den Ribosomen, die in der Nähe der Polymerasen liegen, da die Ribosomen bereits über ein längeres RNA-Stück geglitten sind als die Ribosomen, die von der Polymerase weiter entfernt sind und sich gerade an die mRNA angelagert haben.

22. Gentransfer ☞ 319 *

a) A/A' = Bakterienzellen; B/B' = Genom der Bakterienzellen; C = Plasmabrücke = Sexpilus; D = Phage

b) **a** = Aufnahme löslicher DNA (Transformation); **b** = Aufnahme von DNA über Plasmabrücke von Zelle zu Zelle (Konjugation); **c** = Übertragung von DNA durch Viren (Tranfektion / Infektion)

23. Bakterienkonjugation ☞ 320 ***

a) **A:** S^s, leu$^+$, arg$^-$, pro$^+$, cys$^-$, phe$^+$, his$^+$
B: S^s, leu$^+$, arg$^+$, pro$^+$, cys$^+$, phe$^+$, his$^+$
C: S^s, leu$^+$, arg$^+$, pro$^+$, cys$^+$, phe$^-$, his$^+$
F$^-$: S^r, leu$^-$, arg$^-$, pro$^-$, cys$^-$, phe$^-$, his$^-$
(S^s: streptomycinsensibel
S^r: streptomycinresistent
cys$^+$: Fähigkeit zur Cysteinsynthese
cys$^-$: Unfähigkeit zur Cysteinsynthese)

b)

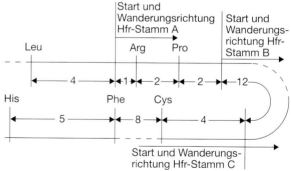

Genkarte Bakterium

c) Über den Sexpilus gelangt eine Kopie des DNA-Strangs der Hfr-Zelle mit einem Teil des Fertilitätsfaktors voran in die F$^-$-Zelle. Nach Unterbrechung der Konjugation legt sich der herübergewanderte Chromosomenabschnitt der Hfr-Zelle an einen homologen Abschnitt des Ringchromosoms der F$^-$-Zelle. Durch genetische Rekombination können DNA-Bruchstücke ausgetauscht werden.

24. Erbänderungen bei Bakterien ☞ 321 **

a) Aus einer Kultur des Wildtyps von *E. coli* A^+ im Reagenzglas A wird eine Probe auf einen Nährboden mit Minimalagar (Petrischale 1) gegeben. Die Bakterien des Wildtyps vermehren sich auf dem Minimalagar zu Kolonien. Eine weitere Probe aus diesem Reagenzglas wird in Reagenzglas C gegeben; außerdem werden Phagen aus Reagenzglas B zugefügt. Auch aus dem Reagenzglas C wird dann eine Probe auf eine Petrischale mit Minimalmedium (2) gegeben. Diese Probe entwickelt sich zu einem Bakterienrasen, der durch die lytischen Vermehrungsprozesse der Phagen Löcher (Plaques) aufweist, in denen keine Bakterien mehr zu finden sind.

Aus dem Reagenzglas C wird eine weitere Probe entnommen und die mithilfe eines Bakterienfilters daraus isolierten Phagen werden in Reagenzglas D gegeben. Dieser Probe werden außerdem Mangelmutanten von *E. coli* aus Reagenzglas E zugesetzt. Diese Bakterien sind nicht in der Lage, auf einem Minimalboden Kolonien zu bilden (Petrischale 4). Werden jedoch diese Bakterien nach einem gemeinsamen Aufenthalt mit Phagen im Reagenzglas D auf einen Minimalboden gegeben, bilden sich Bakterienkolonien.

b) Petrischale 1: Eine Kultur von *E. coli* (Wildtyp) kann aus den vorhandenen Nährsalzen und Energieträgern alle notwendigen Körpersubstanzen selbst herstellen.
Petrischale 2: Die Bakteriophagen zerstören die Bakterien im Zuge ihrer Vermehrung (Lyse).
Petrischale 4: Mangelmutanten (*E. coli* A^-) können mindestens einen der zum Körperaufbau notwendigen Stoffwechselschritte nicht katalysieren, da ihnen die entsprechende genetische Information fehlt.
Petrischale 3: Nach dem Ausbringen auf einen Minimalnährboden zeigt sich, dass zumindest einige *E. coli*-Mangelmutanten in ihrer Funktion dem Wildtyp entsprechen, d. h., sie können wie der Wildtyp alle notwendigen Körpersubstanzen selbst herstellen. Das genetische Material dazu können sie nur von den Phagen, die sich im Wildtyp vermehrt haben, erhalten haben.
In die Phagen wurde im Laufe ihres Vermehrungszyklus gelegentlich die entsprechende Information des *E. coli*-Wildtyps in die Phagen-DNA eingebaut und mit vermehrt. Bei der Infektion der Mangelmutanten durch diese Phagen wurde diese genetische Information übertragen. Man bezeichnet diese Form der Übertragung von Erbmaterial durch Viren als Transduktion.

25. Parasexuelle Vorgänge bei Bakterien ☞ 321 *

a) Eine bestimmte Menge zweier *E. coli*-Stämme (Doppelmangelmutanten $a^+b^+c^-d^-$ und $a^-b^-c^+d^+$), die sich auf einem Minimalnährboden jeweils nicht vermehren können, werden in einem Reagenzglas zusammengegeben und 24 Stunden einer Temperatur von 37 °C ausgesetzt. Aus diesem Gefäß wird eine Probe auf einen Minimalnährboden gegeben. Es bildet sich eine Reihe von Kolonien.

b) Die Bakterien in R_1 und R_2 sind unterschiedlichen Typen zuzuordnen. Die Bakterien der Kolonien aus R_3 haben die Eigenschaften $a^+ b^+ c^+ d^+$ und entsprechen dem Wildtyp (sog. rekombinierter Wildtyp).
Die Rasenbildung in der Petrischale 3 ist damit zu erklären, dass $a^- b^-$ gegen $a^+ b^+$ (bzw. $c^- d^-$ gegen $c^+ d^+$) ausgetauscht wurde. Dieser Genaustausch ist nur möglich durch das Aneinanderlegen homologer DNA-Abschnitte mit anschließender Rekombination.

Nach einer Bakterienkonjugation in R_3 erfolgte in der Akzeptorzelle (F^-) eine Rekombination nach folgendem Schema (s. u.). Dabei werden in F^+ zunächst u. a. die Gene $a^+ b^+$ kopiert; die Kopie gelangt über eine Plasmabrücke in das F^--Bakterium. Dort wird $a^- b^-$ gegen $a^+ b^+$ (bzw. $c^- d^-$ gegen $c^+ d^+$) ausgetauscht.

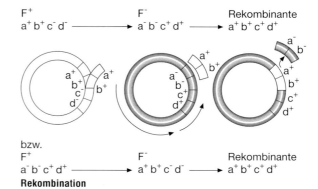

Rekombination

26. Konjugation ☞ 321 ***

a) Threonin, Leucin, Biotin sowie Glucose und Nährsalze
b) thr$^-$ leu$^+$ bio$^+$ S^r; thr$^+$ leu$^-$ bio$^+$ S^r. Die Rekombinante hr$^+$ leu$^-$ bio$^+$ S^r kann nur aufgrund einer Crossover-artigen Rekombination (hier entsprechend Doppel-Crossover) in der F$^-$-Zelle auftreten und ist daher nicht oder nur sehr selten zu finden.
c) Der Nährboden darf kein Biotin, Threonin und Leucin enthalten. Er ist ein „Minimalagar" mit Glucose als Energieträger und anorganischen Salzen.
d) Alle Nährböden enthalten Streptomycin, Glucose und Nährsalze. Die Reihenfolge der Böden ist dann:
A: enthält zusätzlich Threonin und Leucin: Es wachsen die F$^-$-Elternzellen sowie alle Rekombinanten. Überstempeln auf
B: Minimalagar: Hier wachsen nur die Doppel-Rekombinanten thr$^+$ leu$^+$.
C: Von A wird überstempelt auf Agar mit Leucin: Hier wachsen die Rekombinanten thr$^+$ leu$^-$ und die Doppel-Rekombinanten, deren Ort auf der Agarplatte man von B kennt.
D: Von A wird überstempelt auf Agar mit Threonin: Hier wachsen die Rekombinanten thr$^-$ leu$^+$ und die Doppel-Rekombinanten von B.
e) Der F-Faktor ist in diesem Fall in das Ringchromosom der Bakterien eingebaut. Solche Zellen nennt man Hfr-Zellen (**h**igh **f**requency of **r**ecombination). Die Startstelle für seine Replikation liegt zwischen den Einbauenden, sodass erst eine komplette Kopie des gesamten Bakterienchromosoms hergestellt werden müsste, um auch den F-Faktor komplett kopiert zu haben. Dies ist so gut wie nie der Fall, und deshalb kommt es in der Empfängerzelle nicht zur „Geschlechtsumwandlung". Läge der F-Faktor als unabhängiges Plasmid vor, dann würde seine kurze DNA komplett kopiert und die Empfängerzelle in eine F$^+$-Zelle umwandelt.

Genetik

27. Genkartierung bei Bakterien ☞ 321 **

a) Es wird die Bakterienkonjugation unterbrochen. Die DNA des Hfr-Stamms wird repliziert. Das kopierte Ringchromosom wird mithilfe des F-Faktors aufgebrochen. Der DNA-Strang wandert über den Sexpilus, eine Plasmabrücke, mit der die Hfr-Zelle eine Verbindung zur F$^-$-Zelle aufbaut, in die F$^-$-Zelle. Da diese Wanderung unterbrochen wird, gelangt nur ein Teil der Hfr-DNA in die F$^-$-Zelle und lagert sich an homologe Abschnitte des Ringchromosoms der F$^-$-Zelle. Nun können der gesamte herübergewanderte Chromosomenabschnitt oder auch nur Teile davon durch genetische Rekombination in die F$^-$-DNA eingebaut werden.

b)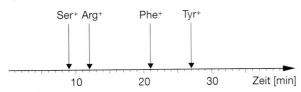

Genkarte

c) mögliche Genotypen von F$^-$:
arg$^-$, phe$^-$, ser$^-$, tyr$^-$, S^r
arg$^-$, phe$^-$, ser$^+$, tyr$^-$, S^r
arg$^+$, phe$^-$, ser$^+$, tyr$^-$, S^r
arg$^+$, phe$^-$, ser$^-$/ser$^+$, tyr$^+$, S^r

d) Nachdem auf den streptomycinhaltigen Agarplatten einige Kolonien herangewachsen sind, überführt man sie mithilfe eines gekerbten Samtstempels auf Minimalnährböden, die entweder kein Arginin, Phenylalanin, Serin oder Tyrosin enthalten. Wachsen die überimpften Kolonien der Rekombinanten auf den Minimalnährböden, so besitzen sie die Fähigkeit, die fehlende Aminosäure selbst zu synthetisieren. Anhand der Muster, die die Kolonien auf der Komplettplatte und auf den Agarplatten der Minimalnährböden hinterlassen, kann man die Kolonien identifizieren. Diese Methode nennt man Stempeltechnik.

28. Proteinbiosynthese ☞ 321, 332 ***

a) DNA des Wildstamms:
```
    G T            36              40
    AAC/TG•/TTC/TCA/GGT/AGT/GAA/TTA/CG•/CG•
(AS-Sequenz) ... Ser Pro Ser Leu AsN Ala ...
```
b) J42 J44: ... Val His His Leu Met Ala ...
(AS-Sequenz)
```
              A     C     C     A
    mRNA...GUC/CAU/CAU/UUG/AUG/GC•
                              U
DNA:
       T            36              40
    AAC/TG•/TTC/CAG/GTA/GTG/AAT/TAC/CG•/CG•
```
c) In der DNA des Stammes J42J44 fehlt an Position 36 die erste Base des Basentripletts. Dieser Basenverlust geht mit einem Baseneinschub an Position 40 einher. Es handelt sich um eine Rastermutation, die sich nur in den Positionen 36 bis 40 auswirkt.

d) Nach der Vervielfältigung der Viren im Bakterium löst Lysozym die Bakterienwand auf, sodass die Viren entlassen werden können.

29. Bakteriophagen ☞ 322 **

a) Die Kurven, die Bakterienbestandteile repräsentieren, steigen vor Zugabe der Phagen. Dies ist damit zu erklären, dass die Bakterien sich in einer Wachstumsphase befinden, d. h., sie synthetisierten alle Zellbestandteile als Vorbereitung für die darauf folgende Teilung. Dabei ist zu beachten, dass in dem Gesamtprotein wie auch in der Gesamt-DNA Bakterienprotein bzw. Bakterien-DNA enthalten ist.

b) Die Kurven, die die Menge der Phagenbestandteile widerspiegeln, steigen nach der Infektion. Als Erstes steigt die Kurve der frühen Phagen-Enzyme; es sind die, die alle anderen Phagenstoffwechselprozesse katalysieren. Dadurch, dass diese Enzyme sich anreichern und auch Minuten darauf weitere Phagen-Proteine hergestellt werden, steigt auch sofort die Kurve des Gesamtproteins (= schon vorhandene Bakterien-Proteine und neue Phagen-Proteine). Zunächst wird durch die ersten frühen Phagen-Enzyme Phagen-DNA synthetisiert, zu sehen an der Tatsache, dass diese Kurve vor den Kurven der Phagen-Proteine und nach der Kurve der frühen Phagen-Enzyme stark steigt. Wenn Phagen-DNA und jetzt auch die Hüllproteine fertig sind, können reife Phagen durch Selbstaufbau entstehen. Dies wird am verzögerten Ansteigen dieser Kurve deutlich. Die Phagen-Enzyme sind – wie alle Enzyme – eine längere Zeit wiederverwertbar, und so bleibt diese Menge konstant, die Kurven der neu synthetisierten Stoffe (s. o.) steigen aber an.

c) Nach Zugabe der Phagen sinkt die Bakterien-DNA-Kurve, der Abbau des Bakteriengenoms wird eingeleitet. So kommt es wenige Minuten nach Infektion zum Stillstand der Synthese von zunächst Bakterien-DNA, dann Bakterien-RNA und der Bakterien-Enzyme. Die DNA-Kurve der Bakterien sinkt, weil die DNA abgebaut wird. Zusammenfassend sind die Kurven damit zu erklären, dass wenige Minuten nach einer Phageninfektion der gesamte Stoffwechsel des Wirtes E. coli so verändert wird, dass er Phagensubstanzen herstellt. Dies führt bald darauf zur Lyse der Bakterienzellen.

30. Existenzbedingungen von Bakterien und Viren ☞ 322 **

a) **1:** Die Anzahl von Bakterien ändert sich in einer physiologischen Kochsalzlösung nicht, da den Bakterien keine Nährstoffe zur Verfügung stehen und sie sich somit nicht vermehren können. **2:** Die Anzahl von Phagen in einer physiologischen Kochsalzlösung ändert sich nicht, weil keine Wirte vorhanden sind. **3:** Fleischextrakt enthält alle notwendigen Mineralsalze und Energieträger für Bakterien. Sie können Energie- und Baustoffwechsel betreiben und sich vermehren. **4:** Auch bei Vorhandensein von Mineralsalzen und Energieträgern können sich Phagen ohne Wirt nicht vermehren.

b) In einer Kochsalzlösung können Bakterien keinen Stoffwechsel betreiben. Die anwesenden Phagen können ihre DNA in die Bakterien injizieren, vermehren sich dann aber nicht.

Interpretation der Stelle „X": Die Werte bei „X" sinken innerhalb weniger Minuten auf 0 ab. Die Anzahl von Phagen und Bakterien lässt sich in der Regel nur nachträglich feststellen (Verdünnungsreihe bei Bakterien, Plaquetest bei Phagen). Die Werte in der Grafik von „X" an bedeuten also nur, dass beim nachträglichen Plaquetest die Zahl der infektiösen Partikel im Medium vom Zeitpunkt „X" an abgenommen hat.

c) Bei einer nachträglichen Zugabe von Fleischextrakt in den Ansatz B ist folgendes Ergebnis messbar:

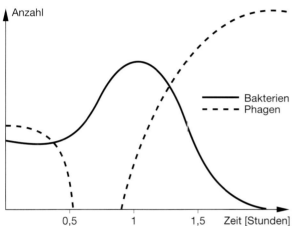

Gemisch von Bakterien und Phagen in einer physiologischen Kochsalzlösung mit Fleischextrakt

Der Wiederanstieg der Kurve scheinbar aus dem Nichts zeigt, dass mit der Aufnahme der Stoffwechselaktivität durch die Bakterien auch die Phagen-DNA in den Bakterien abgelesen wurde. Mit der Vermehrung der Bakteriophagen nimmt gleichzeitig die Anzahl der Bakterien infolge Lyse ab.

31. Infektion durch Viren (Aids) ☞ 322 **

a) Das Virus (A) gelangt passiv an eine Zelle (B). Es besteht aus einer Proteinhülle und einem RNA-Molekül innerhalb der Hülle. Es benötigt Enzyme bzw. Proteine (C) zum Erkennen einer bestimmten Oberflächenstruktur der Zelle (D) und zum Andocken an die Zelle nach dem Schlüssel-Schloss-Prinzip. Ist der Kontakt zwischen Virus und Zelle hergestellt, sorgen Enzyme des Virus für die Öffnung (E) der Zellmembran. Dadurch wird es der RNA (F) ermöglicht, in das Cytoplasma (G) der Zelle zu gelangen. Sobald sich die virale RNA im Cytoplasma befindet, wird mit ihrer Hilfe und mit zelleigenen Aminosäuren an zelleigenen Ribosomen (H) das Enzym Reverse Transkriptase zusammengesetzt. Mithilfe der Reversen Transkriptase wird danach aus der viralen RNA und zelleigenen Nucleotiden ein RNA/DNA-Hybridstrang (I) gebildet. Danach wird die RNA des Hybridstranges abgebaut (J) und der DNA-Einzelstrang mit Nucleotiden zu einem Doppelstrang (K) ergänzt. Diese DNA gelangt durch die Kernporen (L) in das Kernplasma und wird von dort aus in ein Chromosom der Zelle eingebaut (M). Das entsprechende DNA-Molekül des so genannten Provirus ist nach dem Einbau in das Chromosom von der Zelle nicht mehr von eigener DNA zu unterscheiden und wird vor jeder Zellteilung wie die übrige DNA identisch repliziert.

b) Es handelt sich um ein Retrovirus, da sein Erbmaterial aus RNA besteht. Erst in der infizierten Zelle wird die genetische Information der RNA auf eine DNA übertragen.

c) Die Struktur X stellt ein Enzym dar, dessen Bauplan auf der RNA des Virus gespeichert ist. Es handelt sich um die Reverse Transkriptase, die die Synthese des RNA/DNA-Hybridstrangs katalysiert.
Die Reverse Transkriptase wird auch RNA-abhängige DNA-Polymerase genannt.

32. Mutationen ☞ 323 *

a) Die Mutationsrate entspricht der DNA-Absorptionskurve; die Protein-Absorptionskurve weicht deutlich ab. Die Wirkung der UV-Strahlung auf die DNA führt zur Veränderung von DNA im lebenden Organismus.

b) Energiereiche UV-Strahlung kann chemische Bindungen lösen, weil die Bindungselektronen auf höhere Energieniveaus angehoben werden und sich die Bindungen lockern oder lösen. Es kann zum Verlust von Nucleotiden oder zu Umlagerungen kommen, die zu einer anderen Nucleotidsequenz führen.

33. Der Genetische Code ☞ 323 ***

a) Die Polynucleotid-Phosphorylase setzt Ribonucleosiddiphosphate unter Abspaltung eines Phosphatrests zu mRNA-Ketten zusammen, ohne dazu eine DNA zu benötigen. Die RNA-Polymerase verwendet Ribonucleosidtriphosphate, spaltet Diphosphatreste ab und benötigt DNA als Matrize. Folglich entspricht die Nucleotidsequenz dem DNA-Code.

b) Energiereiche Triphosphate und Aminosäuren müssen zugegeben werden. Ohne Aminosäuren kann keine Peptidkette aufgebaut werden.
ATP muss hinzugefügt werden, weil es für die Aktivierung der Aminosäuren (Anlagerung an Aminoacyl-tRNA-Synthetase) wichtig ist. GTP wird benötigt für die Verknüpfung der Aminosäuren am Ribosom (Peptidbindung).

c) Bei Zugabe von Poly-U wird verstärkt Phenylalanin eingebaut. Der Code für Phenylalanin kann also nur, ein Dreiercode vorausgesetzt, UUU sein. Die Aminosäure Lysin entspricht dem Basentriplett-Code AAA. Bei der Zugabe von markiertem Prolin würde man verstärkt Impulse bei Poly-C erwarten.

d) In der Versuchsreihe 2 erhielt man synthetisierte Peptidketten, in denen Serin und Leucin einander abwechseln. Bei Poly-UC entstehen nämlich zwei Basentriplettsorten, UCU und CUC. Diese folgen immer aufeinander, ob der Code nun überlappend oder fortlaufend ist. Schlussfolgerung: UCU oder CUC stehen für Serin oder Leucin. Bei Poly-AG kommen AGA und GAG zustande. Diese Tripletts stehen für Arginin oder Glutaminsäure. Bei Poly-AC erhielt man eine Peptidkette aus Threonin (ACA) und Histidin (CAC).

e) In der Kette Poly-UUC konnten bei der Proteinbiosynthese drei verschiedene Basentripletts abgelesen werden, je nachdem, bei welcher Base gestartet wurde: UUC (Phenylalanin), UCU (Serin), CUU (Leucin). Da der Code fortlaufend ist und, einmal begonnen, immer das gleiche Basentriplett abgelesen wird, entstehen Polypeptidketten, die immer nur einen Aminosäuretyp enthalten.

Aus den gleichen Gründen sollte man auch bei Poly-GUA drei unterschiedliche Peptidketten erwarten. Doch da UAG Kettenende bedeutet, konnten nur zwei Peptidkettentypen entstehen: Poly-Valin (GUA) und Poly-Serin (AGU).

Man erhielt folgende Peptidketten:
A: bei Poly-AAC Poly-Asparagin, Poly-Threonin (ACA), und Poly-Glutamin (CAA);
B: bei Poly-UAAC erhielt man Tripeptide Leucin-Threonin-Asparagin und Dipeptide Threonin-Asparagin, weil UAA Ende, CUA Leucin, ACU Threonin und AAC Asparagin bedeuten);
C: bei Poly-GUAA entstehen die Dipeptide Serin-Lysin und Tripeptide Valin-Serin-Lysin, weil die Basentripletts UAA für Kettenende, GUA für Valin, AGU für Serin und AAG für Lysin stehen.

f) Ließ man Peptidketten aus 76 % Uracil und 24 % Guanin entstehen, so waren die Basentripletts mit einem hohen Anteil an Uracil wahrscheinlicher als solche mit einem hohen Anteil an Guanin. Am wahrscheinlichsten war das Basentriplett UUU. Diesem Basentriplett konnte also Phenylalanin zugeordnet werden. Weniger wahrscheinlich waren UUG, UGU, GUU. Deshalb konnten diesen Basentripletts die Aminosäuren Leucin, Cystein oder Valin zugeordnet werden. Noch weniger wahrscheinlich waren die Kombinationen UGG, GUG (Start), GGU. Deswegen konnte man hier die Aminosäuren Tryptophan und Glycin zuordnen, weil sie noch seltener eingebaut wurden. Mit der geringsten Wahrscheinlichkeit trat das Basentriplett GGG auf. Diesem Triplett konnte nach dem Ergebnis keine weitere Aminosäure zugeordnet werden.

34. DNA-Doppelhelix ☞ 324, 328 **

a) **G** = Guanin, **C** = Cytosin, **A** = Adenin, **T** = Thymin; d. h. die vier Basen der DNA
b) G paart nur mit C, A nur mit T, sodass der Anteil von G und C bzw. A und T jeweils bei einer Doppelhelix gleich sein muss. Die Gesamtmenge der Basen einer DNA entspricht 100 % (z. B. Typ **A** 35 + 65 = 100).
An den unterschiedlichen Verhältnissen sieht man, dass die DNA-Zusammensetzung verschiedener Organismenarten unterschiedlich ist.
c) Bei einer bestimmten Temperatur nimmt in allen Fällen die Absorption schlagartig zu. Ursache dafür ist, dass die DNA-Stränge sich voneinander lösen. Die DNA wird „geschmolzen". Jeder DNA-Typ hat eine bestimmte Temperatur, bei der er schmilzt, d. h. die Wasserstoffbrücken zwischen den Basenpaaren aufgelöst werden. Es muss umso mehr Energie aufgewandt werden, je höher der Anteil an GC-Paaren ist. Das liegt daran, dass diese Basen untereinander drei Wasserstoffbrücken ausbilden im Gegensatz zu zweien bei dem Paar AT. Je mehr GC-reiche Bereiche also in einer DNA enthalten sind, umso stabiler ist die Doppelhelix-Struktur.
d) zum Beispiel bei der Polymerase-Kettenreaktion

35. Replikation der DNA ☞ 326 ***

a) Die Zentrifugenröhrchen enthalten Banden mit DNA unterschiedlicher Dichte. Man kann schwere (0; 0,3), halbschwere (0,3–3,0) und leichte (2,0–4) DNA unterscheiden.
b) Es zeigt sich, dass die Eltern-DNA (nur ^{15}N-DNA) nicht als intakte Einheit erhalten geblieben war.

Genau die Hälfte der Tochter-DNA wurde von der Eltern-DNA übernommen. Nach dem semikonservativen Replikationsmodus gibt es nach der zweiten Generation nur leichte und halbschwere DNA, d. h. zwei Typen, entsprechend zwei Banden.
Bei weiteren Replikationsrunden wird weiteres DNA-Material (Nucleotide) eingebaut. Dieses wird durch das ^{14}N-Medium geliefert, sodass die Masse der ^{14}N-DNA vermehrt wird.
Die Lage der Spitzen der Schreiber-Kurven gibt jeweils die Lage der DNA-Typen wieder (^{15}N-DNA rechts, ^{14}N-DNA links, Misch-DNA/^{14}N-DNA-^{15}N-DNA in der Mitte). Die Höhe und Breite der Kurven gibt indirekt die Menge des jeweiligen DNA-Typs an. Die Kurvenmaxima verschieben sich – entsprechend des semikonservativen Replikationswegs – im Verhältnis immer mehr zur linken Seite (entspricht ^{14}N-DNA). Die Menge Hybrid-DNA (^{14}N/^{15}N) bleibt in Anfangsmengen erhalten, d. h. nimmt relativ zur ^{14}N-DNA-Menge ab. Die Bakterien-Kulturen teilen sich nicht gleichzeitig (= synchron). Als Einzeller haben sich bei „0,3 Generationen" 30 % der Zellen der (Einzeller-)Kultur zweigeteilt, bei 0,7 70 % der Zellen im Kulturgefäß.

36. Hämoglobin α ☞ 330 **

a) Zu beachten ist, dass der DNA-Code komplementär zu dem Code der Codesonne ist und in der DNA anstelle von Uracil Thymin vorkommt.

Kettenanfang					
Start	1	2	3	4	5
CAC	Val -	Leu -	Ser -	Pro -	Ala -
TAC	CAX	GAX	AXG	GGX	CGX
		AAC	TCG		
		AAT	TCA		
Kettenende					
137	138	139	140	141	Stopp
Thr -	Ser -	Lys -	Tyr -	Arg	ATT
TGX	AGX	TTC	ATA	GCX	ATC
	TCG	TTT	ATG	TCT	ACT
	TCA			TCC	

Mögliche DNA-Abschnitte; X kann ein beliebiges Nucleotid sein

b) Von mehreren Codierungsmöglichkeiten wird nur eine verwirklicht (Redundanz des Codes).
c) Sekundär- und Tertiärstruktur entstehen aufgrund der chemischen Eigenschaften der Aminosäuren, sie müssen nicht eigens codiert werden.
d) 38 verschiedene tRNAs. Für jedes Triplett außer „Stopp" und dem einen „Start" gibt es eine spezifische tRNA. Es werden neun tRNA Moleküle benötigt (Ser kommt zweimal in der Kette vor), weil nur eine konkrete DNA vorliegt.
e) In der zweidimensionalen Darstellung hat jede tRNA vier charakteristische Regionen: ein offenes Ende und drei Schleifen. Offenes Ende: AS-Bindungsregion. Gegenüberliegende Schleife: Anticodon. Die beiden anderen Schleifen bestimmen die spezifische Raumstruktur der tRNA mit.

37. RNA-Polymerase ☞ 330 *

a) In zwei Reagenzgläser werden Nucleotidtriphosphate als Bausteine für Nucleinsäuren sowie die DNA des Phagen T₄ gegeben. Das ATP (Adenosintriphosphat) ist radioaktiv markiert. Zusätzlich wird in eines der beiden Reagenzgläser RNA-Polymerase gegeben.
Nach einer bestimmten Zeit werden die Nucleinsäuren ausgefällt und Rückstand und Filtrat jeweils auf Radioaktivität untersucht. Der Rückstand enthält Nucleinsäuren, das Filtrat die Nucleotidtriphosphate.
Im Filtrat des Ansatzes ohne das Enzym ist Radioaktivität nachzuweisen, in den ausgefällten Nucleinsäuren dagegen nicht. In den ausgefällten Nucleinsäuren des Ansatzes mit dem Enzym dagegen wird Radioaktivität nachgewiesen.
Das Ergebnis zeigt, dass die Nucleotidtriphosphate des Ansatzes ohne RNA-Polymerase nicht zu Nucleinsäuren verknüpft wurden. Bei den in diesem Ansatz ausgefällten Nucleinsäuren handelt es sich lediglich um die DNA des Phagen. Im Ansatz mit RNA-Polymerase ist die hohe Radioaktivität in den ausgefällten Nucleinsäuren nachweisbar. Also hat das Enzym die vorhandenen Nucleotidphosphate (unter Entfernung zweier Phosphorsäurereste, was mit einem Energieumsatz verbunden ist) zu Nucleinsäuren verbunden.

b) Für die Synthese von Nucleinsäuren aus ihren Bausteinen sind Nucleotidtriphosphate wegen ihres im Vergleich zu Monophosphaten höheren Energiegehalts notwendig.

38. Mutationen bei *Escherichia coli* ☞ 331 f. ***

a)

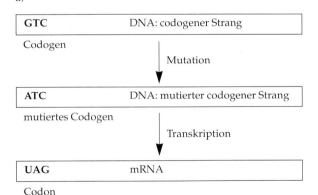

Mutation

b) UAG ist ein Stopp-Codon. Wenn nun statt des Einbaus einer Aminosäure bei der Translation die Polypeptidkette abbricht, entstehen keine vollständigen Protein-Moleküle (hier Enzyme). Die Bakterien-Stämme sind dadurch stark in ihrem Wachstum gehemmt oder sterben.

c) Bei der zweiten Mutation entsteht als Gen-Produkt aber eine tRNA, die zu UAG komplementär ist und damit anstelle des Kettenabbruchs (Stopp-Codon) den Einbau von Tyrosin bewirkt. Somit ist die Polypeptidkette von der Anzahl der Nucleotide her wieder vollständig. Da die Stämme wachsen, hat das Tyrosin offenbar keinen Einfluss auf die biologische Wirksamkeit des Enzyms.

d) Normalerweise gibt es für das Stopp-Codon UAG keine tRNA mit dem Anticodon AUC, die Tyrosin transportiert. Wird nun mithilfe dieser tRNA an bestimmten Stopp-Codonstellen Tyrosin eingebaut, wird die entsprechende Polypeptidkette weitergeknüpft und es entstehen übergroße Proteine. Diese sind im Stoffwechsel auch hinderlich und bewirken ein verlangsamtes Wachstum der entsprechenden Stämme.

39. Auf dem Weg zum Merkmal ☞ 332 *

a) **A**: Plasma; **B**: 50S-Einheit eines Ribosoms; **C**: 30S-Einheit eines Ribosoms; **D**: funktionsfähiges, aus den beiden Untereinheiten zusammengesetztes Ribosom (70S-Einheit); **E**: mRNA; **F**: Polypeptidketten; **G**: eine Aminosäure

b) Insgesamt wird die Translation dargestellt, d.h. die Übersetzung der Basensequenz (hier der mRNA) in die entsprechende Folge der Aminosäuren.

c) Ein Polysom ist zu sehen: Eine mRNA durchläuft eine Reihe von Ribosomen. In der Abbildung sind fünf funktionstüchtige Ribosomen erfasst, die mit ihren beiden Untereinheiten jeweils aneinander haften. Vorne im Bild trennen sich gerade zwei Untereinheiten eines Ribosoms. Die mRNA läuft hinten aus dem Bild heraus, d.h. wird von hinten (5'-Ende/ durch perspektivische Darstellung dünnes Ende) nach vorne (3'-Ende) abgelesen. Da die Synthese hinten im Bild (= links) beginnt, sind am hintersten Ribosom erst einige Codons abgelesen worden, vorne im Bild (= rechts) schon eine größere Zahl. Dementsprechend sind hinten erst einige Aminosäuren aneinander gebunden, vorne ist die Polypeptidkette schon länger. Die Polypeptide nehmen bereits am Ribosom ihre räumliche Gestalt (Sekundär- und Tertiärstruktur) ein, hier symbolisiert durch eine spiralige Form.

40. Gentechnik in der Landwirtschaft ☞ 333 **

a) Das Herbizid hemmt die Glutamin-Synthetase, sodass das Zellgift Ammoniak nicht mehr zu Glutamin verarbeitet werden kann. Das im Stoffwechsel anfallende Ammoniak vergiftet die Zellen.

b) Man müsste den Mais transformieren, d.h. mit gentechnischen Mitteln gegen das Ammoniumglufosinat resistent machen. Dazu wäre es notwendig, das PAT-Gen aus dem Pilzgenom in die Maispflanze einzuschleusen. Die DNA mit der PAT-Information kann entweder mit einem Vektor übertragen werden oder sie wird einfach mit dem Maisprotoplasten zusammengebracht, sodass sie von der Pflanze aufgenommen werden kann.
Zur Erleichterung der Fremd-DNA-Aufnahme wird z.B. Polyethylenglykol eingesetzt oder auch für kurze Zeit eine Spannung von ca. 15 000 V/cm² angelegt, um Poren in der Zellmembran zu erzeugen. Ebenso ist es möglich, über Mikrokapillaren DNA in die Zellkerne der Protoplasten zu injizieren.

c) – Glufosinat ist leicht abbaubar. Man braucht keine schwer abbaubaren und toxischen Herbizide wie Atrazin einzusetzen.
– Transformierte Pflanzen sind resistent, die übrigen nicht.
– Vom Glufosinat werden außer einigen höheren Pflanzen keine weiteren Organismen, z.B. keine Wasser- oder Bodenorganismen, geschädigt.

d) Eine Gefahr könnte im unkontrollierten Gentransfer liegen. Pollenkörner könnten bei nahe verwandten Pflanzen als Vektoren dienen. Bodenbakterien könnten Gene durch Transformation und Konjugation weitergeben, wenn sie nackte DNA aufnähmen.

41. Vererbung von Schwarzharn ☞ 335 *

Bei den Menschen, die an Schwarzharn leiden, ist im Abbaustoffwechsel von Phenylalanin das Enzym ausgefallen, das Homogentisat zu 4-Maleyl-acetoacetat umwandelt. Aus diesem Grund reichert sich Homogentisat im Blut an und wird schließlich über den Urin ausgeschieden. Diese Stoffwechselanomalie ist deshalb erblich, weil das Gen, das für dieses Enzym codiert, gemäß der Ein-Gen-ein-Enzym-Hypothese mutiert ist. Bei gesunden Menschen wird Homogentisat bis zum Fumarat und Acetoacetat abgebaut.

42. Quiz der Definitionen ☞ 286–336 *
1. d); 2. a); 3. e); 4. b); 5. d); 6. c); 7. a); 8. b); 9. e); 10. b); 11. e); 12. c); 13. a); 14. d); 15. b); 16. e); 17. c); 18. b); 19. a); 20. c)

Richtig gestellte Behauptungen:
1. Die DNA ist **eine Kette von Nucleotiden** aus Desoxribose, Phosphat und einer der organischen Basen Adenin, Guanin, Cytosin, Thymin.
2. richtig
3. Die RNA **enthält die** Basen Uracil, Adenin, Guanin und Cytosin.
4. richtig
5. richtig
6. **Eine Aminosäure** wird durch drei, auf der DNA hintereinander liegende Basen codiert.
   Oder: Eine Sequenz von drei Aminosäuren wird durch drei, auf der DNA hintereinander liegende **Basentripletts** codiert.
7. **Bei der Transkription wird ein mRNA-Strang komplementär an der DNA synthetisiert.**
8. Bei der Meiose wird ein **diploide**r Chromosomensatz zum **haploiden** reduziert.
9. Bei der Mitose **trennt sich** ein Chromosom in zwei Chromatiden auf, die je **dessen ganze** Erbinformation tragen.
10. richtig

43. Regulatorgen ☞ 342 ***

a) Versuch A: Diploider Teil: ein Operatorgen ist defekt, weshalb dieses Operon nicht blockiert wird; deshalb konstitutive Enzymbildung von y und z;
Versuch B: Das intakte z wird laufend gebildet, da das zugehörige Operatorgen defekt ist und es somit zu keiner Repression kommt. Y wird induktiv gebildet, da das homologe defekte y⁻ hinter dem O^C liegt. Deshalb kann nur y⁺ exprimiert werden.
b) Anordnung: O y z evtl. auch z O y. Da y kontrolliert wird, muss es hinter O stehen.
c) Das mutierte Gen ist dominant, da auf jeden Fall bei seinem Vorhandensein Enzyme konstitutiv gebildet werden.
d) Das mutierte Regulatorgen ist rezessiv, da das nicht mutierte Gen auf jeden Fall seine Funktion beibehält (siehe Versuch C).

e)

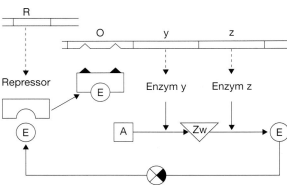

Regelschema

f) Das Regulatorgen bewirkt die Synthese des Repressors. Der Repressor kann sich an das Operatorgen anlagern und regelt dadurch die Operonaktivität.

44. JACOB-MONOD-Modell (Endprodukthemmung) ☞ 342 **

a) Bei fehlendem Arginin steigt die Produktion von Arginin-Synthetase stark an. In der Folge kommt es zur Neubildung von Arginin, was sich hemmend auf die Arginin-Synthetase-Bildung auswirkt, weshalb dessen Konzentration absinkt. Die Konzentrationen beider Stoffe pendeln sich auf eine bleibende Konzentration ein.
b) Erklärung mithilfe des JACOB-MONOD-Modells: Das Operatorgen für die Arginin-Synthetase wird durch Arginin blockiert (reprimiert). Arginin lagert sich an den Repressor an und aktiviert ihn. Der Repressor seinerseits lagert sich am Operatorgen an und blockiert die Polymerase und damit die Transkription. Dadurch wird die Bildung der Arginin-Synthetase stark eingeschränkt. Beim Verbrauch des Arginins durch den Zellstoffwechsel kann wieder vermehrt Arginin-Synthetase gebildet werden.

Anwendung der Genetik

45. Restriktionsenzyme ☞ 351 *

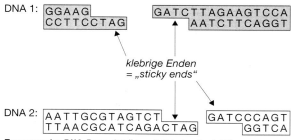

Trennung der DNA-Doppelstränge durch das Restriktionsenzym

Rekombinante DNA

Lösungen 185

46. Genbibliothek   ☞ 351 **

a) **A:** Das Genom des Huhns wird mit einem Restriktionsenzym in Bruchstücke zerlegt, um das Krebsgen vom übrigen Genom zu trennen. **B:** Phagen sollen das Gen tragen, weil man es aus ihrem Genom gut isolieren kann. Aus diesem Grund müssen die Phagen mit demselben Restriktionsenzym behandelt werden. **C:** Die Phagen-DNA soll das gesuchte Gen aufnehmen. Sie wird mit Ligase und den Vogel-DNA-Stücken zusammengebracht. **D:** Infektiöse, vollständige Phagen werden hergestellt. **E:** Phagen werden vermehrt, und zwar jeder Hybridphagentyp einzeln in einem Klon. **F-H:** Aus den Phagenklonen wird der Klon herausgefischt, der das interessierende Gen (= Krebsgen) enthält. **F:** Die Klone werden in verschiedene Gruppen aufgeteilt, um nicht alle einzeln auf Krebswirkung untersuchen zu müssen. *Es handelt sich in der Realität um ca. 200 000 Phagenklone).* **G:** Die einzelnen Gruppen werden auf Krebswirkung getestet. **H:** Die Gruppe der Phagenklone, von denen einer das Krebsgen enthalten muss, wird geteilt und einzeln getestet. **I:** Aus dem Phagenklon, der in der Zellkultur Krebs auslösen konnte, wird das Krebsgen zur weiteren Untersuchung isoliert.

b) Das Krebsgen soll isoliert werden.

47. Neukombinierte DNA   ☞ 352 **

a) Säugergene, die ein für den Menschen interessantes Protein codieren, sollen in das Bakteriengenom eingebaut werden, damit diese bei Kultivierung in Fermentern das gewünschte Protein industriell-wirtschaftlich produzieren.

b) **A:** Mit den Restriktionsenzymen werden bei beiden DNA-Typen zueinander komplementäre, kurze „offene" Enden erzeugt (= klebrige Enden).
B: Bei Mischung der beiden DNA-Typen kann das Enzym „Ligase" diese klebrigen Enden miteinander verknüpfen.
C: Mischprodukte sind 1. bei Verknüpfung innerhalb der Ausgangsplasmide ursprüngliche Plasmide, 2. bei Verknüpfung zwischen klebrigen Enden von Plasmid und Säuger-DNA eine neukombinierte DNA (Bakterien und Säuger; diese ist das Ziel, s.o.) und 3. bei Verkleben innerhalb der Säuger-DNA ringförmige DNA-Stücke aus dem Säuger-Genom.
D: Die Plasmide werden in funktionstüchtige Bakterienzellen, die also auch einen Proteinbiosynthese-Apparat besitzen, geschleust.
E: Typ 1 und 3 (siehe C) interessieren nicht und werden mithilfe des speziellen Nährbodens ausgemustert:
1. Zellen mit reiner Plasmid-DNA sind Ampicillin-resistent, wachsen also auf dem entsprechenden Antibiotikum-Agar. Außerdem ist das LacZ-Gen nicht betroffen und verursacht bei Anwesenheit der Hilfsstoffe X-Gal und IPTG eine Blaufärbung der Kolonien. Diese Kolonien können so aussortiert werden.
2. Die gewünschten Plasmide bewirken das Wachstum resistenter Zellen, d.h., Kolonien wachsen. Da das LacZ-Gen durch den Einbau der Säuger-DNA inaktiviert wurde, entsteht keine β-Galactosidase und damit keine Blaufärbung. Die weißen Kolonien werden also weiter verwendet.
3. Säuger-DNA-Ringe besitzen kein Resistenz-Gen, sodass die entsprechenden *E. coli*-Zellen nicht wachsen.

F: Die weißen Kolonien enthalten eine riesige Zahl verschiedener Säuger-DNA-Stücke. Diese müssen nun im Einzelnen auf Tauglichkeit analysiert werden.

48. Gentechnik   ☞ 353–355 **

a) Fermentierte Milch, Butter, Käse, Wein, Brot und Backwaren, Sauerkraut, fermentierte Gemüse- und Obstsäfte, Bier, Rohwürste

b) Es sind Viren, die Bakterien befallen. Sie sind als Viren auf den Proteinbiosynthese-Apparat des Bakteriums angewiesen, besitzen als Bauteile nur ein Genom, eine Proteinhülle und Einrichtungen zur Infektion des Wirtes. Diesen veranlassen sie, die ihnen eigenen Bauteile zu vermehren und zerstören ihn – zumindest die einzelne Wirtszelle – häufig bei massenhafter Vervielfachung.

c) Die Bakterien besitzen durch gentechnischen Einbau Erbgut der Phagen. Diese Gene werden aber durch den Einbau des entsprechenden Promotors an das Ende der codierenden Basensequenz in entgegengesetzter Richtung abgelesen. Dadurch entsteht eine mRNA, die keine sinnvollen Proteine codiert. *Sie wird antisense mRNA genannt.* Wenn Phagen die Bakterien befallen, bindet diese antisense mRNA stabil an die nach wie vor vom Wirt gebildete mRNA des Phagen, sodass keine Translation von Phagenproteinen stattfindet, d.h. keine Phagen aufgebaut werden können.

49. Transgene Mäuse   ☞ 357 **

a) Die Ratten-DNA muss in ein Maus-Chromosom eingebaut werden, sonst würde bei den Zellteilungen diese DNA nicht mitvermehrt. *Die entsprechenden Sequenzen der Maus-DNA sind vorher inaktiviert worden oder es sind die entsprechenden Mangelmutanten eingesetzt worden.* Da man Fremd-DNA nicht gezielt einbauen kann, ist man auf den „glücklichen Zufall", der diese Bedingungen erfüllt, angewiesen.

b) Feten, die im selben Muttertier heranwachsen, entwickeln sich unter weitgehend gleichen äußeren Bedingungen. Andere Muttertiere weichen genetisch ab oder nehmen z.B. andere Futtermengen auf, sodass das Versuchsergebnis nicht eindeutig wäre.

c) Die miteingebauten Regulationssequenzen der Ratte steuern offenbar eine höhere Produktion des Wachstumshormons, sodass die transgene Maus rascher wächst.

d) **A:** Die transgene Maus wäre nicht größer als ihre Geschwister, da die fremde DNA nicht abgelesen werden könnte (oder dem Regulationssystem der Maus unterworfen wäre).
B: Die transgene Maus wäre vermutlich auch in diesem Fall nicht größer als ihre Geschwister, es sei denn, die regulierenden Sequenzen der Ratte wären kompatibel mit der Maus-DNA für das Hormon und die Regulation der Maus würde unwirksam.

50. Multiple-Choice-Test Genetik
1. d); **2.** b), c), e); **3.** e); **4.** b), d); **5.** a), b); **6.** d); **7.** a), c), e); **8.** b), c), e); **9.** c), e); **10.** a), c), d)

IMMUNBIOLOGIE

Die spezifische Immunreaktion

1. **Borreliose** ☞ 369 **
a) Nach der Infektion werden Erreger unspezifisch von Makrophagen oder spezifisch von B-Lymphozyten aufgenommen; Teile der Antigene werden an MHC-II-Proteine der aufnehmenden Zelle gebunden und spezifischen T-Zellen präsentiert. Diese T-Zellen regen diejenigen B-Zellen zur Teilung an, die das Antigen präsentieren. Es entstehen nun Plasmazellen, welche Antikörper herstellen. Dem logarithmischen Anstieg der Antikörperproduktion in der Kurve ist zu entnehmen, dass die Vermehrung der Plasmazellen zunächst noch fortschreitet. Sobald keine weiteren Antigene mehr präsentiert werden (deren Bekämpfung also erfolgreich war), wird die Vermehrung der Plasmazellen gedrosselt und es werden keine Antikörper mehr gebildet; die bereits vorhandenen freien Antikörper werden allmählich abgebaut (absteigender Teil der Kurve).
b) Bei einer Zweitinfektion sind in den Immunorganen B-Gedächtniszellen für den Erreger vorhanden, die sich rasch zu Plasmazellen differenzieren und vermehren können. Nach wesentlich kürzerer Zeit als bei der Erstinfektion ist eine hohe Antikörperkonzentration im Blut vorhanden und der Erreger kann im Allgemeinen abgewehrt werden, ohne dass die Krankheit ausbricht.
c)

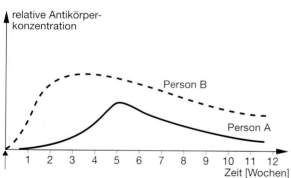

Zeitlicher Verlauf der Antikörperkonzentration nach einer Erst- bzw. Zweitinfektion; ↑ Infektion

d) Antikörper lassen sich im Blutserum nachweisen, indem man sie mit Antigenen oder Antigenteilen ausfällt. Der Grad der Ausfällung ist ein Maß für die Menge an Antikörpern.
e)

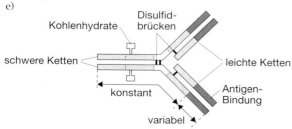

Schematischer Bau eines IgG-Antikörpers

2. **Masern** ☞ 371 **
a) Nach der Infektion folgt die Inkubationszeit, in der die Viren im Körper vermehrt werden. Immunologisch geht mit ihr die Erkennungsphase einher. Die Viren werden von Makrophagen (oder B-Zellen) aufgenommen und teilweise abgebaut. Teile der Antigen werden an MHC-Proteine der Klassen I oder II gebunden und so auf der Makrophagenoberfläche präsentiert. Für das Antigen spezifische T-Zellen werden zur Teilung angeregt. Es entstehen T-Killerzellen und T-Helferzellen. T-Helferzellen regen die Teilung spezifischer B-Zellen an. Diese differenzieren sich zu Plasmazellen (Differenzierungsphase) und Gedächtniszellen. Plasmazellen bilden Antikörper, welche die Antigene zu Immunkomplexen binden (Wirkungsphase). Die Wirkungsphase erkennt man am Anstieg des Fiebers (Krankheitsausbruch), welches durch bestimmte Cytokine ausgelöst wird; die Wirksamkeit der Immunzellen wird durch höhere Temperatur gesteigert. Die Immunkomplexe aktivieren das Komplementsystem, dessen Proteine u.a. den enzymatischen Abbau von Fremdproteinen veranlassen. In dieser Phase werden auch Körperzellen, die von Masernviren befallen sind, durch T-Killerzellen getötet. Die Immunreaktionen werden beendet, wenn keine neuen Viren mehr präsentiert werden. In dieser Abschaltphase wirken T-Unterdrückerzellen, welche die Vermehrung der Plasmazellen drosseln. Der absteigende Teil der Temperaturkurve zeigt diese Phase.
b) Der Kurvenverlauf bei Person **A** zeigt eine abnehmende Antikörperkonzentration, woraus hervorgeht, dass dieser Person die Antikörper injiziert wurden (passive Schutzimpfung). Der Kurvenverlauf bei Person **B** zeigt eine zunächst ansteigende, dann konstante Konzentration an Antikörpern. Person B wurde aktiv immunisiert, die Antikörper wurden von ihrem Immunsystem hergestellt.
c) Zur passiven Schutzimpfung werden die betreffenden Krankheitserreger einem Säugetier injiziert (z.B. einem Schaf). Dieses bildet verschiedene Antikörper gegen die unterschiedlichen Epitope des Antigens. Nach einiger Zeit kann der Impfstoff aus dem Serum des sensibilisierten Tieres gewonnen werden.
d) Der Impfstoff für eine aktive Schutzimpfung muss folgende Eigenschaften aufweisen:
- Er muss aus inaktiven Erregern oder aus Erregerteilen bestehen, darf also selbst nicht mehr die Krankheit auslösen.
- Er muss das Immunsystem zur Immunantwort anregen, wobei Gedächtniszellen gebildet werden.
- Er muss daher in hinreichender Konzentration geimpft werden.

3. **Impfwirkung** ☞ 373 **
a) Die Abbildung zeigt die unterschiedliche Geschwindigkeit, mit der eine bakterielle Infektion abgewehrt werden kann. Während sich ohne jede erworbene Immunität nach zwei Stunden noch ca. 30% der Bakterien im Blut befinden, sind nur noch etwa 1% der Bakterien anzutreffen, wenn Bakterien von im Blut durch Immunisierung entwickelten Antikörpern gekennzeichnet sind.

b) **A** Bei natürlicher Resistenz (ohne passende Antikörper) würden sich nach zwei Stunden bei einer Teilungsgeschwindigkeit der Bakterien von 30 Minuten 16 Millionen Bakterien im Körper befinden. Die Abwehr von Bakterien ohne jegliche Antikörper-Markierung würde zu einer Reduktion um etwa 70 % der Bakterien führen; es befänden sich aber nach zwei Stunden immerhin noch fünf Millionen Bakterien im Körper. Trotz der Abwehr des Körpers hätten sich die Bakterien um das Fünffache vermehrt.

B Bei einer Resistenz des Körpers aufgrund von Antikörpern (erworbene Immunität) befänden sich nach zwei Stunden nur noch 160 000 Bakterien im Körper; die Bakterienzahl wäre also relativ und absolut verringert.

4. Prinzip der Schutzimpfung   ☞ 373 *

Nachdem der Impfstoff gegeben wurde, stellt der Organismus gegen diesen Antikörper her (erster Anstieg der Kurve). Ist das Antigen beseitigt, lässt die Antikörperproduktion nach (Kurve fällt wieder). Der zeitliche Abstand zwischen Impfung und deutlich messbarer Antikörpermenge erklärt sich durch die vorangehenden Abläufe wie Erkennung des Antigens und Anregung der entsprechenden Antikörper bildenden Zellen. Wenn der Organismus nun von dem natürlichen Erreger infiziert und das natürliche Toxin ausgeschüttet wird, kommt es zu einer raschen und starken zweiten Produktion von Antikörpern (Kurve steigt höher als bei der ersten Immunantwort), da durch die Impfung bereits langlebige Gedächtniszellen für das entsprechende Antigen entstanden sind. Man spricht von erworbener Immunität.

5. Impfen   ☞ 373 **

a) **A** = aktive Immunisierung: Der Person wird ein Antigen gespritzt. Der Organismus besitzt zunächst kaum Antikörper, sondern bildet diese innerhalb weniger Tage als humorale Immunantwort (starker Anstieg der Kurve). Zwischen dem ersten und dritten Monat ist die Konzentration der Antikörper im Blut am höchsten. Sie nimmt nach Beseitigung des Antigens sehr stark ab.

B = passive Immunisierung: Dem Patienten werden Antikörper gespritzt. Somit ist deren Konzentration im Blutserum sofort hoch. Der Organismus baut sie aber ab. Nach ca. fünf Monaten sind nur noch wenige Antikörper im Blut vorhanden.

b) Antikörper erkennen und binden Antigene. Sie führen sie einer Vernichtung durch Fresszellen zu. Befinden sich die Antigene auf Keimen – z. B. Bakterien – können sich diese nicht vermehren, der Körper wird vor weiteren Auswirkungen einer Infektion „geschützt".

c) **A** und A_1 entsprechen der aktiven Immunisierung, **B** und B_1 der passiven. Bei der aktiven Immunisierung wird der Schutz erst allmählich aufgebaut. Eine steigende Konzentration von Antikörpern bedeutet zunehmenden Schutz: Die Kurven **A** und A_1 haben somit zunächst bis ca. zum dritten Monat zeitversetzt einen ähnlichen Verlauf. Nach Vernichtung des Antigens wird die Antikörperproduktion zunehmend gedrosselt, und Antikörper werden abgebaut (Kurve fällt). Der Impfschutz ist aber weiterhin in hohem Maße vorhanden, da die für die Antikörperbildung zuständigen B-Zellen weiterhin latent zur Verfügung stehen (hier fünf Jahre lang). Bei der passiven Immunisierung besteht der Schutz direkt nach der Impfung.

Da das körpereigene Immunsystem nicht aktiviert wird, ähnelt die Kurve des Schutzes der der Antikörperkonzentration und endet mit dem Verschwinden der Antikörper.

d) Nach vier Jahren besteht noch ein relativ hoher Immunschutz, der mit den Gedächtniszellen zu begründen ist. Wird der Organismus nun mit demselben Antigen konfrontiert (= Auffrischungsimpfung), kann er sehr rasch die Immunantwort in Gang setzen. So besteht sofortiger Immunschutz. Nach sechs Jahren sind die Gedächtniszellen in hohem Maße abgebaut – in der Grafik zu sehen an der Tatsache, dass A_1 gegen null geht –, sodass kein Schutz mehr besteht.

e) Aktive Impfung ist zu empfehlen, wenn es einen spezifischen Impfstoff gibt und keine aktuelle Bedrohung durch den Erreger besteht.

Passive Impfung ist immer dann angebracht, wenn ein akuter Notfall nach einer Infektion besteht oder vorbeugend bei Reisen in fremde Länder, in denen Ansteckungsgefahr herrscht.

Anwendung der Immunreaktion

6. Zuordnungen   ☞ 364–381 *

1. B; **2.** C; **3.** E; **4.** A; **5.** D

7. Quiz   ☞ 364–381 **

1. b); **2.** d); **3.** b); **4.** c); **5.** e); **6.** a); **7.** e); **8.** d); **9.** c)

EVOLUTION

Geschichte der Evolutionstheorie

1. **Evolutionstheorien I** ☞ 382 ff. *
a) <u>Einfluss der Verhältnisse</u> = Umweltbedingungen, unter denen die einzelnen Organismen leben; <u>ausgesetzt ist</u> = dem Selektionsdruck unterstehen; <u>gemein sind</u> = phänotypisch in gleicher Weise vorhanden sind
b) Das Zitat stammt von LAMARCK: Er hatte die Vorstellung, dass Organe/körperliche Eigenschaften sich durch Gebrauch bzw. Nichtgebrauch im Individualleben eines Organismus ausprägen bzw. zurückbilden. Diese erworbenen Eigenschaften sollen nach LAMARCK vererbt werden, d. h. ins Erbgut übergehen.
c) Im Individualleben erworbene Eigenschaften werden nicht vererbt.

2. **Evolutionstheorien II** ☞ 382 **
A: LINNÉ: Die Arten sind unveränderlich und aus einem Schöpfungsprozess hervorgegangen.
B: DARWIN: Aus einer Urform haben sich verschiedene Arten entwickelt, die aufgrund ihrer gemeinsamen Abstammung alle miteinander verwandt sind. Im Laufe der Zeit sterben Arten auch wieder aus.
C: CUVIER: Aus einem Schöpfungsakt sind sehr viele Arten entstanden, deren Zahl durch wiederkehrende Katastrophen dezimiert wurde. Neuschöpfungen finden statt.
D: LAMARCK: In einem Urzeugungsprozess ist eine Ausgangsart entstanden, aus der sich allmählich neue Arten durch Aufspaltung gebildet haben.

3. **Evolutionstheorien III** ☞ 382 *
Zuordnung Zitat **A:** LAMARCK, **B:** DARWIN.
Begründung: **A:** Äußere Verhältnisse bewirken veränderte Gewohnheiten: Modifikationen werden erblich. Dahinter steckt die Befriedigung der Bedürfnisse: Vervollkommnungstrieb.
B: Es gibt nur zufällige Veränderungen im Erbgut, die dann weitergegeben werden. Modifikationen können nicht erblich werden. Diese Aussage unterscheidet DARWIN sowohl von CUVIER als auch von LAMARCK.

4. **Irrläufer** ☞ 382 ff. *
A: MENDEL: Er hat Vererbungsgesetze aufgestellt. Die anderen Forscher gelten als Wegbereiter des Evolutionsgedankens.
B: Genetic engineering: Gentechnik war damals noch nicht bekannt. Die anderen Begriffe stammen von DARWIN und beziehen sich auf seine Evolutionstheorie.
C: „Geologischer Artbegriff": gibt es nicht. Die anderen Begriffe bezeichnen Fachaspekte, nach denen man den Begriff „Art" definieren kann.
D: „Artspezifische Isolation": gibt es nicht. Die anderen Begriffe bezeichnen Mechanismen, die eine Vermischung der Arten in der Natur verhindern.
E: DNA-Reparatur: beseitigt DNA-Schäden. Die anderen Begriffe bezeichnen Evolutionsfaktoren, also Erscheinungen, die Evolution möglich machen und fördern.
F: Prachtkleid: Faktor des Imponierverhaltens. Die anderen Begriffe bezeichnen eine Form der Tarnung und Warnung.
G: „Phänotypische Selektion": gibt keinen Sinn (z. B. da Selektion immer am Phänotyp ansetzt). Die anderen Begriffe bezeichnen Wirkungen unterschiedlichen Selektionsdrucks.

5. **Spechte** ☞ 382 *
a) Spechte haben ein Bedürfnis, ihre Zunge in die Gänge zu strecken, weil das Futterangebot dort besser ist. Ein Vervollkommnungstrieb führt dazu, dass die Zunge im Laufe des Lebens immer länger wird. Dieser Effekt wird erblich und verstärkt sich von Generation zu Generation.
b) Eine längere Zunge bedeutet einen Vorteil beim Nahrungserwerb. Neue Nahrungsquellen können erschlossen werden. Dadurch haben die Tiere bessere Fortpflanzungschancen. Die mutierten Allele können vererbt werden.
c) LAMARCK: Modifikationen werden erblich; die Entwicklung ist zielgerichtet. DARWIN: Mutierte Allele, die sich positiv auswirken, können sich durchsetzen, da die weniger angepassten Individuen durch Selektion verschwinden.

6. **Vogelhand** ☞ 383, 402 ff., 421 **
a) **A** = Unterarmknochen mit Elle und Speiche; **B** = Handwurzelknochen; **C** = Mittelhandknochen; **D** = Fingerknochen
b) Homologie-Kriterium der Lage, der spezifischen Qualität von Strukturen und der Stetigkeit
c) Das Flügelskelett des Vogels ist mit demjenigen anderer Wirbeltiere zu homologisieren, da das Kriterium der Stetigkeit erfüllt ist, d. h., dass eine Reihe abgestufter Ähnlichkeiten des Körperbaus vorliegt: Die frühe Embryonalentwicklung zeigt noch eine Fünfstrahligkeit der Hand. Die mittleren Finger nähern sich im Laufe der Ontogenese räumlich an und verschmelzen, ein äußerer Finger verschmilzt zu einem einzigen Knochen, zwei äußere Finger sind nicht mehr zu erkennen. Die anfängliche Vielzahl der kleineren Knochen, die dem Unterarm benachbart sind, weist auf eine Homologie mit Handwurzelknochen hin. Auch das Kriterium der Lage ist erfüllt, da wie bei anderen Wirbeltieren das Skelett zwei parallele (größere) Knochen aufweist (Elle und Speiche), an die sich die fünfstrahlige Hand anschließt.
Die Vorderextremität von *Archaeopteryx* besitzt wie bei rezenten Vögeln zwei parallele Knochen, an die sich zunächst kleinere Knochen und außen drei längliche, mehrgliedrige Einheiten anschließen. Anders ist, dass diese frei sind (und Krallen tragen). *Archaeopteryx* zeigt hier Vogelmerkmale (drei statt z. B. fünf Finger) und Reptilienmerkmale (freie Finger mit Krallen) und kann u. a. auch wegen dieser Beobachtung „Brückentier" genannt werden.
d) Bei der individuellen (ontogenetischen) Entwicklung des Vogelflügels erkennt man Anlagen einer mehrstrahligen Hand, die bei der Betrachtung des voll entwickelten Flügels nicht mehr zu erkennen sind. Sie werden als stammesgeschichtliches (phylogenetisches) Erbe gedeutet und zeugen damit von der Verwandtschaft mit anderen Wirbeltieren. Das Handskelett *Archaeopteryx* ähnelt besonders dem Stadium, das die zweite Teilabbildung der Vogelentwicklung zeigt.

Lösungen 189

7. Brutparasitismus ☞ 384 ***

a) Die Küken der Spitzschwanz-Paradieswitwe senden Signale an ihre Wirtseltern, die denen ihrer Stiefgeschwister sehr genau gleichen. Dadurch nutzen sie ihre Wirtseltern aus und erreichen, dass sie von ihnen gefüttert werden. Mimikry ist die stammesgeschichtlich entwickelte Nachahmung eines anderen Lebewesens zum eigenen Vorteil und auf Kosten eines anderen. Die Witwen haben dadurch einen Vorteil, dass sie ihre eigenen Jungen nicht mit Nahrung versorgen müssen. Dadurch sind sie auf weniger Nahrung angewiesen und sparen Zeit, da sie ihre Eier nicht ausbrüten müssen. Energie und Zeit können sie vermehrt darauf verwenden, anderen ihre Eier unterzuschieben. So können sie mehr Eier produzieren, als sie selbst ausbrüten können und haben somit zahlreiche Nachkommen.

b) Der Brutparasitismus kann dadurch seinen Anfang genommen haben, dass Vogelweibchen zufällig ihre Eier in die Nester ihrer Nachbarn legten. Setzt man eine genetische Fixierung dieses Verhaltens bei den Vogelweibchen voraus, so wurden die Anlagen dazu dann vermehrt, wenn die untergeschobenen Eier ausgebrütet wurden. Verbreiteten sich die neuen Gene aufgrund dieses Selektionsvorteils, so hatten einerseits diejenigen Wirtseltern einen Vorteil, die die Brutparasiten von ihren eigenen Nachkommen unterscheiden konnten, andererseits hatten diejenigen Parasiten einen Vorteil, die besonders gute Imitationen erzeugten. Es kam zu einem evolutiven Wettlauf in Form einer Coevolution, der letztlich den Brutparasitismus stabilisierte und den Bestand von Wirt und Parasit sicherte.

c) **A:** Anscheinend fällt den Wirtseltern die Veränderung am Nest weniger auf, wenn die Anzahl der Eier im Nest konstant bleibt. Das Entfernen der Eier kommt also in der Evolution dieses Verhaltens durch den Anpassungsdruck der Wirte zustande. Der Anpassungsdruck für das Verschlucken der Fremdeier geht dagegen von der intraspezifischen Konkurrenz durch Artgenossen aus. Denn so verschafft sich das Weibchen eine zusätzliche Mahlzeit, die verglichen mit denjenigen, die sich nicht so verhalten, für mehr Nachkommen sorgt.
B: Durch die Beseitigung des fremden Kuckuckseis wird die Konkurrenz unter den Kuckucksküken vermieden. *Würde sich das Weibchen nicht so verhalten, so würde ihr eigenes Ei von dem fremden (älteren) Kuckucksküken aus dem Nest geworfen werden.* Bei den Kuckucken beschränkt sich die Mimikry auf die Eier, bei den Witwen auf das Aussehen und das Verhalten der Küken.

d) Das Verschlucken der fremden Kuckuckseier ist nicht arterhaltend, da die Nachkommen derselben Art getötet werden, vielmehr dient es der Vermehrung der eigenen Gene im Genpool der Folgegeneration und ist deshalb mit dem Prinzip des Genegoismus zu erklären.

Evolutionstheorie

8. Beuteltiere ☞ 386, 410, 430 ff. ***

a) Die Eigenschaften von Beutelmull und Maulwurf stimmen weitgehend überein. Dennoch stammen die beiden Tiere nicht direkt von einem gemeinsamen Vorfahren ab. Insofern kann man die Entwicklung der Augen, Ohren und der Körperform als analog betrachten.

b) Tüpfelbeutelmarder verhalten sich wie Wildkatzen und leben von der gleichen Beute. Wie die Wildkatzen sind sie nachtaktiv. Beide Tiere haben sich konvergent entwickelt. Sie sind stellenäquivalent und haben die gleiche ökologische Nische inne.

c) Vermutlich lebten die Vorfahren der heutigen Kloaken- und Beuteltiere auf dem Südkontinent, als also noch Südamerika, die Antarktis und Australien miteinander verbunden waren, in dem Gebiet, aus dem später Australien hervorgehen sollte. Bald wurden sie aufgrund von Kontinentalverschiebungen von den Frühformen der Plazentatiere, die nicht hier, sondern in anderen Gegenden des Südkontinents lebten, separiert und durchlebten unabhängig von diesen eine eigenständige stammesgeschichtliche Entwicklung. Die geografischen Gegebenheiten Australiens, die in der Karte als Wüsten, Gebirge und Inseln zu erkennen sind, führten zu einer geografischen Isolation der Urbeutler in Teilpopulationen, die dann selten oder nie Gene austauschten (Separation). So war die Grundlage für eine weitgehend getrennte Entwicklung unterschiedlicher Gruppen gegeben. Parallele oder unterschiedliche Mutationen in den unterschiedlichen Populationen führten in dem jeweiligen Genpool zu einer größeren Allelvielfalt, an dem die Selektion über die in der entsprechenden Umwelt gegebenen Faktoren ansetzen konnte. So wirkten Selektionsfaktoren in Richtung auf Anpassung an die jeweilige Umwelt und führten zu unterschiedlicher Einnischung, z.B. bezüglich der Nahrung. Besondere Anpassungserscheinungen zeigt der Beutelmull, dessen Beutel sich nach hinten öffnet. Individuen mit dieser Mutation hatten mehr Nachkommen und erhöhten so im Genpool die Frequenz ihrer Gene. Beim Ringelschwanzbeutler war der Greifschwanz selektionsbegünstigt, während das Bergkänguru besondere Anpassungserscheinungen an die Trockenheit in den Bergen entwickelte.
Jede Teilpopulation besetzte seine eigene ökologische Nische. Zusätzlich wurden Kreuzungsbarrieren entwickelt, die eine genetische Separation auch dann noch gewährleisteten, wenn geografische Schranken überwunden wurden und diese neuen Formen in ihrer Ausbreitung aufeinander trafen. Sie können heute im selben Gebiet koexistieren, wie z.B. Bergkänguru, Tüpfelbeutelmarder und Ringelschwanzbeutler an der Ostküste Australiens.
In der stammesgeschichtlichen Entwicklung zu eigenständigen Arten kann auch der Zufall als Evolutionsfaktor eine Rolle gespielt haben, vor allem dann, wenn die Populationen sehr klein waren, konnte das zu Gendrift führen. Ethologische Isolationsmechanismen wie unterschiedliche Balzrufe, Düfte und optische Auslöser mögen die Entwicklung vieler unterschiedlicher Arten verstärkt haben.

190 Evolution

d)

Australien	Europa
Hirschkänguru	Rotwild
Bergkänguru	Gemse
Tüpfelbeutelmarder	Fuchs / Wildkatze
Beutelmull	Maulwurf
Ringelschwanzbeutler	Eichhörnchen

Entsprechende ökologische Nischen in Australien und Europa

e) Die Auffächerung der Beuteltiere in so viele unterschiedliche Arten wird als adaptive Radiation bezeichnet.

9. Mutation und Selektion ☞ 386 *

a) Das Zitat entspricht nicht der Evolutionstheorie. Nicht angesprochen sind: Mutationsdruck, Separation, Gendrift. Es werden nur einzelne Individuen verglichen, nicht aber Veränderungen im Genpool. Evolution spielt sich aber stets im Genpool ab. „Natürliche Zuchtwahl" ist falsch interpretiert. Mutation und Selektion wirken zusammen; im Text werden sie jedoch isoliert betrachtet mit entsprechend falschen Folgerungen. Es wird der Anschein erweckt, als würden Evolutionsforscher behaupten, neue Arten könnten in sehr kurzer Zeit entstehen (von Generation zu Generation), was unter natürlichen Gegebenheiten tatsächlich kaum vorkommt. Die Entstehung neuer Arten ist bei Mikroorganismen und Pflanzen inzwischen experimentell nachvollziehbar.

b) Mutationen, an denen Selektion ansetzen kann, müssen phänotypisch in Erscheinung treten. Sie können sich im Genpool nur ausbreiten, wenn sie durch Fortpflanzung weitergegeben werden. Es müssen Keimzellen mutiert sein.

c) Bei Haustieren legt der Mensch Selektionsfaktoren fest, andererseits fallen viele Selektionsfaktoren weg, wodurch mehr Allele im Genpool erhalten bleiben. Hinzu kommt die verstärkte Neukombination durch den Menschen.

d) Auch gleichartige Bedingungen führen dann zu einer anderen Entwicklung, wenn sich die neuen Genpools unterscheiden. Neue Mutationen unterscheiden sich aufgrund ihrer Zufälligkeit, ebenso Neukombinationen. Dadurch wird es möglich, dass die gleichen Umweltbedingungen zu anderer Selektion führen. *Mutationsdruck liegt vor, wenn ein Allel A regelmäßig zu A_1 mutiert, die Neumutation aber nicht wieder zurückmutiert und bezüglich der Selektion neutral ist. Unter diesen Bedingungen wandelt sich Allel A allmählich in A_1 um.*

10. Säuglingssterblichkeit ☞ 387 **

a) Die geringste Sterblichkeit liegt bei einem Geburtsgewicht von 3,5 kg. Geringeres und höheres Geburtsgewicht führen zu höherer Sterblichkeit.

b) Mögliche Ursachen:
A: Geringes Geburtsgewicht: der Körper ist zu schwach und dem Geburtsstress nicht gewachsen. **B:** Hohes Geburtsgewicht: Geburtskomplikationen (der Geburtskanal ist zu eng, Abklemmung der Nabelschnur etc.).

c) Beispiel für transformierende Selektion. Die Selektion greift bei höherem und niedrigerem Geburtsgewicht in unterschiedlichem Maße an. Alles, was dazu führt, dass das Geburtsgewicht 3,5 kg beträgt, gefährdet das Leben des Neugeborenen weniger, was in der nächsten Generation zu einer erhöhten Vermehrungsrate führt. Die entsprechenden Allele können sich im Genpool anreichern. Das Gewicht minimaler Sterblichkeit und maximaler Geburtenhäufigkeit stimmen nicht überein. Dies kann möglicherweise zu einer allmählichen Veränderung der Verhältnisse führen.
Die Ursachen für das niedrige Geburtsgewicht spielen bei der Fragestellung keine Rolle.

11. Entstehung von Ähnlichkeiten ☞ 388 *

a) **B, C =** Wirbeltiere (**B:** Reptil (Leguan), **C:** Knochenfisch); **A, D =** wirbellose Tiere (**A:** Schmetterling, **D:** Heuschrecke)

b) Es handelt sich um Phytomimese. Die jeweiligen Arten sind einem starken Selektionsdruck durch Fressfeinde ausgesetzt und haben in Körpergestalt und -farbe Blattimitationen entwickelt, die der Umgebung des Tieres ähnlich sind und Tarnwirkung haben.

c) Mimese (Ähnlichkeit mit Gegenständen der Umgebung) bei Tieren: Birkenspanner, Stabheuschrecken, Spannerraupen, Zikaden; Mimese bei Pflanzen: „Lebende Steine"; Mimikry ist eine Ähnlichkeit zwischen wehrhaften und wehrlosen Organismen. Der Selektionsdruck wirkt dabei in eine Entwicklungsrichtung, bei der das wehrhafte Tier in seinem Aussehen „Vorbild" für ein Tier einer u. U. völlig anderen Art ist. Sie kann Schutzfunktion (Nachahmung einer Schrecktracht) und Lockfunktion (Fliegenorchis, Anglerfisch) haben.

12. Rohrsänger ☞ 394, 395 **

a) Für die Annahme einer Art spricht die Tatsache, dass die Individuen sich alle äußerlich sehr ähnlich sehen und dass sie ein ähnliches Verbreitungsgebiet besitzen. Für die Annahme von zwei Arten spricht, dass ihr Verhalten (Gesang, Nisten) sehr unterschiedlich ist. *Bei den genannten Tieren handelt es sich um die Arten Teichrohrsänger (Acrocephalus scirpaceus) und Sumpfrohrsänger (Acrocephalus palustris).*

b) Erste Annahme: „zwei Rassen einer Art": Entweder hatten die Ahnen während der letzten Eiszeit ein gemeinsames Refugium, sodass ein einheitlicher Genpool vorlag und die Individuen relativ große Ähnlichkeiten untereinander behielten. Oder aber die Ahnen wurden während der letzten Eiszeit zwar geografisch getrennt, doch entfernten sie sich mangels Selektionsdrucks in ihren Merkmalen nicht wesentlich voneinander.

Zweite Annahme: „zwei verschiedene Arten": Die Ausgangsart wurde während der letzten Eiszeit geografisch in zwei Populationen aufgespalten (geografische Isolation). Es bildeten sich deutliche Verhaltensunterschiede heraus, die zu einer ethologischen Isolation/Kreuzungsbarriere geführt haben, sodass aus den Populationen zwei Arten entstanden. Das äußere Erscheinungsbild der Ahnen entsprach demjenigen der heutigen Teich- und Sumpfrohrsänger und wurde mangels Selektionsdrucks beibehalten.

13. Evolution der Höhlensalmler ☞ 396 **

a) Die Fragestellung von Versuch A lautet: Sind die Eigenschaften des Höhlensalmlers durch Mutationen oder durch Modifikationen zu erklären? Da sich die Merkmale Blindheit und das Fehlen der Pigmente über viele Generationen nicht verändern, müssen diese Eigenschaften genetisch festgelegt sein. Die Kreuzbarkeit beider Fische zeigt ihre enge Verwandtschaft. Sie müssen einen direkten Vorfahren gehabt haben. Da sie sich im Experiment kreuzen lassen, könnte man sie als Unterarten auffassen. *Unter natürlichen Bedingungen leben sie getrennt und haben keine gemeinsamen Nachkommen. Deshalb stellen sie zwei eigenständige Arten dar.*

b) Die Vorfahren der Höhlen- und Silbersalmler bildeten einst vermutlich eine gemeinsame Population, deren Vertreter gelegentlich auch in Höhlenflüssen anzutreffen waren. Während der eiszeitlichen Trockenperioden wurden Höhlenflüsse von oberirdischen Gewässern abgeschnitten. Die zufällig hier anwesenden Salmler blieben nun über viele Generationen in den Höhlenseen gefangen und waren von den anderen geografisch getrennt. Es konnte kein Genaustausch zwischen den beiden Teilpopulationen stattfinden, sodass eine Artaufspaltung durch unterschiedliche Mutationen und verschiedene Selektionsfaktoren (eventuell verbunden mit Gendrift und Elimination) möglich wurde. Das fehlende Licht bewirkte bei den Höhlenfischen einen Wegfall der Selektion in Richtung Pigmentierung und Sehfähigkeit. Das führte zur Degeneration dieser Eigenschaften. Der Fortpflanzungserfolg der Fische war nun unabhängig von guter Sehfähigkeit und funktioneller Pigmentierung. Außerdem hatten nun diejenigen mehr Nachkommen, die sich von organischen Resten und Fledermauskot ernährten, der ins Wasser fiel. Unter ihnen brachten diejenigen mehr Gene in die nächste Generation, die nicht flüchteten, sondern herbeischwammen, wenn etwas ins Wasser fiel. Die Folge war eine unterschiedliche Einnischung, sodass heute die oberirdischen Silber- und die unterirdischen Höhlensalmler unterschiedliche ökologische Nischen besetzen.

14. Ökologische Isolation ☞ 396 **

a)

Arten	Schnabelhöhe in mm auf den Inseln			
	Abington, Bindloe, James, Jervis	Charles, Chatham	Daphne	Crossman
Kleiner G.	7–9,5	7,5–9,5	–	8,5–11
Mittlerer G.	10–14	10–17	8,5–12	–
Großer G.	16–22,5	21,5–26	–	–

Vorkommen und Schnabelhöhe der drei Grundfinkenarten

b) Die Tatsache, dass es sich um drei Arten handelt, ist daran zu erkennen, dass bei einem sympatrischen Auftreten der drei Grundfinkenformen keine Übergänge bzw. keine Bastarde auftreten. Es ist im Gegenteil eine Kontrastbetonung zu beobachten.

c) Gründerindividuen müssen auf einer Insel angekommen sein und sich von dort aus auf andere Inseln ausgebreitet haben. So waren sie geografisch isoliert und konnten sich getrennt voneinander entwickeln.

Auf den unterschiedlichen Inseln herrschte je nach Nahrungsangebot ein unterschiedlicher Selektionsdruck. Eine hohe Variabilität wurde durch den Faktor Mutation gewährleistet. Diejenigen, deren Schnabel der jeweiligen Nahrung besonders gut angepasst war, hatten die meisten Nachkommen (z. B. Beeren versus Meereslebewesen). Die Art der vorherrschenden Nahrung bevorzugte als Selektionsfaktor die entsprechenden Formen und Größen. Dadurch wurden im Laufe der Zeit unterschiedliche ökologische Nischen auf den verschiedenen Inseln besetzt. Nachdem sich verschiedene Finkenformen geografisch voneinander isoliert auf den unterschiedlichen Inseln entwickelt hatten, überwanden sie gelegentlich die geografischen Schranken, sodass auf einigen Inseln mehrere Arten sympatrisch auftraten. Durch Konkurrenzvermeidung konnten sie nun in unterschiedlichen ökologischen Nischen koexistieren.

d) Dort, wo der Mittlere Grundfink getrennt von dem ihm sehr ähnlichen Kleinen Grundfink vorkommt (auf Daphne), besetzt er in etwa die gleiche Nahrungsnische wie der auf Crossman lebende Kleine Grundfink. Bei diesen beiden allopatrisch lebenden DARWIN-Finkenarten kann man also eine Konvergenz feststellen. Lebt dagegen der Mittlere Grundfink mit ähnlichen Arten auf derselben Insel (sympatrisch), so stellt man eine Kontrastbetonung der ökologischen Sonderung fest. Die Konkurrenz sorgt für eine stärkere Einnischung aller drei Vogelarten.

15. Soziobiologie ☞ 400 ***

a) **A:** r = 0,5; **B:** r = 0,25; **C:** r = 0,5; **D:** r = 0,37

b) **A:** P-Königin und F_1: r = 0,5
(aber Söhne und P-Königin: r = 1);
B: Töchter untereinander: r = 0,75;
C: Söhne untereinander: r = 0,5;
D: Töchter und Söhne: r = 0,25
(aber umgekehrt, also Söhne und Töchter: r = 0,5);
E: P-Königin und F_2: r = 0,25;
F: Tanten der F_1 mit Nichten der F_2: r = 0,375,
mit Neffen der F_2: r = 0,25

c) P-Königin und Töchter: r = 0,75,
P-Königin und Söhne: r = 0,5;
B: Töchter untereinander: r = 0,75;
C: Söhne untereinander: r = 0,5;
D: Töchter und Söhne: r = (0,5 + 0,5 + 0 + 0,5) : 4 = 0,375,
umgekehrt: r = 0,75;
E: P-Königin und F_2-Töchter: r = 0,75,
P-Königin und F_2-Söhne: r = 0,5,
F: Tanten und Nichten: r = 0,6875,
Tanten und Neffen: r = 0,4375

192 Evolution

P — Königin ☐■ X ■ Drohn (aus eigenem Stamm)

F$_1$

Bienenstaat mit Drohnen aus dem eigenen Stamm

d) Arbeiterinnen in einem Inzuchtstaat haben mit ihren Nichten rund 69 % gemeinsame Allele, in einem Nicht-Inzucht-Staat 37,5 %; im Mittel sind das also etwa genauso viele, wie solitäre Weibchen an ihre Kinder weitergeben. Aber wegen des Fruchtbarkeitsverlustes der Arbeiterinnen kann die Königin sehr viel mehr Eier legen, als sie es bei solitärer Lebensweise könnte.

e) Das Genom der Brüder enthält nur 25 % bzw. 37,5 % der Arbeiterinnenallele; dieser Anteil wurde nur zur Begattung benötigt. Anschließend können die Drohnen ihr Erbgut nicht mehr weitergeben und nicht bei der Pflege weitergegebenen Erbguts mitwirken; sie wären dann lediglich Platz- und Nahrungsverbraucher.

f) Im Inzucht-Staat können die Arbeiterinnen mit der neuen F$_1$-Königin 69 % ihres Erbguts weitergeben, mit der alten Königin 75 %; das ist ungefähr der gleiche Wert, was sich eben möglicherweise in der Verteilung der Arbeiterinnen ausdrückt. Im Nicht-Inzucht-Staat geben die Arbeiterinnen mit der neuen Königin nur 37,5 % ihrer Allele weiter, sodass es für sie „lohnender" wäre, der alten Königin zu folgen, mit der sie 75 % ihres Erbguts weitervermehren.

g) Schutz vor größeren Feinden (z. B. Hornissen); das Sammeln von Nahrung ermöglicht das Überwintern; durch die Vielzahl der Staatsmitglieder kann der Stock je nach Bedarf geheizt oder abgekühlt werden

h) Erbkrankheiten, welche als Folge von Inzucht vermehrt auftreten können, werden mit größerer Wahrscheinlichkeit vermieden.

i) Aufgrund altruistischer Verhaltensweisen lässt sich die Fortpflanzungsrate erhöhen, was die Fitness steigert.

16. Helfer am Nest ☞ 400 *

a) Selektionsvorteile: Die Jungtiere genießen im elterlichen Revier Schutz, brauchen es nicht abzugrenzen und allein zu verteidigen und kennen Unterschlupfmöglichkeiten zum Schutz vor Feinden. Dass dieser Aspekt von Bedeutung ist, zeigt sich an der hohen Sterblichkeit der Jungtiere anderer Arten nach Verlassen des elterlichen Reviers. Durch die Hilfe der Jungtiere bei der Aufzucht der nachfolgenden Bruten kann der Fortpflanzungserfolg gesteigert werden.
Nachteile: Bei begrenzten Ressourcen werden erwachsene Nachkommen im eigenen Revier zu Konkurrenten und vermindern so die Chancen, weitere Bruten erfolgreich aufzuziehen.

b) Die Jungtiere sammeln Erfahrungen bei der Aufzucht von Jungen. Diese Erfahrung könnte ihnen bei der Aufzucht eigener Bruten nützlich sein und so ihren Fortpflanzungserfolg steigern. Als Verwandte haben die Geschwister einen großen Anteil von gemeinsamen Allelen. Indem also ein Individuum dafür sorgt, dass seine Geschwister das fortpflanzungsfähige Alter erreichen, sorgt es auch für die Weitergabe eigener Allele.

Stammesgeschichte

17. Homologieforschung ☞ 402 **

a) **A:** Schädelskelett; **B:** Halswirbelsäule; **C:** Rumpfwirbelsäule; **D:** Schwanzwirbelsäule; **E:** Schulterblatt; **F:** Oberarmknochen; **G:** Speiche; **H:** Elle; **I:** Handwurzelknochen; **J:** Fingerknochen; **K:** Beckenknochen; **L:** Oberschenkelknochen; **M:** Schienbein; **N:** Wadenbein; **O:** Fußknochen

b) Ähnlichkeiten: Gliederung des Skeletts in Schädel-, Rumpf- und Extremitätenskelett; Lagebeziehung, sowohl der Skelettbaugruppen wie einzelner Elemente
Unterschiede: Größe des gesamten Skeletts, der Skelettbaugruppen und der in gleicher Lage anzutreffenden Einzelknochen; Anzahl und Form der Knochen einzelner Baugruppen (Schädel, Extremitäten, Rumpfskelett)

c) Aufgrund der Ähnlichkeiten des Skeletts können beide Formen den landlebenden Wirbeltieren zugeordnet werden. Es sind zwei Homologiekriterien (Lage, spezifische Qualität) erfüllt. Das Kriterium der spezifischen Qualität ist erfüllt, weil die gezeigten Knochen aus ähnlichem Material bestehen und in bestimmten Sondermerkmalen übereinstimmen. Das Kriterium der Lage ist erfüllt, weil die Knochen gleicher Funktion eine ähnliche Lagebeziehung haben (z. B. Reihenfolge der Extremitätenknochen, Anordnung von Schulter- und Beckengürtel, Lagebeziehungen der Schädelknochen).

18. Flugeinrichtungen ☞ 402 **

a) Flugfrosch – Amphibien; Fledermaus – Säugetiere; Flugsaurier, Flugdrachen – Reptilien.

b) **A:** Fingerknochen, **B:** Mittelhandknochen, **C:** Handwurzelknochen, **D:** Elle, **E:** Speiche, **F:** Oberarmknochen

c) Den Vogelknochen homolog sind die Knochen der Vorderextremitäten aller abgebildeter Tiere, analog zu den Vogelknochen sind die Rippen des Flugdrachens.
Homologien zur Flügelfläche des Vogels sind nicht vorhanden, da alle übrigen Tiere keine Federn haben.
Analog zur Flügelfläche des Vogels sind die Flughäute zwischen
– den Zehen des Flugfrosches
– den Rippen des Flugdrachens
– den Fingern, Armknochen und Rumpf des Sauriers
– den Knochen der Vorder- und Hinterextremitäten und dem Rumpf bei der Fledermaus.

19. Blutkreisläufe ☞ 403 **

a) für beide Abbildungen: **A:** Herzvorkammer, **B:** Herzkammer, **C:** Aorta, **D:** Lungenarterie, **E:** Lungenvene, **F:** sauerstoffarmes Blut, **G:** sauerstoffreiches Blut, **H:** Mischblut (bei Amphibien)

b) Der *Ductus botalli* bewirkt, dass die Lungen beim Fetus nur wenig von Blut durchflossen werden. Der Lungenkreislauf funktioniert wegen der fehlenden Atmung noch nicht. Die Sauerstoffanreicherung des Bluts erfolgt durch die Placenta. Nach der Geburt fließt in die rechte Herzhälfte sauerstoffarmes Blut. Ein Teil davon mischt sich, falls der *Ductus botalli* noch erhalten ist, in das nunmehr sauerstoffreiche Blut der Aorta; der Körper wird also mit Mischblut versorgt und leidet an Sauerstoffmangel.

c) In Anklängen wiederholt sich während der Entwicklung eines Einzellebewesens seine Stammesgeschichte. Beim Neugeborenen tritt der *Ductus botalli* nicht mehr auf. Nach der Geburt sind die beiden Herzkammern vollständig voneinander getrennt. Nach der obigen Regel ist anzunehmen, dass es während der stammesgeschichtlichen Entwicklung Vorfahren gab, die unvollständige getrennte Herzkammern und einen *Ductus botalli* hatten. Diese beiden Merkmale sind bei den heute lebenden Amphibien (*Ductus botalli*) und Reptilien (unvollständig voneinander getrennte Herzkammern) zu finden. Es ist anzunehmen, dass die Säuger die Nachfahren solcher Tiere sind, welche erstmals die ursprünglichen Merkmale besaßen.

20. Altersdatierung ☞ 410 *

a)

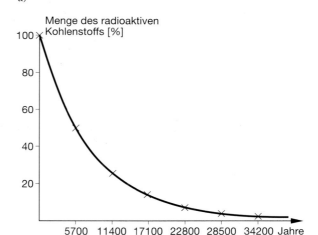

^{14}C-Zerfallskurve (Zeitraum: 35 000 Jahre)

Neben dem häufigen und stabilen ^{12}C-Isotop gibt es in viel geringerer Konzentration das Isotop ^{14}C, von welchem unter β-Zerfall nach 5700 Jahren nur noch die Hälfte vorhanden ist. In der Atmosphäre entsteht ^{14}C immer wieder neu. In einem fossilen Fund dagegen nimmt die Menge des radioaktiven Kohlenstoffs gemäß seiner Halbwertzeit ab, nach 11 400 Jahren ist nur noch ein Viertel der ursprünglichen Menge vorhanden. Mit abnehmender Konzentration (und damit höherem Alter des Fundes) nähert sich die Zerfallskurve asymptotisch der 0-Linie und die Messungen werden weniger genau.

b) Fund A ist etwa 13 500 Jahre alt; zu diesem Zeitpunkt muss es also bereits „gezähmte" Wölfe gegeben haben. Fund B hat ein Alter von etwa 7000 Jahren; damals lebten offenbar schon Katzen in menschlichen Siedlungen.

c) Der Nutzen gezähmter Wölfe bestand zunächst im Schutz vor Angreifern (feindliche Sippen wurden durch die Wölfe beizeiten „angemeldet"); das Vertrauen der Wölfe wurde durch Essensabfälle erreicht. Später dienten die Wölfe als Gehilfen bei der Jagd.
Katzen in menschlichen Siedlungen bekämpften Mäuse und Ratten und halfen so, Nahrungsvorräte zu schützen. *Besonders wichtig war diese Aufgabe in den Kornkammern Ägyptens (woher die hochbeinigen Falbkatzen als Vorform unserer Hauskatzen auch stammen).*

194 Evolution

21. Eukaryoten ☞ 415 **

a) Endosymbionten-Theorie

b) Ursprüngliche Prokaryoten gelangten in Zellen, wurden durch ein Vesikel eingeschlossen und von deren Membran umhüllt (→ zwei Membranen). Eigene DNA und Vermehrung weist auf ursprüngliche Selbständigkeit.

c) Mitochondrien und Plastiden haben eigene Ribosomen und eigene Proteinbiosynthese.

22. Quastenflosser ☞ 419 *

a) Quastenflosser hatten an Land keine Feinde, weshalb ihre schlechte Beweglichkeit kein Nachteil war. Das Nahrungsangebot war wegen der an feuchten Stellen schon vorhandenen Landpflanzen gut und es gab nur wenig Konkurrenz.

b) Schlammspringer, die sich ebenfalls schlecht bewegen können, treffen heute auf viele besser angepasste Organismen, mit denen sie konkurrieren müssten.

23. Brückentiere und Zwischenformen ☞ 420 f. **

a) *Peripatus:* Brückentier zwischen Ringelwürmern und den Gliederfüßern. Er besitzt einen Hautmuskelschlauch und eine gleichmäßige Segmentierung (Ringelwurmmerkmale), aber auch Mundwerkzeuge und Tracheenatmung (Merkmale der Gliederfüßer); *Latimeria:* Brückentier zwischen Fischen und Landwirbeltieren. Sie hat Fischgestalt, Flossen und Schwimmblase als Fischmerkmale. Ihre Flossen sind durch Knochen gestützt und sie besitzt einen Schultergürtel (Merkmale von Landwirbeltieren). *Archaeopteryx:* ausgestorbene Zwischenform zwischen Reptilien und Vögeln. *Archaeopteryx* hat Zähne, freie Finger mit Krallen, bewegliche, nicht verwachsene Wirbel und eine lange Schwanzwirbelsäule (Reptilienmerkmale), aber auch Federn, vogelähnliches Arm- und Beinskelett und einen Vogelschädel mit Schnabel als Vogelmerkmale. **Schnabeltier:** Brückentier zwischen Reptilien und Säugetieren. Es besitzt eine Kloake, hat eine schwankende Körpertemperatur und legt Eier (Reptilienmerkmale), besitzt aber auch ein Haarkleid und Milchdrüsen (Säugermerkmale).

b) Die ausgestorbenen Zwischenformen stellen Übergangsformen dar, die sehr bald von fortschrittlicheren Nachfahren abgelöst wurden. Rezente Brückenformen sind vermutlich nur deshalb noch vorhanden, weil ihr spezielles Lebensumfeld (biologische Nische) noch nicht von moderneren Formen in Anspruch genommen wurde.

c) *Ginkgo* vereint Merkmale von Farnen (Gabelnervigkeit) und Nacktsamern (Samenbildung). Man könnte ihn daher als Brückenpflanze bezeichnen. Da aber auch die ausgestorbenen Samenfarne bereits Samen bildeten, könnte man *Ginkgo* auch ein lebendes Fossil nennen.

24. Cytochrom c ☞ 425 **

a) Cytochrom c ist ein Protein der Atmungskette und kommt daher bei Pflanzen, Tieren und Pilzen vor. Da Insulin nur bei Wirbeltieren vorkommt, sind Unterschiede in den Aminosäuresequenzen daher nur in viel geringerem Umfang aussagekräftig. Stärke besteht nur aus Glucosebausteinen und ist ohne Aussagewert für die Phylogenese.

b) Cytochrom c besteht aus etwa 100 Aminosäuren. Zahlreiche Positionen der Aminosäuren stimmen bei allen untersuchten Organismen überein. Da dies keine zufällige Übereinstimmung sein kann, liegt die Annahme nahe, dass alle Cytochrome c von einer gemeinsamen Urform abstammen.

c) Je mehr Unterschiede in den Aminosäuren der Cytochrome c bei verschiedenen Organismen zu finden sind, desto mehr Mutationen müssen also zugrunde liegen. Viele Mutationen deuten auf eine länger zurückliegende gemeinsame Stammform als wenige Mutationen. Kennt man aus anderen Untersuchungen eine gemeinsame Stammform und deren Lebenszeitraum, so kann man durch Extrapolation auch auf andere zeitliche Abstände schließen.

25. Mutation und Selektionsdruck ☞ 425 *

a) Das Anthocyan lässt weniger Licht zu den Chloroplasten durch. Die Fotosyntheseleistung ist daher geringer als bei den Wildformen, die damit die stärkeren Konkurrenten im Hinblick auf das Wachstum sind.

b) Blutmutanten werden in Gärten oder Parkanlagen gepflanzt, wo sie als frei stehende Bäume oder Büsche ausreichend mit Licht versorgt werden.

c) Bei den schlitzblättrigen Formen ist die Fotosyntheseleistung geringer als bei den normalblättrigen, da die Blattfläche der schlitzblättrigen kleiner ist. Im schattigen Wald sind sie daher nicht zu erwarten, wohl aber auf den besonnten Dünen der Nordseeinseln. Da auf den Sandböden der Inseln Wasser ein begrenzender Faktor ist, sind Formen begünstigt, die Blätter mit kleinerer Verdunstungsoberfläche besitzen. Auch dem Angriff durch den Wind widerstehen die kleineren Blattflächen besser.

26. Bedecktsamer ☞ 427 **

a) Da die Nacktsamer älter sind als die Bedecktsamer, was durch Fossilien belegt ist, hält man sie für die Vorfahren der Bedecktsamer. Die Verwandtschaft wird z. B. durch folgende Gemeinsamkeiten belegt: Groß- und Kleinsporen (= Pollenkörner), Samenanlagen und Samen u. a.

b)

Mag Hah Ros Pri Glo Kor   Süß Rie Sch Lil

Verwandtschaftsschema

27. Eroberung des Landes ☞ 427 *

a) Farn

b) Die haploide Spore **(A)** entwickelt sich zum Gametophyten, dem Vorkeim (Prothallium) **(B)**. Dieser bildet haploide männliche (Antheridien) **(C)** und weibliche (Archegonien) **(E)** Geschlechtsorgane. Spermatozoiden **(D)** befruchten die Eizelle **(E)**. Aus der Zygote **(F)** entsteht ein diploider Sporophyt **(G)**, an dessen Blattunterseite sich Sporenkapseln **(H)** bilden. Die Sporenkapseln öffnen sich und setzen Sporen frei **(I)**.

c) Prothallium und der wasserabhängige Befruchtungsvorgang

d) Höhere Pflanzen haben keine Spermatozoiden mehr, sondern Spermazellen, die vom Pollenschlauch zur Eizelle gebracht werden → innere Befruchtung.

28. Massensterben ☞ 432 **

a) **A:** deutlicher Anstieg des Sauerstoffverbrauchs, Sauerstoffmangel (v. a. auch in tieferen Meeresbereichen); **B:** Absinken des Meeresspiegels; **C:** verstärkte Vulkantätigkeit

b) **A:** Heterotrophe Organismen erhielten nicht genügend Sauerstoff; **B:** Trockenfallen der Lebensräume von Flachwassergemeinschaften wie z.B. Riffe; **C:** lebensfeindliche Folgen des Vulkanismus wie Lavagüsse, Staub in der Stratosphäre und damit einhergehende Abkühlung wegen Verdunkelung durch Stäube, Schwefelemissionen usw.

Evolution des Menschen

29. Aufrechter Gang ☞ 439 *

a) Neigung zu Bandscheibenschäden als Folge einseitiger Belastung der Wirbelsäule, Folgen zu großer Belastung des Kniegelenks, Hängebauch, Senkfuß und Spreizfuß, schwere Geburten als Folge des engen Beckens, Krampfadern u. a.

b) Da mit der Verkürzung des Schnauzenschädels auch die Kaumuskulatur vermindert und die Fähigkeit abzubeißen eingeschränkt wurde, musste die Nahrung anders aufbereitet werden (beispielsweise durch vorherige Zerkleinerung).

c) Der aufrechte Gang ermöglicht einen guten Überblick und rasche Fortbewegung in der Steppe. Mit der Zweibeinigkeit wurden die Hände nicht mehr zur Fortbewegung benötigt, sondern standen als Werkzeuge (und Werkzeug schaffende Werkzeuge) zur Verfügung. Die Vergrößerung des Gehirns (und der Sehrinde) hatte eine zunehmende Verbesserung des Werkzeuggebrauchs zur Folge. Mit dem größeren Gehirn verbesserte sich auch die Kommunikationsfähigkeit; größere Jagderfolge und die Vorteile zunehmender Arbeitsteilung vergrößerten den Erfolg des Menschen.

30. *Homo*-Stammbaum I ☞ 439 **

a)

	Merkmal	Mensch	Affe
A	Zahnbogen	parabolisch	rechteckig vorhanden
B	Diastema	fehlt	
C	Eckzähne	Größe gleicht der der Nachbarzähne	größer als Nachbarzähne weiter hinten
D	Hinterhauptsloch	zentral	
E	Nasenknochen	vorstehend	flach

Schädelmerkmale von Mensch und Affe

b) Nach Tabelle **A** sind H, S, G untereinander enger verwandt als mit O (und evtl. Gi). Ihr gemeinsamer Ursprung liegt nicht so weit zurück wie der gemeinsame Ursprung aller vier Primaten. Nach Tabelle **B** sind H und S am engsten miteinander verwandt, dann G und schließlich O. Demnach erfolgte die Aufspaltung H – S am spätesten. Nach diesen Befunden muss der Stammbaum entsprechend korrigiert werden.

c) Weitere Verfahren: Immunreaktion, DNA-Sequenzierung, Mitochondrien-DNA-Sequenzierung, verhaltensbiologische Vergleiche

31. *Homo*-Stammbaum II ☞ 443 *

A: Gorilla; **B:** Schimpanse; **C:** *Ardipithecus ramidus*; **D:** *Australopithecus anamensis*; **E:** *Australopithecus afarensis*; **F:** *Australopithecus africanus*; **G:** *Australopithecus aethiopicus*; **H:** *Homo habilis*; **I:** *Homo erectus*; **K:** *Homo sapiens sapiens*

32. Steinzeitmensch ☞ 445 *

a) „Venus von Willendorf"

b) Alter: 30 000–20 000 Jahre; Altsteinzeit (Paläolithikum)

c) Als plastische Darstellung einer Frau und aufgrund der Tatsache, dass der Gegenstand keinen direkten praktischen Nutzen bzw. Werkzeugcharakter erkennen lässt, ist die Figur ein Beispiel bildender Kunst. Dem damaligen Menschen ist damit Abstraktionsvermögen zu unterstellen. Indirekt gibt sie also Hinweise auf die geistige Entwicklung des Menschen der jüngeren Altsteinzeit.

33. Evolutions-Quiz ☞ 382–432 **

1. a); **2.** c); **3.** c); **4.** e); **5.** d); **6.** b); **7.** c); **8.** a); **9.** d); **10.** a)

34. Multiple-Choice-Test Evolution

1. b); **2.** a), d); **3.** a), c); **4.** d); **5.** b), d), e); **6.** a), b), d); **7.** d); **8.** b), e); **9.** c), e); **10.** a), c), d)

THEMEN ÜBERGREIFENDE AUFGABEN

1. **Entstehung von Zellen** ☞ 21, 415 *
a) **A:** Chromatin = Erbmaterial = DNA; **B:** Kernhülle mit Kernporen; **C:** Mitochondrium; **D:** raues Endoplasmatisches Retikulum; **E:** Dictyosom mit GOLGI-Vesikeln; **F:** Lysosom; **G:** Peroxisom = Mikrokörperchen = microbody; **H:** Teil des Cytoskeletts (Aktinfilamente, Mikrotubuli; **I:** Ribosom
b) Endosymbiontenhypothese. Bei a–c wird eine Fotosynthese betreibende prokaryotische Zelle mit einem Stück Cytoplasmamembran umschlossen und so mit einer zweiten Hülle ins Plasma aufgenommen. Nach der Endosymbionten-Theorie gehen Mitochondrien und Plastiden auf ursprüngliche selbständige Protozyten zurück. Diese sollen durch andere Zellen phagozytiert worden sein und im Laufe der Evolution zu Endosymbionten umfunktioniert worden sein.
c) selbständige Teilung, zwei Hüllmembranen, eigene DNA; Protozyten-Ribosomen

2. **C_4-Pflanzen** ☞ 47, 50, 140–146 ***
a) **A:** Granathylakoid, **B:** Stromathylakoid. Die Primärprozesse der Fotosynthese sind vor allem den Chloroplasten mit Granathylakoiden, die Sekundärprozesse denen mit Stromathylakoiden zuzuordnen.
b) **A:** Leitbündel, **C:** Epidermiszelle, **D:** Spaltöffnung, **E:** große Interzellulare, **F:** Mesophyllzelle (hier: Zelle des Schwammparenchyms), **G:** Palisadenparenchymzelle, **H:** Chloroplast
c) 2 **A**, 3 **G**, 4 **C**, 5 **F**, 6 **D**; a **B**, b **A**, c **C**, d **F**, e **D**
d) Das Blatt der C_4-Pflanze enthält größere Leitbündelscheidenzellen, typisch für C_4-Pflanzen. Im Vergleich mit einem Buchenblatt kommt auch ein Palisadengewebe nicht vor und Spaltöffnungen treten auch an der oberen Epidermis auf (beides gibt es aber auch bei bestimmten C_3-Pflanzen).
e) In den Mesophyllzellen der C_4-Pflanzen finden die Primärreaktionen und die CO_2-Fixierung (Bildung der Äpfelsäure) statt, in den Leitbündelscheidenzellen der CALVIN-BENSON-Zyklus.
f) An heißen Standorten müssen die Spaltöffnungen wegen der Gefahr des zu hohen Wasserverlusts durch Transpiration häufig geschlossen bleiben. Dadurch können aufgrund des fehlenden CO_2 die Sekundärprozesse der Fotosynthese kaum ablaufen. C_4-Pflanzen können im Gegensatz zu C_3-Pflanzen CO_2 gebunden an Phosphoenolbrenztraubensäure (Äpfelsäure) speichern. Die Äpfelsäure gelangt aus den Mesophyllzellen zu den Leitbündelscheidenzellen und kann dort auch bei geschlossenen Spaltöffnungen, z. B. über Mittag, viel CO_2 freisetzen, sodass das hohe Lichtangebot für Fotosynthesevorgänge genutzt werden kann. Hier übernimmt das Ribulosebisphosphat das CO_2. Damit kann der CALVIN-BENSON-Zyklus ablaufen.
Die aus der Äpfelsäure stammende Brenztraubensäure wandert zurück zu den Mesophyllzellen und kann dort unter Energie verbrauchender Phosphataufnahme zu dem primären CO_2-Akzeptor, der Phosphoenolbrenztraubensäure, umgewandelt werden.
g) C_4-Pflanzen werden nach dem C_4-Körper benannt, der bei der primären Aufnahme von CO_2 durch Phosphoenolbrenztraubensäure entsteht, also nach der Äpfelsäure.

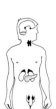

3. **Orchidee und Pilz** ☞ 53, 390, 399, 400 **
a) Auf dem Schnitt sind die Zellschichten außerhalb der Endodermis gezeigt. Ein Wurzelhaar ist im Ansatz zu sehen. Die Rhizodermis hat eine ausgeprägte Cuticula oder cutinisierte Schicht, das Wurzelhaar besitzt diese nicht. Die äußere Zellschicht besteht aus etwas größeren Zellen als die darunter liegende Zellschicht. Nach innen schließen sich vier Zelllagen eines Gewebes an. Unten rechts befindet sich eine Zelle mit sechs Vakuolen, in deren Mitte der Zellkern liegt. Bei anderen Zellen sind ebenfalls die Kerne teilweise zu sehen. Pilzhyphen ziehen sich durch das Wurzelhaar. In den Zellen der Wurzelrinde sind sie deutlich als Fäden zu erkennen, in den inneren Zellen sind sie teilweise zerstört, zerlegt, aufgelöst. Die Endodermis ist nicht vom Pilzbefall betroffen.
b) Beide Organismenarten können nebeneinander bestehen. Mineralsalze und Wasser gelangen verstärkt über die Pilzhyphen in die Orchidee. Umgekehrt erhält der Pilz Assimilate von der Orchidee. So entsteht ein wechselseitiger Nutzen. Die vorliegende Art der Symbiose heißt „Mykorrhiza".
c) Die Symbiose zwischen Orchidee und Pilz kann man unter folgenden Voraussetzungen als Parasitismus auffassen:
Der Pilz schädigt die Orchidee, indem er ihr Assimilate entzieht. Die Orchidee schädigt den Pilz, indem sie ihn verdaut. Daher lässt sich die Beziehung als Kampfgleichgewicht zwischen Parasit und Wirt auffassen.
Andere Orchideen besitzen kein Chlorophyll, und somit scheinen sie die eigentlichen Parasiten zu sein.
d) Bei einer Orchidee hatte in Bezug auf die Pilzverträglichkeit eine Präadaptation vorgelegen. Diese ist Folge von Mutation und Rekombination. Der Pilz trat in der Umwelt der Orchidee neu auf, wodurch die Pflanze im Konkurrenzkampf mit artgleichen anderen einen Vorteil erhielt. Sie konnte sich verstärkt vermehren. Im Laufe der Generationen wurde diese spezielle Pilztoleranz immer ausgeprägter (Selektion).
Nach dem gleichen Mechanismus entwickelte sich auch die Eigenschaft des Pilzes, sich in der Orchidee vermehren zu können.
Die Entwicklung dieser beiden Arten in enger Abhängigkeit voneinander nennt man Coevolution. Sie führt zur ökologischen Einnischung (Annidation).

4. **Temperaturregulation bei Säugern** ☞ 65, 164, 169, 404 **
a) Ein hohes Temperaturgefälle zwischen zwei Räumen führt zu einem Temperaturausgleich, wenn die Wärmeenergie aus dem Bereich mit hoher Temperatur in den Bereich mit niedriger Temperatur abstrahlt. Um dauerhaft ein hohes Konzentrationsgefälle zwischen zwei Medien (hier: zwischen dem Blut der Kopfarterien und Kopfvenen) zu erhalten, müssen sich diese Medien parallel zueinander im Gegenstrom bewegen. Auf diese Weise wird erreicht, dass das Gehirn bei hohen Körperkerntemperaturen kühler gehalten werden kann.
b) Vorteil: Schutz des Körpers der homoiothermen Säugetiere vor zu großer Wärmeabstrahlung und damit Energieverlusten wie auch vor zu starker Sonneneinstrahlung

Nachteile: Bei zu hoher Wärmeproduktion des Körpers kann es bei Landtieren zu einer Überhitzung des Körpers kommen. Bei wasserlebenden Tieren erhöht ein Haarkleid die Reibung und bewirkt damit einen höheren Energieaufwand beim Schwimmen.

c) Wale und Seekühe sind an schnelles, dauerhaftes und Energie sparendes Schwimmen angepasst. Haare würden die Reibung erhöhen. Als Wärmeschutz ist ein Fell bei Bewegungen im Wasser weniger geeignet und wird durch ein Fettgewebe in der Unterhaut ersetzt. Das Haarkleid vermindert die Fitness von dauerhaft schwimmenden Säugern.
Elefanten und Flusspferde produzieren so viel Eigenwärme, dass bei den hohen Temperaturen ihres Lebensraumes die notwendige Wärmeabgabe durch ein Haarkleid behindert würde. Auch hier bedeutet das Fehlen von Haaren eine höhere Fitness.
Das Haarkleid bei menschlichen Feten zeigt, dass die genetische Information dafür im Genom des Menschen vorhanden ist, aber im Laufe der Evolution von einer neu erworbenen Information überlagert wurde, nämlich die Haare an den meisten Stellen des Körpers wieder ausfallen zu lassen. Die biogenetische Regel ist hier gültig.
Die Vorfahren des Menschen waren in ihrem Lebensraum, den tropischen Savannengebieten, darauf angewiesen, sich bei der Jagd wie bei der Auseinandersetzung mit konkurrierenden Horden über eine bestimmte Zeit schnell zu bewegen. Ihre nächsten Verwandten, die Menschenaffen, tun das nicht. Für Menschen ist in bestimmten Situationen ein dichtes Haarkleid, das die Wärmeabfuhr unterbindet, von Nachteil. Allerdings ist bei starker Sonneneinstrahlung auf den Kopf bei Fehlen des Wundernetzes eine Kopfbehaarung von Vorteil.
Bei homoiothermen Säugetieren stellt die Herausbildung der Behaarung im Laufe der Evolution zunächst einen Selektionsvorteil dar.
Die Behaarung kann sich aber unter veränderten Lebensbedingungen zu einem Nachteil entwickeln und die Fitness einer Population verringern. Die Verringerung der Fitness durch Haare führt evolutionstheoretisch zur Rückbildung des Haarkleids.

5. Mehlkäfer in ihrer Umwelt ☞ 74, 151, 382 **

a) Die Mehlkäfer leben in extrem nährstoffreichem und wasserarmem Substrat. Ihren Wasserbedarf decken sie durch das bei der Veratmung der Kohlenhydrate entstehende Wasser. Bei den in Bäckereien auftretenden „subtropischen" Temperaturen können sie sich optimal entwickeln.

b) Abbildung **A**:
Bei 26 °C vermehren sich zunächst beide Populationen und sind nach 300 Tagen etwa gleich stark (ca. fünf Individuen/g Mehl). Nach weiteren 300 Tagen nimmt die Anzahl von *T. castaneum* ab, die von *T. confusum* weiter zu, bis nach 900 Tagen *T. castaneum* ausgestorben ist und *T. confusum* eine Bevölkerungsdichte von ca. 13 Individuen/g Mehl erreicht hat.
Abbildung **B**:
Bei 29,5 °C vergrößern sich zunächst beide Populationen. Danach nimmt die Populationsdichte von *T. confusum* kontinuierlich ab, die von *T. castaneum* zu, bis *T. confusum* nach knapp 900 Tagen ausgestorben ist.

In beiden Fällen wird das Konkurrenzausschlussprinzip wirksam. Die Entwicklung der Individuen wird im Konkurrenzverhältnis eindeutig durch die Temperatur bestimmt. Insofern können die beiden Arten als stenök bezeichnet werden.
Wenn man die Temperatur abwechselnd bei 26 ° und 29,5 °C hält, koexistieren jedoch beide Arten!

c) Die wirksamen Faktoren sind 1. pflanzliche Nahrung, 2. Temperatur, 3. Trockenheit.
Der Selektionsdruck durch die ökologischen Faktoren kann zu einer Einnischung besonders nach den Temperaturverhältnissen, die in Steppen- und Wüstengebieten z. B. vom Bedeckungsgrad der Vegetation, der Bodenart, der Aufenthaltstiefe im Boden, der Tag- bzw. Nachtaktivität abhängig ist, geführt haben.

d) Durch Vorratshaltung gelangten Vertreter dieser Familie in die Nähe des Menschen. Die Vorratshaltung bot den Käfern optimale Lebensmöglichkeiten. Die Verschleppung durch Menschen bot den Käfern so auch in den trockenen und warmen künstlichen Biotopen in den gemäßigten Zonen (Backstuben) gute Lebensmöglichkeiten.

6. Das Paarungsverhalten der Mückenhaften
☞ 74, 230, 236–238, 389, 390, 400, 401 ***

a) **A** Beutefang, mögliche Schlüsselreize:
optisch: sich bewegendes Flugobjekt bestimmter Größe, Farbe, Form; akustisch: Fluggeräusche der Beute; olfaktorisch: Beutegeruch

B Prüfen der Beute, mögliche Schlüsselreize:
taktil: Oberflächenbeschaffenheit, Größe, Masse; chemisch: Duft, Geschmack

C Anlocken der Weibchen mit Pheromon, mögliche Schlüsselreize:
optisch: Flugobjekt in Weibchengröße, Flügelmuster; olfaktrisch: Duft der Weibchen

D Anbieten des Geschenks, möglicher Schlüsselreiz:
optisch: Weibchen senkt die Flügel

E Kopulation mit dem Weibchen, möglicher Schlüsselreiz:
taktil: Weibchen beginnt zu fressen, Weibchen streckt Hinterleib entgegen

b) Attrappen werden in die Zweige eines Strauchs gehängt: zum Beispiel Hölzchen in Mückenhaftgröße mit und ohne Flügel, mit und ohne Beutetier, mit und ohne Pheromon etc.

c) Die Weibchen von *Hylobittacus apicalis* verhalten sich anders als die Männchen, da sie große Beutetiere ebenso häufig wie kleine Beutetiere behalten. Ihnen dient die Beute lediglich zur Ernährung. Bei den Männchen hat dagegen das Beutetier eine andere Funktion. Von seiner Größe hängt es ab, ob die Weibchen paarungsbereit sind oder nicht. Auch die Paarungsdauer wird von der Größe des Beutetiers bestimmt. Je länger die Paarung dauert, umso mehr Samenzellen können vom Männchen – nach 20 Minuten ist dies allerdings nicht mehr steigerungsfähig – übertragen werden. Deshalb wurde im Laufe der Evolution bei den Männchen die Bevorzugung größerer Beutetiere begünstigt und genetisch festgelegt.

d) Weibchen erhöhen ihre Fortpflanzungschancen dadurch, dass sie nicht selbst umherfliegen, um Insekten zu erjagen. So sparen sie Energie und geraten viel seltener in ein

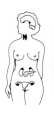

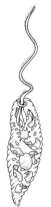

Spinnennetz. Günstig ist auch die Bevorzugung größerer Beutetiere als Hochzeitsgeschenk. Dadurch werden sie besser ernährt und können mehr Eier produzieren.

e) Das Verhalten der Männchen in Text **B** stellt eine Imitation der angelockten Weibchen dar. Der Beutebesitzer wird zu seinem eignen Nachteil getäuscht. Dieses Verhalten kann als Mimikry bezeichnet werden. Der Diebstahl der Beute ist für den Imitator von großem Vorteil. Das Risiko, in ein Spinnennetz zu geraten, wird vermindert und die Zeit für den Beutefang wird verkürzt. Dieses Verhalten kann sich nur bis zu einer bestimmten Grenze in der Population ausbreiten, weil es immer Männchen geben muss, die sich auf redliche Weise die Beute beschaffen.

f) Da *Bittacus strigosus* dieselbe Nahrungsnische besetzt wie *Hylobittacus apicalis*, muss es im Überlappungsgebiet im Laufe der Zeit zu einem Konkurrenzausschluss kommen. Jedoch ist nicht vorauszusagen, wer konkurrenzüberlegen sein wird. *Hylobittacus apicalis* könnte deshalb die andere Art verdrängen, weil seine Weibchen möglicherweise aufgrund der genannten Vorteile (vgl. d)) mehr Nachkommen hervorbringen. Eine weitere Möglichkeit besteht darin, dass sich die diebischen Mückenhaft-Männchen in ihrem Verhalten auf die andere Art spezialisieren könnten. Eventuell könnte aber auch *Bittacus strigosus* konkurrenzüberlegen sein, weil das Paarungsverhalten dieser Art nicht so kompliziert und damit weniger störanfällig ist.

7. Tierversuche ☞ 183, 214 **

a) Die Grafik zeigt die experimentellen Befunde zur Erniedrigung der Schmerzschwelle bei Ratten in Abhängigkeit von der Menge des vor dem Experiment „konsumierten" Morphins.
Fügt man einer Ratte Schmerz zu, indem man sie an der Schwanzwurzel elektrisch reizt, fängt sie an zu schreien, sobald die Stromstärke des Reizes einen Schwellenwert überschreitet. Der Schwellenwert ist auf der senkrechten Achse aufgetragen. Injiziert man Tieren, die noch nicht mit Morphin behandelt wurden, Morphin unter die Haut, so steigt der Schwellenwert mit zunehmender Morphin-Menge.
Werden die Tiere aber vorher an das Morphin gewöhnt, ohne dass sie Schmerzen hatten, indem man ihnen Tabletten unter die Haut pflanzt, aus denen das Morphin beständig in kleinen Mengen in den Körper gelangt, so wird die schmerzlindernde Wirkung des Morphins umso schwächer, je mehr Morphin die Tiere in der Gewöhnungsphase erhalten hatten.

b) Zur Notwendigkeit solcher Versuche: Morphin ist ein wichtiges Schmerzmittel. Tierversuche haben eine große Bedeutung, wenn keine andere Überprüfungsmöglichkeit (z. B. durch Zellkulturen) gegeben ist. Problematisch ist dabei die Frage, ob alle zu überprüfenden Mittel auch notwendig sind.
Zu beachtende Wertvorstellungen wären z. B. die Aspekte Linderung von Schmerzen, menschenwürdiges Sterben, „tierwürdiges" Dasein, menschliches Erkenntnisstreben mit und ohne praktischen Bezug vs. Missbrauch bzw. Nutzung von Tieren.

8. Zornschlange ☞ 183, 326, 369, 373, 382 **

a) Die Membrandurchlässigkeit für Acetylcholin führt in kurzer Zeit zu einer vollständigen Entleerung der synaptischen Bläschen in den synaptischen Spalt. An der postsynaptischen Membran kommt es nach Anlagerung von Acetylcholin an die spezifischen Rezeptoren zu einer kurzfristigen, sehr starken Erregung, welche sich unter dem Einfluss der Cholinesterase rasch verliert. Da kein weiteres Acetylcholin mehr vorhanden ist, können weitere Aktionspotentiale nicht mehr übertragen werden. Es kommt zur Lähmung.

b) Das „Giftrezept" ist in der DNA gespeichert. Deren Basensequenz wird durch RNA-Polymerase transkribiert. Ihre Information gelangt in Form von mRNA an die Ribosomen, an denen die Translation in das Polypeptid erfolgt.

c) Der wirksame Bestandteil des Antiserums besteht aus Antikörpern gegen das Gift. Die Antikörper reagieren mit den Giftmolekülen und machen diese dabei unwirksam.

d) Die Gewinnung des Antiserums erfolgt, indem man Tieren im Abstand von mehreren Wochen geringe Mengen Gift spritzt, dessen Dosis allmählich gesteigert wird. Die Tiere bilden in einer Immunreaktion Antikörper aus, die sich im Blutserum wiederfinden. Die Antikörper lassen sich isolieren und anreichern. Eine derartig aufbereitete Lösung wird als Antiserum gespritzt.

e) Das Immunsystem des mit Gift behandelten Tieres reagiert, indem Makrophagen die Giftmoleküle den T-Helferzellen präsentieren. Diese veranlassen B-Lymphozyten zur raschen Teilung und Differenzierung in Plasma- und Gedächtniszellen. Plasmazellen produzieren nach einiger Zeit entsprechende Antikörper. Eine Immunisierung kann dadurch erzeugt werden, dass in bestimmten Zeitabständen immer größere Giftmengen injiziert werden. Dadurch kommt die Antikörperproduktion durch die bereits vorhandenen Gedächtniszellen rascher in Gang und es wird eine größere Zahl von Antikörpern gebildet. Ein auf diese Weise immunisiertes Tier kann mehrere gleichzeitige Bisse der entsprechenden Schlange ohne erkennbare Reaktion vertragen.

f) Hypothese nach LAMARCK: Zornschlangen merkten, dass mit dem wenig wirksamen Gift ihrer Speicheldrüsen leicht Tiere zu erbeuten sind. Ihr Bedürfnis nach Verbesserung der Fangmethode führte zu einem häufigeren Gebrauch der Giftzähne verbunden mit dem Wunsch nach giftigerem Speichel. Dadurch wurde allmählich die Wirkung des Giftes gesteigert und die verbesserte Wirksamkeit konnte an ihre Nachkommen weitergegeben werden.
Hypothese nach DARWIN: In der Population gab es einige Tiere mit wirksamerem Gift. Eine verbesserte Giftwirkung steigerte den Jagderfolg und vermehrte die Fortpflanzungschancen. Dieser Selektionsvorteil führte zu einer höheren Vermehrungsrate und der allmählichen Ausbreitung der Anlagen in der Population.

9. Gesangspräferenz ☞ 231, 232, 237, 393 **

a) Der Gesang der Männchen wirkt auf die Weibchen motivierend. Nehmen sie dann aus der Nähe die optischen Auslöser eines Männchens wahr, reagieren sie mit einer Instinkthandlung, der Kopulationshaltung. Diese Handlung kann auch ohne die optischen Schlüsselreize des Männchens ausgelöst werden, wenn durch Verabrei-

chung von Geschlechtshormonen die aktionsspezifische Energie zusätzlich gesteigert wird.
b) In der dargestellten Population ist der Anteil der Männchen mit einem Gesangsrepertoire von 20 Strophen am höchsten. Wenige Männchen zeigen ein Repertoire von zehn Strophen. Solche mit 30 Strophen sind etwas zahlreicher.
Die Weibchen des Schilfrohrsängers reagieren auf den Artgesang ihrer Männchen umso stärker, je größer sein Gesangsrepertoire ist.
Mit zunehmendem Alter vergrößert sich das Gesangsrepertoire der Männchen des Schilfrohrsängers.
c) Von den Weibchen werden jene Männchen bevorzugt, die mit den meisten Strophentypen singen. Zugleich sind das die erfahrensten. Weil die Weibchen zudem in der Balz von diesen Partnern am stärksten motiviert werden und es schon früh im Jahr zu den ersten Aufzuchten von Nachkommen kommt, ist mit der Wahl dieser Sänger die Aussicht auf einen hohen Fortpflanzungserfolg relativ groß.
Da die Weibchen in diesem Fall Männchen mit bestimmten Eigenschaften selektieren, spricht man hier auch von sexueller Zuchtwahl.
d) Durch die Gesangspräferenz der Weibchen wird vermutlich der Anteil der Männchen mit einem höheren Gesangsrepertoire in der Population anwachsen. Die Veränderung des Genpools zugunsten der Gene, die eine höhere Anzahl von Strophentypen ermöglichen, ist ein Beispiel für eine dynamische Selektion.

10. Insektenhormone ☞ 264, 298, 340 **
a) Das Juvenilhormon fördert das Wachstum der Larve, während das Ecdyson die jeweiligen Häutungen auslöst. Bei hoher Konzentration an Juvenilhormon löst das Ecdyson eine Larvalhäutung aus; ist jedoch wenig Juvenilhormon in der Körperflüssigkeit, so bewirkt ein Ecdyson-Schub die letzte Häutung vor der Verpuppung (Puppenhäutung).
b) Die neurosekretorischen Zellen steuern über eigene Hormone die Konzentrationen von Ecdyson und Juvenilhormon.
c) Man müsste der Larve auch vor der vierten Häutung Juvenilhormon injizieren. Es würde eine weitere Larvalhäutung eintreten und keine Puppenhäutung, d.h., die Larve würde anschließend noch weiter wachsen. *Man kann auf diese Weise noch zwei oder drei weitere Larvalhäutungen auslösen.* Die dann entstehende Puppe wie auch die Imago wären größer als normale Schmeißfliegen.
d) Riesenchromosomen bestehen aus homologen Chromosomenpaaren, deren Chromatiden sich im Laufe der Larvalentwicklung vertausendfachen. Sie treten in den larvalen Speicheldrüsen auf. Ihre aktiven Genabschnitte (Puffs) codieren für Verdauungsenzyme, die damit in sehr großen Mengen hergestellt werden. Da sich das Puffmuster von Häutung zu Häutung ändert (auch bei der Umwandlung zur Puppe), ist ein Zusammenhang zwischen den larvalen Hormonen und der Genaktivierung anzunehmen.
Die Einwirkung von Ecdyson auf isolierte Riesenchromosomen führte zu einem Puffmuster, welches dem Puffmuster unter natürlichen Bedingungen entsprach.

e) Die an den genannten Pflanzen fressenden Insektenlarven erhalten einen Ecdyson-Schub und verpuppen sich. Ein sofortiger Erfolg für die Pflanzen besteht darin, dass die Schädlinge nicht weiter fressen. Aber auch einen späteren Vorteil können die Pflanzen verbuchen: Da die Verpuppung in der Regel zu früh erfolgt, entstehen keine konkurrenz- und vermehrungsfähigen Imagines.

11. Schlickgras ☞ 308–310, 396 **
a) Die Schemata zeigen die Vervielfachung von Chromosomensätzen bei der Gametenbildung (Polyploidie). Bei **A** werden die homologen Chromosomen während der Meiose nicht getrennt (= Nondisjunktion), sodass diploide Gameten entstehen. Bei Selbstbefruchtung besitzen die Nachkommen einen Chromosomensatz von 4n (hier 4n = 12). Bei **B** entsteht zunächst ein Hybride mit n = 5 aus den Gameten mit n = 2 und n = 3 zweier Ausgangsarten. Bei Mitosen im Keimgewebe führt eine Nondisjunktion zum polyploiden Zustand 2n = 10. Diese Urkeimzellen können eine normale Meiose durchlaufen, da es zu jedem Chromosom ein homologes gibt. Durch Selbstbefruchtung entstehen lebensfähige neue Arten, die die Chromosomen beider Elternarten besitzen.
b) Die ungefähre Verdopplung der Chromosomenzahl bei *Spartina anglica* im Vergleich zu anderen Arten derselben Gattung legt nahe, dass es sich um Polyploidie handelt.
c) Da *Spartina anglica* nicht genau die doppelte Chromosomenzahl einer der aufgeführten verwandten Arten hat, kann es sich nicht um Fall A handeln. Die Addition der Chromosomensätze der Arten *S. alternaflora* und *maritima* ergibt dagegen genau die Chromosomenzahl von *S. anglica*, sodass eine Vereinigung ihrer Gameten stattgefunden haben könnte (Fall B).
d) Sympatrische Artbildung. Polyploide können nur unter sich, nicht aber mit (einer) diploiden Ausgangsform/en fruchtbare Nachkommen erzeugen und stehen nicht mehr im Genaustausch mit der Ausgangsform. Die Fortpflanzungsschranke besteht sofort innerhalb eines Lebensraums.
e) Wenn zwischen *S. alternaflora* mit *S. maritima* eine *Hybridisierung* stattgefunden hat, muss die amerikanische Art nach Großbritannien eingeschleppt worden sein (z.B. durch Schiffe). Die neue Art *S. anglica* ist an die Umweltbedingungen an den Küsten Großbritanniens besser angepasst, d.h. im zwischenartlichen Konkurrenzkampf erfolgreicher.

12. Krebstumoren ☞ 344 *
a) das Herausoperieren des Tumorgewebes
b) „Entwickelt die Maus eine Immunabwehr gegen die Krebszellen?" Erläuterung: Die Tatsache, dass die operierte Maus nicht mehr von den ihr vorher eingepflanzten Tumorzellen infiziert werden kann, weist auf eine Immunabwehr. Die Immunität kann sich erst durch den ersten Kontakt mit den Tumorzellen entwickeln. Diese müssen Antigene aufweisen, auf die die Immunabwehr der Maus mit Bildung von Antikörpern reagiert. Sind die Antikörper einmal vorhanden, antwortet das Immunsystem (wie bei anderen Infektionen auch) bei einer Zweitinfektion schnell und effektiv, d.h., es tötet die Tumorzellen ab.

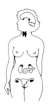

c) Die Maus hat eine Immunabwehr entwickelt (siehe Erläuterungen bei b)). Dadurch stirbt sie nicht bei Infektion mit denselben Erregern. Bei anders beschaffenen Krebszellen herrscht kein Immunschutz, da die Antikörper sehr spezifisch sind; die Maus stirbt.

d) Das Herausoperieren der Geschwulst hat hier – zumindest kurzfristig – Erfolg gehabt. Dies zeigt, dass das Immunsystem der krebskranken Maus auf die entarteten Zellen grundsätzlich mit Abwehr reagiert hat. Ein Behandlungsansatz, der darauf abzielt, das Immunsystem zu stärken, ist daher sinnvoll und stellt eine Heilungschance dar. Die Immunabwehr durch Antikörper bleibt problematisch, da Krebszellen dieser durch ständig ablaufende Mutationen entgehen.

Register

Fette Seitenzahlen weisen auf ausführliche Behandlung im Text oder auf Abbildungen hin; f. = die folgende Seite; ff. = die folgenden Seiten; * = Begriff taucht in den Definitionen oder im Multiple-Choice-Test auf.

A

AAM 167
ABBE, Ernst **136**
Abflugbereitschaft 69, 167
abiotische Faktoren **31,** 34*
Ableger 172
Absorption 94, 96 f., 181
Abwasser 19, 37*, 143
Abwehrprozess 107
Acetylcholin **53,** 132, **159 f.,** 164, 198
Acetyl-CoA **39**
Actinfilament 62, 165
adaptive Radiation 124*, **190**
Aderhaut **161**
Adiuretin 170
ADP 154, **156**
Adrenalin 164
Aggression 167, 169
aggressives Verhalten 166
AIDS 94, 181
Akkumulation **31, 150**
Aktionspotential **51,** 57, 64*, **159,** 162 f., **166,** 198
aktives Zentrum 47*, **154**
Aleuronschicht 171
Alge 145
alkoholische Gärung **156**
Allel **83,** 99*, 117, 173, **174,** 176
ALLENsche Regel **144**
allosterische Hemmung 153
Altersbestimmung 127*
Altersdatierung 120, **193**
altruistisches Verhalten 75*, 118, 192
Aminogruppe **152**
Aminosäuren **38,** 90, 92, 95 ff., 120, 138, **152,** 154, 170, 180 f., 183 f., 194
Ammoniak **26, 98,** 153, 183
Ammonifikation **147**
Amphibienkeim 80

Ampullenorgan 163
Amylase 153
anaerobe Lebewesen 34*
Analogie 119, 124*, 193
Androgene 170
angeborenes Verhalten 73, 166 ff.
Annidation 196
Anpassung **17, 21,** 36*, 142 f.
Anpassungserscheinungen von Pflanzen 18
Antennenkomplex **155**
Antheridien 195
Antigene 186
Antikörper **106 ff.,** 186, **186,** 188, 198, **200**
Antiserum 132, 198
Äpfelsäure 128, 196
Apoenzym 153
Appetenz **68, 166**
Archaeopteryx **111, 120,** 188, **194**
Archegonien 195
Art **117,** 188, 190
Artaufspaltung 126*
Artbildung **116**
Artbildungsprozess **117**
Arterhaltung **113**
Atmung 49*, 140
Atmungsaktivität **20, 144**
Atmungskette 47*, 154, 194
ATP **9,** 40, 62, 153 f., **156,** 159, 164, 181
ATPase 43
ATP-Bildung 140
ATP-Synthese **43, 154**
Atropin 53
Attrappen 67, 69, **166,** 167, **197**
Attrappenversuch **166**
Auflösungsvermögen **6, 136,** 161
aufrechter Gang **122,** 194
Aufspaltung 188
Auge **54,** 64*, **161**
Augenbecher **172**
Augenbecheranlage **81**

Augenentwicklung **81,** 172
Ausläufer 172
Auslöser **67,** 68, 167
Ausrottung 25
Austauschwert 86 f., **176**
Australopithecus **195**
Autökologie 34*
Autolyse 9
autosomal 175, **177**
autotroph 34*, 43, 137, **155**
Auxine 170
Axon **50 ff.,** 54, **159**
Axonhügel **161**
Axonursprung **158,** 163

B

Bakterien **18,** 91 f, 94, 101, 103, 107, **143,** 150, 154, 157, 178 f, 181, 185 f.
Bakterienchromosom 92
Bakteriengenom 101, 180
Bakterienkonjugation **90 f.,** 178, 179 f
Bakteriophagen **93, 180,** 181
Balz 168
Balzzeit 74*
BARR-Körperchen 87, **177**
Bau der Muskeln **61, 165**
– der Nervenzelle **158**
Bauchepidermisanlage 81, 172
Bauchspeicheldrüse 45
Bedecktsamer 121, **194**
BERGMANNsche Regel **20, 23, 144**
Bernsteinsäure 40, 42, 153 f.
Beute 36*, 130, **150**
Beutefang 131, 197
Beuteltiere **113, 189**
Bewegungen 63
Bieler See 28, 148
Bindegewebe **138**
Bioakkumulation 147
biogenetische Grundregel **119,** 197

Bioindikatoren 145
biologischer **S**auerstoffbedarf (BSB) 34*
Biomasse **29,** 47*, **148**
Biomembranen **8,** 10, 13*, **137**
Biotop **31,** 34*, 149
Biozönose **147**
Blattquerschnitt **16,** 18, 128, **141**
blinder Fleck **161**
Blutgerinnung **46, 157**
Blutgruppen **88,** 177
Blutgruppenuntersuchung **88**
Blutkörperchen, rote 8
Blutkreislauf 49*
Blutplättchen **157**
B-Lymphozyten 186, 198
Boden 147
Bodenerosion **151**
Bodenorganismen **18, 143**
Bodenprofil 26
Bodensee 18
Borreliose 106, 186
Botulin 53
Brenztraubensäure **39,** 128
BROCA-Region 165
Brückentiere 120, 125*, **194**
Bruthelferverhalten **118**
Brutknospe 172
Brutparasitismus **112,** 113, **189**
Brutpflegeverhalten 68
Brutplätze 66, 168
B-Zellen 186

C

C$_3$-Pflanzen 129, **155,** 196
C$_4$-Pflanzen **128,** 129, **155,** 196
CALVIN-BENSON-Zyklus **43 ff.,** 155, 157, 196
cAMP (cyclisches **A**denosinmono**p**hosphat) **52, 160,** 171

Carboxylgruppe **152**
Carrier 47*, **139**
CBF-Messung (Cerebral-Blood-Flow) **59**
Centromer 177
chemische Evolution 127*
Chemosynthese **47**
Chiasma **86**, 99*
Chloridionen **50, 158**
Chlorophyll 9, 43, 155, 196
Chloroplasten **8 f.**, 42, **44**, 80, 120, 128, **136 ff.**, 143, **155**, 172, 196
Chromatiden 87, 99*, 139
Chromatin **137**, 196
Chromatografie 45
Chromatogramm **42**
Chromoplasten 9
Chromosomen 10, 86, **87**, 104*, 133, 139, 175 ff., 180 f., 184 f., 199
Chromosomensatz 85, 105*, 117, 134
Ciliarmuskel 54, **161**
Citronensäure 40, **41**, 153
codogener Strang **98**, 183
Codon 97, 183
Coenzym 47*, 95, 153
Coevolution **196**
Cofaktor 39, 41, **152**
Cro Magnon 120
Crossover 99*, 175 f., 179
Curare 53
Cuticula **18**, 36*, 143, 196
CUVIER 188
Cytochrom c **120, 194**
Cytokinine 170
Cytoplasma 9, 98, **137 f.**, 181
Cytoplasmamembran 22, **138**, 196
Cytoskelett **9, 138**, 196

D

Darm **156**
Darmwand 45
DARWIN 111, **117**, 188, 198
DDT 29 f., **30**, 149
Degeneration **191**
Dehnungsrezeptoren 63, 165

Dehydrogenase 42, 154
Deletion 177
Denaturierung **137, 153**
Dendrit **158**
Denitrifikation **147**
Denitrifizierung 37*
Depolarisation **160**
Desmosomen **138**
Destruenten 34*, **143**
Diabetes 77, 157, **170**
Dictyosomen **8**, 9, 11*, **137 f.**, 162, 196
Differenzierung 11*
– von Zellen 13*
Diffusion **7 ff.**, 47*, **136 f.**, 139
dihybrid **173**, 176
diploid 184
Dissimilation 11, 34*
Divergenz 146
DNA 8, **85**, 92 ff., 96 f., 102, **103**, 120, 122, 171 f., 175, 178, 180 f., 183 ff., 194, 196
DNA-Code 181 f.
DNA-Doppelhelix 96, 182
DNA-Menge **85**
DNA-Sequenzierung 195
dominant **173 f.**, 175 f., 184
Dominanz **84**, 101
Doppellipidschicht **7**, 10, **137**, 139
Drehsinn 57
Drehsinnesorgan 57
Drogen 52
Drosophila **86 f.**, 176
Drüsenhaare 143, **145**
Drüsenzellen **22**
Dublikation 177
Düngung 31, 150
Dunkelfeld 11*

E

Einnischung **189**, 196 f.
Einzelaugen 55
Elektronenmikroskop **6**, 13*, **136**
Embryo **172**
Embryonalentwicklung **111**
Empfängerzelle **89**
Endodermis 196

endoplasmatisches Retikulum 8, 9, 11*, **136**, **138**, 162, 165
–, raues 196
–, glattes **138**
Endorphine 53, 161
Endosymbionten-Theorie 125*, **194, 196**
Endoxidation 42, 140
Endprodukt 39
Endprodukthemmung **102**, 184
Energieaufwand 197
Energiebedarf 130
Energieeinsparung 20, 144
Energieersparnis 164
Energiegewinnung 20, **42 f.**, 45, 49*, 141, **154 ff.**
Energiehaushalt **152**, 165
Entwicklung 9, **80**, 172
Entwicklungszyklus 21
Enzyme 7, 9, 38, 41 f., **45**, 48*, 93, 95, 98, **137, 152 f.**, **157**, 181, 183 f.
Enzymaktivität **152 f.**
Enzymhemmung **41**
Enzymkinetik 42
Enzym-Substrat-Komplex **154**
Enzymwirkung 40, **41, 153**
Epidermis 16, **18**, 81, 143
Epidermiszelle 196
Epilimnion 37*, 148
EPSP (excitatorisches postsynaptisches Potential) **159 ff.**
Erbänderung **91**
Erbanlagen 176
Erbgang 83, 86 ff., 104*, 173 f., 176
Erbgut 188, 192
Erbinformation 98, 117, 172, 184
Erbmaterial **137**, 175, 179, 181, 196
Erbschema 84
Erbsubstanz 89
erlerntes Verhalten 73
Ernährung 23, 25, 146, 197
Erregbarkeit der Membran **158**
Erregungsmuster 56
Erregungsweiterleitung **159**

Erythrozyten **157**
Escherichia coli 90 ff., 95, 97, 102, 178 f., 183
Ethanol 39, 156
Eukaryoten 11*, **120, 137**, **194**
eutroph **18, 148**
Eutrophierung 34*, 147
Evolutionsfaktoren 126*
Evolutionstheorien **110**, 126*, **188**
Exozytose 138
Extinktion 168

F

Facettenaugen 54 f., 161
Faktoren **14 f.**, 19, 36*, 140
Farbsehen 55, 162
Farn **195**
Fellpflege **169**
Fette 42, 79*, 140, **152, 154**, 156
Fettsäure 138, 154
Fettverdauung **42, 154**
Fitness 117, 192
Flechte **21**, 145
Fließgeschwindigkeit 147
Fließgewässer 27, 144, **147**
Fließgleichgewicht **11**, **139**
Fluoreszenz **43 f.**
Follikel 170
Fortpflanzung **80**, 139, **172**
Fortpflanzungserfolg 131, **191 f.**, 199
Fortpflanzungsstrategie 112
Fortpflanzungsverhalten **67**
Fortpflanzungszyklus 121
Fotolyse 47*
Fotosynthese 9, **16**, 36*, 42 f. **43 f.**, 120, 129, **136 f.**, 148, 196
Fotosyntheseleistung 141
Fotosyntheserate **15**, 36*, **43, 141, 155**
Fotosystem **47**
Fresszellen 107
Fructose 40

Funktionen der Großhirnrinde **59, 164**
Futtersuche **72**

G

Gametophyt **195**
Gärung **47***, 171
Gastrulation **80**, 172
Gedächtniszellen **108**, 186, 198
Gefrierätztechnik **136**
Gegenstrom 196
Gegenstromprinzip 129
Gehirn **58 f., 61**, 163 f., 171
Gehirnentwicklung **163**
Geißel **137**
gelber Fleck 54, **161**
Gelelektrophorese **8**
Gen **83, 87 ff.**, 93, 97 ff., 103, 176, 178
Genaktivität 105*
Genaustausch 179
Genbibliothek **102, 185**
Gendrift **189**, 190 f.
genetische Information 105*, 179
genetischer Code **95**, 96, **181**
Genkarte 178, 180
Genkartierung bei Bakterien **92, 180**
Genkopplung 86
Genom 89, 99*, 178, 184, 192
Genort 92
Genotypen **83 f., 87 f., 91 f., 174 ff.**
Genpool 99*, 118, 175, 190
Gentechnik **98 f., 102 f.**, 105*, **185**, 188
Gentransfer **89, 178**
Genübertragung **89** f.
geografische Isolation **189** f.
Geschlechtsbestimmung **87**, 177
Geschlechtschromosomen 177
Geschlechtshormone **76**
Gewässereutrophierung 37*
Gewässergüte **32**, 145, 151

Gewebe 18, 81, 172, 196
Gibberelline 171
Ginkgo **120, 194**
Glaskörper **161**
gleichwarm **140**, 144
Glucose 10, 44, 46, 77, 79*, 90, **139**, 142, 153, 156 f., 163 f., 170 f., 178 f., **194**
Glyceride 138
Glycerin 10, 154
Glycerinaldehyd-phosphat 44 f., **156**
Glycerinsäurephosphat 156
Glykogen 79*, 171
Glykogenabbau 164
Glykolyse 48*, 120, 156
GOLGI-Apparat 9, 11*, **138**, 162
GOLGI-Vesikel 22, 196
gonosomal **173**, 177
Granathylakoide **128, 196**
groomen 169
Großhirn **58**, 164
Großhirnrinde 61
Grundumsatz 48*
Grundwasser 31, 37*, 150 f.

H

Haarkleid **129**, 197
Habituation 168
HAECKEL 111
Hämoglobin 62, **157**, 165
– α **97**, **182**
haploid 175
HARDY-WEINBERG-Gesetz **175**
Harn 76
Harnstoff **26**
Harnstoffspaltung **40**, 153
Hefezelle 7, 94, **137**
Hemmung 40, 154
–, allosterische 153
–, gegenseitige **56**, 162
–, kompetitive 153
Herbizid 98, 183
Heroin **160**
heterotroph 34*, **45**, 137, 195
heterozygot 100*, **174**, 175

Hirnschädigungen 58, 61
Hochmoor 22 f., 145
Homo 124, **195**
homolog 119, 125*, 175, 179, **193**
Homologiebegriff 126*
Homologieforschung 118, 127*, 193
Homologiekriterien 111, 118, **188, 193**
Homöostase **11, 139**
homöotherm **19, 23**, 36*, **144 ff.**, 196 f.
homozygot **174**, 175, 177
Hormondrüsen **76**, 170
Hormone 75 f.*, 78, **170**
Hormonsteuerung **76**
Hornhaut **161**
humorale Immunabwehr 108*
Hydrathülle **137, 139**
Hydrolase 154
hygromorph **143**
Hygrophyten 36*
hypertonisch **142**
Hyphen 145
Hypolimnion 148
Hypophyse **170**
Hypophysenhormone 75*
Hypothalamus 60, **76**, **164**, 171
hypotonisch **136, 142**

I

IEP **152**
Imitation 197
Immunabwehr 200
Immunisierung 186, **188**, 198
–, aktive **107, 186**
–, passive **107, 186**
Immunität 107, 186, 199
–, aktive **108**
–, passive **108**
Immunreaktion **106, 186**
Immunsystem 137, **186**, **188, 198 f.**, 200
Impuls 56, 64*, 162, 165
Indikatororganismen **32, 151**
induktiv **101**
Infektion 106 f, 178, 181, 186, 200

Information 60
Inhibition, laterale **56**, 162
Insektenhormone **133, 199**
Instinkthandlungen 74*, 198
Instinktverhalten 66, 74*, **166**
instrumentelle Konditionierung **168**
Insulin 77, **170** f.
Interphase **139**
Interzellulare 143, 196
Inversion 177
Ionenaustausch **27**
Ionenkanal **51, 159**
Ionenpumpe 48*
isoelektrischer Punkt **38**

J

JACOB-MONOD-Modell **102, 184**

K

Kaliumionen 10, 50, **139, 158**
Kalium-Natrium-Pumpe 158
Karyogramm 87, 177
KASPAR-HAUSER-Tiere 167 f.
Katalase 9, 153
Katecholamine 60
Keimbahn 85
Keimung **80, 172**
Kern **136** f., 162
Kernhülle 196
Kernmembran 137 f.
Kernplasma 181
Kernporen **136, 138**, 181, 196
Kernteilung 10
Kernteilungsprozess 85
Kindchenschema 169
klassische Konditionierung **168**
Kleinhirn **58**, 164
Klimaregeln **20, 144**
Klimazonen **26, 147**
Klone 97, 185
Kniesehnenreflex **57, 163**
Knöllchenbakterien **145**
Knospung 11
Koexistenz 36*, 146

Kohlenhydrate 138, **152,** 157

Kohlenstoffdioxid **22,** 44, 128, **141,** 145, 153, **156,** 157

Kohlenstoffdioxid-aufnahme 36*

Kohlenstoffdioxid-fixierung 196

Kohlenstoffdioxid-produktion 20

Kollagen **138**

Kommentkämpfe 73*, 74*

Kommunikation 75*, 168

Kommunikationsfähig-keit 195

Kompartimentierung **153**

komplementär 178

Komplexauge 162

Konditionierung **70, 166, 168**

Konfliktverhalten 73, 167

Konjugation 90, 91 f., 100* f., **178 f.,** 184

Konkurrenz **24 f.,** 146, 147

Konkurrenzausschluss-prinzip 197 f.

Konkurrenzvermeidung 146

konstitutiv **101**

Konsumenten **26,** 147 f.

Kontraktion **165**

Kontrastbetonung 191

Kontraste 11*

Konvergenz 146, 191

Konzentrationsausgleich **142**

Konzentrationsgefälle **136 f.**

Kopplung 104*, 176

Kopplungsbruch **86,** 176

Kopulation 131, 197

Kopulationshaltung 132

Krebstumore 134, **199**

Kreuzung 84, **86,** 87, 92, **174**

Kreuzungsschema 83 f., 86, 173 ff.

Kristallkegel 162

L

LAMARCK 111, 188, 198

Larve **172**

laterale Inhibition 56, **162**

Lebensraum **23,** 31, 37*, 143, **146,** 150

Leber 39 f., 153

Lederhaut **161**

Leitbündel 196

Leitbündelscheiden 128

Lernen durch Einsicht **168**

Lernverhalten 74*

Lernvorgänge **71, 166, 168**

Leukoplasten **8 f.,** 138

Licht **15,** 16, 55, 162

Lichtabsorption **155**

Lichtangebot **140**

Lichtintensität **141**

Lichtkompensations-punkt 36*

Lichtmikroskop **6, 136**

Lichtreaktion 43, 155

Lichtsättigungspunkt **16,** 141

Lichtsinn **54,** 56

lichtunabhängige Reaktion **43 f.,** 155

Liganden 58, 164

Linse 54, 81, **161,** 162, **172**

Linsenauge 54, 161

Linsenbänder 54, **161**

Lipase 153 f.

Lipid **7**

Lipiddoppelschicht **10,** 139

Luftbelastung **32, 151**

Luftfeuchte **14 f.,** 140

Lysosom 8, 9, **138,** 196

Lysozym 41, 93, 154, 180

M

Magen **45,** 77, **156 f.,** 171

Makrophagen 186, 198

Malonsäure 40 ff.

Maltose 153, 171

Mangelmutanten 179

Masern **106, 186**

Massensterben **122, 195**

Matrix 9

Meiose 86, 100*, 175 f., **175,** 184

Membran **7 ff.,** 12*, 17, 51, 120, **137, 139,** 153, **158,** 194, 198

Membranfluss **138**

Membranporen 9

Membranpotential **50, 158,** 160

Membranprotein 8

Membranstapel **138**

MENDEL 188

MENDELsche Gesetze **82, 173**

Merkmal **82 ff.,** 86 ff., 98, 104*, 119, 172 ff., 183, 195

Mesophyllzellen 128, 196

mesotroph **148**

Metamorphose 76, 170

Metaphase 139

MHC (**m**ajor **h**istocom-patibility **c**omplex) 109*

MICHAELIS-MENTEN-Kontante 39, 152

Microbodies **8 f.,** 196

Mikroorganismen **6 f., 136 f.**

Mikroskop 6

Mikrotubuli **158,** 196

Milchsäuregärung 156

Mimese **190**

Mimikry **113,** 115, **189 f., 198**

Mineralisierer 143, 145

mischerbig 174

Mitochondrien **8 f.,** 11*, 22, **42 f.,** 120, **136 ff.,** 158, 162, 165, 194 ff.

Mitochondrien-matrix 154

Mitose 10, 81, **86,** 100*, **139, 172, 175,** 184

Mittelhirn **58,** 164

Mittelstreifenflora 31, 150

Modifikabilität **82**

Modifikation **82,** 173, 188, 191

monoklonaler Antikörper 109*

motorische Endplatte 51

mRNA 78, 95, **98,** 178, 183, 185

Müll 33, 147, 151

Muskel 65*, 163

Muskelkontraktion **62,** 165

Muskelzellen 8

Muskulatur 62, 157, 165

Mutanten 120

Mutation 94, 97 f., 105*, 115, 120, 133 f., 178, 181, 183, 189, **190 f.,** 194, 200

Mutationsschritte 122

Mutationstypen 134

Mutter-Kind-Beziehung 68, 167

Myasthenie **53**

Mycel 143

Mykorrhiza **18,** 145, **196**

Myoglobin 62, 157, **157,** 165

Myosin 165

N

Nachahmung **189**

Nachkommen 83 f., 117

NAD$^+$ 153

NADH **43,** 153 f.

NADP$^+$ **156**

NADPH **44,** 155 f.

Nährsalze **145,** 148

Nährschicht 148

Nahrungskette **31,** 37*, **147,** 150

Nahrungsnetz **30,** 149

Nahrungsnischen 146, 198

Nahrungsvakuole **138**

Na$^+$-Ionenkanäle 159

Na$^+$/K$^+$-Pumpe **51,** 158 f.

Natriumionen 10, **139**

Natriumkanäle 161

Nekton 35*

Nerv 57

Nervenfaser 51, 58, 159

Nervenmembran **50 ff.**

Nervennetz 63

Nervensystem **57**

Nervenzellen 11, 50 f., 57, 64*, 132, 163 f.

Netzhaut **161**

Neuralplatte **81, 172**

Neuron 50, 54, 56, **57,** 158, 163 f.

neuronale Codierung 56, 162, **163**

Neurula **81, 172**

Niere **46,** 157

Nitrat 145, 148

Nitratgehalt **31, 150**

Nitratversorgung 146

Nitrifikation **147**

Nitrifizierung 37*

Register **205**

Nitroversorgung der
Pflanzen **22**
Noradrenalin 164
Nordsee 25, 150
Nucleinsäuren 183
Nucleotid 181, 184
Nucleotidsequenz 181
Nucleus 9, **138**
numerische Apertur **136**

O

Oberflächenwasser 27
Objekt **6**
Objektiv **6, 136**
offenes System **11, 139**
OKAZAKI-Stück 100*
ökologische Faktoren 130
ökologische Isolation
116, 191
ökologische Nische
35 f.*, 114, 168, 189 ff.
ökologische Potenz **14,**
140
ökologische Pyramide
30 f., 149 f.
ökologische Regel **19**, 36*
ökologischer Faktor 36*
ökologisches Gleich-
gewicht **28, 148**
Ökosystem 25, **29**, 35*,
145, **147**
Okular **6, 136**
oligotroph 18, 37*, **148**
Ommatidium **161**, 162
Ontogenese 188
Operatorgen 101, 184
Operon 100* f., **184**
Opiatrezeptoren 52, 161
Optimum 140
optischer Reiz 64*
Orchidee 129, 196
Organellen **6**, 9, 13*, **138**
Organisator **172**
Organismen 11, 32, 45,
96, 98, 102, 111, 115, 120,
129, **139 f.**, 143, 183, 196
Organismustyp **6**
Organtransplantationen
80
Orientierung **166**
Osmose 48*, **136**
osmotischer Vorgang **142**
osmotischer Wert **17 f.**,
142, **143**, 171

Osteoporose 170
Ostsee 150
Ovarialzyklus **77**, 171

P

Palisadengewebe 143
Palisadenparenchymzelle
196
Pankreas 79*
Paramecium 9, 24, **138 f.**,
146
parasexuelle Vorgänge
92, 101, 105*, 179
Parasiten 25, 31, 122, **143,**
145, 147, 150
Parasitismus **21**, 129, **145,**
196
Parasympathikus **60**
PCB 25, **147**
Peptide **38**, 96, **152**, 170,
181
Peptidbindungen **152**
Peptidhormon 78*
Permeabilität **10**
Permeabilitätsänderung
51, 159
Peroxisom 8, 9, **138**, 196
Pessimum **140**
Pestizidrückstände 30
Pflanzenfarbstoffe 13*
Pflanzengemeinschaften
31
Pflanzenhormone 75 f.*,
78, 79*, 142, **171**
pflanzliche Zelle 6, **7**,
137, 139
Phagen 93 f., 103, 178 ff.,
183, 185
Phänotyp **83**, 100*, 175 f.
phänotypisch 188
Phasenkontrast 11
Pheromon 197
Phosphat 28, 39, 148
Phosphoenolbrenz-
traubensäure 128
Phosphofructokinase
153
Phospholipide 120
pH-Wert **18**, 33, **39**, 43,
143, 145, 152, **153, 155,**
171
Phylogenese **120**, 194
Phytochromsystem 172
Phytomimese **190**

Pigmentzelle 162
Pilze 18, 129, **143**, 145,
194, 196
Pilzhyphen 196
Plasma 183, 196
Plasmabrücke **172**
Plasmalemma **137**
Plasmazellen 198
Plasmide 92, 100*, 179,
185
Plasmolyse 48*, **136**
Plastiden 9, 12*, **138**, 194
Pneumokokken **89**, 178
poikilotherm 20, 36*, **144**
Polygenie 100*
Polyploidie **199**
Polysomen 178
Population **15, 23**, 25,
36*, 77, 115 f., 131, 144,
146, 147, 170, 197 ff.
Populationsdichte 24, **146**
Populationsentwicklung
130
Populations-
schwankungen 25
postsynaptische
Membran 53, **159 ff.**,
163, 198
Präferendum **140 f.**
Prägung 74*, **168**
Prägungsphase 167
Präparationstechnik **6**,
13*
präsynaptische Membran
159 ff., 163
Primärharn 46, 157
Primärprozesse **196**
Primärreaktionen 16, **155**
Primärstruktur **38**, 97,
152, 154
Primärvorgänge 49*
Prinzip der gegenseitigen
Hemmung **55 f.**, 162
Produkt **7**
Produzenten **26**, 147
Prokaryoten 12*, **89**, 90,
120
Prolactin 78, 171
Promotor 185
prosthetische Gruppe
153
Prostigmin 53
Proteasen **152**
Proteinaufbau 48*

Proteinbiosynthese 9, **89,**
93, 95 f., **137, 178**, 185,
194
Proteine **38, 41**, 78, 94 f.,
97, 132, 137, **139, 152,**
153, 180, 194
Proteinstruktur **38, 152**
Prothallium **195**
Protozoen 13*
Protozyten 196
Puffmuster **199**
Pupille 161

Q

Quastenflosser **120**, 194
quer gestreifte Muskel-
faser 62, 165

R

Radiocarbonmethode
120
Rangordnung 73, 169
RANVIERscher Schnür-
ring **158 f.**
Rasse 117, 190
Rassenbildung **116**
Rastermutation **180**
Räuber 36*, **150**
Räuber-Beute-Beziehung
24, 146
Reaktionsnorm 82, **173**
Reaktionsräume 9, **137**
Redoxsystem 43
Reflex 74*
Regelkreis **11**, 45, **139,**
156
Regelschema 77, 171
Regenerationsprozess 85
Regulation 77, 171
Regulatorgen 101, 184
reinerbig **174**, 175
Reiz 163, **168**
Reizcodierung **56**
Rekombinanten 87, **89,**
91, 92 f. 176, 178
Rekombination 179 f.
REM-Phasen 60 f., **164**
Replikation 179
– der DNA **96**, 175, **182**
Repressor 101
Resistenz 92, 107, 186
Respiratorischer
Quotient 48*
Ressourcen 192

Register

Restriktionsenzyme **102, 184,** 185
Retina 56
Retrovirus 181
reverse Transkriptase 181
Reviere 72, 168 f.
Revierabgrenzung 168
Rezeptoren 52 f., **57,** 58, 60, 64*, 76, 163 f., 171, 198
Rezeptormodell **52, 160**
Rezeptortyp 56
rezessiv **173,** 175 ff., 184
Rezessivität **84**
reziproke Kreuzung 176
R_f-Wert 42
RGT-Regel 144 f., **148, 153**
Rhesusfaktor **84, 175**
Rhizodermis **196**
Rhizoid 172
Rhodopsin 162
Ribonucleosidphosphat 181
Ribonucleotide 95
Ribosomen 8, 9, 11, 12*, 95, **137 f.,** 178, 181, 194, 196
Ribulosebisphosphat 44 f., **156 f.,** 196
Riesenchromosomen **87,** 133, **177, 199**
RNA 178
–, virale 181
RNA-Polymerase 96, **97,** 181, 183, 198
Rote Blutkörperchen 8
Rückenmark 63, 163
Rückkreuzung **86**
Rudel **169**
Ruhepotential **50 f.,** 64*

S

Salzsäure 156
Salztransport **16, 142**
Samenzellen 197
Saprobiegrad 35*
Sarkomer 61 f
sarkoplasmatisches Retikulum 8
Sauerstoff 10, 28, 44, **62,** 141, 148
Sauerstoffbedarf 147

Sauerstoffgehalt **21, 140,** 145, 165
Sauerstoffpartialdruck 62, **157,** 165
Sauerstofftransport **46, 157,** 165
Saugbereitschaft 69, 167
Säugergehirn 59
Saugkraft 17, **142**
Säuglingssterblichkeit 115, **190**
saurer Regen 18
Schädigungen (s. auch Hirnschädigungen) 61
Schädlingsbekämpfung 31
Schadstoffe 150
Schattenpflanzen 36*
Schilddrüse 76, 77, 170
Schilddrüsen-unterfunktion **170**
Schlafphasen 60, **164**
Schlüsselreiz 66, 68 ff., 74*, 131, **166, 169, 197 f.**
Schmerzmittel 132, **198**
Schmerzschwelle 132
Schnürungsversuch 81, 172
Schutzimpfung **107, 186,** 188
Schwachlicht **141**
Schwammgewebe 16
SCHWANNsche Zelle 158
Schwarzharn 99, 184
Schwefelemissionen **33, 151, 195**
Schwermetalle 33, 151
Seetyp 29
Sehnerv **161**
Sehstab (Rhabdom) **162**
Sehzellen 55, 162
Sekretin 45
Sekundärprozesse **196**
Sekundärreaktionen 16, **155**
Sekundärstruktur **154,** 183
Sekundärvorgänge **44,** 49*, **156**
Selektion 115, 125*, 188, **189 f.,** 191, 196, 199
Selektionsdruck 120, 194
Selektionsfaktoren 130, **190**

Selektionsnachteile 118
Selektionsvorteile 118, 197
semipermeabel **136, 142**
Separation 189 f, **189**
Sexualverhalten **166**
sexuelle Zuchtwahl 199
Signal 58
–, akustisches **71, 167 f.**
Signalübertragung **53,** 64*, 161
Skelettmuskulatur 165
Sogwirkung **142**
solitär 117
Soma 158
Sommerstagnation 148
Sonnenpflanzen 36*
Sozialkontakte 169
Sozialverhalten **71 f.,** 75*
Soziobiologie **117 f.,** 126*
Spaltöffnungen **16,** 36*, 141, 143, 196
Spannungsänderung 50
spannungsgesteuert **51**
Spendergenom 178
Spenderzelle **89**
Spermatozoiden **195**
Spindelapparat **137**
Sporen 143, 172, **195**
Sprache **61, 164**
Sprossknolle 172
Sprosssstecklinge 172
Sprungschicht 147
Stäbchen 55, 162
Stammbaum 120, **121 f.,** 124, 194
Stammesgeschichte **111, 118,** 119
stammesgeschichtliche Entwicklung 116, 130
stammesgeschichtliches Erbe 188
Stammhirn 63
Standort 16 f., 18, **21,** 22, 36*, 128 f., 142 ff., 196
Stärke 9, 140 f, 171
Starklicht **141,** 162
Stausee 27 f., 147
Stempeltechnik 92, **180**
stenotherm 36*, **140**
Steroidhormon 78*
Stickstoff **26,** 145, **151**
Stickstoffkreislauf **26,** 37*, 147

Stickstoffmineralisierung 143
Stoffabbau 45, 49*, **156**
Stoffkreislauf 25
Stoffwechselaktivität **20,** 144
Stoffwechselprozess 52, 98, 164
Stoffwechselstörung 99
Stopp-Codon 183
Stress 170
Stroma 9, 155
Stromathylakoid **196**
Strömung 27, 146
Substrat **7,** 9, **39, 42,** 152
Substratspezifität **40**
Sukkulenten 36*
Sukzession 35*
Symbiose 21, 37*, 129, **143, 145,** 196
Sympathikus 60, 164
sympatrische Artbildung 134, 199
Synapse **51 ff.,** 56, 64*, 132, **158,** 162 f., 165
Synapsenbildung 58
Synapsengifte **53, 160**
synaptische Übertragung **160**
synaptischer Spalt 53, **160,** 198
synaptisches Bläschen **159 f.,** 198
synthetische Theorie **114**

T

Täuschungsmanöver **169**
Taxis **166**
Temperatur **14,** 19 f., 22, 27, **39 f.,** 60, 69, 96, 106, 140, 144, **153,** 164, 196 f.
temperaturabhängige Verbreitung 20
Temperaturpräferendum **14,** 36*
Temperaturregulation 129, 196
Temperaturschichtung **29,** 148
Territorium 27, 147
Tertiärstruktur **154,** 183
Testkreuzung 174
Thalamus 164

Register **207**

T-Helferzellen 108*, 109*, 186, 198
Thermoregulation 140
Thylakoide 9, 12*, 155
Thyroxin 76, **170**
Thyroxinmangel **170**
Tiefenprofil **29**
Tiefenwasser 27, 147, **148**
tierische Zellen **7**, 12*, **137, 139**
Tierversuche 131, **198**
T-Killerzellen 186
Tochterkolonien **139**
Tochterzwiebeln 172
Toleranz 140
Toleranzbereich 69, 140
Toleranzkurve **15**, 36*, **140 f.**
Tonoplast 9, 22, **137**
Totenstarre 62
Tradition **168**
Transduktion 100*, 101*, **179**
Transfektion 178
Transformation **88**, 101*, **178**
transgen 103, 185
Transkription 101*, 171, 183 f.
Translation 101*, 183
Translokation **177**
Transmitter 132, **160**, 163
Transpiration 36*, 142 f., **142 f.**, 196
–, cuticuläre **143**
–, stomatäre **143**
Transplantat 172
Treibhauseffekt **32**, 151
Treibhausgase 33
Trisomie 21 88, 177
tRNA 95, 97 f., 181, 183
Trockenpflanzen 143
trophogene Zone **26**, 148
tropholytische Zone **26**, 148

Tropomyosin 165
Troponin 165
Trypsin 153
Turgor **137**, 142 f.
T-Zellen 186

U

Übersprunghandlung **167**
umkippen 28
Umwelt **14**
Umweltbelastung 37*
Umwelteinfluss **15**
Umweltfaktor 36*
Umweltgift 147
Umweltkapazität 35*
Urease 40, 153
Urin 46, 99, 157

V

Vakuolen 9, 12*, 22, **136, 138**, 196
Variabilität 82, 104*, **173**, 191
Vaterschaftsbestimmung **88**
vegetative Vermehrung **80, 172 f.**
vegetatives Nerven-system 60, **164**
Verdauung 22, 45, **145, 156**
Verdauungsenzyme 177
Verdunstung **143**
Veredelung **80**
Vererbung **175**
Vergrößerung **6**, 12*, **136**
Verhalten 69
–, angeborenes 73, 167 f.
–, erlerntes 73
Verhaltensantwort **69**
Verhaltensbiologie 62
Verhaltensforschung 66, **166**

Verhaltensweise 113
Vermehrung 139, **172**
Verpackungsmüll 33
Vesikel **138**
Viren 93 f., 178 ff., 185 f.
Virustyp 94
Vollzirkulation **18**, 19, 143, 148
VOLTERRAsches Gesetz **24, 150**
Volvox 11, **139**
Vorzugsbereich 140

W

Wachstum 9
Wachstumszonen 139
Wald **26**, 147
Waldkahlschlag 31, **150**
Wanddruck 17, **142**
Wärmeerzeugung 60
Wärmeproduktion 15
Wasser 10, **137**, 145, 153 f.
Wasserbedarf 130, 197
Wassergehalt 22
Wasserqualität **19**
Wassertransport **16 f.**, 142
Wattenmeer **29**, 149
wechselwarm **20**, 144
Wellenlänge 136
WERNICKE-Region 165
Wiese 22 f., 31, 150
Wimpern **138**
Winterruhe **20**, 144
Winterschlaf **20**, 60, 144
Winterschläfer 20
wirkungsspezifisch 78*, **170**
Wirkungsspezifität **40**, **153 f.**
Wirt 145, 150
Wirtswechsel **145**
Wurzel **16**, 18, 143
Wurzeldruck 142

Wurzelhaar 196
Wurzelknolle 172
Wüste 145

X

X-Chromosomen 174, 176, **177**
xeromorph **143**
Xerophyten 36*
Xylem 142

Z

Zapfen 55
Zehrschicht 148
Zeigerpflanzen 143
Zellatmung 9, 120, **137**
Zelle **6 ff.**, 10, **11**, 45, 128, 136 f.
–, pflanzliche **137, 139**
–, tierische 12*, **137, 139**
Zellkern 8, 9, 11, 22, 80, **137 f.**, 158, 196
Zellkolonie 11
Zellkörper 158
Zellmembran **137 f.**, 171
Zellorganellen **8**, 9, 12*, 42, 55, 136, 153
Zellsaft 9, **18**
Zellstoffwechsel 9, **38, 152**, 184
Zellstrukturen **6**, 137
Zellteilung 10, **85, 175**
Zellwand 9, 22, **136 f.**, 139
Zellzyklus 13*
Zentralnervensystem 65*
Zentrum, aktives **154**
Zonierung 28
Züchtung **172**
Zwischenformen 120, **194**
Zwischenhirn **57**
Zygote **81**, 172